AutoCAD快捷绘图速查手册

张忠将　主编

机械工业出版社

本书由浅入深地对 AutoCAD 的各个绘图技巧进行了讲述，并以“流程图”的方式阐述了各快捷命令的使用方法，既可以帮助用户养成使用快捷键和快捷命令绘图的良好习惯，也有利于用户查询使用。

本书内容全面、详尽，涵盖 AutoCAD 基本设置、AutoCAD 基础快捷键、绘制基本图形和复杂图形、编辑图形、创建文字和表格、尺寸标注和几何约束、图块、外部参照与光栅图像、三维建模、编辑三维模型、系统工具、图纸输出众多功能模块，是 AutoCAD 各版本通用的工具书。

本书既可作为初学者快速掌握 AutoCAD 制图技巧的指导书，也可作为相关专业设计人员案头工具书及高校相关专业师生的参考书。

图书在版编目（CIP）数据

AutoCAD 快捷绘图速查手册/张忠将主编. —北京：机械工业出版社，2011.8（2012.6 重印）

ISBN 978-7-111-35110-8

Ⅰ.①A…　Ⅱ.①张…　Ⅲ.①AutoCAD 软件-手册　Ⅳ.①TP391.72-62

中国版本图书馆 CIP 数据核字（2011）第 118601 号

机械工业出版社（北京市百万庄大街 22 号　邮政编码 100037）
策划编辑：郎　峰　责任编辑：宋亚东
版式设计：霍永明　责任校对：李　婷
封面设计：马精明　责任印制：杨　曦
北京圣夫亚美印刷有限公司印刷
2012 年 6 月第 1 版第 2 次印刷
140mm×203mm · 11.875 印张 · 316 千字
4001—8000 册
标准书号：ISBN 978-7-111-35110-8
　　　　　ISBN 978-7-89433-016-1（光盘）
定价：29.00 元（含 1CD）

凡购本书，如有缺页、倒页、脱页，由本社发行部调换

电话服务
社服务中心：(010) 88361066
销售一部：(010) 68326294
销售二部：(010) 88379649
读者购书热线：(010) 88379203

网络服务
门户网：http://www.cmpbook.com
教材网：http://www.cmpedu.com
封面无防伪标均为盗版

前　言

AutoCAD 是目前使用最为广泛的制图软件之一，在机械、建筑、电子、航空、造船、冶金、地质等领域发挥着不可替代的作用。因此，掌握 AutoCAD 快速绘图的方法，是每个专业设计人员的必备技能。

但是，随着工程领域的不断发展，AutoCAD 版本的更新速度也在不断加快，从而令广大使用者面临“刚掌握旧版本的使用方法，新版本即开始推广使用”的尴尬局面。同时，各高校的软件版本也经常与工厂中通用版本不符，给学生的就业带来很大不便。

为了摆脱这种局面，本书以全新的思路，对 AutoCAD 各个版本的绘图技巧进行了提炼，既提高了绘图效率，也有利于读者在软件的各个版本间进行切换，做到“一册在手，绘图无忧”。

本书主要具有如下特点：

☞ **以命令为主线**：适合各个版本。

☞ **图在前，文在后**：类似于“连环画”，读者在初步了解某项功能后，可带着疑问看后面的文字内容，增强记忆。

☞ **图多文少**：减少阅读理解的时间。

☞ **多实例**：在涵盖所有内容的基础上，尽量多地添加经典实例，以便于读者练习，加深记忆。

☞ **精彩光盘**：本书光盘中配有素材、素材操作结果及有声演示视频等众多内容，读者可通过多种方式快速掌握 AutoCAD 的使用技能。

☞ **超值赠送**：赠送精心挑选的六百余张机械和建筑图纸及其他素材，提高每个制图工程师的出图速度，图纸下载网址为 http://dl.dbank.com/c0n5z994bn。

此外，在本书的编写过程中得到了张兵兵、李敏、陈方转、计素改、王崧、王靖凯、贾洪亮、张小英的帮助，在此表示衷心的感谢。

编　者

目　录

第1章

AutoCAD基本设置

本章内容

1.1　命令调用方式

1.2　AutoCAD 的坐标系

1.3　绘图环境与操作界面

1.4　图形界限和样板文件

在使用 AutoCAD 绘制图形前，通常需要对绘图环境和操作界面等进行简单的设置，以令绘图工作更加顺手。本章除了介绍绘图环境和操作界面的设置，还介绍了坐标系的设置和调整方法，以及命令调用方式等内容。

本章内容是 AutoCAD 的基础，为了以后运用时能够得心应手，用户应重点掌握。

1.1 命令调用方式

本节讲解命令的调用、停止和取消等操作的方法，以便更快捷地进行图纸[㊀]的绘制。

1.1.1 命令调用

在 AutoCAD 下部的命令行中直接输入命令全名或其缩写，按【Enter】键或空格键，即可执行相应的命令。除此之外，还有几种调用命令的方式，用户可根据需要选择使用，具体如下：

- 单击工具按钮。
- 选择主菜单或快捷菜单。
- 使用快捷键。

无论使用哪种方式来执行命令，用户都应密切关注命令提示信息，从而确定接下来该执行什么操作。对于初学者而言，更应如此。

1.1.2 命令停止——【Esc】（或【Enter】）

在 AutoCAD 中执行命令时，有的命令执行完毕后会自动回到无命令状态，而有的命令则要求用户执行终止操作才能结束此命令，否则会一直等待用户响应。比如绘制直线时，如不执行终止操作，将一直等待用户指定直线的下一端点。

通常按空格键、【Enter】键或【Esc】键，可结束命令，单击鼠标右键，在弹出的快捷菜单中选择“确认”菜单项，也可结束此次执行的命令。

提 示

需要注意的是，在命令行输入值或选择命令选项时，按空格键或【Enter】键表示“确认”，而不是“终止命令”。

㊀ 为与 AutoCAD 软件保持一致，此处“图纸”和“图样”的含义相同。

1.1.3 重复使用——MULTIPLE

启动方式

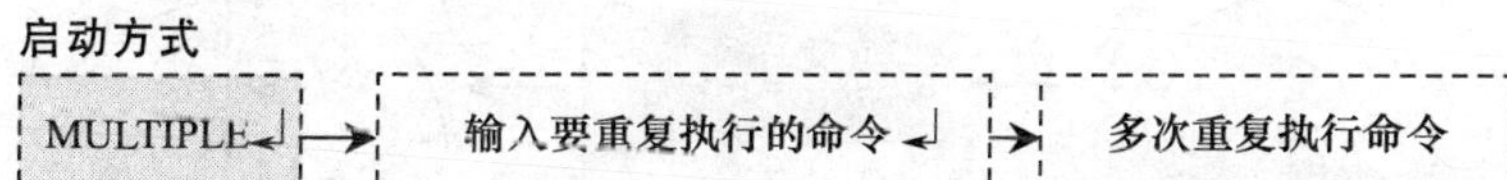

通过 1.1.2 节的讲述，AutoCAD 的有些命令在执行完毕后将自动结束，此时如果需要再次使用此命令绘制图形，则需要重复输入此命令，或重复单击相应的按钮，很麻烦。

为避免重复执行命令时的麻烦，可执行 MULTIPLE 命令，然后输入要重复执行的命令，如输入 CIRCLE（绘制圆）命令，即可在绘图区中连续绘制多个圆了。

此外，在上一个命令刚执行结束后，直接按【Enter】键或者空格键，也可以重复执行上一个命令（或在绘图区单击鼠标右键，在弹出的快捷菜单中选择重复执行某个命令）。

1.1.4 取消操作——【Ctrl + Z】（或 UNDO，U）

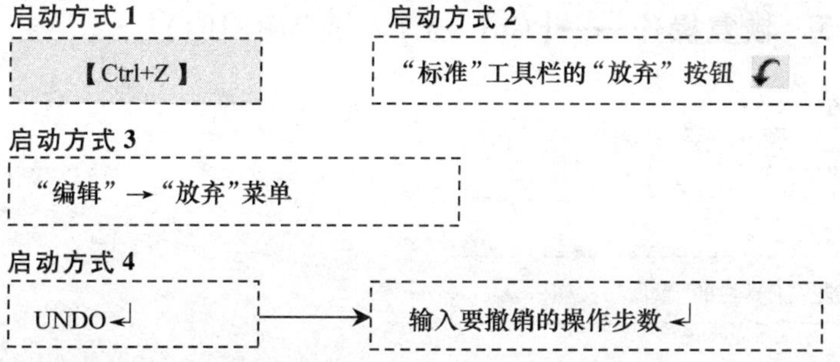

单击“标准”工具栏中的“放弃”按钮或按【Ctrl + Z】快捷键，或者选择“编辑”下拉菜单中的“放弃”菜单，均可撤销最近执行的一步操作。

如果希望一次撤销多步操作，可单击“放弃”命令按钮右侧的下拉按钮，然后在打开的操作列表中上下移动光标选择多步操作，单击鼠标即可撤销到指定的操作，如图 1-1 所示。

也可以执行 UNDO 命令，然后输入想要撤销的操作步数并

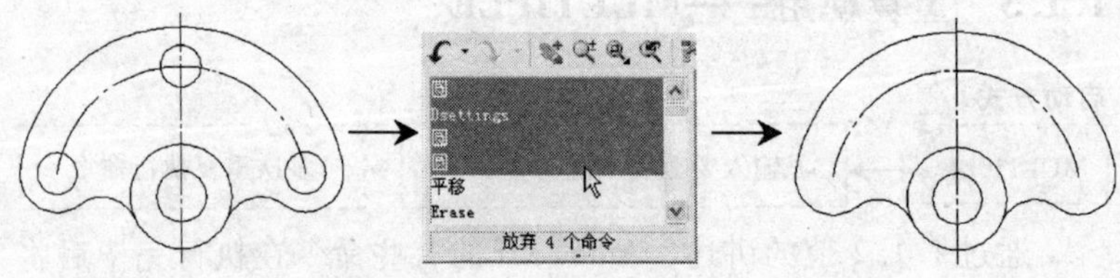

图 1-1 撤销多步操作

按【Enter】键撤销多步操作。

提 示

输入 U 并按【Enter】键将只撤销一步操作。

此外，UNDO 命令功能强大，除了可以撤销多步操作外，使用其子选项还可以实现对命令的编组、合并，以及放弃某些命令，或放弃 UNDO 命令信息等，用户可灵活使用。

1.1.5 恢复操作——【Ctrl + Y】（或 MREDO）

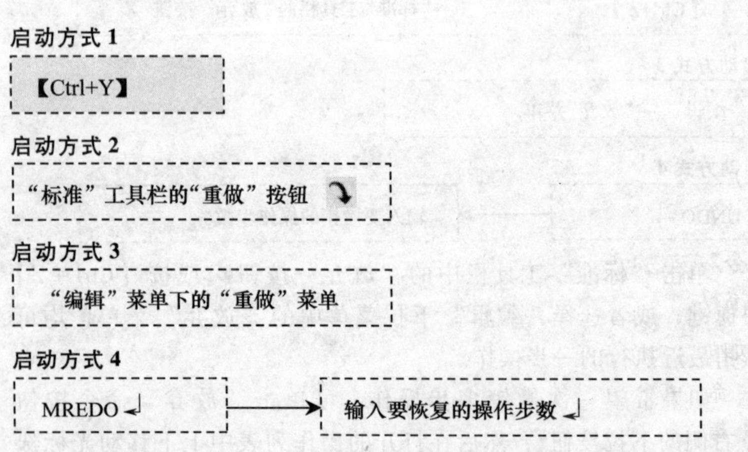

恢复操作是撤销的逆过程，单击“标准”工具栏中的“重做”按钮 或按【Ctrl + Y】快捷键，或者选择“编辑”下拉菜

单中的“重做”菜单，均可恢复最近执行的一步撤销操作。

如果希望一次恢复多步撤销操作，可单击“重做”命令按钮右侧的下拉按钮，然后在弹出的操作列表中上下移动光标选择多步撤销操作，单击鼠标即可，如图 1-2 所示。

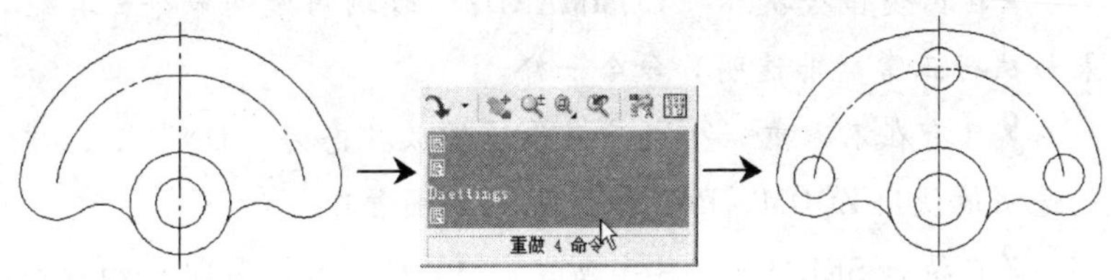

图 1-2　恢复多步操作

也可执行 MREDO 命令，然后输入想要恢复的操作步数并按【Enter】键恢复多步操作（不输入撤销步数则将撤销单步操作）。

1.1.6　透明命令

AutoCAD 系统中有一部分命令可以在使用其他命令的过程中嵌套执行，这种方式被称为“透明”地执行，而可以透明执行的命令则被称为透明命令。

透明命令通常都是一些查询命令，改变图形设置或绘图辅助工具的命令，如 SNAP（捕捉命令）和 ZOOM（缩放命令）等。

若要使用透明命令，需要在命令前面输入单引号“'”。在命令行中，透明命令前有一个双折号“>>”，提示用户 AutoCAD 正在执行透明命令。完成透明命令后，将恢复执行原命令。例如如下操作：

```
命令:LINE↵
指定第一点:0,0↵
指定下一点或[放弃(U)]:'P↵          (P为平移命令,平移到圆点位置)
                                    (完成平移后,按【Esc】键退出)
                                    (恢复执行LINE命令)
```

指定下一点或[放弃(U)]:500,500↵

按【Esc】键退出

此外，在执行透明命令时需要注意如下几点：

- 使用透明命令的过程中，不能再嵌套使用其他透明命令。
- 在出现命令提示“COMMAND:”时调用透明命令，其结果与执行正常（非透明）命令一样。
- 只有在不需重新生成而且快速缩放状态为“ON”时，才能透明地使用 ZOOM、PAN、VIEM（视图管理）命令。
- 在执行 SKETCH（徒手画线）、PLOT（智能打印）和输入文字时，以及在执行外部命令时不能使用透明命令。

1.2 AutoCAD 的坐标系

坐标（X，Y）是用户在绘图过程中经常使用的精确定点方法。在 AutoCAD 中，默认坐标系为世界坐标系（WCS），用户也可以根据需要自定义用户坐标系（UCS）。

1.2.1 笛卡儿坐标系和极坐标系

笛卡儿坐标系又称为直角坐标系，由一个原点和两个通过原点的、相互垂直的坐标轴构成，如图 1-3 所示。其中，水平方向的坐标轴为 X 轴，以向右为其正方向；垂直方向的坐标轴为 Y 轴，以向上为其正方向。平面上任何一点 P 都可以由 X 轴和 Y 轴的坐标来定义，如点（1，1）。

极坐标系是使用距离和角度来表示绘图区域上点的坐标系，其由一个极点和一个极轴构成，如图 1-4 所示。极轴的方向为水平向右。平面上任何一点 P 都可以由该点到极点的连线长度 L 和连线与极轴的交角 α（极角）所定义，如点（2<30）。

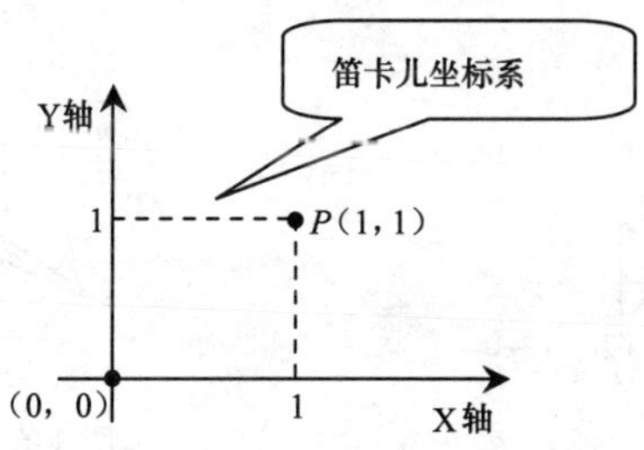

图 1-3　笛卡儿坐标系示意图

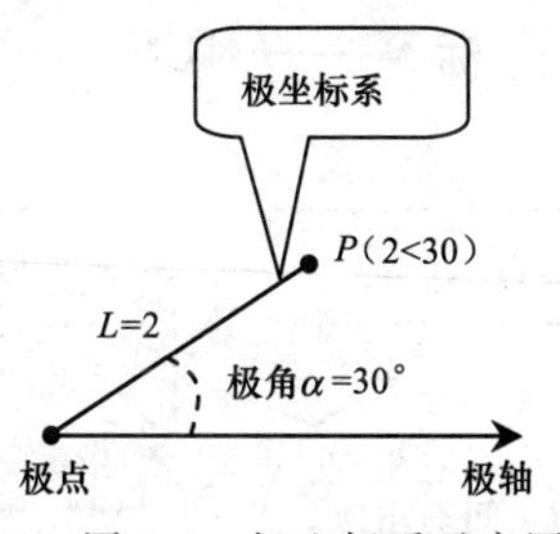

图 1-4　极坐标系示意图

在 AutoCAD 中，可以混合使用这两种坐标系。

1.2.2　世界坐标系（WCS）和用户坐标系（UCS）

在开始绘制一幅新图时，AutoCAD 自动将当前坐标系设置为世界坐标系，即 WCS，它包括 X 轴和 Y 轴。如果在三维空间工作，还有一个 Z 轴。

WCS 坐标轴的交汇处显示一个"口"形标记，其原点位于绘图区的左下角，如图 1-5 所示。

在 AutoCAD 中，为了能够更好地辅助绘图，用户经常需要修改坐标系的原点和方向，这时世界坐标系将变为用户坐标系，即 UCS。

尽管 UCS 中 3 个轴之间仍然互相垂直，但是 UCS 的原点和 X、Y、Z 轴的方向都可以移动及旋转，具有更大的灵活性。另外，UCS 图标不再有"口"形标记，如图 1-6 所示。

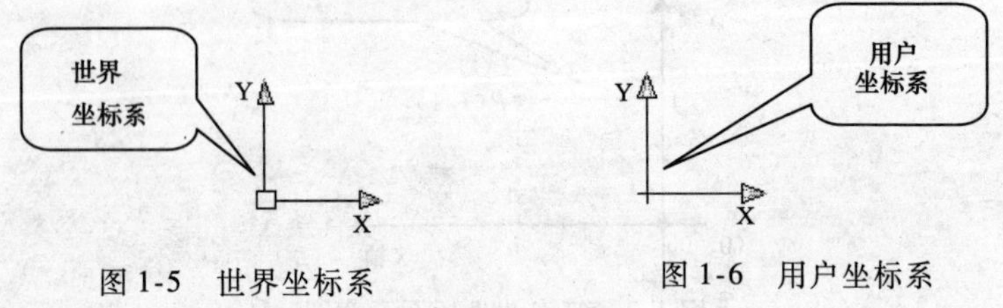

世界
坐标系
Y
X

图 1-5　世界坐标系

用户
坐标系
Y
X

图 1-6　用户坐标系

1.2.3　自定义用户坐标系——UCS

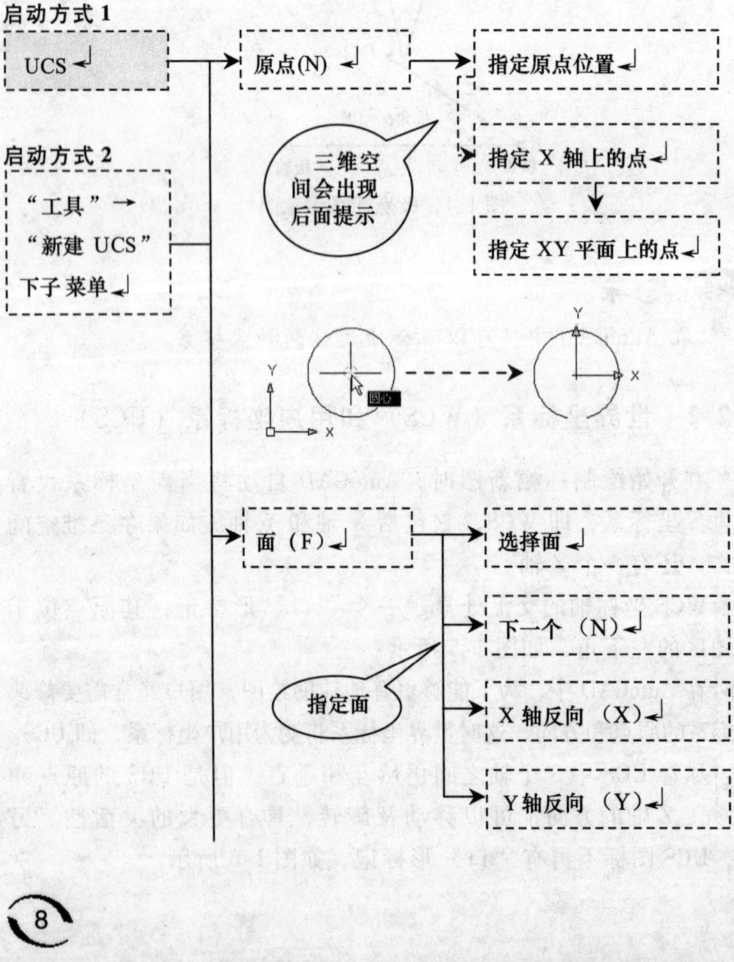

启动方式 1
UCS↵
启动方式 2
"工具"→
"新建 UCS"
下子菜单↵
原点(N)↵
指定原点位置↵
指定 X 轴上的点↵
指定 XY 平面上的点↵
三维空
间会出现
后面提示
Y
X
圆心
Y
X
面（F）↵
选择面↵
下一个（N）↵
X 轴反向（X）↵
Y 轴反向（Y）↵
指定面

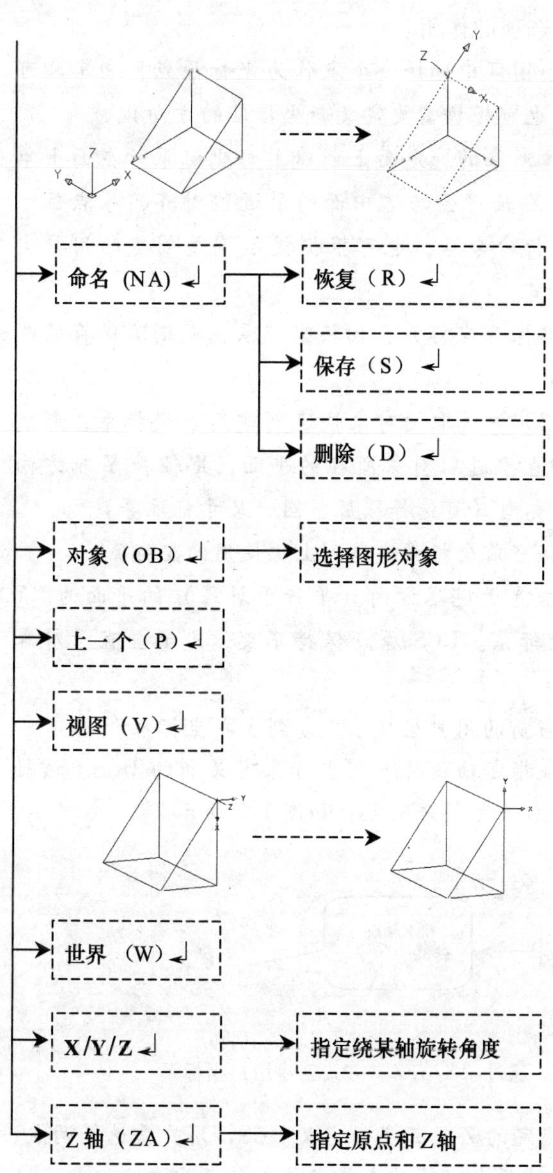

Z
Y
X
Z
Y
X
命名（NA）↵
恢复（R）↵
保存（S）↵
删除（D）↵
对象（OB）↵
选择图形对象
上一个（P）↵
视图（V）↵
Y
Z
X
Y
X
世界 （W）↵
X/Y/Z ↵
指定绕某轴旋转角度
Z 轴（ZA）↵
指定原点和 Z 轴

执行 UCS 命令可以方便地创建 UCS 坐标系。下面介绍在执行此命令过程中各选项的作用。

1）**原点**：在绘图区中选择一个点作为坐标原点，回车即可创建新的坐标系（也可根据需要定义新坐标轴的方向）。

2）**面**：在实体对象的选定面上创建用户坐标系。在面上单击，用户坐标系的 X 轴将会与选中面的最近边对齐，原点位于最近的角点上。执行命令后，也可根据提示调整创建的用户坐标系。

3）**命名**：命名保存坐标系、切换坐标系，或删除保存的坐标系。

4）**对象**：根据用户选取的对象快速创建用户坐标系，新建 UCS 的 Z 轴方向垂直于选取对象所在的平面，X 轴和 Y 轴方向取决于选取对象的类型（可选择圆弧、圆、尺寸标注等）。

5）**上一个**：将当前坐标系恢复到上次使用的坐标系。

6）**视图**：以垂直于观察方向（平行于屏幕）的平面为 XY 平面，建立新的坐标系。UCS 原点保持不变，Z 轴垂直于屏幕向外。

7）**世界**：将当前的用户坐标系恢复到世界坐标系。

8）**X/Y/Z**：绕指定轴旋转当前坐标系定义新的 UCS。该轴的旋转正方向可由右手定则来确定，如图 1-7 所示。

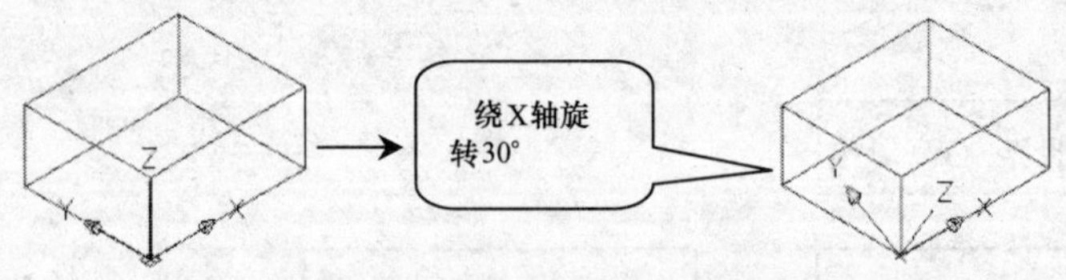

图 1-7　通过“X/Y/Z”方式创建用户坐标系

9）**Z 轴**：用指定的 Z 轴正半轴定义 UCS，用户需选择两点，第一点为新坐标系的原点，第二点指定 Z 轴的正方向。

1.2.4 绝对坐标和相对坐标

在 AutoCAD 中，点的坐标可以使用绝对坐标或相对坐标来表示，具体如下：

绝对坐标是从（0，0）或（0，0，0）出发的位移，可以使用分数、小数或科学计数等形式表示点的 X、Y、Z 坐标值，绝对直角坐标间用逗号隔开，如（-1，0.7）；绝对极坐标用“<”分开，如（10<15）。

相对坐标是指相对于某一点的 X 轴和 Y 轴位移。它的表示方法是在绝对坐标表达式前加一“@”符号，如@10，50 和@11<60。其中，相对极坐标中的角度是新点和上一点连线与 X 轴的夹角。

可以通过如下两种方式，分别使用绝对坐标系和相对坐标系，绘制图 1-8 所示的等边三角形。

方式 1：

```
命令:LINE↵
指定第一点:0,0↵
指定下一点或[放弃(U)]:2,0↵
指定下一点或[放弃(U)]:2<60↵
指定下一点或[闭合(C)/放弃(U)]:C↵
```

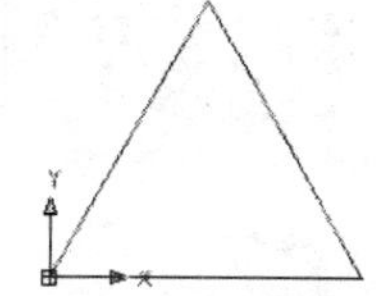

图 1-8 所绘等边三角形

方式 2：

```
命令:LINE↵
指定第一点:0,0↵
指定下一点或[放弃(U)]:2,0↵
指定下一点或[放弃(U)]:@2<120↵
指定下一点或[闭合(C)/放弃(U)]:C↵
```

提 示

在实际绘图时，相对坐标要比绝对坐标更加实用一些，所以应注意掌握其使用方法。

1.2.5 坐标系图标的显示——UCSICON

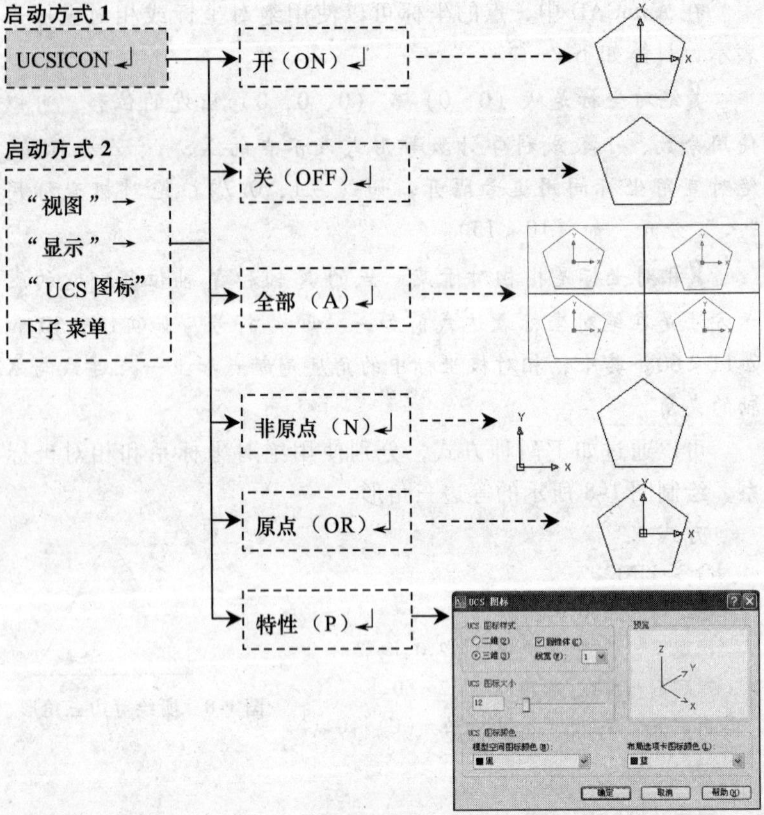

启动方式 1

UCSICON ↵

启动方式 2

“视图”→
“显示”→
“UCS 图标”
下子菜单

开（ON）↵

关（OFF）↵

全部（A）↵

非原点（N）↵

原点（OR）↵

特性（P）↵

UCS 图标
UCS 图标样式
○二维
⊙三维
☑圆锥体
线宽：1
预览
UCS 图标大小
12
UCS 图标颜色
模型空间图标颜色：■黑
布局选项卡图标颜色：■蓝
确定　取消　帮助

执行 UCSICON 命令，通过其子项，可以控制是否显示坐标系图标（此命令对 UCS 和 WCS 具有相同的控制作用），下面介绍其各子项的作用。

1）**开（ON）和关（OFF）**：打开或关闭 UCS 图标的显示。

2）**全部（A）**：将对图标的修改应用到所有活动视口，否则在多窗口模式下，每个窗口可显示不同坐标系，如图 1-9 所示。

3）**非原点（N）**：无论 UCS 原点在何处，在视口的左下角显示坐标系。

4）**原点**（OR）：在原点处显示坐标系。

5）**特性**（P）：打开“UCS 图标”窗口，通过此窗口可以对坐标系图标的样式、大小和颜色等进行修改，如图 1-10 所示。

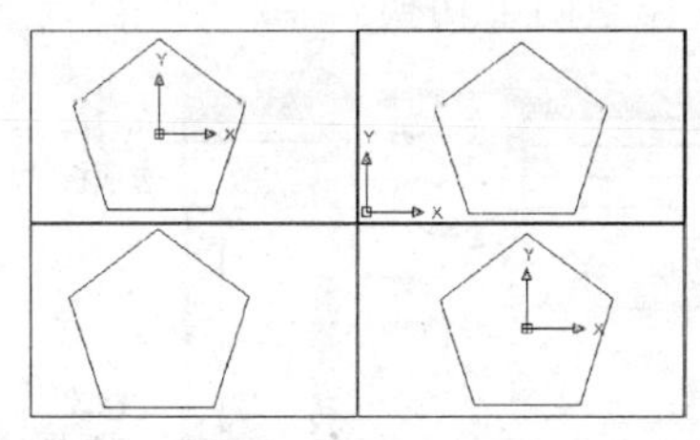

图 1-9 多个窗口的不同坐标系图标

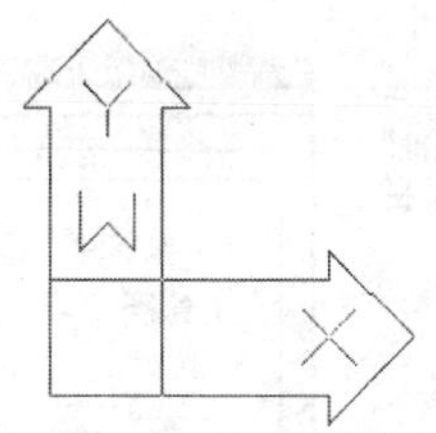

图 1-10 更改样式的坐标系图标

1.3 绘图环境与操作界面

本节介绍 AutoCAD 的基本绘图环境的设置及操作界面，目的是为熟悉操作界面，确定长度的表示方式、精度，并学会进行基本的配置等。

1.3.1 操作界面与工作空间——WSCURRENT

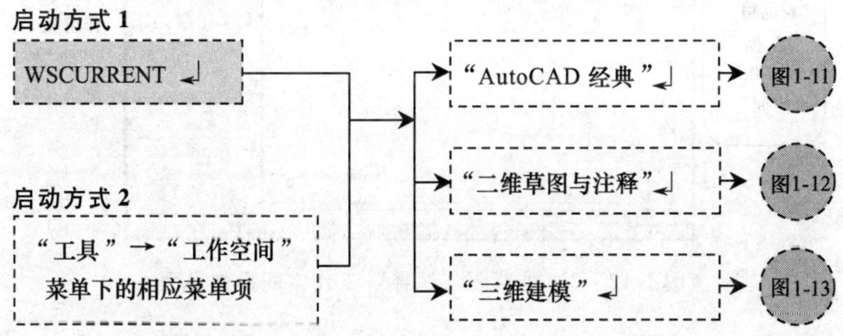

自 2007 版开始，AutoCAD 引入了工作空间的概念，工作空间是经过分组和组织的菜单、工具栏、选项板和面板的集合，以便用户可以在自定义的、面向任务的绘图环境中工作。

AutoCAD 通常默认包括“AutoCAD 经典”、“二维草图与注释”和“三维建模”三种工作空间模式。在不同的工作空间模式下，软件的操作界面有所不同，如图 1-11 ~ 图 1-13 所示，执行 WSCURRENT 命令可在三种工作空间下切换。

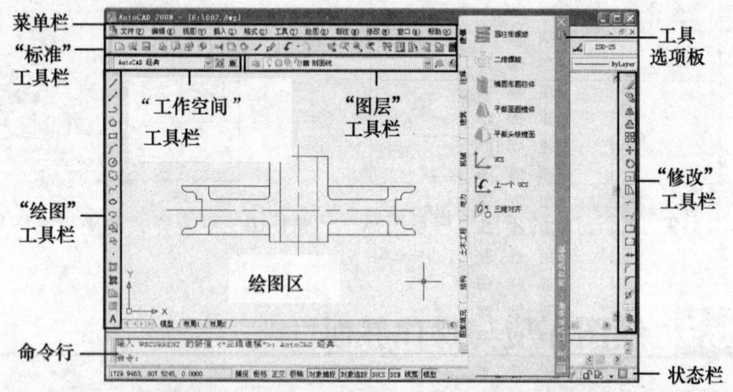

图 1-11 “AutoCAD 经典”工作空间操作界面

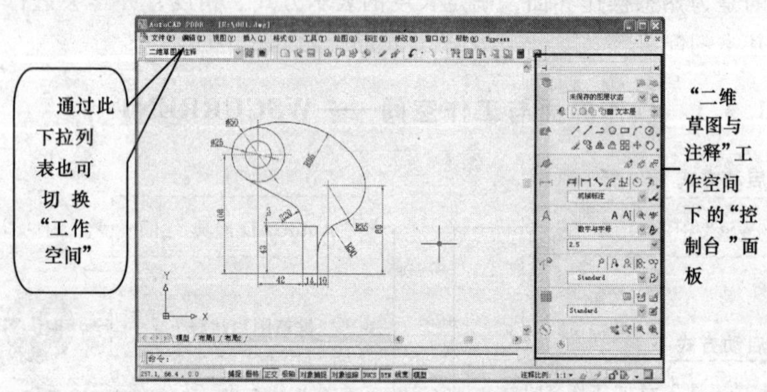

图 1-12 “二维草图与注释”工作空间操作界面

在三种工作空间模式下，软件界面都包括菜单栏、标准工具栏、命令行和状态栏等，所不同的是用于提供绘图操作按钮的控制台或选项板，根据任务的不同，其排列组合有所差异，不同工作空间模式的应用场合具体见表 1-1。

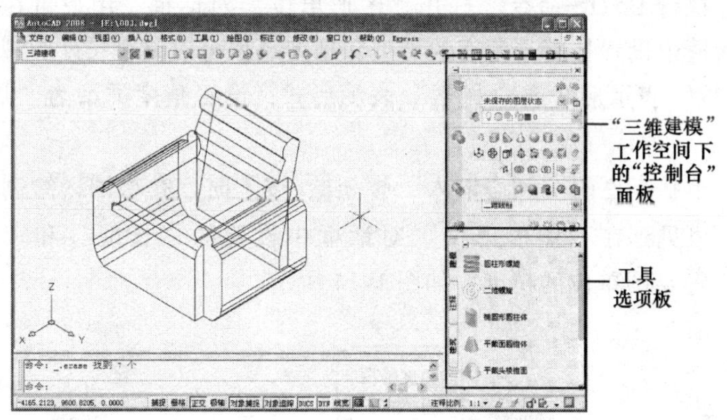

图 1-13 "三维建模"工作空间操作界面

表 1-1 不同工作空间模式的应用场合

工作空间模式	应用场合
AutoCAD 经典	对于习惯于 AutoCAD 传统工作界面的用户,可以使用此工作空间,以保持工作界面与旧版本一致
二维草图与注释	创建二维工程图时建议使用此工作空间。系统将默认显示只与二维绘图相关的工具栏和选项板
三维建模	创建三维模型时建议使用此工作空间。在此模式下,【功能区】选项板中集成了【三维建模】、【视觉样式】、【渲染】等面板,为绘制三维图形提供便利

1.3.2 初始绘图环境——UNITS(或 UN)

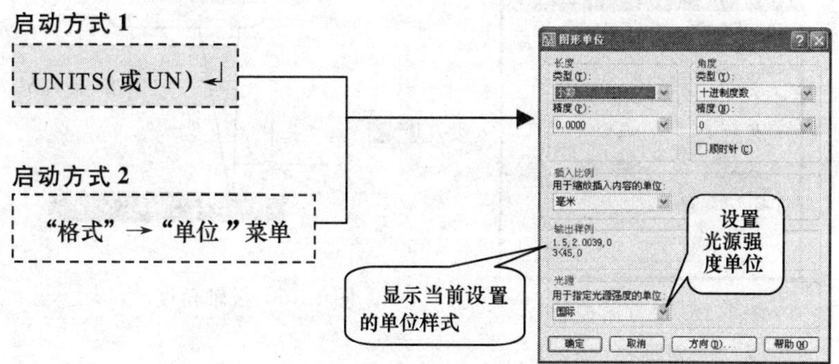

执行 UNITS 命令，打开“图形单位”对话框，用户可在此对话框中设置长度与角度的类型和精度。如可以设置长度类型为“分数”表示形式或“科学”表示形式，设置角度类型为“度/分/秒”形式等。

当状态栏的“动态输入”按钮DYN按下时，在绘图区绘制图形，可见到在“图形单位”对话框中设置的“长度”和“角度”等绘图单位的精度，如图 1-14 所示。

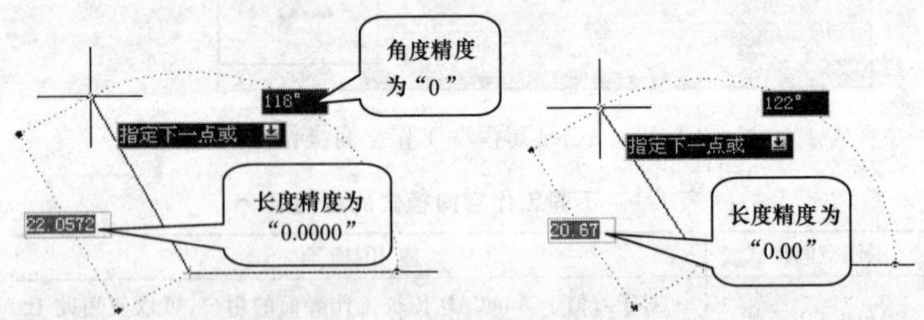

图 1-14　绘图区内显示的单位精度

另外，单击“图形单位”对话框中的“方向”按钮，将弹出“方向控制”对话框，如图 1-15 所示。通过此对话框可以设置极轴的角度，如图 1-16 所示。而选择“图形单位”对话框中的“顺时针”复选框，则可以设置顺时针计算角度值。

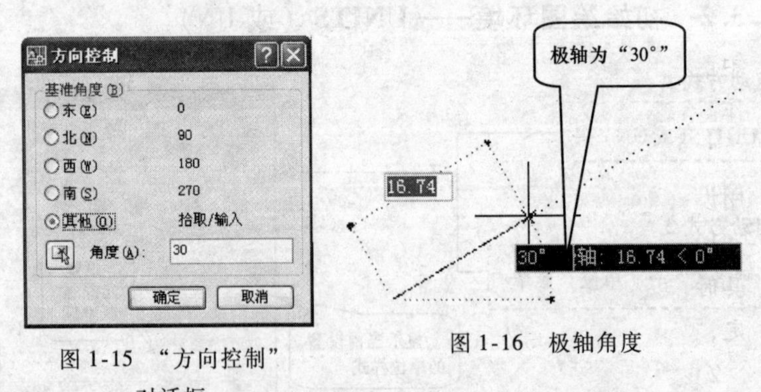

图 1-15　“方向控制”对话框

图 1-16　极轴角度

提 示

在 AutoCAD 中，系统没有对默认单位进行严格的规定，也就是说，一个长度单位即可以表示 1m，也可以表示 1mm，而此处所修改的只是其表达的方式罢了。

在“图形单位”对话框的“插入比例”下拉列表中，可以设置所插入图块的默认“单位”类型，即用于确定将被插入文件的一个单位长度判断为是 1m 还是 1mm。

1.3.3 绘图系统——OPTIONS（或 OP）

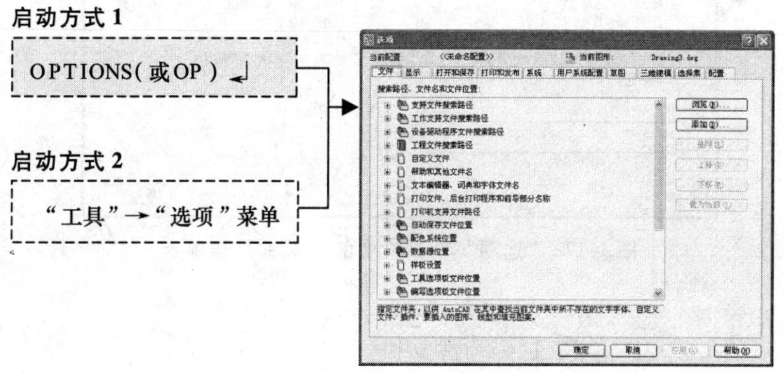

执行 OPTIONS 命令，可以打开“选项”对话框，在此对话框中可以设置一种令人舒服的工作环境，以便更加方便地进行工作。

“选项”对话框中可以设置的内容很多，下面重点介绍几种常用设置项的作用。

1）“**文件**”选项卡。该选项卡中的内容通常只在使用辅助工具时才需进行单独设定，而单独使用 AutoCAD 时则通常无需设定，所以此处不做过多介绍。

2）“**显示**”选项卡（图 1-17）。其“显示精度”选项组主要用于设置圆弧和圆的平滑度，其值越大，所显示的弧线越平滑，如图 1-18 所示。单击“颜色”按钮可对软件界面的颜色进行设置，如可设置绘图区的背景色等。而调整“十字光标大小”滑块则可以调整光标的大小，如图 1-19 所示。

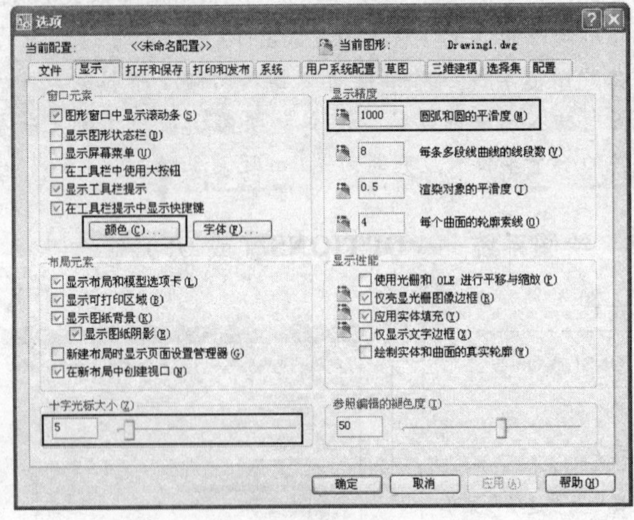

图 1-17 “选项”对话框中的“显示”选项卡

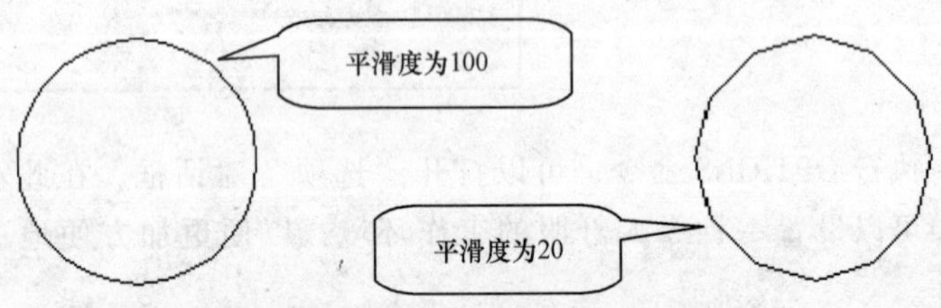

图 1-18 不同平滑度下相同圆的不同显示效果

3）“**打开和保存**”选项卡（图 1-20）。在其“文件保存”选项组中可设置文件默认保存的文件版本，为了方便交流，可将其设置为较低的版本。在“文件安全措施”选项组中可设置文件自动保存的间隔时间。单击“安全选项”按钮可为文件设置访问密码。

4）“**用户系统配置**”选项卡（图 1-21）。取消此选项卡中

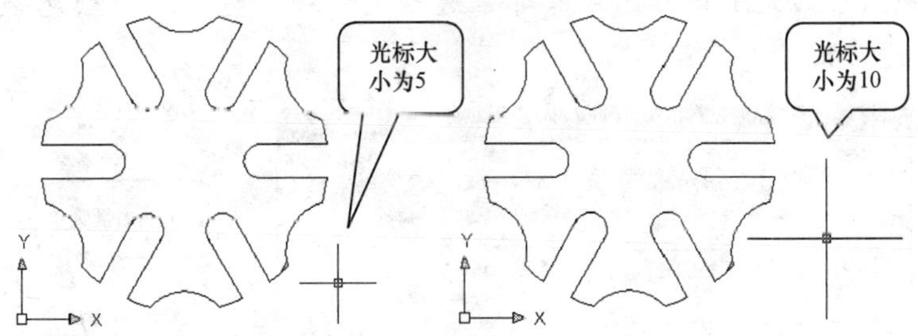

图 1-19 不同光标大小的显示效果

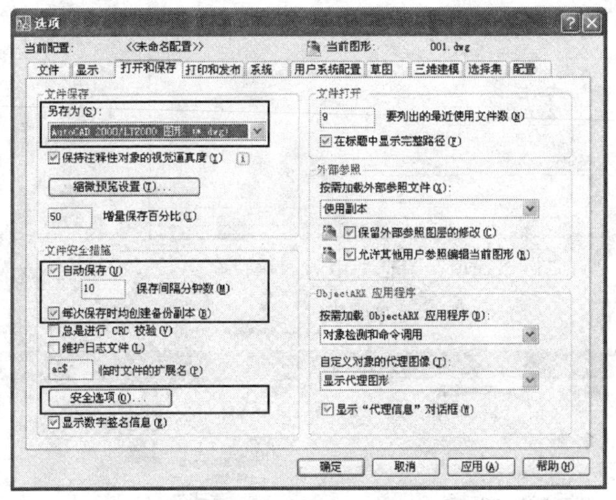

图 1-20 “选项”对话框中的“打开和保存”选项卡

的“绘图区域中使用快捷菜单”复选框，可取消右键菜单（图1-22）的显示。对于一个熟练的绘图员来说，通常无需使用系统提供的右键菜单。

5）**“草图”**选项卡（图1-23）。通过此选项卡可以对“自动捕捉设置”功能、“自动追踪设置”功能及“对齐点获取”等进行设置，也可以设置“自动捕捉标记的大小”及“靶框大小”等。

6）**“选择集”**选项卡。可设置在编辑模型时“拾取框”和

“夹点”的大小等，也可以对“选择集”和“夹点”的颜色等进行设置。

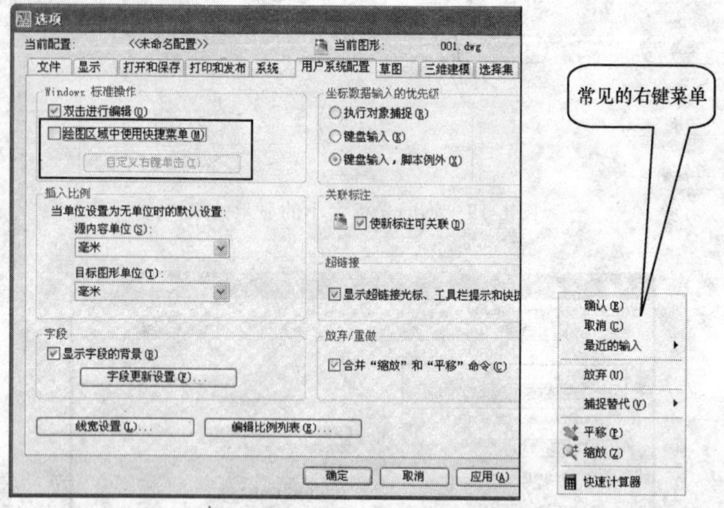

图 1-21 “选项”对话框中的“用户系统配置”选项卡

图 1-22 右键菜单

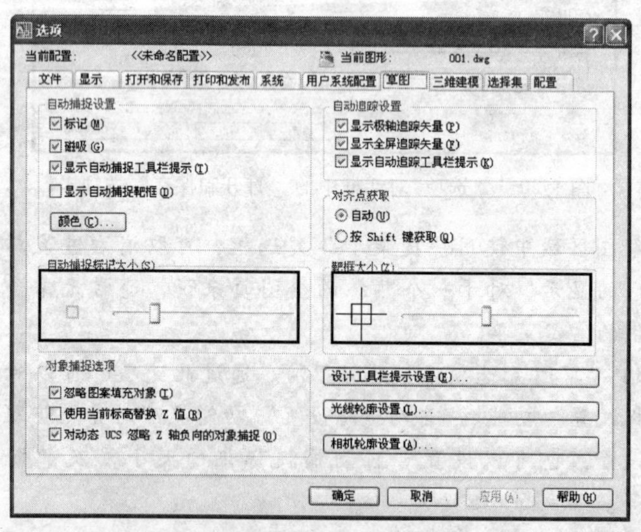

图 1-23 “选项”对话框中的“草图”选项卡

提 示

关于“捕捉”、“追踪”和“夹点”等内容详见后续章节的讲述。

1.4 图形界限和样板文件

图形界限用于定义用户的绘图区域，而样板文件用于用户定义自己的用户环境，下面看一下其操作。

1.4.1 设置图形界限——LIMITS

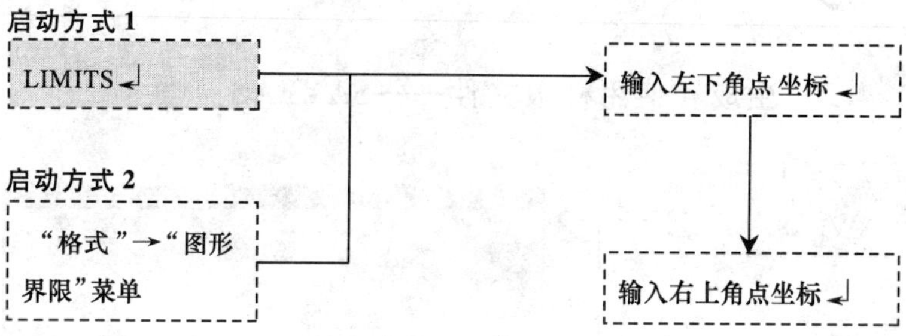

理论上来说，AutoCAD 的绘图区域是无限大的，而使用 LIMITS 命令则可以定义一个假想的绘图区域，相当于选择了图纸的大小。这样用户在绘制图形时，将只能在图形区域内部进行操作。

需要注意的是，执行 LIMITS 命令定义了图形界限后，需要再次执行此命令，并输入 ON 字符，将图形界限设置为可用，否则图形界限处于默认关闭状态。

在使用 AutoCAD 绘图时，大多数都是使用图形的真实尺寸来进行绘图的，如一幢大楼高 100m，那么就定义某条线为 100m（而只在出图时进行按比例缩放），这样图形界限就失去了他原有的作用。事实上，图形界限的主要作用可以包括如下两点：

图形界限也就是栅格显示的区域，所以定义图形界限后，可以对图形的大小有一个明显的参照。

图形界限决定缩放的范围，是“全部缩放”命令的界限。

提 示

在实际操作中，如果出现超出图形界限而无法缩放或显示时，双击鼠标中建，或执行命令Z，再输入A或E回车，即可快速切换到图形界限的范围内，显示图形。

此外，在AutoCAD 2000以后的版本中，图形界限并不影响图形的打印（在早期版本中，图形界限内的部分无法打印）。

1.4.2 生成和使用样板文件——SAVEAS

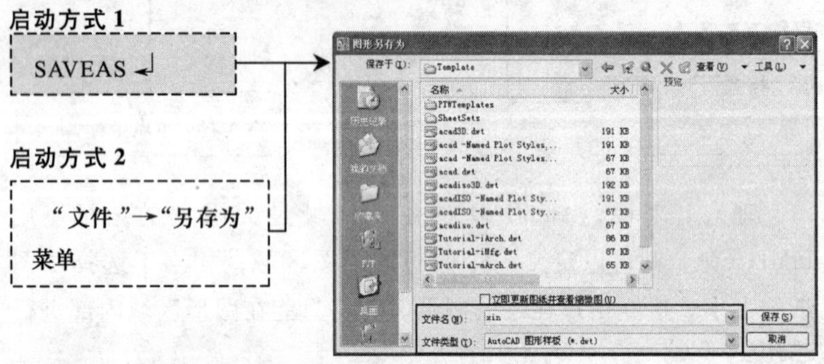

样板文件主要定义了与绘图相关的一些设置，如图层、线型、尺寸标注样式，以及图形的输出布局等，从而保证了图形的一致性，可提高绘图效率。在默认情况下，AutoCAD使用acadiso.dwt样板文件。

在新文件中完成样板文件的设置后，执行SAVEAS命令，打开“图形另存为”对话框，在文件类型下拉列表中选择“*.dwt”文件类型，再选择文件路径并输入文件名，单击“保存”按钮，在弹出的“样板选项”对话框中保持系统默认，单击“确定”按钮即可创建样板文件。

提 示

在“样板选项”对话框中可以设置样板文件的单位，及样板文件中新图层的默认协调方式。

要使用创建的样板文件，选择“文件”→“新建”菜单，然后在打开的“选择样板”对话框中选择保存的样板文件，再单击“打开”按钮即可。

提 示

在“选择样板”对话框中可以使用三种文件作为样板文件，对应的扩展名分别为 dwt、dws 和 dwg。其中，dwt 为标准的样板文件，dwg 为图形文件，也可作为样板文件来使用，dws 为一种标准图形，可用于衡量所绘制图样的线形、图层、字体等相关属性是否符合 dws 中的要求，通常每个公司都有自己单独的 dws 标准文件。

1.5 轻松小练习——绘制传动轴零件图

本节将绘制图 1-24 所示的零件图，以复习本章学习的知识。在学习的过程中，应重点理解图形定位和命令调用的技巧，而对于圆和直线等的详细绘制方法可参考第 3 章中的部分。

步骤 1 执行 NEW 命令，选择系统默认目录下的 acadiso. dwt 文件作为样板文件，新建一个绘图文件。

步骤 2 通过如下操作，绘制图 1-25 所示的零件图。

```
命令：MULTIPLE
输入要重复的命令名：C
CIRCLE 指定圆的圆心
或[三点(3P)/两点(2P)/相切、相切、半径(T)]：0,0
```

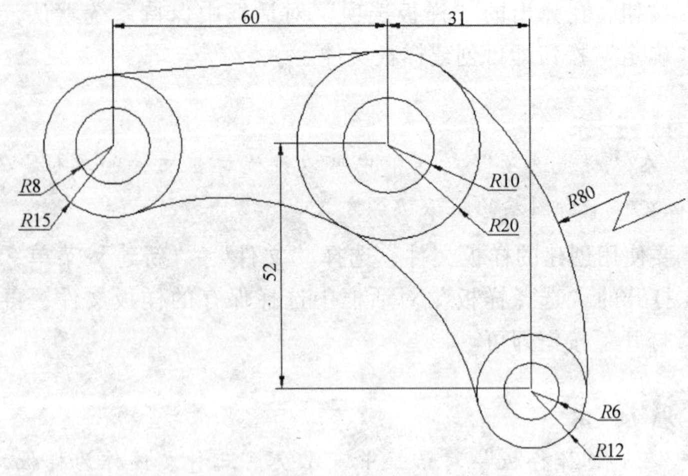

图 1-24　传动轴零件图

指定圆的半径或[直径(D)]<20.0000>:**20**

CIRCLE 指定圆的圆心

或[三点(3P)/两点(2P)/相切、相切、半径(T)]:**0,0**

指定圆的半径或[直径(D)]<20.0000>:**10**

CIRCLE 指定圆的圆心

或[三点(3P)/两点(2P)/相切、相切、半径(T)]:**-60,0**

指定圆的半径或[直径(D)]<10.0000>:**15**

CIRCLE 指定圆的圆心

或[三点(3P)/两点(2P)/相切、相切、半径(T)]:**-60,0**

指定圆的半径或[直径(D)]<15.0000>:**8**

CIRCLE 指定圆的圆心

或[三点(3P)/两点(2P)/相切、相切、半径(T)]:**31,-52**

指定圆的半径或[直径(D)]<8.0000>:**12**

CIRCLE 指定圆的圆心

或[三点(3P)/两点(2P)/相切、相切、半径(T)]:**31,-52**

指定圆的半径或[直径(D)] <12.0000>:**6**

按【Esc】键退出重复绘制圆命令

步骤 3　通过如下操作，绘制一个与三个圆外切的圆，如图

1-26 所示。

命令:C

CIRCLE 指定圆的圆心

或[三点(3P)/两点(2P)/相切、相切、半径(T)]:3P

指定圆上的第一个点: _TAN

到//在绘图区中选择左侧小圆

指定圆上的第二个点: _TAN

到//在绘图区中选择右侧小圆

指定圆上的第三个点: _TAN

到//在绘图区中选择中间大圆

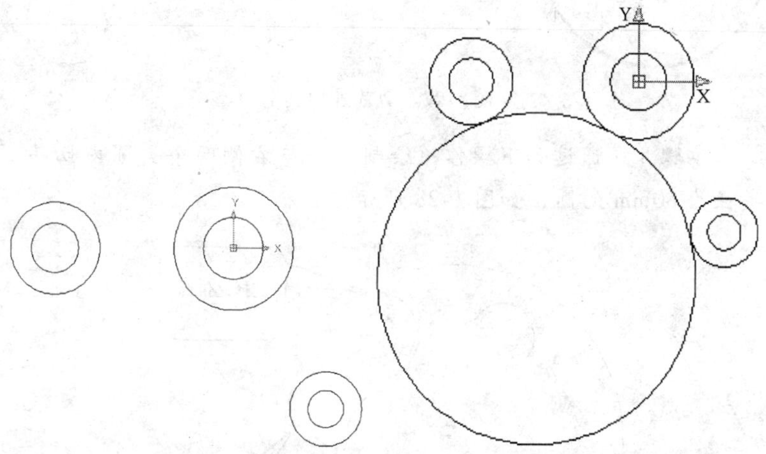

图 1-25 连续绘制多个圆　　　图 1-26 绘制外切圆

步骤 4 通过如下操作，对“步骤 3”绘制的大圆执行修剪操作，将圆的下部剪掉，如图 1-27 所示。

命令:_TR

当前设置:投影 = UCS,边 = 无

选择剪切边...

选择对象或 <全部选择>: 找到 1 个

选择对象: 找到 1 个,总计 2 个

//选择左侧和右侧的外部圆,并按【Enter】键确认

选择对象：

选择要修剪的对象，或按住 Shift 键选择要延伸的对象，

或[栏选(F)/窗交(C)/投影(P)/边(E)/删除(R)/放弃(U)]：

//选择下部大圆进行修剪，并按【Esc】键退出即可

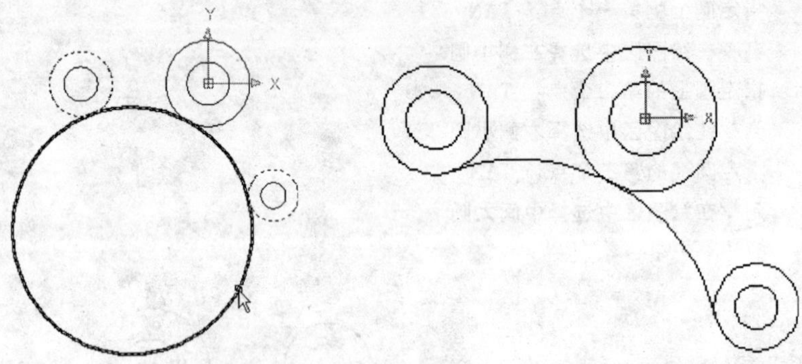

图 1-27　剪裁外切圆

步骤 5　通过如下操作，绘制一个与右侧两个大圆内切的、半径为 80mm 的圆，如图 1-28 所示。

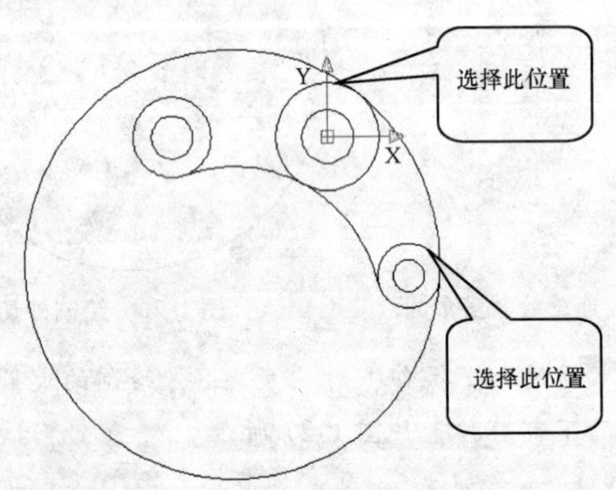

图 1-28　绘制内切圆

命令：C

CIRCLE 指定圆的圆心

或[三点(3P)/两点(2P)/相切、相切、半径(T)]：T

指定对象与圆的第一个切点：**//单击上部圆的图示位置**

指定对象与圆的第二个切点://**单击下部圆的图示位置**

指定圆的半径 <80.0000>:**80**

步骤6 通过与“步骤4”相同的操作，选择与大圆相切的两个圆，再选择大圆要修剪的部分，对圆进行剪裁，效果如图1-29所示。

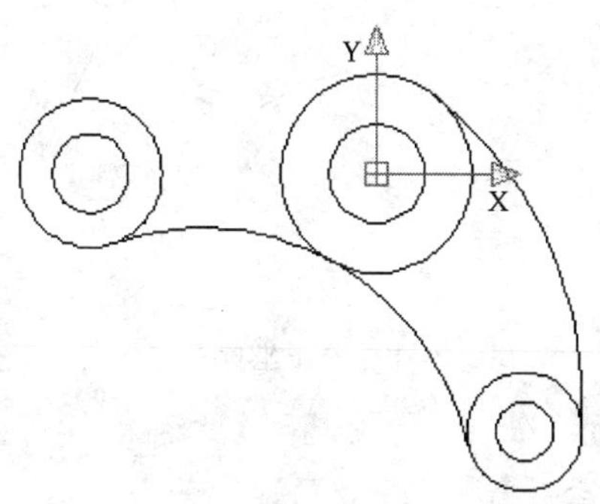

图1-29 剪裁内切圆

步骤7 通过如下操作，绘制一条与左侧两个圆相切的直线，如图1-30所示。

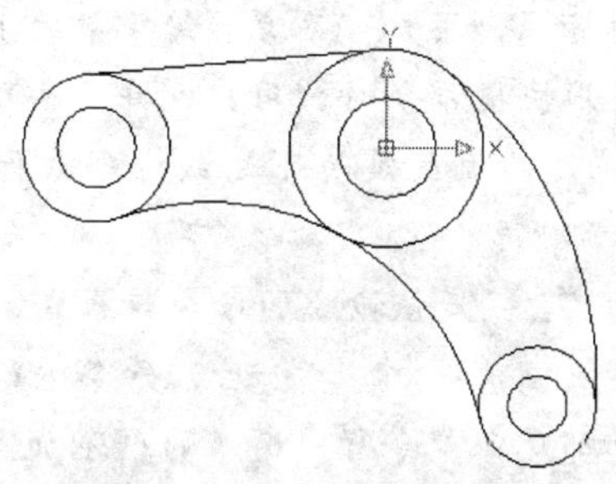

图1-30 绘制相切直线

命令:**L**

指定第一点:**_TAN**

到//选择左侧外圆的上部指定一切点

指定下一点或[放弃(U)]:**_TAN**

到//选择右侧外圆的上部指定另外一个切点

指定下一点或[放弃(U)]://按【Esc】键退出此命令

步骤 8 再通过如下操作，关闭坐标系显示，如图 1-31 所示。

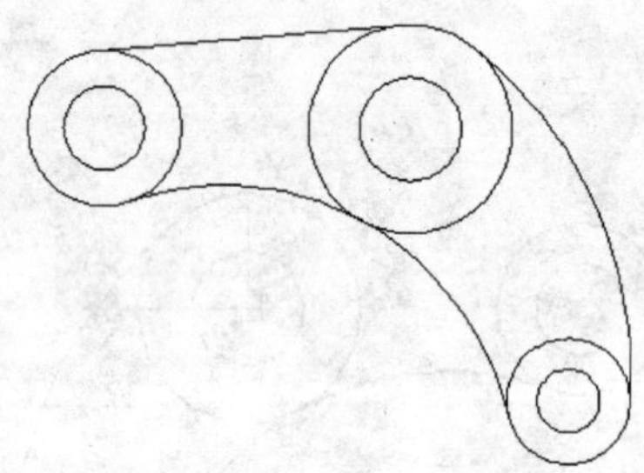

图 1-31 关闭坐标系显示

命令:**UCSICON**

输入选项

[开(ON)/关(OFF)/全部(A)/非原点(N)/原点(OR)/特性(P)] <开>:**OFF**

提 示

关于图形的标注，用户可参考后续章节的讲述。

此外，在使用快捷命令时，用户也许注意到了有些命令前面有下划线“_”，而有的没有下划线，那么加下划线与不加下划线有什么区别呢？

实际上，加“_”是该命令的命令行模式，不加就是对话框模式，也即是说，前面加“_”后，命令运行时不出现对话框，所有的命令都是在命令行中输入的；不加“_”时，命令运行时会出现对话框，参数的输入将在对话框中进行。

第 2 章

AutoCAD基础快捷键

本章内容

AutoCAD 基础快捷命令实际上也是日常工作中最常使用的快捷命令，如文字操作、鼠标操作和对象捕捉与追踪等，在各个功能模块中都会被用到。

总之，学好本章内容，即可令操作者的操作速度提高一个档次，并为以后章节学习快捷命令奠定基础。

2.1 常用文件操作

通过使用 AutoCAD 快捷命令可以快速新建、打开和保存文件，并可以导入和导出不同类型文件，以及进入“设计中心”将现有的图形作为“块”插入到绘图区域中等。下面介绍其使用方法。

2.1.1 打开文件——【CTRL + O】（或 OPEN）

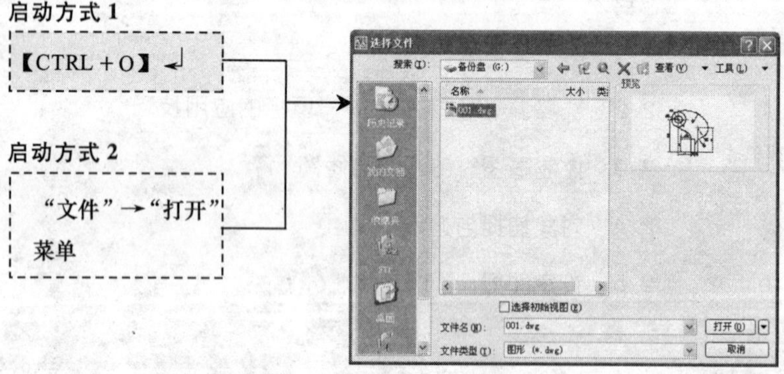

启动 AutoCAD 后，按下【CTRL + O】组合键，或执行 OPEN 命令，可打开“选择文件”对话框，然后选择要打开的文件，并单击“打开”按钮即可打开文件。

提 示

AutoCAD 共提供了四种文件格式：DWG、DWS、DXF 和 DWT。其中 DWG 和 DWS 在第 1 章的 1.4.2 节中已做过叙述，DXF 文件是一种公用文件格式，如 CorelDraw 等可以读取 DXF 文件；DWT 文件是用于网上交流的文件，如安装 Autodesk Express Views 软件后，无需使用 AutoCAD，也可以浏览 DWT 文件。

2.1.2 新建文件——【CTRL+N】（或 NEW）

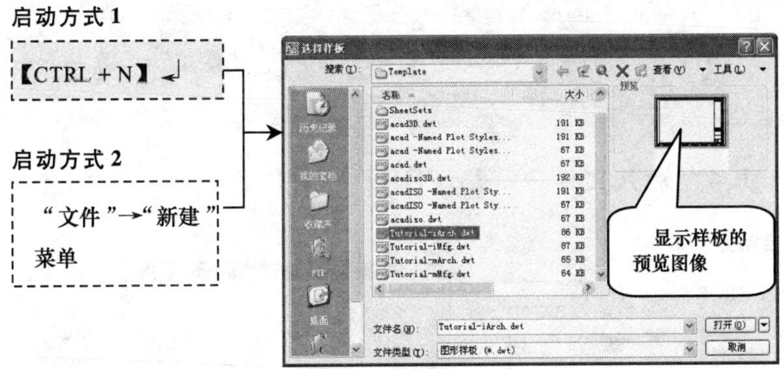

按下【CTRL+N】组合键，或执行 NEW 命令，弹出“选择样板”对话框，用户根据需要选择样板，然后单击“打开”按钮，即可执行新建文件操作。

2.1.3 保存文件——【CTRL+S】（或 SAVE）

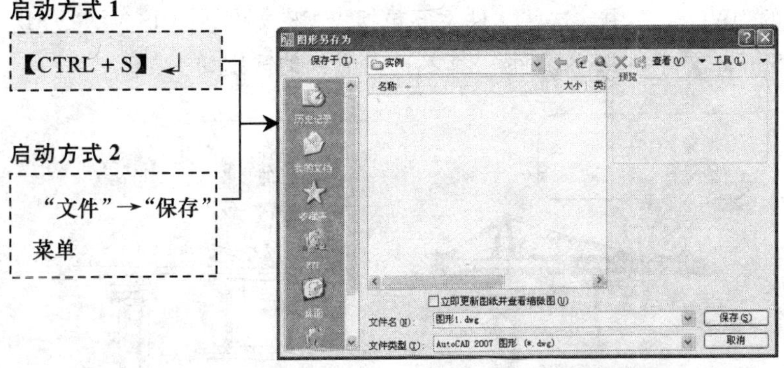

按下【CTRL+S】组合键，或执行 SAVE 命令，可执行保存文件操作。如果是新建的文件，执行保存文件操作后，系统将弹出“图形另存为”对话框，输入文件名称并选择保存的文件类型和路径后，单击“保存”按钮即可保存图形文件。

提 示

如果用户在绘图过程中已保存图形文件，那么在执行“保存”命令时将不会弹出“图形另存为”对话框，而直接覆盖保存的图形文件。

2.1.4 输入文件——IMPORT（或 IMP）

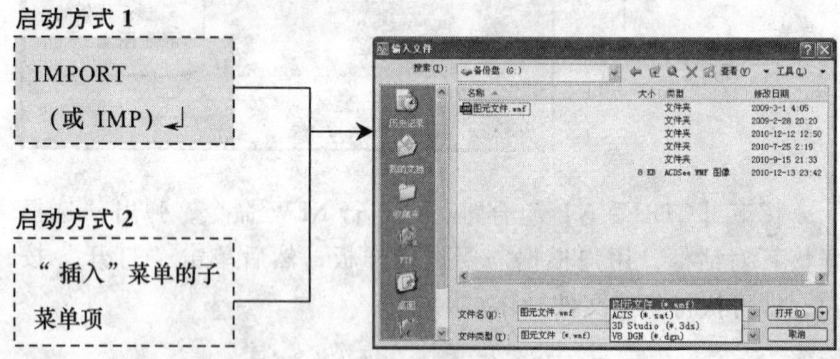

执行 IMPORT 命令可以将很多 Windows 矢量文件输入到当前的 DWG 文件中。这些文件主要包括 WMF 文件、ACIS 文件、3D Studio 文件和 DXB 文件（图 2-1），它们的区别如下：

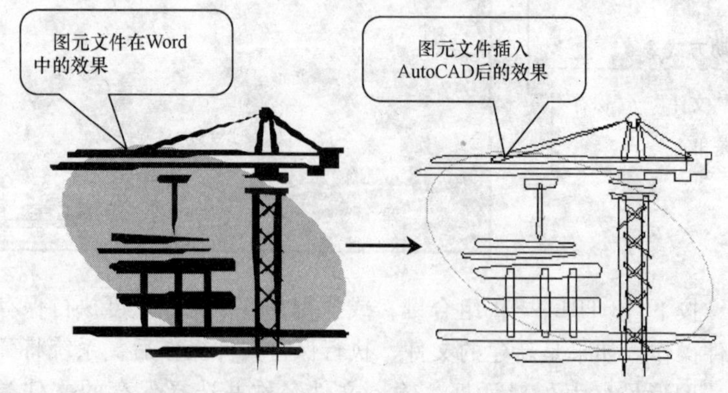

图 2-1 将 Windows 图元文件插入 AutoCAD 的效果

WMF 文件：WMF 是微软公司定义的一种 Windows 平台下的图形文件格式，简称图元文件，在 Word 中选择“插入”→“图片”→“剪贴画”菜单可以插入 WMF 文件，并可以在 Word 中进行编辑。

ACIS 文件：ACIS 文件的扩展名为 sat，ACIS 实际上可以理解为一个用 C + + 编写的类库，使用此类库可以执行建模操作。有很多 CAD 软件都是基于 ACIS 核心技术创建的（而且也都支持 ACIS 文件的导入和导出，实际上 ACIS 文件就是关于三维造型的文本文件，如图 2-2 所示）。

3D Studio 文件：是 3DS MAX 模型文件，也可导入到 AutoCAD 中。

DXB 文件：也成为二进制图形交换文件，主要用于将三维图形“平面化”，成为二维图形。可将三维图形打印输出为 DXB 文件，然后再将 DXB 文件导入 DWG 文件，即可得到二维图形。

提 示

此外，执行【CTRL+2】（或 DC）命令，可以打开“AutoCAD 设计中心”。利用此设计中心，用户不仅可以浏览、查找、预览和管理 AutoCAD 图形等资源，而且还可以通过简单的拖放操作，将位于本地计算机、局域网或国际互联网上的块、图层、文字样式、标注样式等插入到当前图形。

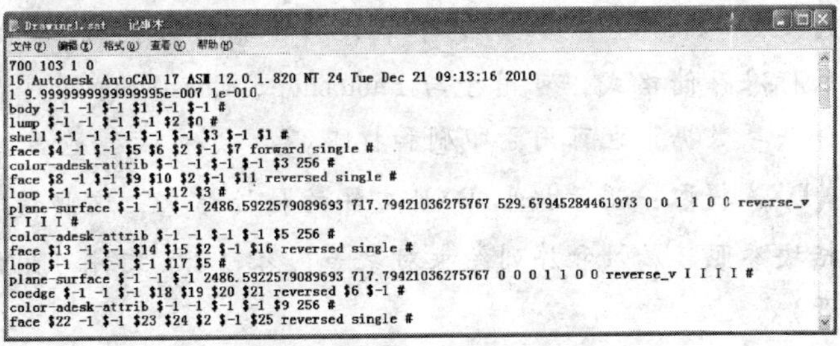

```
Drawing1.sat - 记事本
文件(F) 编辑(E) 格式(O) 查看(V) 帮助(H)
700 103 1 0
16 Autodesk AutoCAD 17 ASM 12.0.1.820 NT 24 Tue Dec 21 09:13:16 2010
1 9.9999999999999995e-007 1e-010
body $-1 -1 $-1 $1 $-1 $-1 #
lump $-1 -1 $-1 $-1 $2 $0 #
shell $-1 -1 $-1 $-1 $-1 $3 $-1 $1 #
face $4 -1 $-1 $5 $6 $2 $-1 $7 forward single #
color-adesk-attrib $-1 -1 $-1 $-1 $3 256 #
face $8 -1 $-1 $9 $10 $2 $-1 $11 reversed single #
loop $-1 -1 $-1 $-1 $12 $3 #
plane-surface $-1 -1 $-1 2486.5922579089693 717.79421036275767 529.67945284461973 0 0 1 1 0 0 reverse_v
I I I I #
color-adesk-attrib $-1 -1 $-1 $-1 $5 256 #
face $13 -1 $-1 $14 $15 $2 $-1 $16 reversed single #
loop $-1 -1 $-1 $-1 $17 $5 #
plane-surface $-1 -1 $-1 2486.5922579089693 717.79421036275767 0 0 0 1 1 0 0 reverse_v I I I I #
coedge $-1 -1 $-1 $18 $19 $20 $21 reversed $6 $-1 #
color-adesk-attrib $-1 -1 $-1 $-1 $9 256 #
face $22 -1 $-1 $23 $24 $2 $-1 $25 reversed single #
```

图 2-2 用记事本打开的 ACIS 文件

2.1.5 输出其他格式文件——EXPORT（或 EXP）

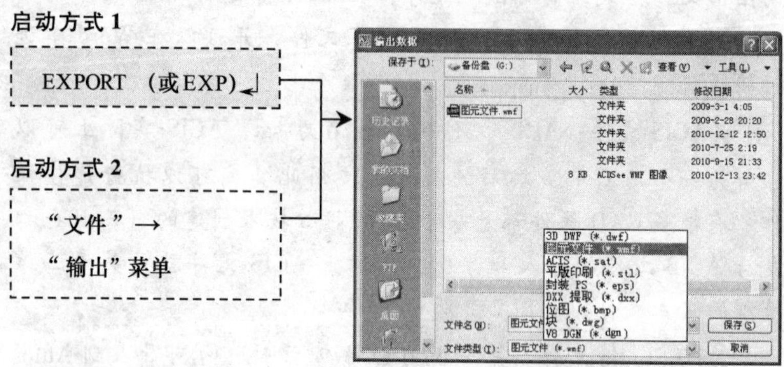

执行 EXPORT 命令可以将当前的 AutoCAD 文件输出为多种格式文件，如前面 2.1.4 节中介绍的 WMF 和 ACIS 文件，以及 3D DWF、平版印刷、封装 PS、DXX 提取、位图、块和 V8 DGN 文件等。WMF 和 ACIS 文件前面已做了介绍，下面介绍一下其他文件的异同。

3D DWF：是业内交流信息的一种文件格式，可以打开并查看文件内容，却不能修改文件。

平版印刷：扩展名为 stl，实体数据以三角形网格面的形式转换为平版印刷设备可以识别的文件格式，平版印刷设备使用该文件数据来定义代表部件的一系列图层（平版印刷设备主要用于在硬性板材，如铝合金、钢板等上喷绘图形）。

封装 PS：文件扩展名为 eps，是跨平台的矢量图像和光栅图像的标准存储格式，可用于与 Photoshop、CorelDraw 等平面设计软件共享数据，也可用于印刷和打印。

DXX 提取：用于提取 DXF 文件的属性信息，这些信息中只包括块参照、属性和序列结束对象等内容（dxx 文件可用记事本打开）。

位图：即普通的 BMP 图片文件。

块：DWG 块文件，可将此类文件作为整体插入到 AutoCAD 文件中使用。

V8 DGN：扩展名为 dgn，用于输出 MicroStation 软件可识别的 DGN 文件（MicroStation 是与 AutoCAD 类似的 CAD 软件）。

2.1.6 退出——【ALT + F4】（或 QUIT、EXIT）

启动方式 1

【ALT＋F4】

启动方式 2

QUIT（或 EXIT）↵

按下【ALT + F4】组合键，或执行命令 QUIT，以及单击标题栏上的“关闭”按钮，或选择“文件”→“退出”菜单，均可关闭 AutoCAD 程序。程序在关闭前，如有未保存文件，将弹出对话框询问是否保存。

2.2 选择、缩放和平移——鼠标的应用技巧

使用 AutoCAD 绘制图形时，鼠标是一个重要的工具，正确使用鼠标，再结合某些按键可以达到快速绘图的目的。

2.2.1 选择对象——鼠标左键

使用鼠标左键单击可以选择对象，使用鼠标左键窗选可以一次选择多个对象，下面分别介绍其方法。

1）单击选择对象。直接单击对象可选择单个对象，连续多次单击可选择多个对象，如图 2-3 所示。

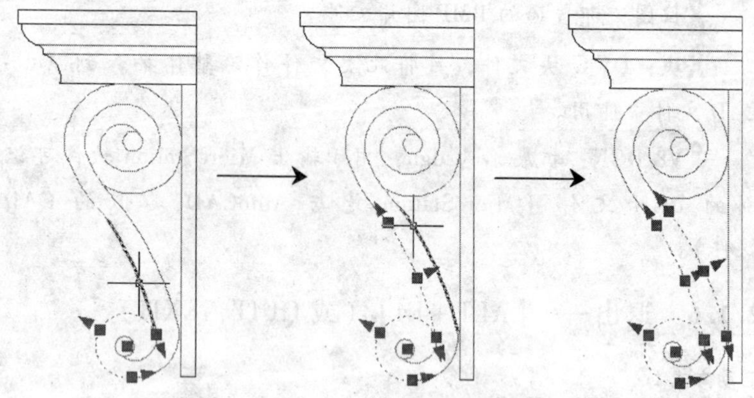

图 2-3　连续单击选择多个对象

提　示

所有被选中的对象将形成一个**选择集**，要从选择集中取消选择某个对象，可按【Shift】键的同时单击该对象；而要取消全部对象的选择，可按【Esc】键。

2）窗选选择对象。自左向右拖出选择窗口，即首先单击一点确定左侧角点①，然后向右移动光标，确定右侧对角点②，为窗选选择对象。此时所有完全包含在选择窗口中的对象均会被选中，如图 2-4 所示。

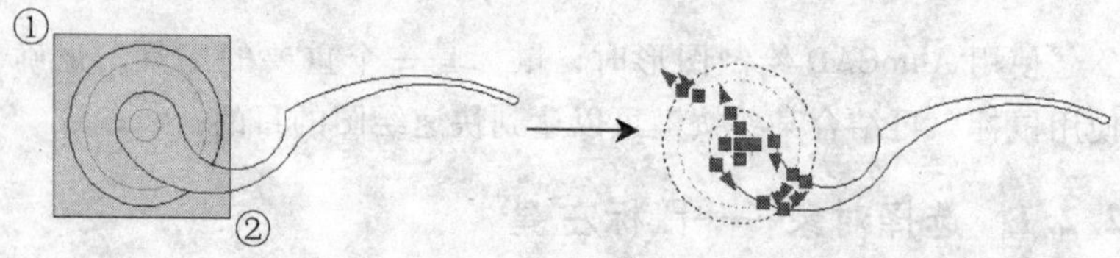

图 2-4　窗选选择对象

3）窗交选择对象。自右向左拖出选择窗口，即先确定选择窗口右侧角点①，然后向左移动光标，确定其左侧对角点②，为窗交选择对象。此时所有完全包含在选择窗口中，以及所有与选择窗口相交的对象均会被选中，如图 2-5 所示。

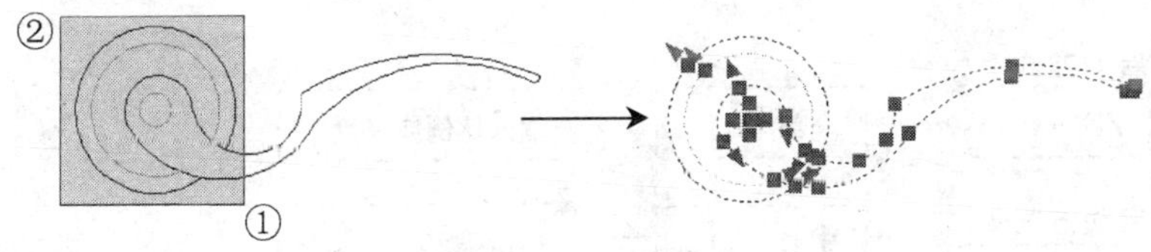

图 2-5　窗交选择对象

2.2.2　菜单或【Enter】功能——鼠标右键

前面第一章介绍了单击鼠标右键可以结束执行命令，相当于【Enter】键的功能。此外，在绘制图形的过程中，单击鼠标右键还可以弹出右键快捷菜单，以辅助绘制图形，如图 2-6 所示。

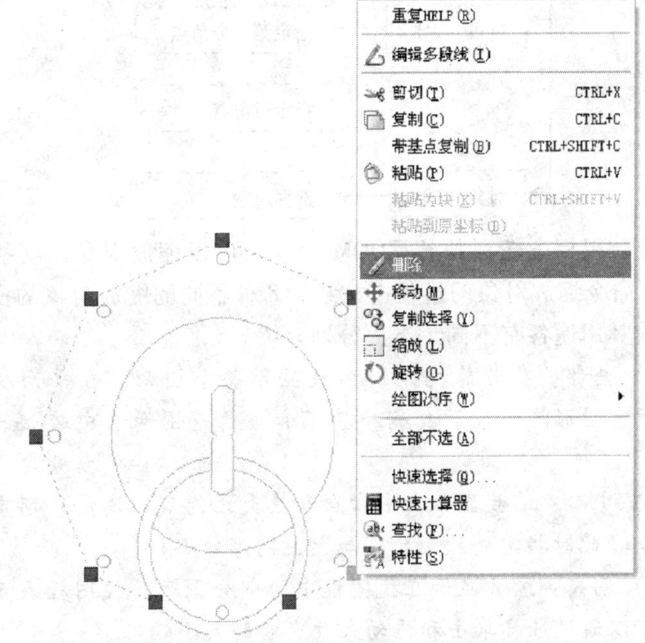

图 2-6　鼠标右键的作用

2.2.3 缩放或平移——鼠标滚轮（或 PAN、ZOOM）

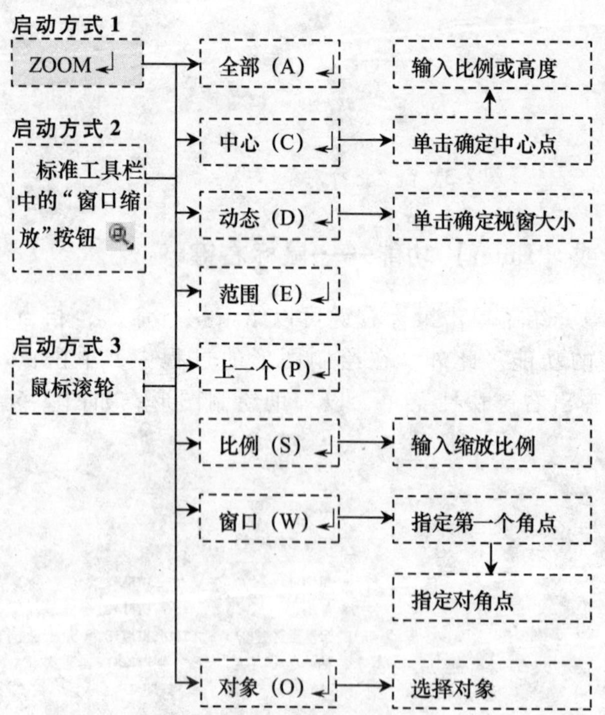

旋转鼠标滚轮或执行 ZOOM 命令，可以缩放对象。在执行 ZOOM 命令缩放对象的过程中，共有 8 种不同的缩放对象的操作方式，其用途各有不同，下面分别介绍。

1）**全部**：在当前视口中缩放显示整个图形。在平面视图中，所有图形将被缩放到栅格界限和当前范围两者中较大的区域中。

2）**中心**：缩放显示由中心点和放大比例（或高度）所定义的窗口（此时指定的放大比例越大，图形越小）。

3）**动态**：缩放显示在视图框中的部分图形。视图框表示视口，可以通过鼠标单击和拖动来改变它的大小。

4）**范围**：在当前窗口中显示所有图形。

5）**上一个**：快速回到前一次视图，最多可恢复此前的 10 个视图。

6）**比例**：以指定的比例放大或缩小图形，如输入 3 后按【Enter】键则表示放大 3 倍当前图形。

7）**窗口**：用于缩放由两个对角点所确定的一个矩形区域，如图 2-7 所示。

8）**对象**：选择某个对象，并以其为界限完全显示此对象。

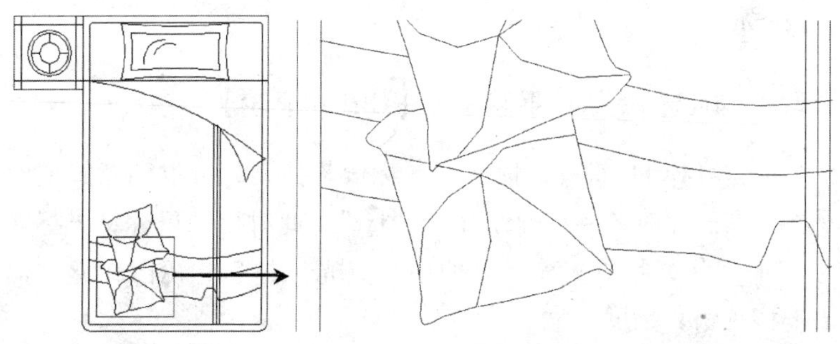

图 2-7　以窗口形式进行缩放操作

提　示

实际上执行 ZOOM 命令时，系统默认处于“实时”缩放状态，此时滚动鼠标滚轮可缩放图形，窗选图形后以窗口形式缩放图形。

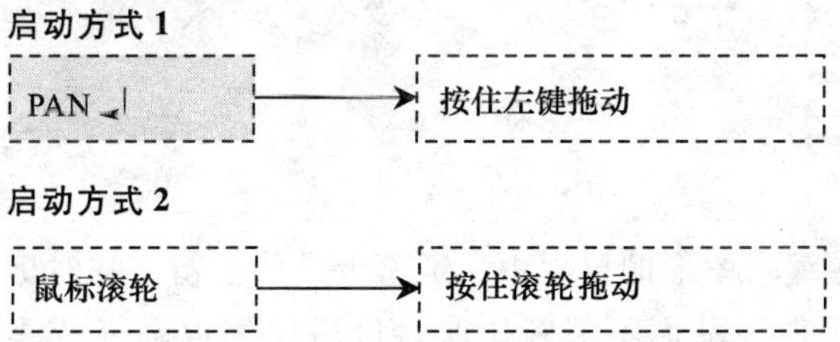

按住鼠标滚轮移动或执行 PAN 命令，可以平移对象。启动

PAN 命令后，视图中会出现手形光标“ ”，单击并拖动即可平移视图。

要想退出实时平移视图状态，可以按【Esc】键或【Enter】键。

提 示

平移视图时，如果手形光标出现了尖角符号（如 ），这表示图形已经移动到了图形界限的某个边缘，无法再向此方向移动。

2.2.4 随意式实时平移——【Ctrl + 滚轮】

按住【Ctrl】键并同时按住鼠标滚轮拖动，可以随意式实时平移视图。此时，系统显示光标“ ”，此时拖动鼠标，光标变为“ ”状，此图标离原有的中心点光标越远，视图在此方向上平移越快，幅度越大。

2.2.5 旋转视图——【Shift + 滚轮】

按住【Shift】键并同时按住鼠标滚轮拖动，可将二维空间调整为三维空间，并可在三维空间中任意旋转视图。

2.2.6 视图重画和重生成——REDRAW 和 REGEN

启动方式 1

REDRAW(或R) ↲

启动方式 2

REGEN(或RE) ↲

用户在绘图或编辑图形的过程中，屏幕上常常会留下临时标记，这会令屏幕显得混乱而不清晰，这时可以使用重画（或重生成）功能清除这些临时标记，如图 2-8 所示。

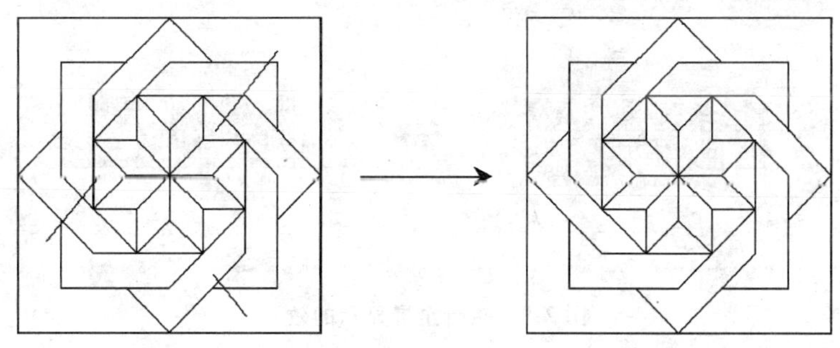

图 2-8 执行重画命令的效果

执行 R 命令或选择“视图”→“重画”菜单可重画视图；而执行 RE 命令或选择“视图”→“重生成”菜单则可以重生成视图。

重生成与重画命令的不同在于，利用“重画”命令可以在显示内存中更新屏幕，而利用“重生成”命令可以重生成整个图形并重新计算所有对象的屏幕坐标，所以速度比“重画”命令执行得慢。

2.2.7 全屏显示——【Ctrl +0】

启动方式 1

【Ctrl+0】↵

启动方式 2

“视图”→“全屏显示”菜单

按【Ctrl +0】组合键执行“全屏显示”命令后，AutoCAD 将仅显示工作界面的菜单栏、状态栏、命令窗口和绘图区，从而可扩大图形的显示区域，方便操作，如图 2-9 所示。

再次按下【Ctrl +0】组合键可返回原始窗口状态。

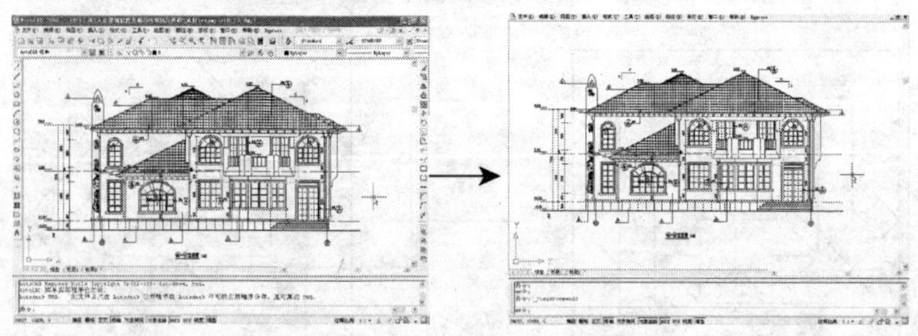

图 2-9　执行全屏显示的效果

2.3　控制画图时的方向与距离

用户在绘制图形时，仅仅使用光标难以精确控制方向与距离，这时可以使用系统提供的正交、捕捉、栅格和极轴追踪等功能辅助绘制图形，本节将对其进行详细讲述。

2.3.1　栅格——【F7】键

按【F7】键，或单击状态栏中的“栅格”按钮 栅格 可打开或关闭栅格的显示。

栅格是一些标定位置的小点，如图 2-10 所示，使用它可以提供直观的距离和位置参照。

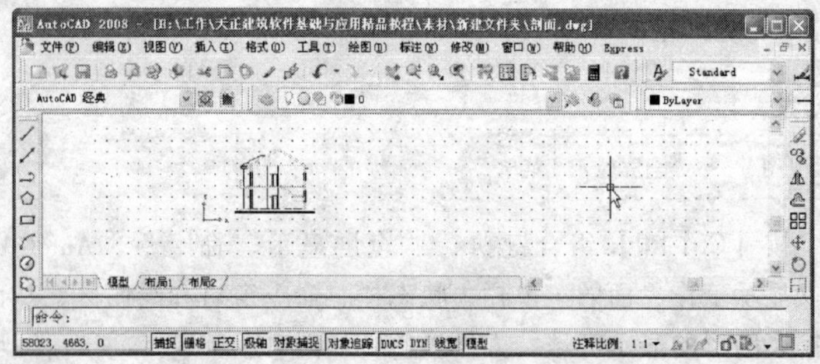

图 2-10　栅格显示效果

右键单击状态栏中的“栅格”按钮 栅格，在弹出的菜单中选择“设置”菜单项，打开“草图设置”对话框的“捕捉和栅格”选项卡，如图 2-11 所示，可在此选项卡中对“栅格”进行设置，具体如下：

栅格间距：用于设置栅格在水平和竖直方向的间距。“每条主线的栅格数”用于指定主栅格线相对于次栅格线的频率（适用于除二维线框之外的任何视觉样式），如图 2-12 所示。

栅格行为：“自适应栅格”用于设置视图缩小时自动调整栅格密度；“允许以小于栅格间距的间距再拆分”用于设置当视图放大时，生成更多间距更小的栅格线；“显示超出界限的栅格”用于设置在绘图界限之外显示栅格；“跟随动态 UCS”是指在绘制三维图形时，令栅格平面自动与 UCS 的 XY 平面对齐。

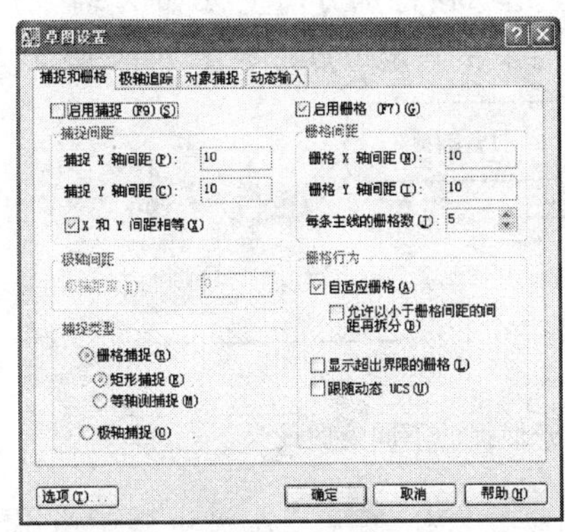

图 2-11 “草图设置”对话框

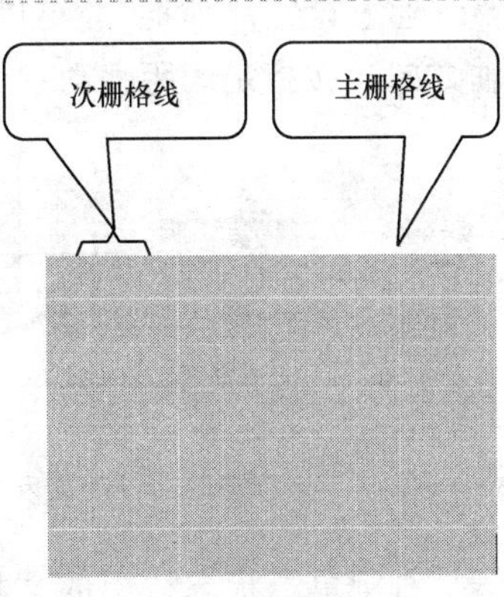

图 2-12 栅格显示效果

2.3.2 正交模式——【F8】键

按【F8】键，或单击状态栏中的“正交”按钮 正交 可打开或关闭正交模式。

启动 AutoCAD 的正交模式，可以绘制平行于当前坐标轴的直线。且打开正交模式后，无法绘制不平行于坐标轴的直线，如

图 2-13 所示。

图 2-13　正交模式打开和关闭时的绘图效果

2.3.3　捕捉——【F9】键

按【F9】键，或单击状态栏中的“捕捉”按钮 捕捉 可打开或关闭捕捉。

通过设置“捕捉”，可以使光标在特定方向上（如 X 轴、Y 轴方向）按指定间距移动，从而来精确定位点，如图 2-14 所示。

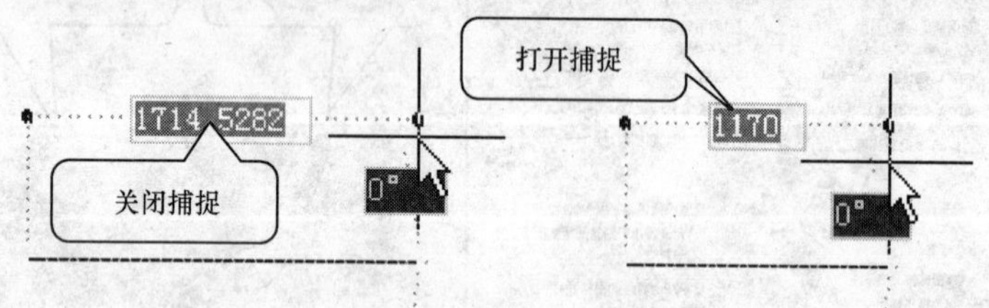

图 2-14　关闭和打开捕捉的不同绘图效果

右键单击状态栏中的“捕捉”按钮 捕捉，在弹出的菜单中选择“设置”菜单项，打开“草图设置”对话框的“捕捉和栅格”选项卡，如图 2-11 所示，在此选项卡中可设置捕捉的间距等参数。

捕捉间距：用于设置在 X 轴和 Y 轴方向的捕捉间距。

栅格捕捉：“矩形捕捉”是指光标将捕捉矩形捕捉栅格；“等轴测捕捉”是指光标将捕捉等轴测捕捉栅格，“等轴测捕捉”主要用于绘制轴测图。

极轴捕捉和极轴间距：用于设置在“极轴捕捉”和“极轴追踪”打开的情况下，在极轴上按照指定的间距进行捕捉，如图 2-15 所示（关于“极轴追踪”将在下一小节中介绍）。

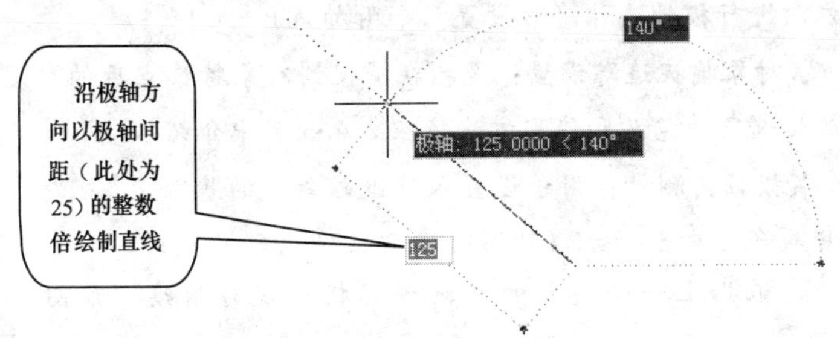

图 2-15　极轴捕捉的绘图效果

2.3.4　极轴追踪——【F10】键

按【F10】键，或单击状态栏中的“极轴”按钮 极轴 可打开或关闭极轴追踪。

启用极轴追踪功能后，可以沿追踪线精确定位点，如图2-16所示。追踪线是由相对于起点和端点的极轴角而定义显示的。

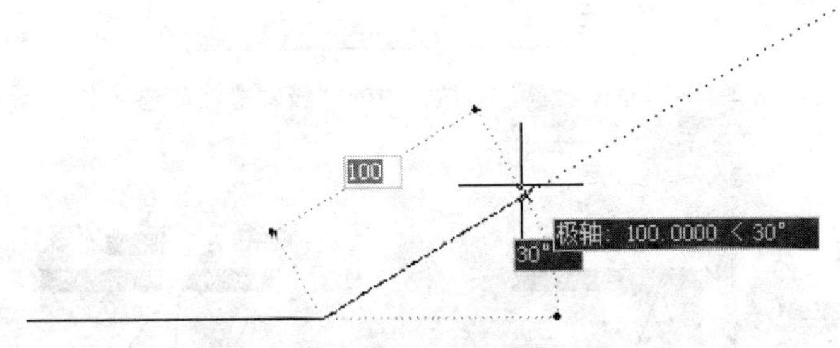

图 2-16　极轴追踪的绘图效果

右键单击状态栏中的“极轴”按钮 极轴，在弹出的菜单中选择“设置”菜单项，打开“草图设置”对话框中的“极轴追踪”选项卡，如图 2-17 所示，在此选项卡中可设置极轴角的角度等参数。

极轴角设置：“增量角”用于设置极轴角的递增角度；单击“新建”按钮可添加“附加角”，“附加角”可设置沿某些特殊方向进行极轴追踪（可设置多个附加角）。

对象捕捉追踪设置：是指在捕捉到对象特征点后的角度追踪，此选项的意义和使用方法将在 2.4.3 节中介绍。

极轴角测量：用于设置极轴追踪角度的基准。“绝对”是根据当前用户坐标系（UCS）确定极轴追踪角度；“相对上一段”是根据上一个绘制的线段确定极轴追踪角度，如图 2-18 所示。

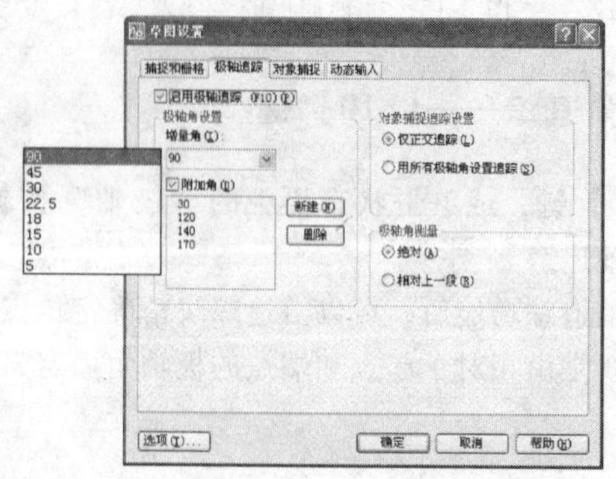

图 2-17 “草图设置”对话框中的“极轴追踪”选项卡

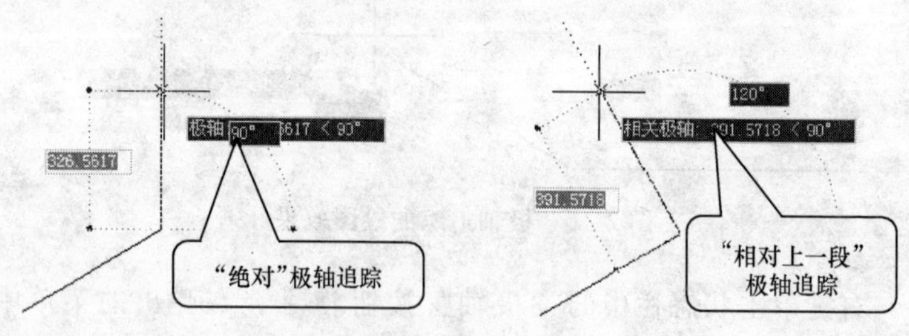

图 2-18 极轴追踪的两种方式

提 示

在正交模式下光标只能沿水平或垂直方向移动，因此，正交模式和极轴追踪不能同时使用，当其中一个打开时，另一个将会自动关闭。

2.3.5 动态输入——【F12】键

按【F12】键，或单击状态栏中的“动态输入”按钮DYN可打开或关闭“动态输入”状态。

打开“动态输入”后，可在光标附近显示提示信息，如图2-19所示，包括光标所在位置的坐标、尺寸标注、长度和角度变化等，以帮助用户绘图。

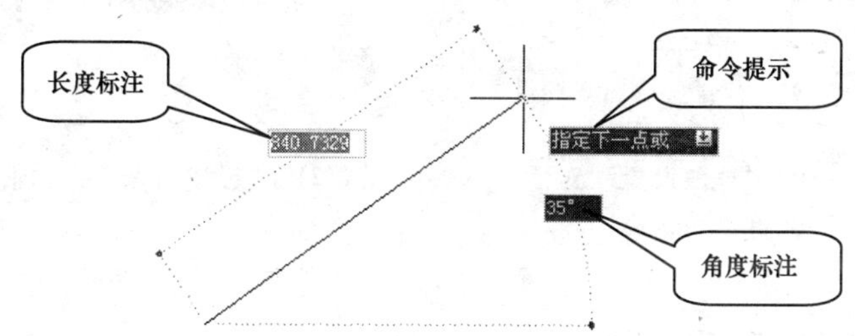

图2-19 打开动态输入时绘制图形的效果

动态输入包括三个组件，分别为指针输入、标注输入和动态提示。右键单击状态栏中的“动态输入”按钮DYN，在弹出的快捷菜单中选择“设置”菜单项，可以打开“草图设置”对话框中的“动态输入”选项卡，如图2-20所示。在此对话框中可以对“动态输入”的三个组件进行设置。

启用指针输入： 当启用指针输入且有命令在执行时，将在光标附近的工具栏提示框中显示十字光标的坐标，如图2-21所示。

启用标注输入： 启用标注输入后，以标注的形式来绘制图形，将使绘图操作更加直观，如图 2-19 所示。

显示动态提示： 启用动态提示时，会在光标附近显示执行下一步操作的提示文字，如图 2-19 所示。按【↓】键可查看和选择当前能够进行的绘图操作，按【↑】键将显示最近的输入信息。

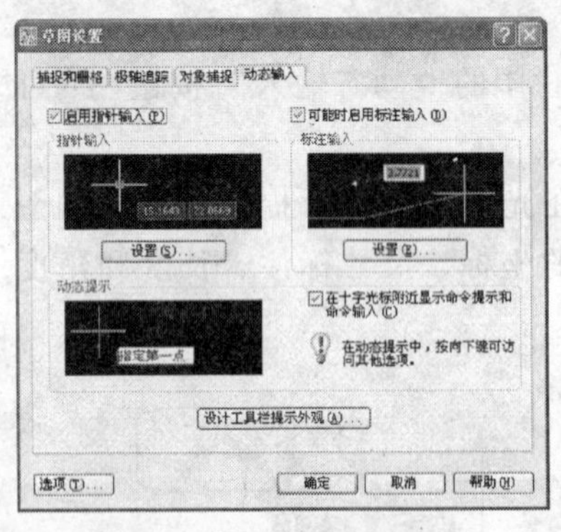

图 2-20 “草图设置”对话框中的“动态输入”

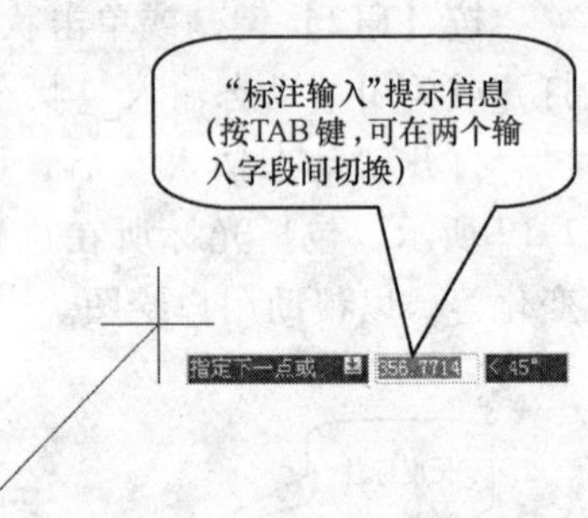

图 2-21 “标注输入”提示信息

提 示

当“指针输入”和“标注输入”都启用时，在可以使用“标注输入”的地方，系统将自动使用“标注输入”。此外，在图 2-20 所示的对话框中，单击组件下的相关“设置”按钮，可对动态输入进行详细设置。

2.4 对象捕捉与追踪

在绘图过程中，使用对象捕捉和对象捕捉追踪可以轻松捕捉特征点，并沿着特征点通过路径追踪来绘制下一个点。下面看一下其具体使用方法。

2.4.1 对象捕捉——【F3】键

按【F3】键，或单击状态栏中的“对象捕捉”按钮 对象捕捉 可打开或关闭“对象捕捉”。

打开对象捕捉功能后，在绘图过程中可自动捕捉已绘对象上的特征点。如在绘制直线时，当光标移向圆的上方时，可自动捕捉到圆上的“象限点”，如图2-22所示。

执行DS或SE命令，或右击状态栏中的“对象捕捉”按钮 对象捕捉，在弹出的菜单中选择“设置”菜单项，将打开“草图设置”对话框中的“对象捕捉”选项卡，如图2-23所示。在此选项卡中可以设置对象捕捉能够捕捉到哪些特征点。

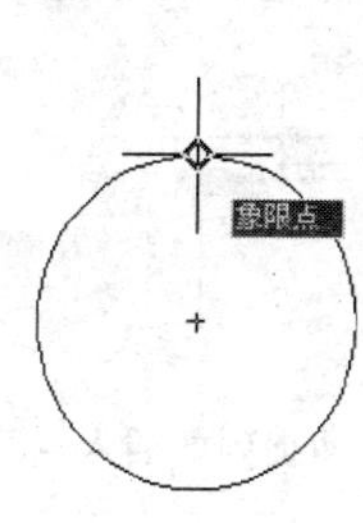

图2-22 捕捉到的象限点

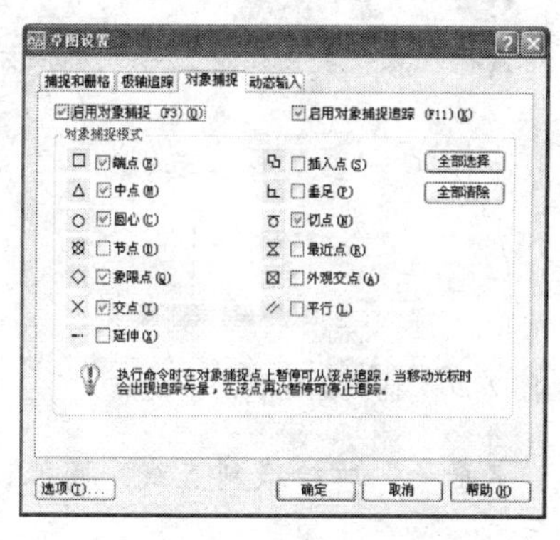

图2-23 “草图设置”对话框中的“对象捕捉”选项卡

下面介绍各特征点的含义：

- **端点**：是指对象的起点或终点。
- **中点**：是指直线、圆弧、多线或样条曲线等对象的中心点。
- **圆心**：圆弧、圆、椭圆或椭圆弧的圆心。
- **节点**：是指点对象、标注定义点或标注文字的起点，如图2-24所示。

象限点：是指圆弧、圆、椭圆或椭圆弧的象限点。圆的象限点是指平行于X轴和Y轴的两条直径与圆的交点；椭圆的象限点是指椭圆的长轴和短轴与椭圆的交点，如图2-25所示。

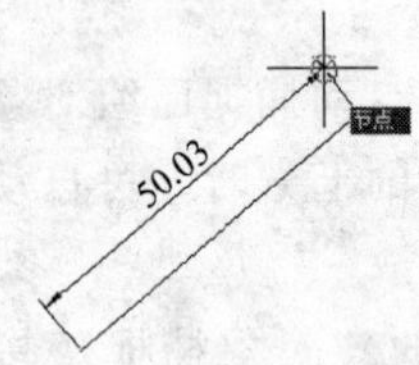

图2-24　捕捉到的节点

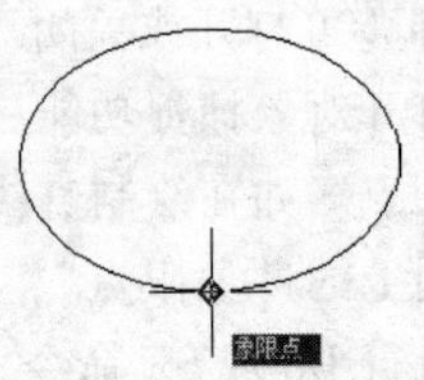

图2-25　捕捉到的象限点

交点：线间的交叉点。

延伸：直线或圆弧临时延长线上的点，如图2-26所示。

插入点：块、形、文字或属性插入时的基点，如图2-27所示。

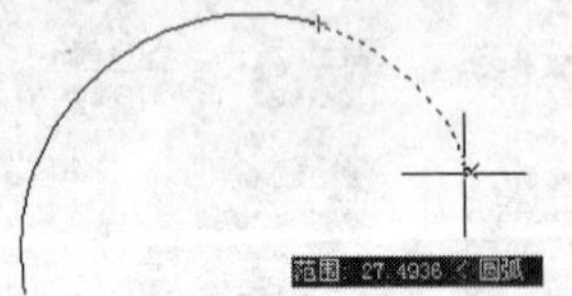

图2-26　捕捉到延长线上的点

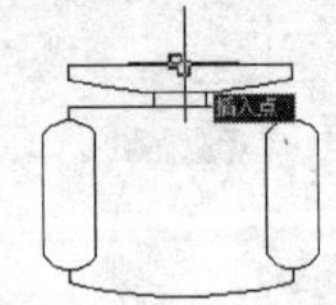

图2-27　捕捉到的插入点

垂足：所绘线到直线、圆弧、多段线等的垂足，如图2-28所示。

切点：所绘线到圆弧、圆或样条曲线等的切点。

最近点：所绘线到直线、圆弧、多段线等对象上离光标拾取点最近的点，如图2-29所示。

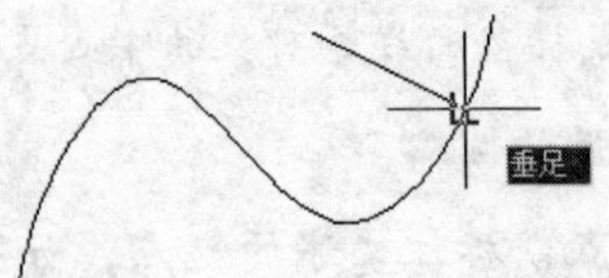

图2-28　捕捉到的垂足

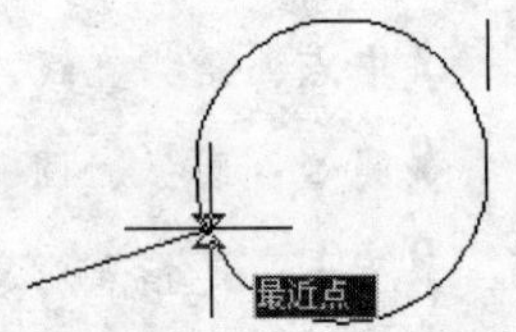

图2-29　捕捉到的最近点

外观交点：用来捕捉两个对象延长或投影后的交点，在捕捉外观交点时需选择两条用于延长的线，如图 2-30 所示。

平行：令绘制的直线与其他线性对象平行，如图 2-31 所示。

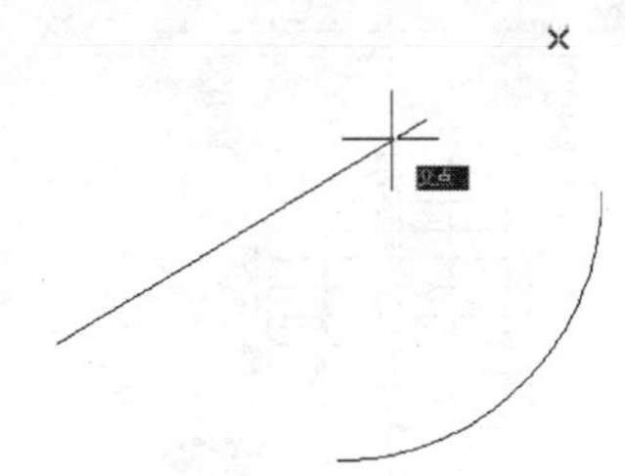

图 2-30　捕捉到的外观交点

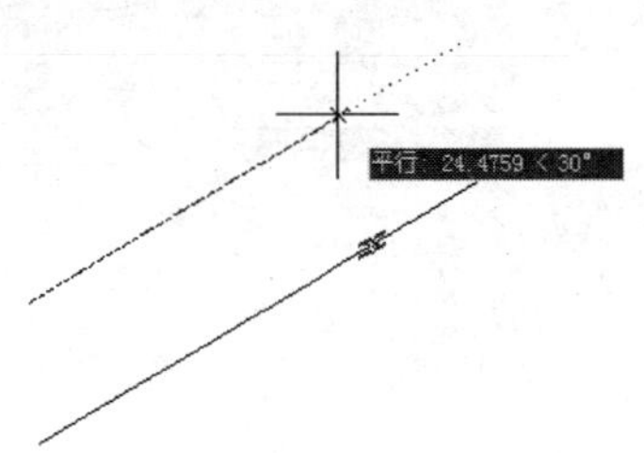

图 2-31　捕捉到的平行线

2.4.2　覆盖捕捉——【Shift/Ctrl + 右键】

单击状态栏中的“对象捕捉”按钮 对象捕捉，打开的对象捕捉模式被称为**运行捕捉模式**。此捕捉模式下，当图形比较密集时，可能难以捕捉到需要的特征点。为此，AutoCAD 提供了另外一种对象捕捉模式——**覆盖捕捉模式**。

执行覆盖捕捉后，运行捕捉模式将被暂时禁止，而且会按要求捕捉单种意义的特征点。

如图 2-32 所示，在“覆盖捕捉模式”下，精确捕捉到了交点。捕捉结束后，运行捕捉模式重新有效。

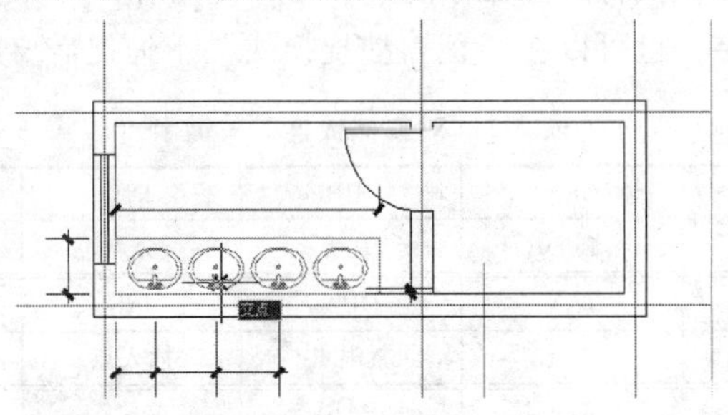

图 2-32　精确捕捉到交点

按【Shift】键或【Ctrl】键的同时右击绘图区，在弹出的快捷菜单中选择要捕捉的单种特征点，即可在“覆盖捕捉模式”下捕捉需要的特征点，如图2-33所示。

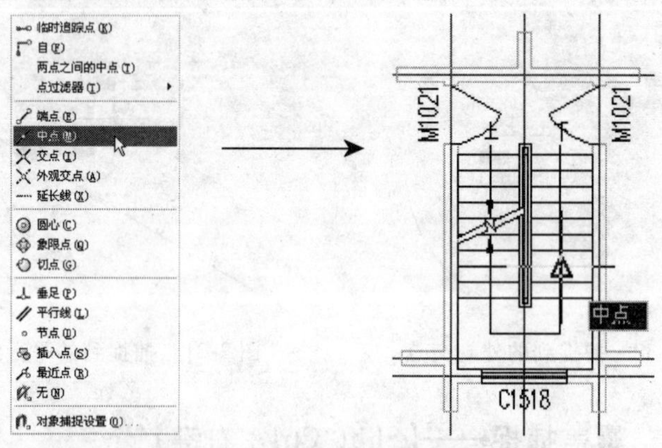

图2-33 使用快捷菜单执行覆盖捕捉模式

此外，右击工具栏，在弹出的工具栏列表中选择“对象捕捉”项，打开“对象捕捉”工具栏，如图2-34所示，单击其中的按钮，也可在“覆盖捕捉模式”下捕捉需要的特征点。

图2-34 使用工具栏执行覆盖捕捉

另外，在执行绘图命令的过程中，使用表2-1所示对象捕捉模式关键字，也可以在“覆盖捕捉模式”下捕捉需要的特征点。

表2-1 对象捕捉模式关键字

END	CEN	MID	INT	EXT
端点	圆心	中点	交点	延伸
NOD	TAN	QUA	INS	PER
节点	切点	象限点	插入点	垂足
NEA	APP	PAR		
最近点	外观交点	平行		

2.4.3 对象捕捉追踪——【F11】键

对象捕捉追踪是指在捕捉到对象的特征点后，可以根据设置继续对特征点进行正交或极轴追踪。

例如，在捕捉到圆上方的“象限点”后，水平向右移动鼠标，将显示如图2-35所示的追踪线，通过此追踪线可在绘制直线时进行精确定位。

按【F11】键，或单击状态栏中的“对象追踪”按钮 对象追踪 可打开或关闭对象捕捉追踪。

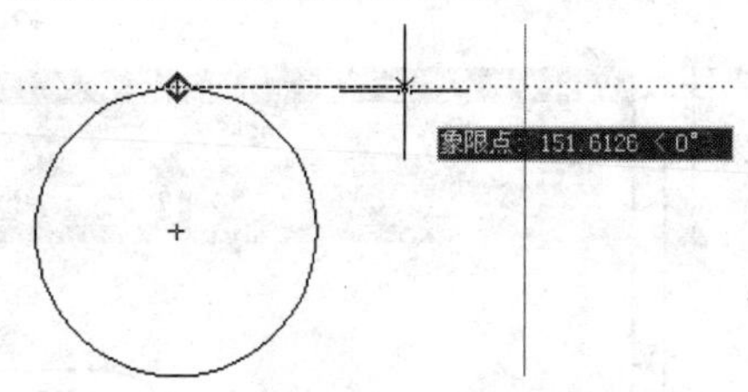

图2-35 使用对象捕捉追踪绘制图形

在“草图设置”对话框中的“极轴追踪”选项卡中（图2-17），可以设置在什么方向上进行“对象捕捉追踪”，具体如下：

仅正交追踪：设置当启用对象捕捉追踪时，只对获取的对象捕捉点进行正交（水平或垂直）追踪，如图2-36所示。

用所有极轴角设置追踪：设置当启用对象捕捉追踪时，可以将极轴追踪设置应用到对象捕捉追踪，光标将从获取的对象捕捉点起沿极轴方向进行追踪，如图2-37所示。

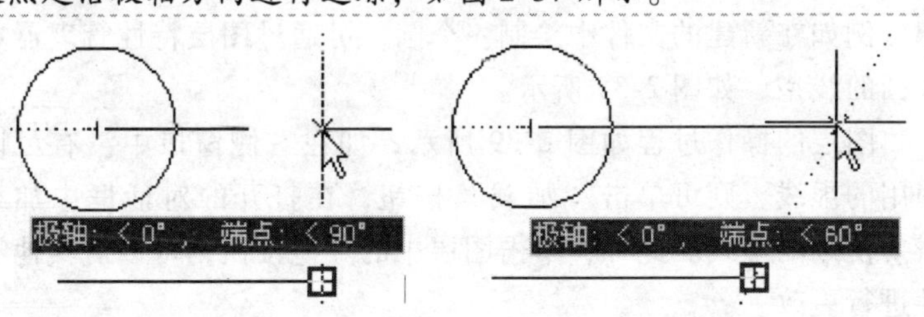

图2-36 正交捕捉追踪　　图2-37 极轴角捕捉追踪

2.5 设定图层

为了方便绘图，在 AutoCAD 中，可将各种图形按照其性质的不同绘制于不同的图层上，图层相当于透明的玻璃纸，各个图层叠加，即可输出完整的图纸。本节学习图层的相关快捷操作方法。

2.5.1 图层特性管理器——LAYER（或 LA）

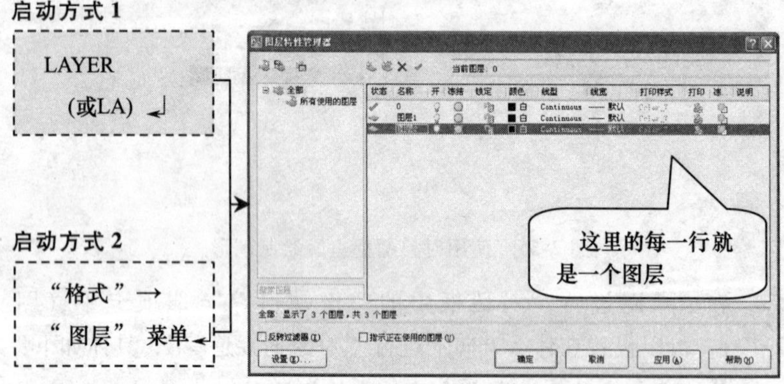

执行 LA 命令，可以打开“图层特性管理器”。“图层特性管理器”是对所有图层进行集中管理的一个工具，右侧的列中每一行代表当前文件包含的一个图层，并可通过各个不同选项改变当前图层的线宽和颜色等参数。

例如在新建的文件中绘制一个圆，可通过图层特性管理器更改圆的线型，如图 2-38 所示。

图层的操作过程如图 2-39 所示，如在右侧窗口中没有可以使用的虚线，则可单击“加载”按钮，在打开的对话框中加载需要使用的虚线。此外，单击图层中的其他按钮则可以对其他特性进行更改。

通过“图层特性管理器”对话框上部的几个按钮可执行

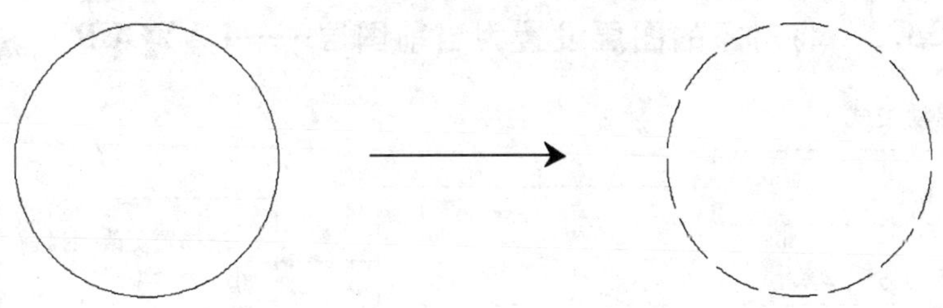

图 2-38　圆的线型被更改为虚线

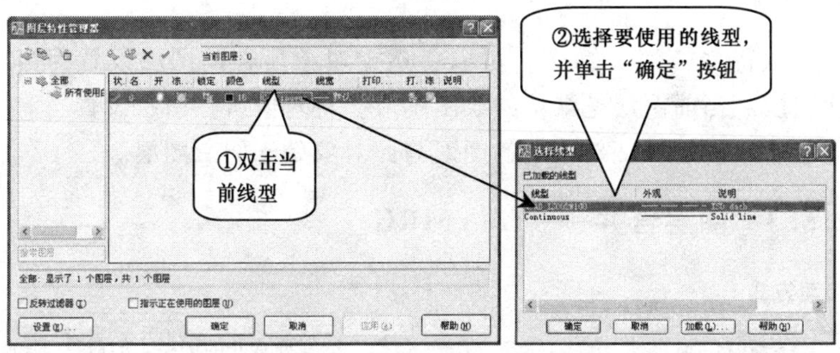

图 2-39　改变图层线型的操作

“新建图层”![]、“删除图层”✕和将当前图层“置为当前”✔等操作。此外左侧的两个按钮，主要用于分组管理图层或快速找到某些图层，此处不做过多讲述。

提　示

单击“图层”工具栏上的“图层特性管理器”按钮也可以打开“图层特性管理器”对话框。

此外，需要说明的是，每个图层都具有颜色、线型和线宽等属性，通过修改这些属性，可修改此图层中所有对象的属性。

2.5.2 将对象的图层设置为当前图层——LAYCUR

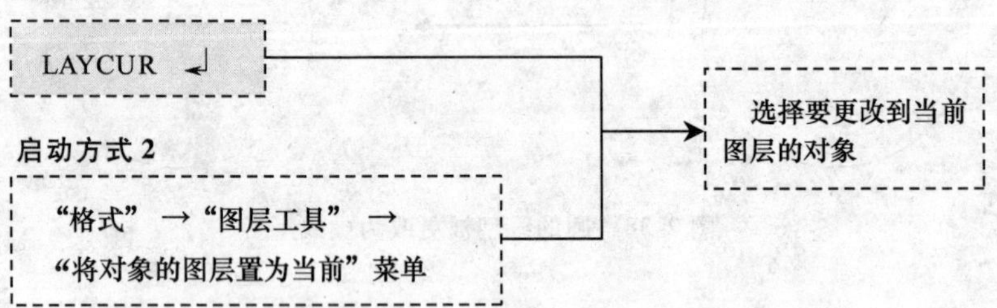

执行 LAYCUR 命令，可以将选中对象所在的图层设置为当前图层。当前图层是默认的绘图图层，将对象所在图层设置当前图层后，可以保证新绘制的图形与此对象处于同一图层。

2.5.3 图层合并——LAYMRG

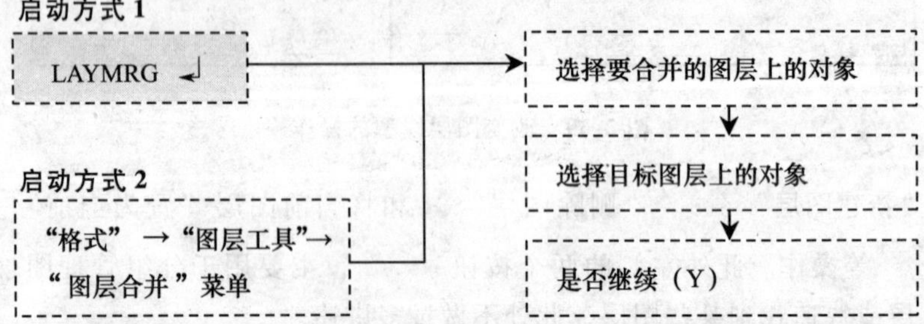

可执行 LAYMRG 命令，将两个或多个图层合并为一个图层。在执行图层合并的过程中，首先选中的对象所在的图层为要合并的图层（即删除的图层），目标图层是合并到的图层（即保留的图层），

提 示

因为不能删除当前图层，所以执行“图层合并”操作中，在选择源对象时，注意该对象不能位于0图层或当前图层，否则无法执行合并图层操作。

2.5.4 图层匹配——LAYMCH

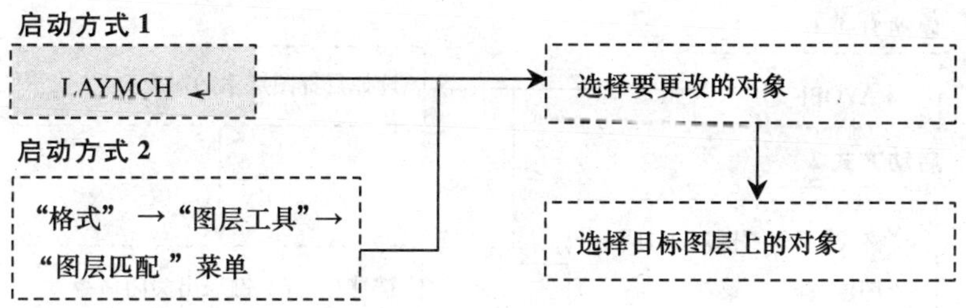

可执行 LAYMCH 命令，将某对象或某些对象（这些对象可以属于不同图层）合并到目标图层。对象被合并到目标图层后将拥有新图层的属性（如线宽和颜色等将会自动调整）。

2.5.5 上一个图层——LAYERP

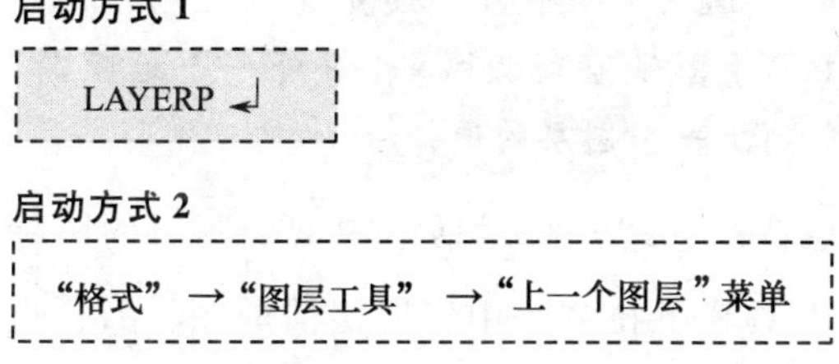

执行 LAYERP 命令后，可将图层恢复到先前的图层状态。如更改了某个图层的线型，那么可通过执行此命令，恢复此图层的原线型，如图 2-40 所示。

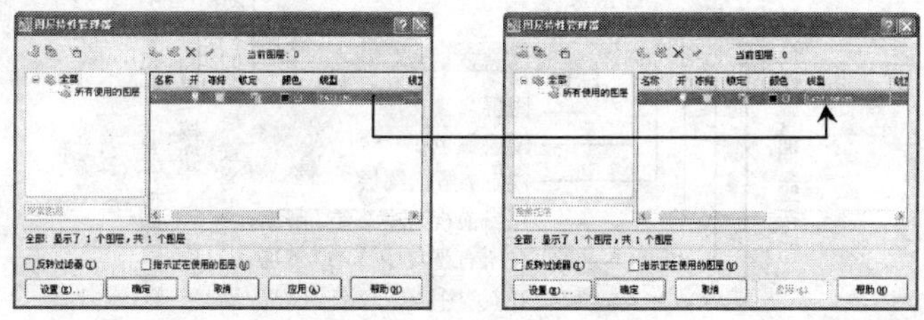

图 2-40 恢复图层的线型

2.5.6 图层关闭和打开——LAYOFF 和 LAYON

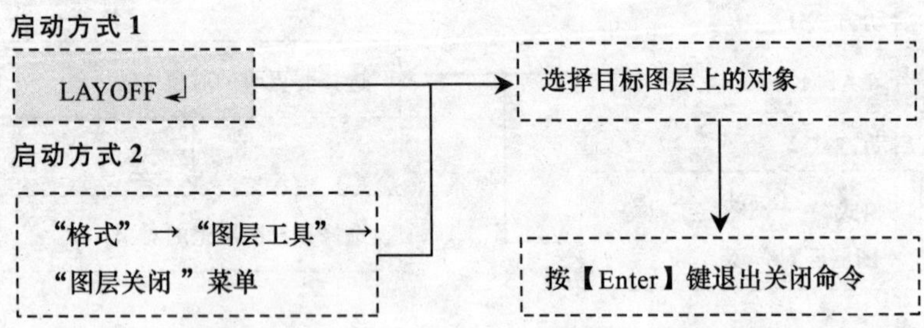

执行 LAYOFF 命令后，选择目标图层上的对象，可以关闭此对象所在的图层。图层被关闭后，图层上的对象不可见也不可编辑，打印时也无法打印出来。

提 示

LAYOFF 命令有两个选项，一个为"设置（S）"，用于对视口和块进行操作（用于图纸空间模式）；另外一个选项为"放弃（U）"，表示取消上一个图层的选择。

此外，单击"图层特性管理器"对话框中某个图层的图标💡，或选择"图层"工具栏下拉列表中某图层前的图标💡，也可关闭图层，如图 2-41 所示。

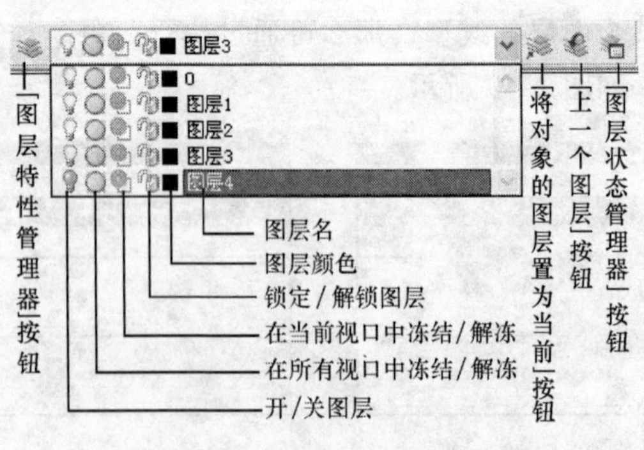

图 2-41 "图层"工具栏

提 示

“图层”工具栏中提供图层操作的大部分功能，由于本书重点讲述使用快捷命令绘制图形的方法，所以此处只略作说明（详见图 2-41 中的标注）。

如果关闭的是当前图层，系统将弹出需要注意的提示信息。此外，图层被关闭后，虽然不可见，但是仍然可在其中绘制图形。

启动方式 1

LAYON ↲

启动方式 2

“格式”→“图层工具”→“打开所有图层”菜单

执行 LAYON 命令，可以打开所有关闭的图层。单击“图层特性管理器”对话框中某个关闭图层前的图标，可以打开某个特定的图层。

2.5.7 图层冻结和解冻——LAYFRZ 和 LAYTHW

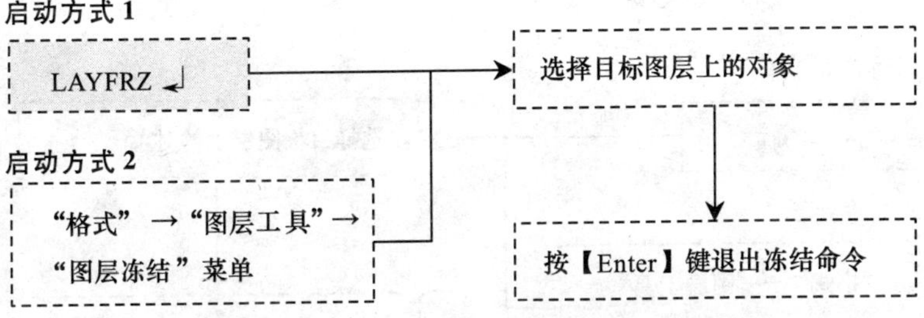

执行 LAYFRZ 命令后，选择要冻结图层的某个对象，可冻结图层。图层被冻结后，图层上的所有图形对象都将不可见、不可编辑，也不可打印。

单击“图层特性管理器”对话框中某图层的“冻结”图

标，也可冻结或解冻此图层；而在此对话框中单击“冻结新视口”图标，则可以冻结或解冻当前视口中某一图层（用于图纸空间模式）。

启动方式 1

LAYTHW ↵

启动方式 2

“格式” → “图层工具” →“解冻所有图层”菜单

执行 LAYTHW 命令后，可解冻所有图层。图层解冻后，图层上的内容将重生成，且可见、可编辑并可打印。

提 示

关闭图层和冻结图层的实现效果是一样的，不同的是在冻结图层后，位于该图层上的内容在刷新屏幕时将不参与运算，而位于关闭图层中的图形将在后台参与运算。因此，冻结图层运行速度要比关闭图层快一些，且当前图层不能被冻结。

2.5.8 图层隔离和取消图层隔离——LAYISO 和 LAYUNISO

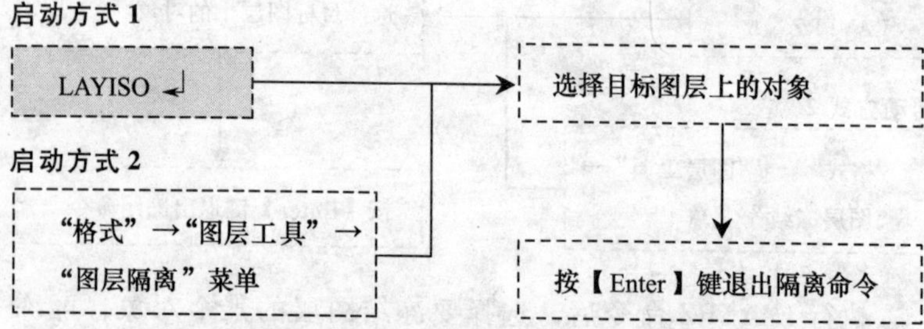

执行 LAYISO 命令后，选择要隔离图层上的某个对象，可隔离此图层。图层被隔离后，其他图层上的对象将会被隐藏或锁定。默认其他图层上的对象处于褪色和不可编辑的锁定状态，如

图 2-42 所示。

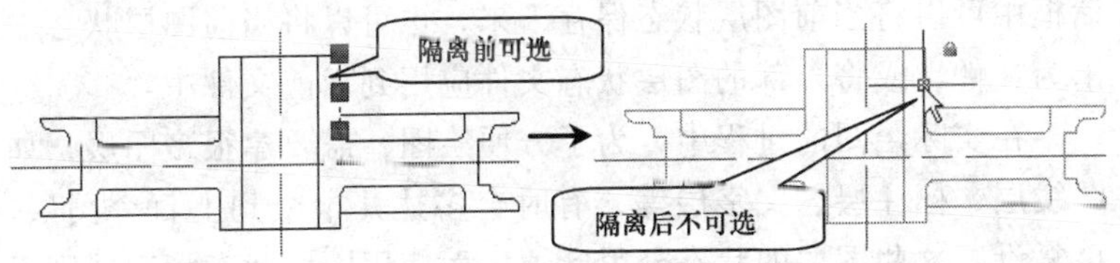

图 2-42 图层隔离前和隔离后的不同效果

提 示

图层隔离后，其他图层的状态，可在执行 LAYISO 命令后，输入字母 S，然后按【Enter】键进行设置。

启动方式 1

LAYUNISO ↵

启动方式 2

“格式”→“图层工具” →“取消图层隔离”菜单

执行 LAYUNISO 命令后，可取消所有对象的隔离状态。

2.5.9 图层状态管理器——LAYERSTATE（或 LAS）

启动方式 1

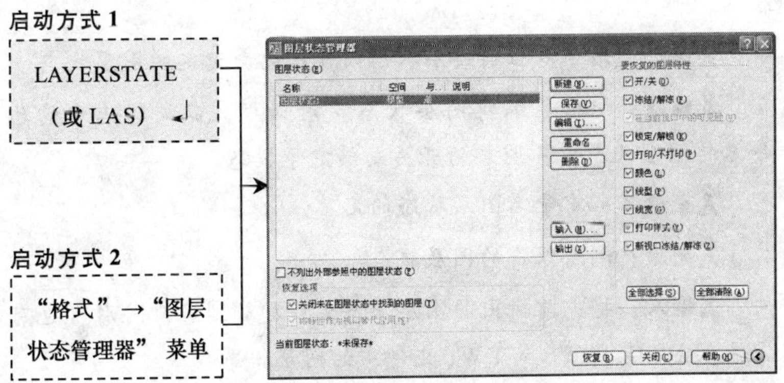

执行 LAS 命令可打开“图层状态管理器”对话框，在此对话框中可以将当前图层状态保存下来，也可以将当前图层状态输出为文件，或将外部的图层状态文件应用到当前文件中。

在实际绘图的过程中，为了方便绘图，需要建很多图层，如图线层、标注层、文字层等，有时会多达几十个到上百个图层，反复设置这些图层的状态会很麻烦，而使用图层状态管理器则可以较轻松地记录图层状态，或恢复图层在某个工作点时的状态。

下面集中介绍“图层状态管理器”对话框中各个选项或按钮的意义：

图层状态：列出保存在图形中的图层状态，以及此图层状态保存的时间和说明等。

不列出外部参照中的图层状态：勾选此复选框后将在“图层状态”列表中不显示外部参照中的图层状态。

关闭未在图层状态中找到的图层：恢复命名图层状态后，将关闭未保存设置的新图层，以便图形的外观与保存命名图层状态时一样。

将特性作为视口替代应用：将图层特性替代应用于当前视口。

新建：用于以当前图层状态为模板新建要保存的图层状态。

保存：用于以当前图层状态为模板更新选定的图层状态。

编辑：弹出“编辑图层状态”对话框，以编辑选中的已命名的图层状态内各图层的开关或锁定等状态。

重命名：重命名图层状态的名称。

删除：删除保存的图层状态。

输入：将先前输出的图层状态文件加载到当前图形（也可以输入 DWG、DWS 和 DWT 文件中的图层状态）。

输出：将选定的命名图层状态输出保存到 LAS 状态文件中。

恢复：仅恢复在右侧复选框中指定的图层状态和特性设置。

2.6 轻松小练习——绘制异型扳手

本节将绘制图 2-43 所示的扳手零件图，以复习本章学习的知识。在学习的过程中，应注意图层、栅格和捕捉的使用技巧。

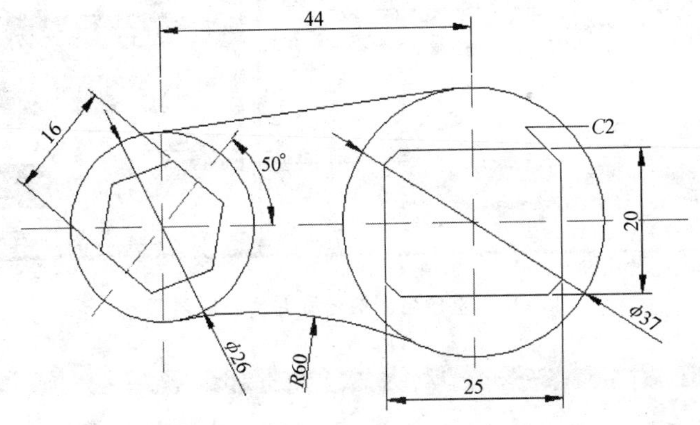

图 2-43　扳手零件图

步骤 1　新建一份绘图文件后，执行 LA 命令，打开“图层特性管理器”对话框，并单击“新建图层”按钮，添加一个新图层，如图 2-44 所示。

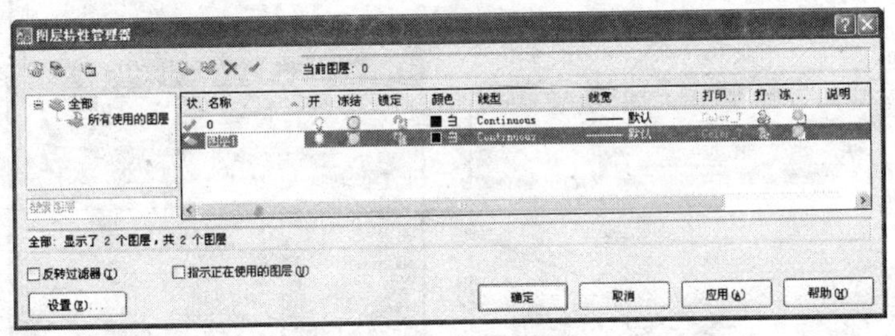

图 2-44　打开图层特性管理器对话框并新建图层

步骤 2 将新图层的名称更改为“中心线”，再单击此图层的“颜色”图标，在弹出的“选择颜色”对话框中选择设置此图层的颜色为“红色”，如图 2-45 所示。

步骤 3 单击新图层的线型图标，弹出“选择线型”对话框，单击“加载”按钮，在弹出的对话框中选择线型 DASHED2 作为此图层的线型，单击“确定”按钮，如图 2-46 所示。

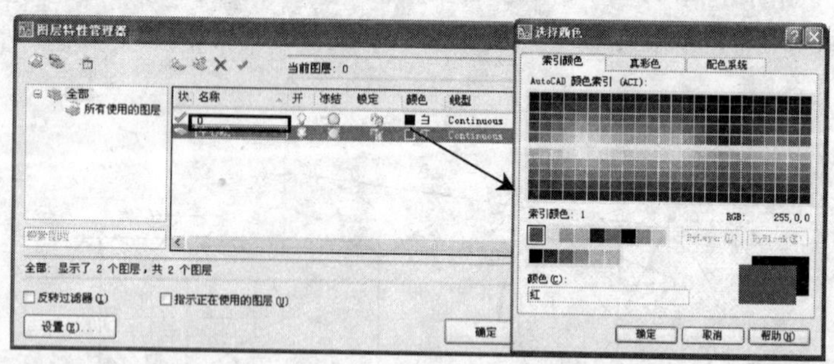

图 2-45 重命名图层名称并更改图层颜色

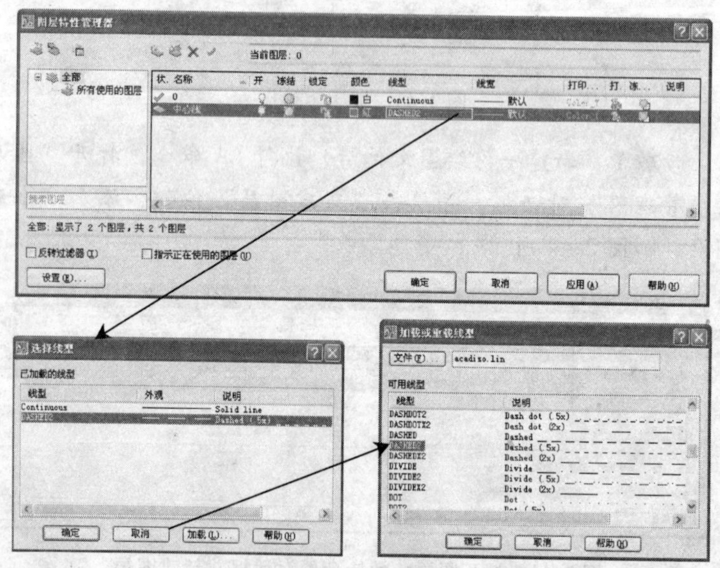

图 2-46 更改图层的线型

步骤4 单击“确定”按钮，关闭“图层特性管理器”对话框，然后通过“图层”工具栏设置当前图层为“中心线”层，如图2-47所示。

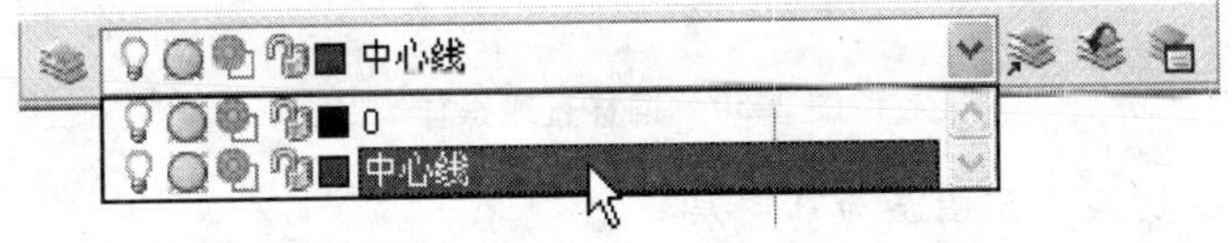

图2-47 设置当前图层

步骤5 按【F7】键打开“栅格”，再按【F9】键打开“捕捉”，然后以捕捉到栅格的方式绘制一条90mm的水平直线，如图2-48所示。

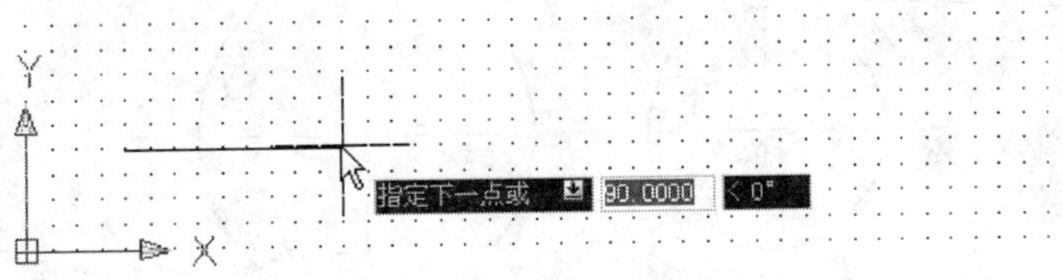

图2-48 绘制水平直线

步骤6 继续以捕捉到栅格方式绘制一竖直的直线，如图2-49所示。

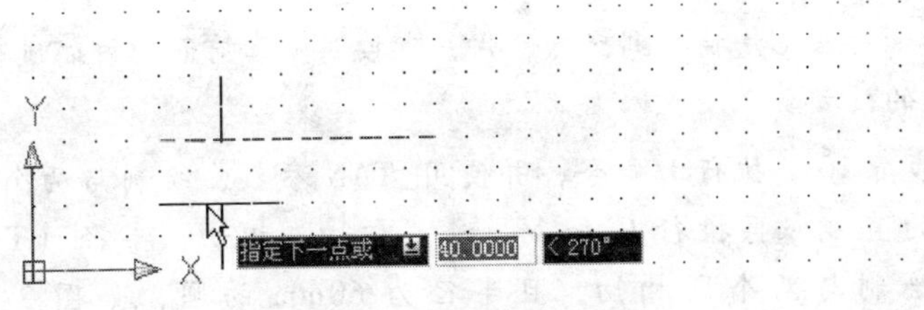

图2-49 绘制竖直直线

步骤7 执行O命令，设置“偏移”距离为44，选择步骤6绘制的竖直直线为偏移对象，在直线右侧单击确定偏移方向，偏移出一新的竖直直线，如图2-50所示。

步骤8 按【F7】键关闭栅格的显示状态，并通过“图层”

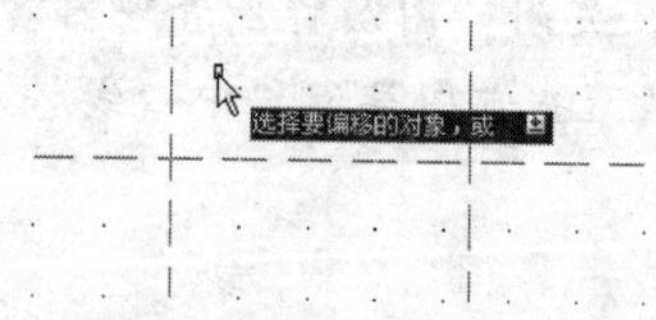

图 2-50　偏移直线操作

工具栏切换当前图层为 0 图层。

步骤 9　按【F9】键关闭“捕捉”模式，再按【F3】键打开“对象捕捉模式”，捕捉两个交点，分别以其为圆心绘制直径为 26mm 和 37mm 的圆，如图 2-51 所示。

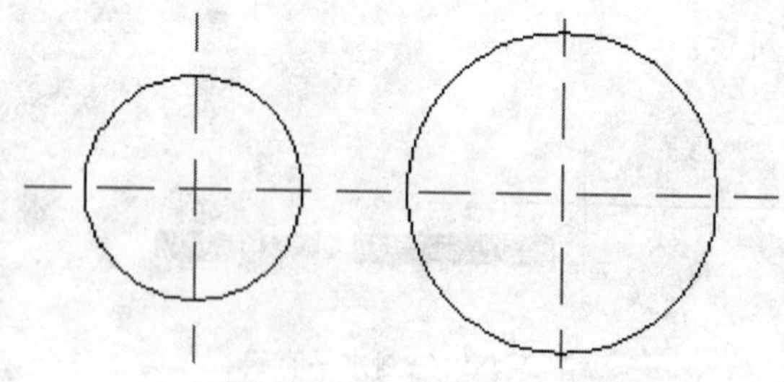

图 2-51　捕捉直线交点并绘制圆

提　示

如对象无法捕捉到交点，用户可按照本章前面的讲述进行适当的设置。

步骤 10　执行 L 命令，并使用_TAN 参数，绘制与两个圆相切的直线，再执行 C 命令，以“相切、相切、半径（T）”方式绘制与两个圆相切，且半径为 60mm 的圆，如图 2-52 所示。

步骤 11　执行 TR 命令，首先选择三个圆，按【Enter】键，然后选择大圆要修剪的部分对多余的圆弧进行修剪，如图 2-53 所示。

步骤 12　右键单击状态栏中的“捕捉”按钮 捕捉，在弹出

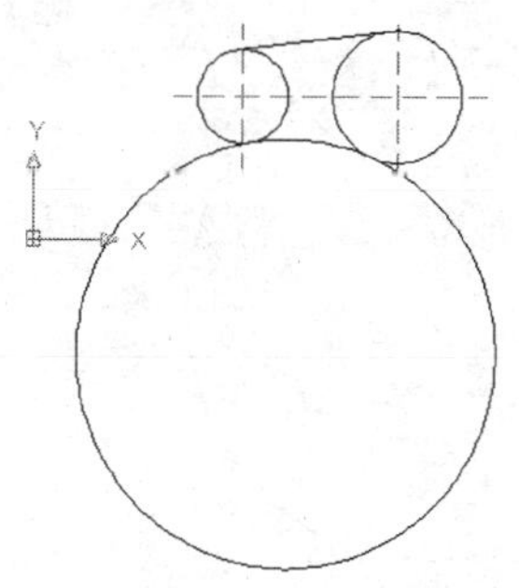

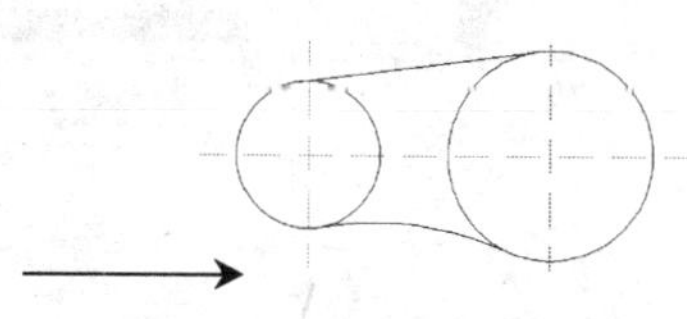

图 2-52 绘制相切圆 图 2-53 剪裁相切圆

的菜单中选择“设置”菜单项，打开“草图设置”对话框中的“捕捉和栅格”选项卡，在此选项卡中选择捕捉类型中的极轴捕捉，并设置极轴捕捉的间距为 8mm，不关闭打开的“草图设置”对话框，如图 2-54 所示。

步骤 13 切换到“极轴追踪”选项卡，设置极轴追踪的“增量角”为 10，并选择“用所有极轴角设置追踪”，单击“确定”按钮，如图 2-55 所示。

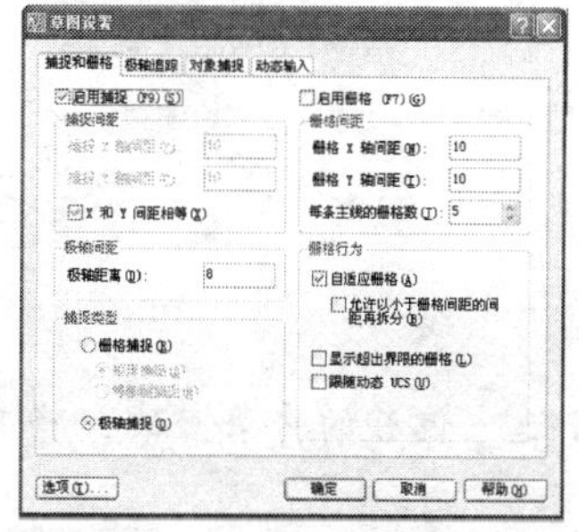

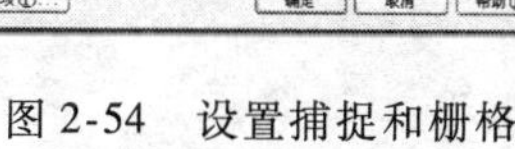

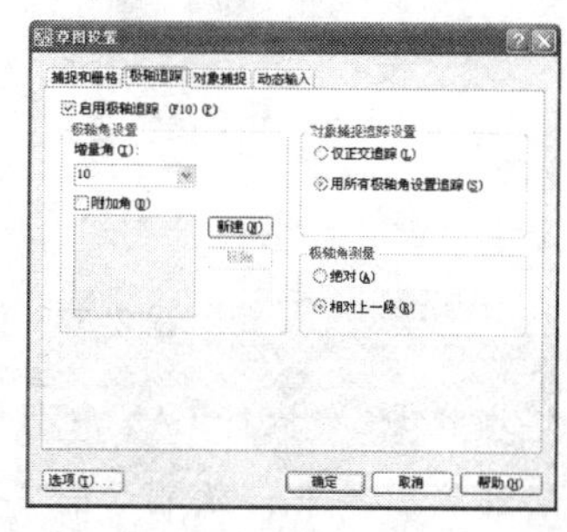

图 2-54 设置捕捉和栅格 图 2-55 设置极轴追踪

步骤 14 按【F9】启用捕捉，按【F10】启用“极轴追踪”，然后执行 POL 命令，按照提示以“外切与圆”方式，以极轴追踪等提示为参照绘制内切圆的半径为 8mm 的正 6 边形，如图 2-56 所示。

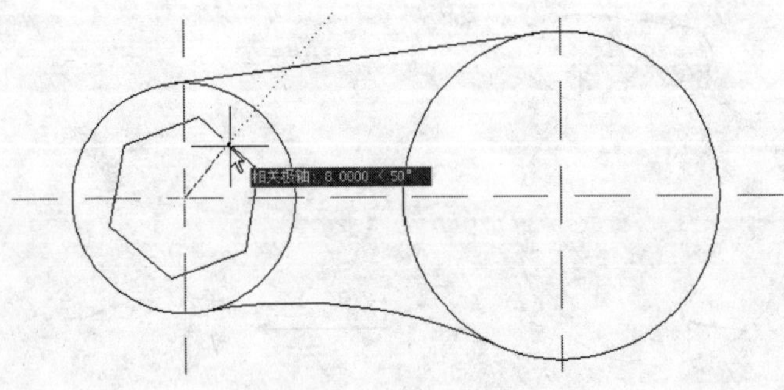

图 2-56　绘制正六边形

步骤 15　同"步骤 7"的操作，执行 O 命令偏移两条中心线，上下偏移距离设置为 10mm，左右偏移距离设置为 12.5mm，效果如图 2-57 所示。

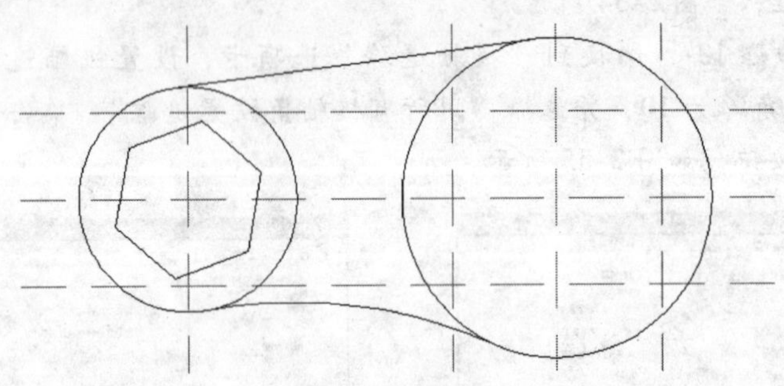

图 2-57　偏移两条中心线

步骤 16　执行 LAYMCH 命令，选中偏移的 4 条直线，将其匹配到 0 图层中，效果如图 2-58 所示。

步骤 17　执行 TR 命令对四条直线进行修剪，效果如图 2-59所示。

步骤 18　执行 CHA 命令，首先输入 D，设置两个倒角的距离为 2mm，然后选择夹角处的两条边线执行倒角操作，并重复执行 4 次倒角操作，完成图形的绘制，效果如图 2-60 所示。

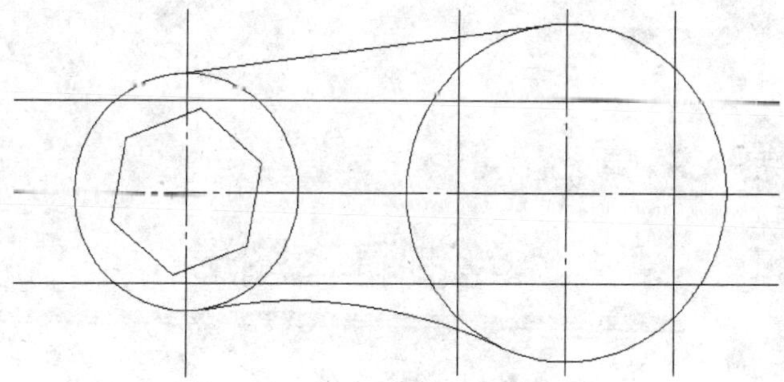

图 2-58　图层匹配操作

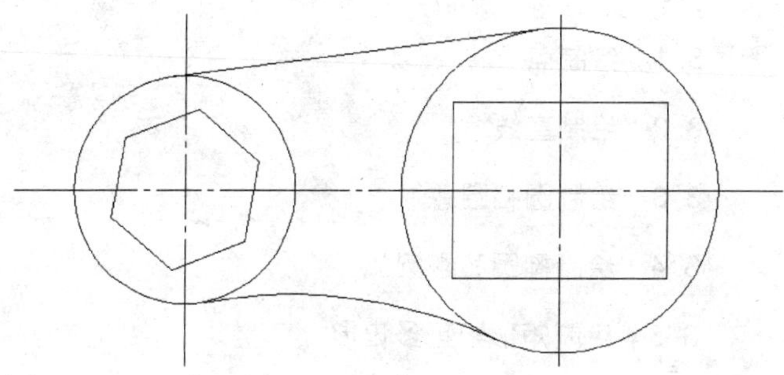

图 2-59　剪裁四条直线

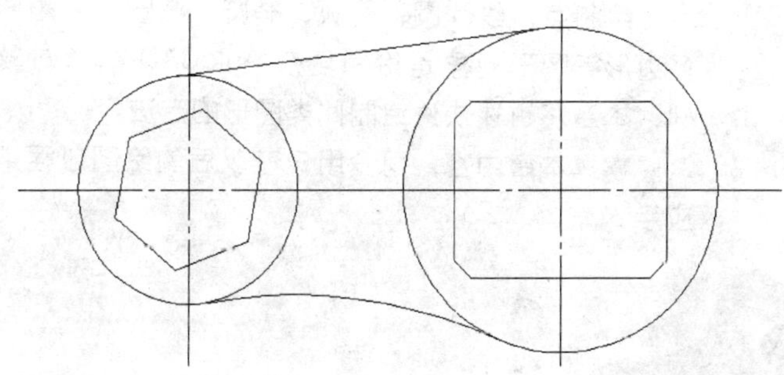

图 2-60　倒角效果

第 3 章

绘制基本图形

本章内容

绘制点、线、圆、圆弧、椭圆、椭圆弧、矩形、正多边形等图形对象是绘制复杂 AutoCAD 图形对象的基础，本章将进述快速绘制此类图形的方法。

掌握本章内容，可令用户在以后的绘图过程中得心应手。

3.1 绘制点

在 AutoCAD 中，点通常用来辅助绘图，比如用于标记位置或作为对象捕捉的节点等。本节介绍定义点样式、直接绘制点以及通过定数或定距等分绘制点的方法等内容。

3.1.1 定义点样式——DDPTYPE

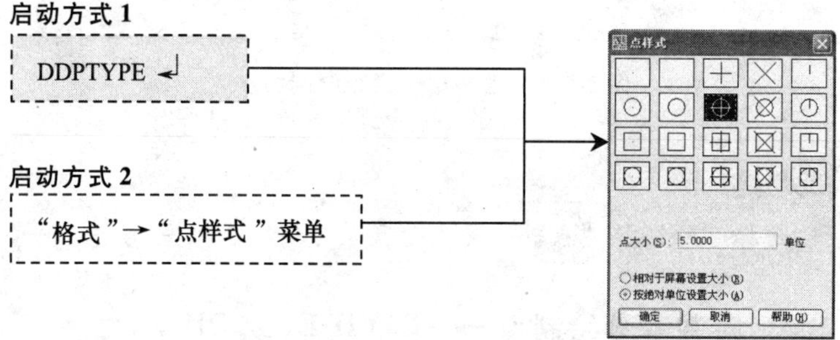

根据标记需要，AutoCAD 提供了多种点样式可供选择。执行 DDPTYPE 命令，弹出“点样式”对话框，在此对话框中即可设置点的样式和相对于屏幕的大小。

提 示

在点样式对话框中，选择“相对于屏幕设置大小”单选钮，在缩放图形时，点大小不变（缩放后需执行 REGEN 命令，重生成图像）；选择“按绝对单位设置大小”单选钮则可缩放点的大小。

此外，第二个点样式为空白不可见点样式，用于定义捕捉点。

3.1.2 直接绘制点——POINT（或 PO）

启动方式 1

POINT（或PO）↵

启动方式 2

"绘图"→"点"→"单点"菜单

执行 POINT 命令后，通过输入坐标或者鼠标单击的方式可以在绘图区中直接绘制点，如图 3-1 所示。

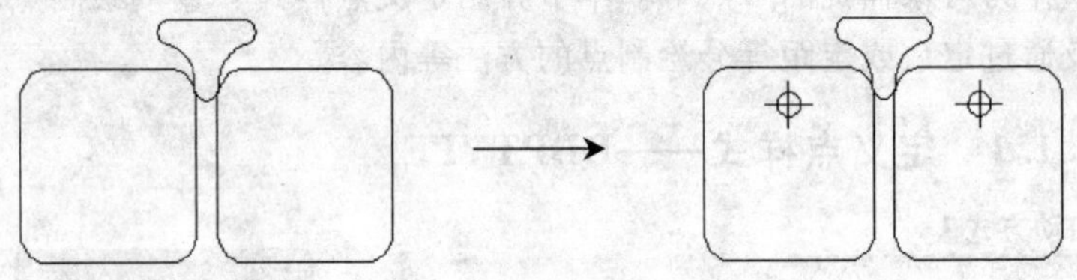

图 3-1　使用 POINT 命令绘制的点

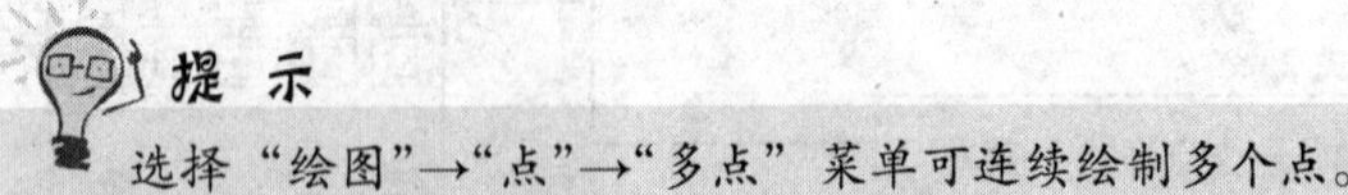

提　示

选择"绘图"→"点"→"多点"菜单可连续绘制多个点。

3.1.3　定数等分绘制点——DIVIDE（或 DIV）

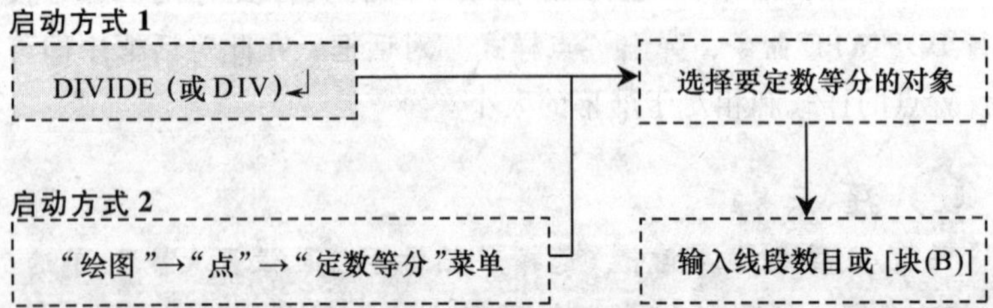

定数等分绘制点是指在对象上按指定的数量等间隔绘制多个点。执行 DIVIDE 命令，选择要定数等分的对象，然后输入等分个数，即可通过定数等分绘制多个点，如图 3-2 所示。

提　示

在执行定数等分的过程中，输入 B，也可以将块对象定数等分排列到选定对象上，而且可选择令块对象与选定对象对齐（或不对齐），如图 3-3 所示。

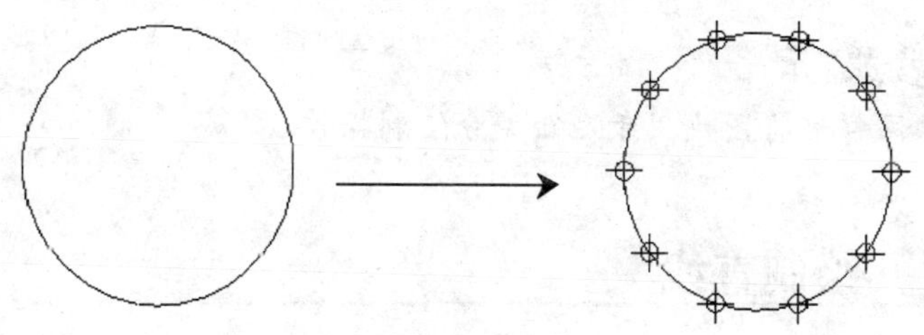

图 3-2 通过定数等分绘制多个点

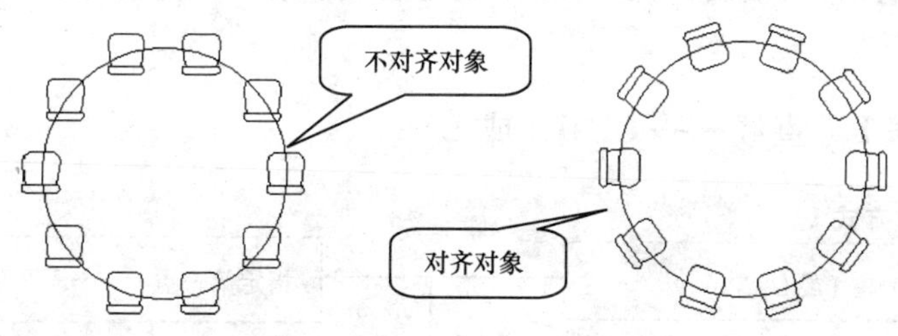

图 3-3 通过定数等分绘制的多个图块

3.1.4 定距等分绘制点——MEASURE(或 ME)

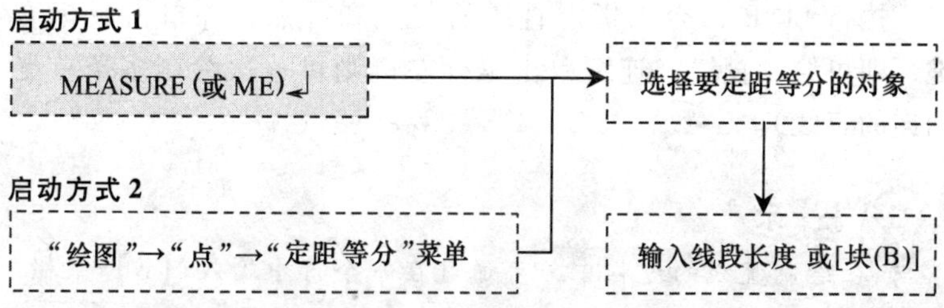

定距等分绘制点是指按指定的间距，在指定对象上一次绘制多个点。执行 MEASURE 命令，选择要定距等分的对象，然后输入间距，即可通过定距等分绘制多个点，如图 3-4 所示。

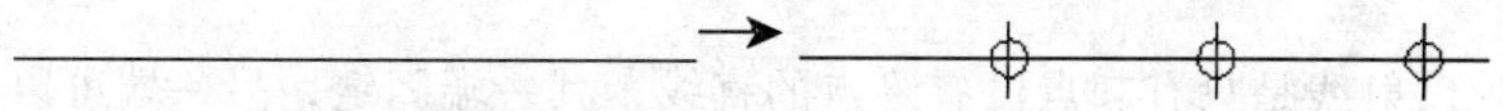

图 3-4 通过定距等分绘制的多个点

提 示

同样可将图块用于定距等分绘制操作。

3.2 绘制直线

直线是图形中最常用和最基本的图形元素之一，用户只需指定两点即可绘制一直线。本节讲述直线、射线和构造线的快捷绘制方法。

3.2.1 直线——LINE(或 L)

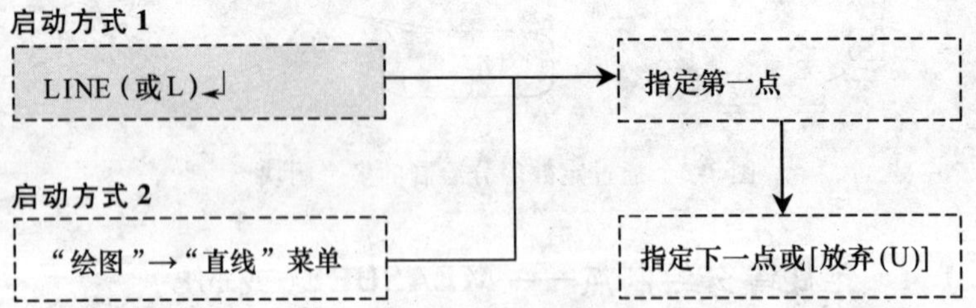

执行 LINE 命令，指定直线的起点和终点，并单击鼠标右键，即可绘制直线（连续单击鼠标左键则可一次绘制多条首尾相连的直线）。

提 示

在绘制直线的过程中，可通过在命令行中输入【U】来撤销上一段直线；输入【C】来封闭图形并结束画线命令；通过单击鼠标右键或按【Enter】键来结束画线命令。

3.2.2 射线——RAY

射线是只有起点没有终点的直线，其一端固定，另一端可以无限延伸。射线通常作为确定角度或位置的辅助线使用。

执行 RAY 命令，指定起点位置，再指定通过点的位置即可绘制射线，如图 3-5 所示。在未结束射线绘制命令前，可以连续绘制多条起点相同的射线。

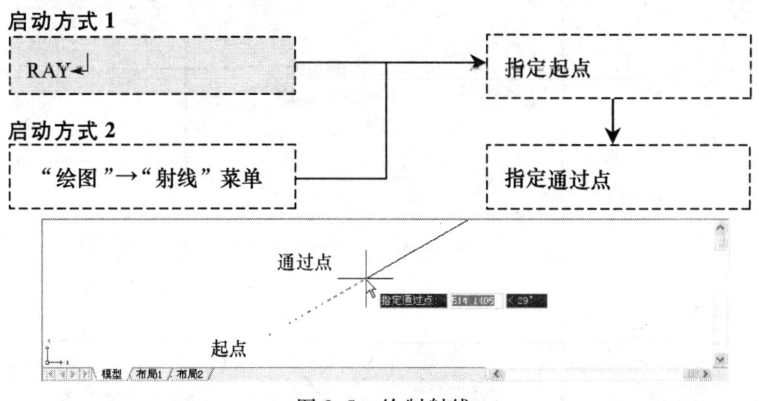

图 3-5　绘制射线

3.2.3　构造线——XLINE(或 XL)

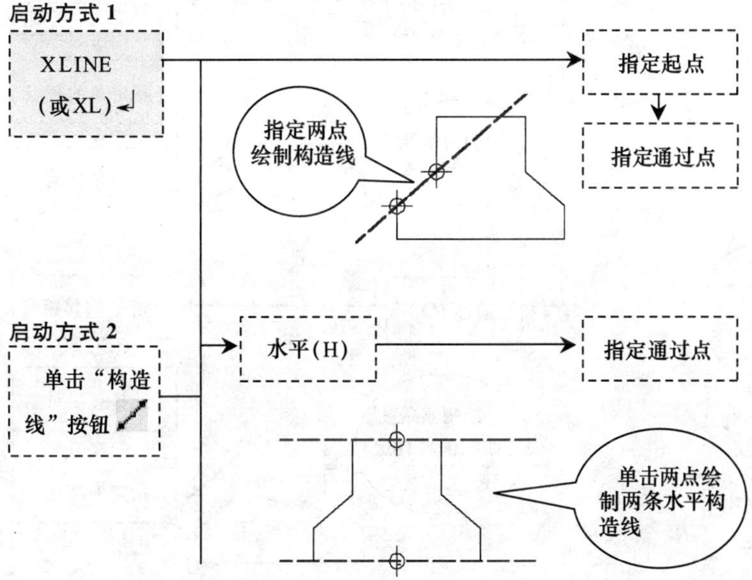

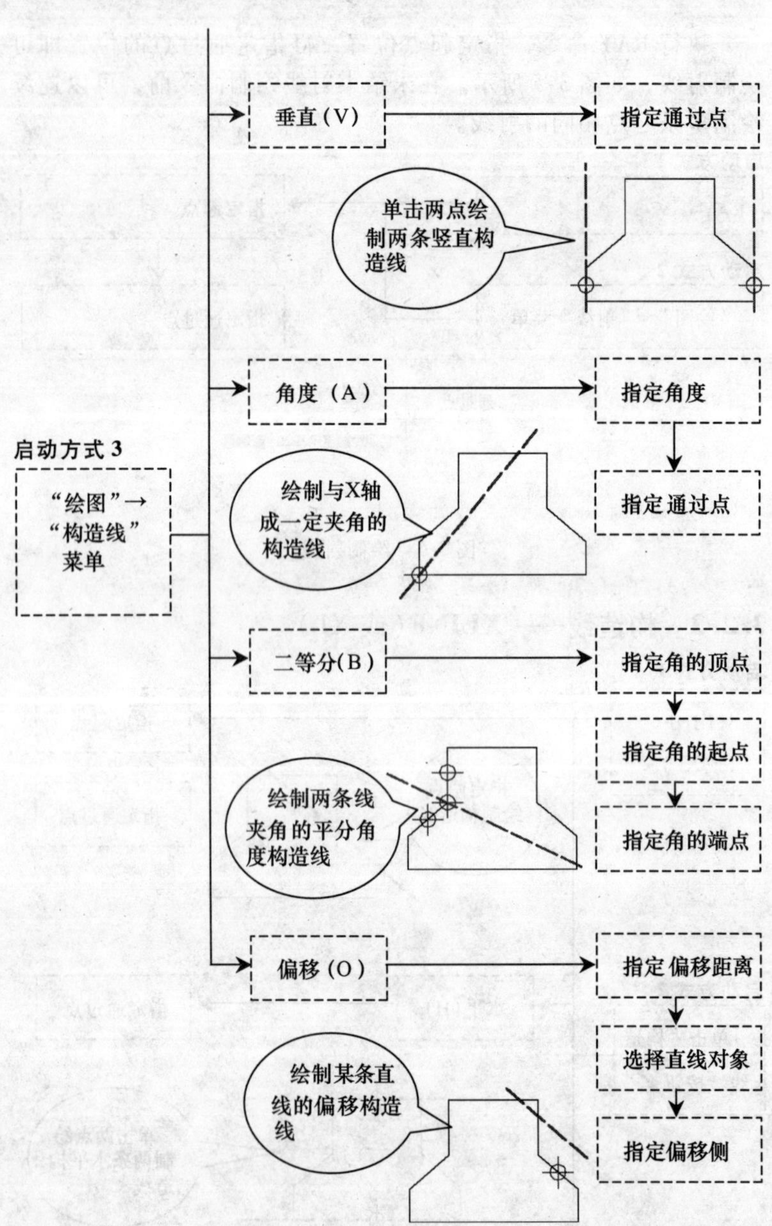
垂直（V）
指定通过点
单击两点绘制两条竖直构造线
角度（A）
指定角度
指定通过点
启动方式 3
“绘图”→“构造线”菜单
绘制与X轴成一定夹角的构造线
二等分(B)
指定角的顶点
指定角的起点
指定角的端点
绘制两条线夹角的平分角度构造线
偏移（O）
指定偏移距离
选择直线对象
指定偏移侧
绘制某条直线的偏移构造线

构造线是没有起点和终点的直线，两端可以无限延伸。构造线也常用作辅助线。

执行 XLINE 命令，在绘图区单击指定两点即可创建构造线。也可以输入 H、V、A、B 或 O，再按照提示绘制水平、垂直、具有指定倾斜角度、二等分或偏移（平行于选定直线）的构造线。

3.3 绘制圆和圆弧

圆和圆弧也是常用的重要构图元素，本节讲述其绘制方法。

3.3.1 圆——CIRCLE(或 C)

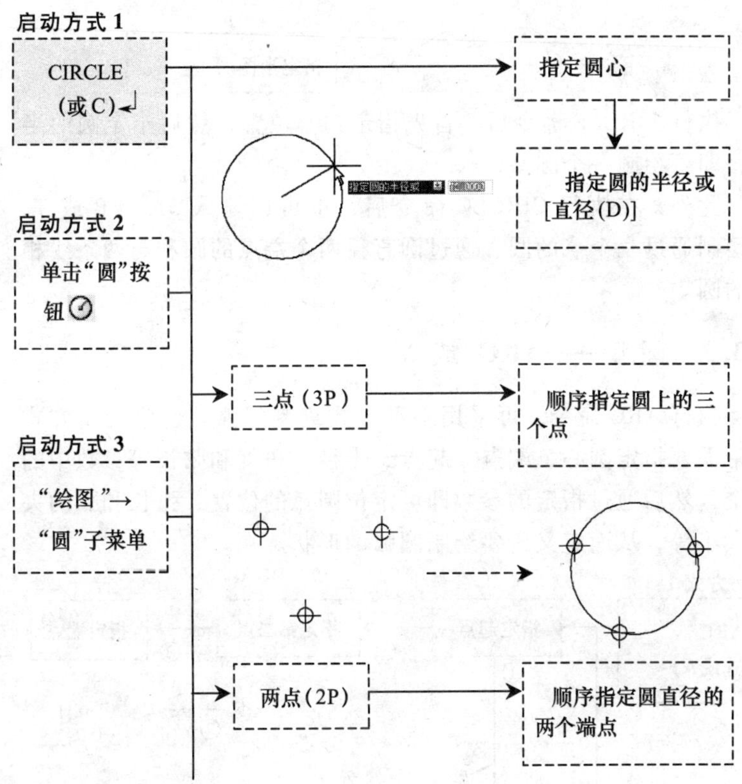

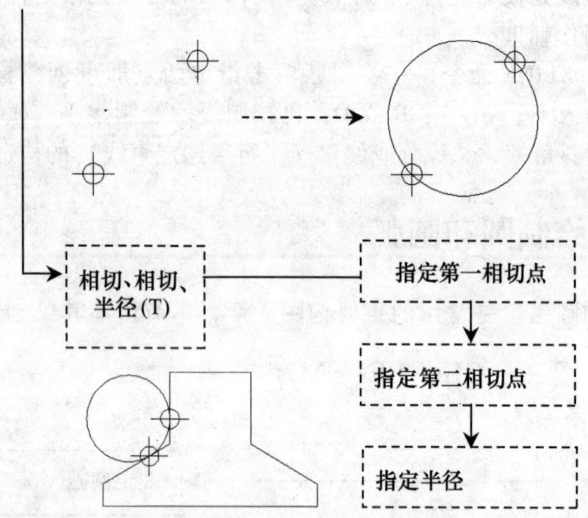

执行 CIRCLE 命令后，首先指定圆心位置，然后指定圆的半径，即可绘制一个圆。

此外，在执行 CIRCLE 命令后，也可以输入 3P、2P 或 T，来绘制通过三个点的圆、通过圆直径两个端点的圆和与两条线相切的圆。

3.3.2 圆弧——ARC(或 A)

执行 ARC 命令，可采用多种方式绘制圆弧。这些绘制方式通常需要指定圆心、端点、起点、半径、角度和弦长等参数中的三个，然后通过指定的参数即可定位圆弧的位置、弧长和弧的夹角大小等，从而定义所要绘制圆弧的形状。

启动方式 1

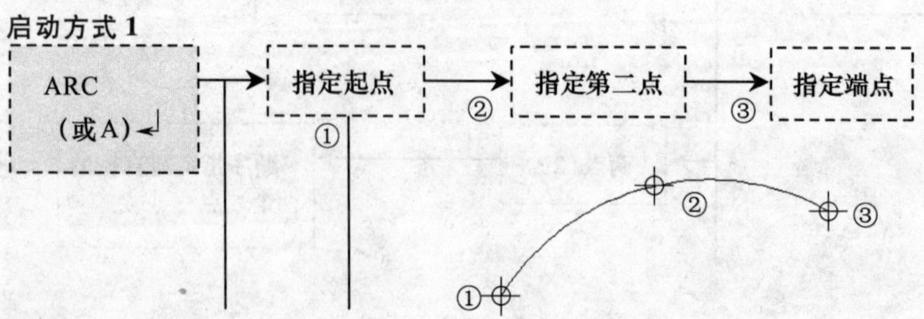

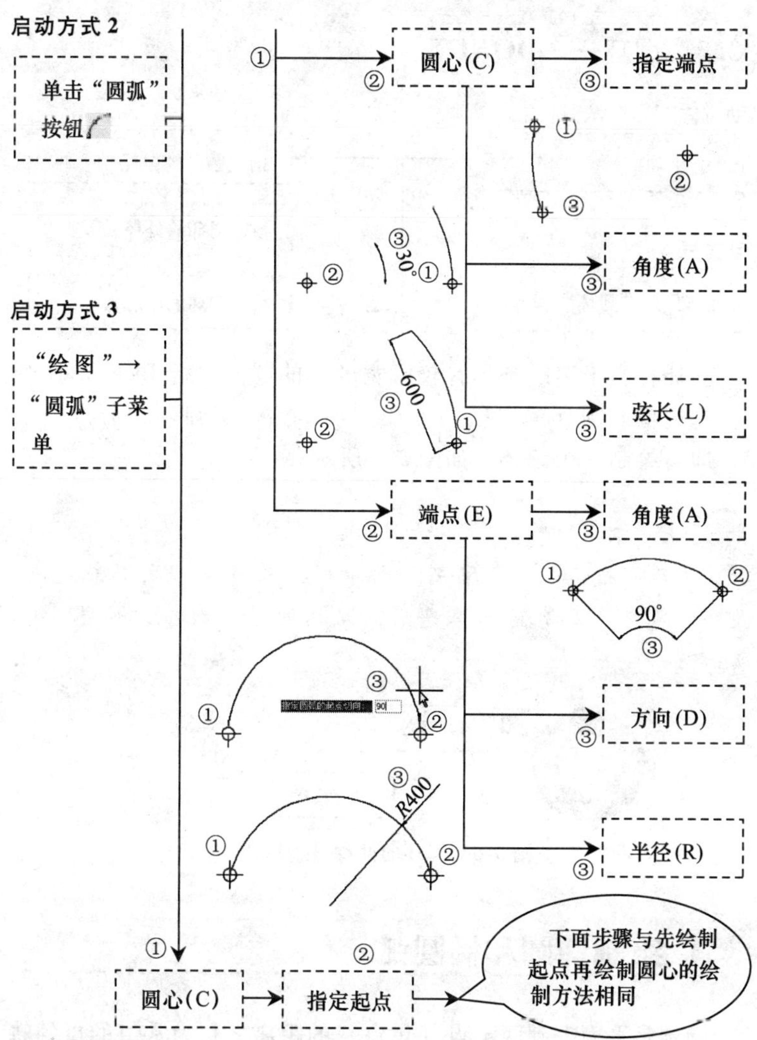

提 示

默认情况下，系统以逆时针方向绘制圆弧，所以在需要输入角度时，如输入正值则圆弧为绕圆心逆时针方向延长，输入负值则圆弧绕圆心顺时针方向延长。

3.3.3 圆环——DONUT

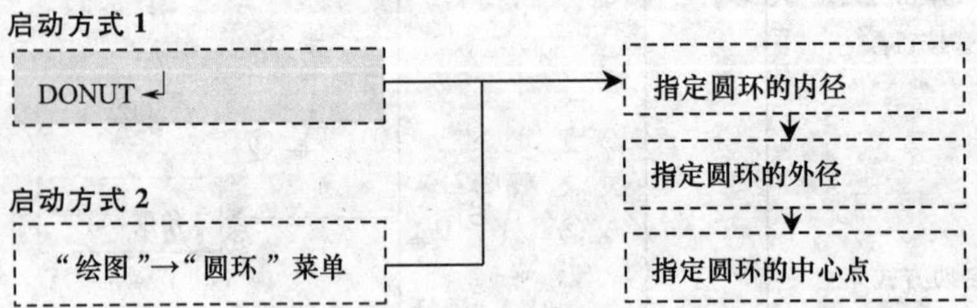

圆环相当于边线是具有较厚宽度线的圆。执行 DONUT 命令后，先后输入圆环的内径和外径大小，再指定圆环中心点的位置，即可绘制一个圆环，如图 3-6 所示。

提 示

圆环间默认以黑色填充，执行 FILL 命令可以打开或关闭圆环的填充。关闭圆环填充后，圆环间显示线条，如图 3-6 所示。

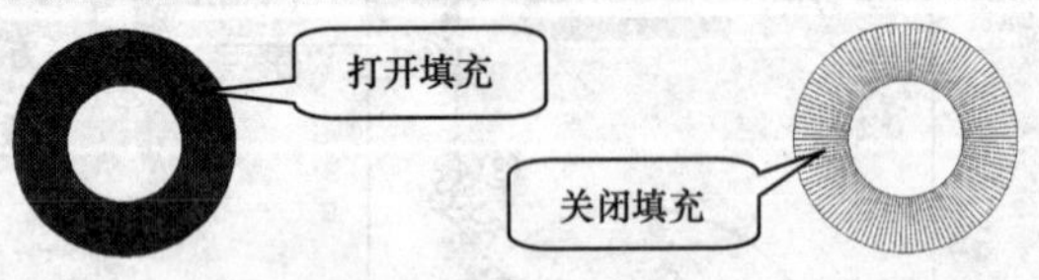

图 3-6 圆环的两种显示形式

3.4 绘制椭圆和椭圆弧

椭圆是平面上到两定点（焦点）的距离之和为常值的点的轨迹（圆是到一个固定点“圆心”的距离为常值的点的轨迹），它也是一种基本的构图元素，本节讲述椭圆和椭圆弧的绘制方法。

3.4.1 椭圆——ELLIPSE(或 EL)

执行 ELLIPSE 命令，可采用两种方式绘制椭圆：一种是使用“轴、端点”法，通过指定一个轴的两个端点（主轴）和另一个轴的半轴长度进行绘制；另一种是使用“中心点”法，通过指定椭圆中心、一个轴的端点（主轴）以及另一个轴的半轴长度进行绘制。

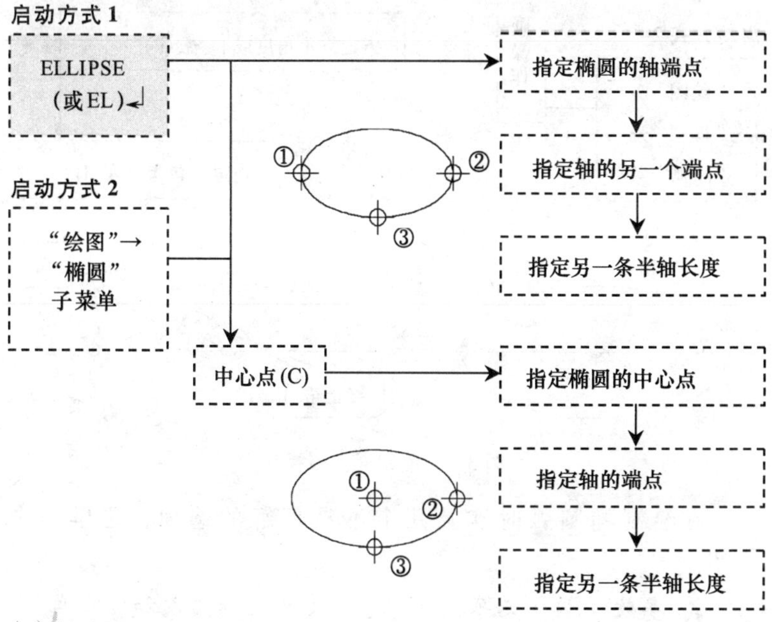

提 示

在使用 ELLIPSE 命令绘制椭圆时，在指定最后一条轴的长度时，可以输入 R 选择“旋转”项，然后输入 0°～89.4°的角度值，来绘制椭圆。

此项的意义表示一个圆绕其直径旋转指定角度后投影到原来的圆所在平面而形成的椭圆。

3.4.2 椭圆弧——ELLIPSE↲A

执行 ELLIPSE 命令后，选择 A 参数，可以绘制椭圆弧。在绘制时，将首先绘制一个椭圆，然后定义椭圆弧的起始角度与终止角度即可绘制椭圆弧，如图 3-7 所示。

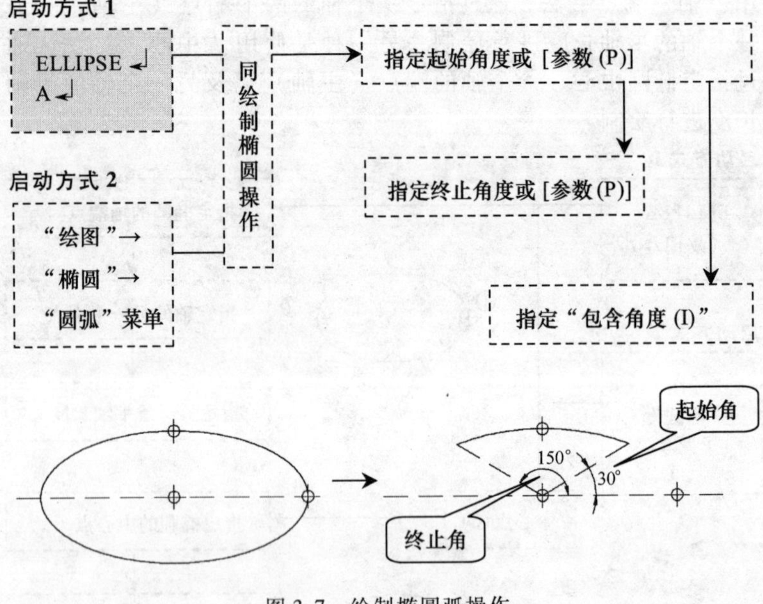

图 3-7　绘制椭圆弧操作

在绘制椭圆弧时涉及几个不易理解的选项，这里集中介绍。

“参数（P）”选项：同样用于定义起始角度和终止角度，只不过此时的角度值是通过参数方程计算出来的（关于计算公式请参考其他专业书籍）。

“包含角度”选项：是定义椭圆弧终止角的另外一种方式，指椭圆弧线起始角度和终止角度的夹角。

3.5 绘制矩形和正多边形

“矩形”和“正多边形”也是最基础的构图元素之一。在AutoCAD 中可绘制多种矩形，如倒角矩形和具有一定厚度的矩形等，而正多边形则是指各边、各角都相等的多边形，如正方形、正五边形等。下面看一下其各自的绘制方法。

3.5.1 矩形——RECTANG(或 REC)

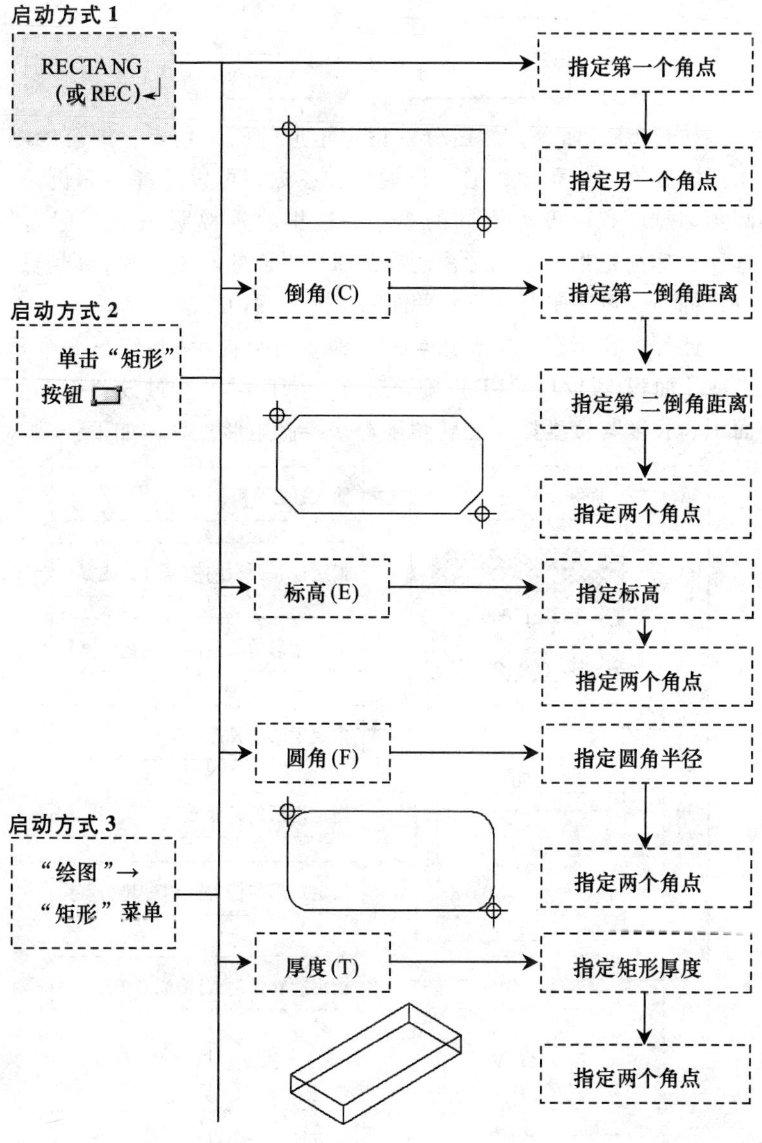

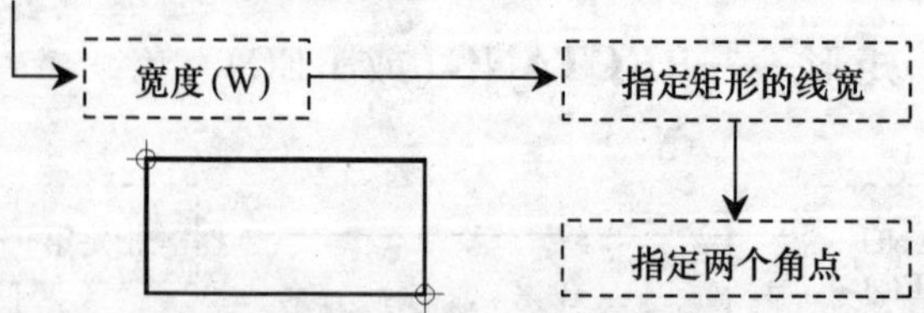

执行 REC 命令，然后分别指定矩形的两个角点，即可绘制矩形。在绘制过程中，通过设置各种参数，可以选择绘制倒角、圆角、宽度和厚度等不同的矩形。这里着重说明一下“标高”选项，标高是指所绘图形离现在的 XY 平面的水平距离，即通过设置标高，可在平行于 XY 平面的其他平面内绘制矩形。

此外，在指定第二个角点时，命令行会提示“**指定另一个角点或［面积(A)/尺寸(D)/旋转(R)］:**”,此时可通过设置矩形的面积、长度与宽度以及旋转角度等来绘制矩形，具体如下：

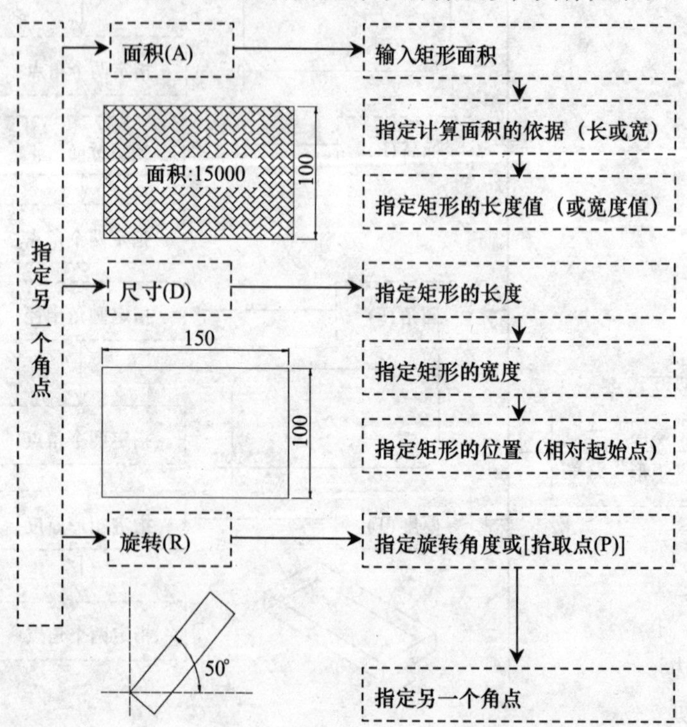

提 示

另外，执行 RECTANG 命令绘制的矩形是一个整体，如果想编辑其中某一条边，则必须用 EXPLODE（分解）命令将其分解后才能进行单独操作。

3.5.2 正多边形——POLYGON（或 POL）

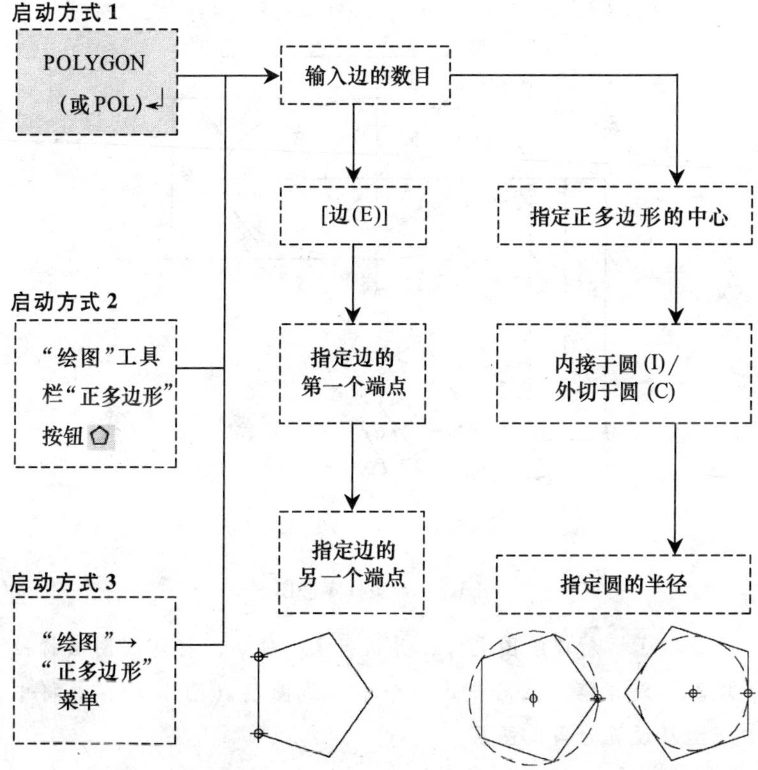

正多边形是由多条边长和角度都相等的线段构成的封闭图形。执行 POLYGON 命令后，输入正多边形的边数，然后指定正多边形的中心，以及与假想定位圆的连接方式，再指定圆的半径即可绘制正多边形。

此外，通过指定一条边的长度方式，也可绘制正多边形。

3.6 轻松小练习——绘制异型件

本节将绘制图3-8所示的异型件零件图，绘制的过程中将主要用到直线、圆、椭圆和点等工具，此外本实例还用到多个偏移操作，用户在操作时注意领会和掌握其使用方法。

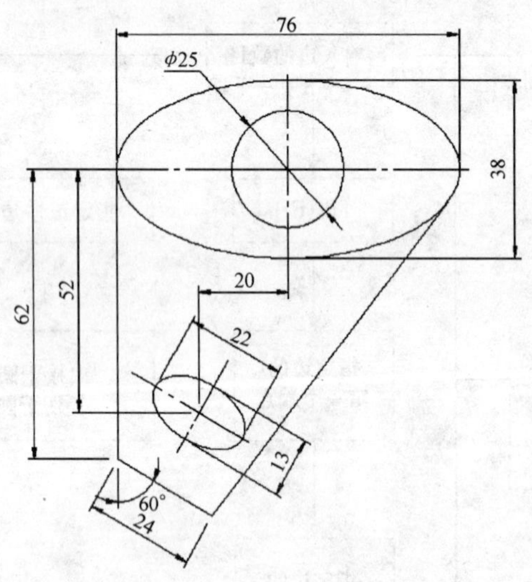

图3-8 异型件零件图

步骤1 新建绘图文件，并执行**LA**命令，打开“图层特性管理器”对话框，然后新建一个中心线图层（图3-9），并将中心线图层设置为当前图层。

步骤2 按【F7】打开栅格，按【F9】打开捕捉，然后绘制如图3-10所示的中心线图形。

步骤3 执行两次O命令，分别向下和向左偏移两个中心线，绘制如图3-11所示的草绘图形。

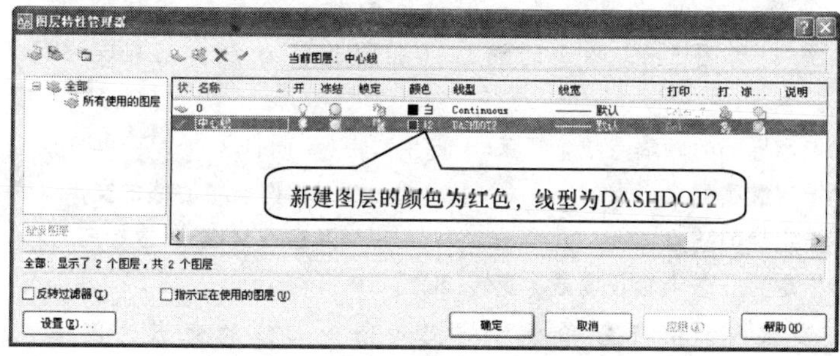

图 3-9 “图层特性管理器”对话框

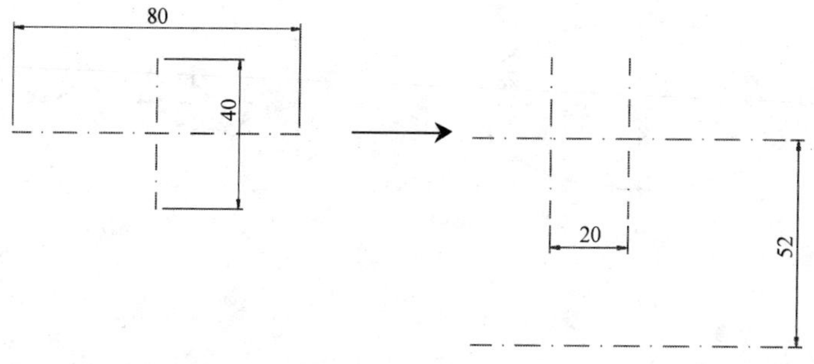

图 3-10 绘制的中心线图形　　　图 3-11 偏移的中心线图层

步骤 4 执行 **DDPTYPE** 命令，定义点样式，然后在两条偏移线的交点处绘制一个点，如图 3-12 所示（完成后将两条偏移线删除）。

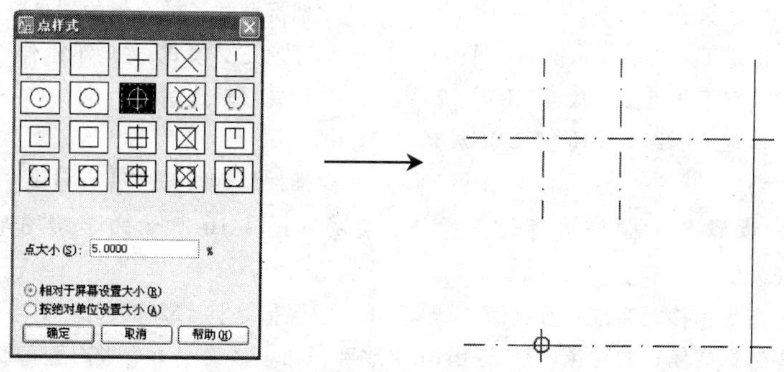

图 3-12 设置点模式并绘制点

步骤5 将当前图层设置为0图层，然后顺序执行如下操作，绘制如图3-13所示的椭圆（椭圆长轴为76，短轴为38）。

命令:EL

指定椭圆的轴端点或[圆弧(A)/中心点(C)]:C

指定椭圆的中心点: //捕捉两条中心线的交点

指定轴的端点:38 //开启正交模式,鼠标向右移

指定另一条半轴长度或[旋转(R)]:19

步骤6 执行C命令，捕捉两条中心线的交点为圆心，绘制一直径为25mm的圆，如图3-14所示。

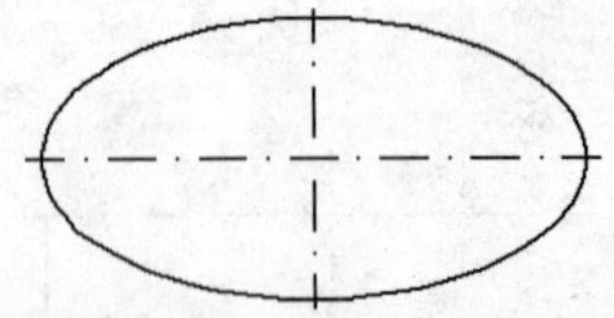

图3-13 绘制椭圆

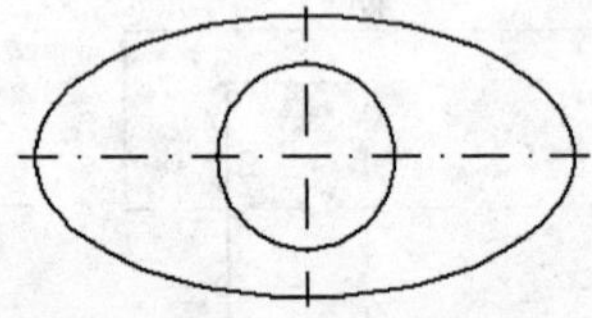

图3-14 绘制圆

步骤7 顺序执行如下操作，一次性绘制图3-15所示的几条直线。绘制时注意鼠标位置和极轴追踪的使用。

命令:L

指定第一点: //捕捉椭圆长轴左侧的端点

指定下一点或[放弃(U)]:62 //开启正交模式,并向下延伸

指定下一点或[放弃(U)]: 24 //设置极轴追踪角为60°

指定下一点或[闭合(C)/放弃(U)]:_TAN

到 //捕捉到椭圆,并按【Esc】键

步骤8 顺序执行如下操作，绘制如图3-16所示的草绘图形。

命令:O

指定偏移距离或[通过(T)/删除(E)/图层(L)] <52.0000>:T

选择要偏移的对象,或[退出(E)/放弃(U)] <退出>: //选择左下角倾斜线

指定通过点或［退出(E)/多个(M)/放弃(U)］<退出>： **//捕捉定位点**

步骤 9 顺序执行如下操作，绘制如图 3-17 所示的椭圆（椭圆长轴为 22mm，短轴为 13mm）。

命令：**EL**

指定椭圆的轴端点或［圆弧(A)/中心点(C)］：**C**

指定椭圆的中心点： **//捕捉定位点**

指定轴的端点：**11** **//捕捉中心线**

指定另一条半轴长度或［旋转(R)］：**6.5**

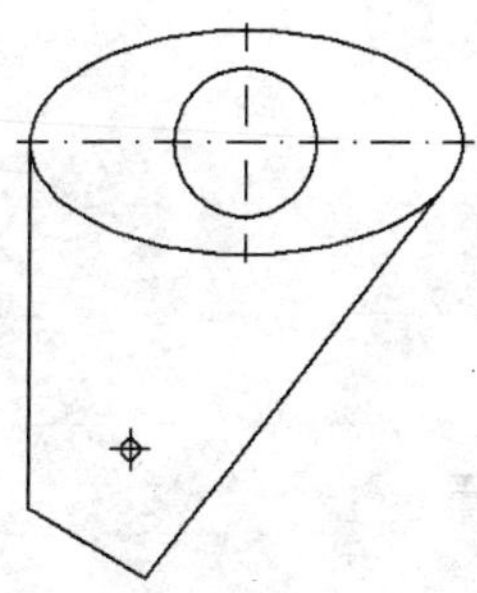

图 3-15 一次绘制多条直线

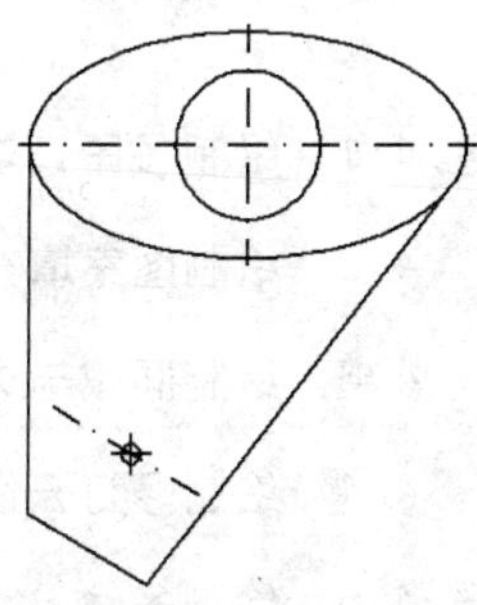

图 3-16 偏移直线

步骤 10 捕捉椭圆短轴的两个端点绘制一条直线，并将其匹配到中心线图层，然后执行 **DDPTYPE** 命令，打开“点样式”对话框，将基准点隐藏即可，如图 3-18 所示。

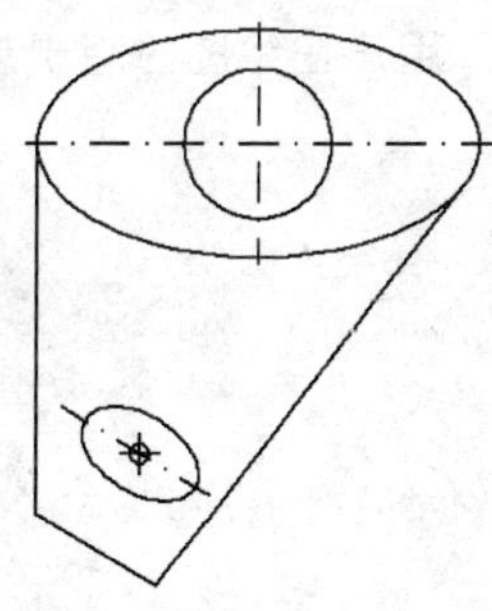

图 3-17 绘制椭圆

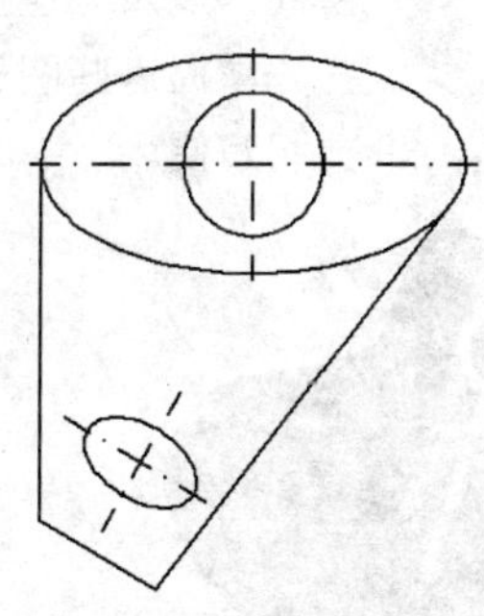

图 3-18 绘制中心线并隐藏基准点

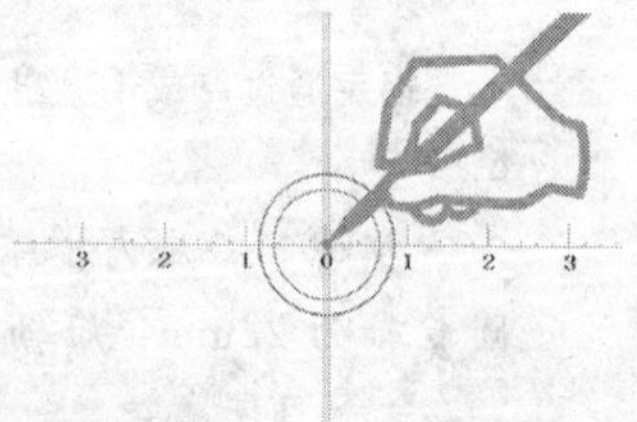

第 4 章

绘制复杂图形

本章内容

本章介绍 AutoCAD 中较为复杂的图形对象的绘制与编辑，如多段线、样条曲线、修订云线、区域覆盖、多线，以及为图形填充图案和渐变色的方法。

掌握这些图形对象的绘制，用户在绘图时将更加快捷和方便。

4.1 绘制多段线与样条曲线

多段线是由直线和弧线相连组成的连续线段，在绘制完成后作为单一实体使用；而样条曲线是通过一组定点的光滑曲线，适用于创建形状不规则的曲线，可用于绘制地理信息图中的路线图等。

4.1.1 多段线——PLINE(或 PL)

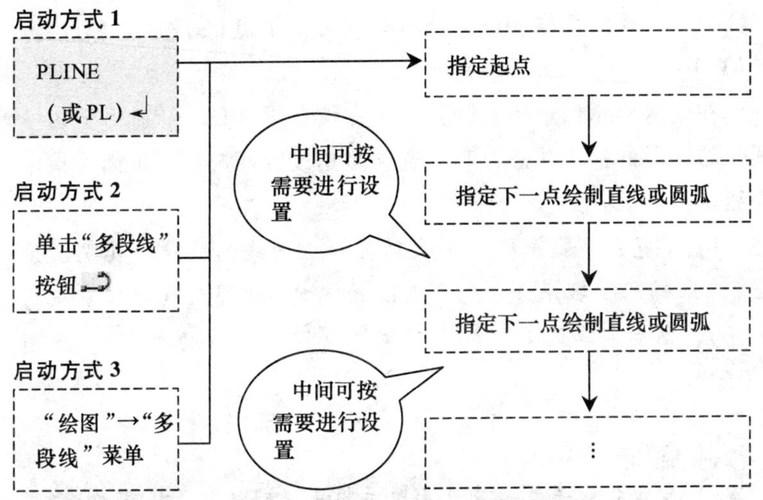

多段线的主要用途实际上就是连续地绘制线段和圆弧，如图 4-1 所示。

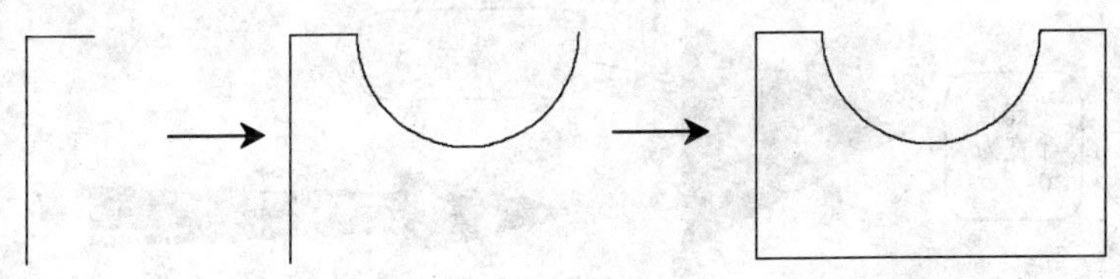

图 4-1　多段线的主要用途

执行 PLINE 命令后，不断地指定起点和终点，并通过输入 A 与 L 来切换圆弧与直线的输入状态，即可绘制由线段和圆弧组成的多段线。

在执行命令后，命令行提示“**指定起点：**”，指定多段线起点后命令行将出现如下提示信息：

指定下一个点或[圆弧(A)/半宽(H)/长度(L)/放弃(U)/宽度 (W)]：

此外在绘制圆弧时，命令行还将提示如下信息：

指定圆弧的端点或[角度(A)/圆心(CE)/闭合(CL)/方向(D)/半宽(H)/直线(L)/半径(R)/第二个点(S)/放弃(U)/宽度(W)]：

在这些提示信息中，圆弧（A）和直线（L）分别用于切换圆弧与线段的输入状态，其他选项多是设置性选项，下面作集中介绍。

1）**半宽**：半宽是线段中心到其一边的线的宽度，其默认值为 0。选择此项后，将首先要求设置“起点半宽”（即当前点的半宽），然后要求设置“端点半宽”（即下一点的半宽），如图 4-2所示。

提 示

可分段设置半宽，图 4-3 所示为在不同半宽下使用多段线绘制的箭头。

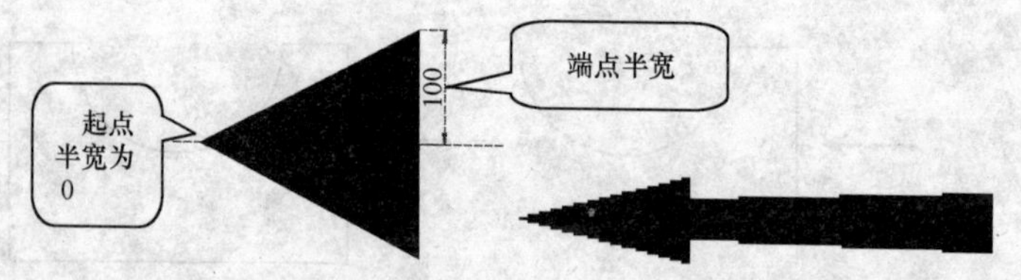

图 4-2　半宽示意图　　　　图 4-3　通过设置半宽绘制的图形

2）**长度**：在与前一线段相同的方向上绘制指定长度的直线，如果前一段是圆弧，延长方向为端点处圆弧的切线方向。

3）**放弃**：取消前面刚绘制的一段多段线。

4）**宽度**：用于设定多段线的线宽，即半宽的两倍。

5）**角度**：指定圆弧夹角，逆时针为正，顺时针为负。

6）**圆心**：指定圆弧中心。

7）**闭合**：出现在绘制直线的过程则用直线封闭多段线，否则用圆弧封闭多段线，并退出“多段线”命令。

8）**方向**：指定圆弧起点的切线方向。

提 示

此项需注意，因为圆弧默认与前一段直线或圆弧相切，通过设置可在任意方向上绘制圆弧，否则无法绘制图4-1所示的图形。

9）**半径**：输入圆弧半径。

10）**第二个点**：指定使用“三点”方法绘制圆弧中第二个点。

提 示

在绘制过程中设置的这些参数，系统将自动保存，所以，当再次执行绘制多段线命令时，这些设置均有效，直至退出系统。

4.1.2 编辑多段线——PEDIT（或PE）

使用多段线绘图，速度较快，但是由于绘制好的多段线为一个整体，所以无法像编辑普通图形一样对其执行编辑操作。

PEDIT命令为多段线的专用编辑命令，执行此命令后，首先选择多段线（输入M可选择多条多段线），然后可根据需要选择多种方式对绘制好的多段线进行调整。下面介绍各种调整方式的意义。

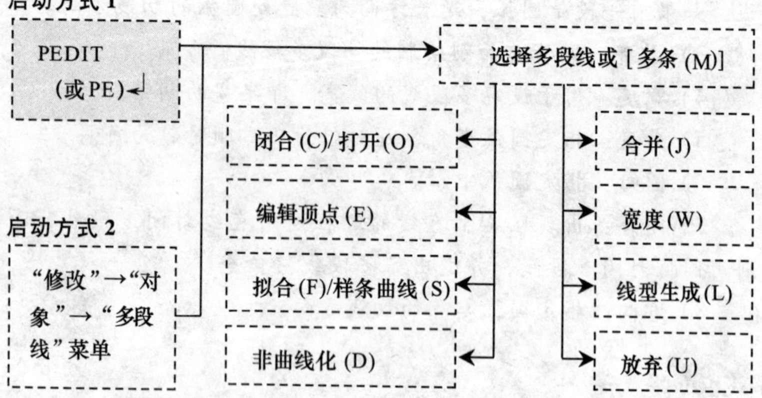

1）**闭合（C）/打开（O）**：执行 PEDIT 命令后，选择 C 选项，可以使未闭合的多段线闭合，选择 O 选项，可以打开闭合的多段线，如图 4-4 所示。

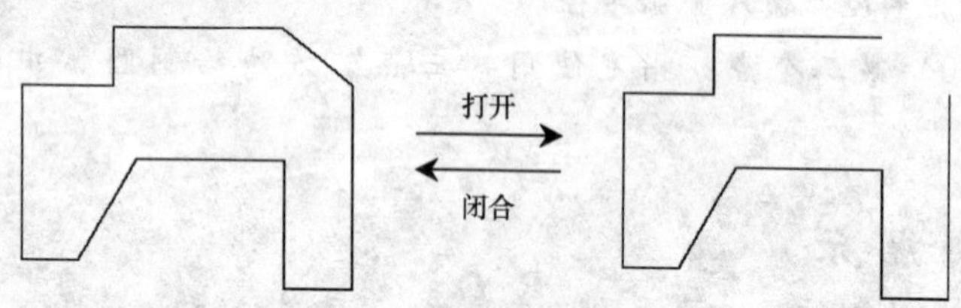

图 4-4　打开或闭合多段线

2）**合并（J）**：将与多段线相连的直线、圆弧或多段线合并成为一条多段线。

3）**宽度（W）**：指定多段线统一宽度，如图 4-5 所示。

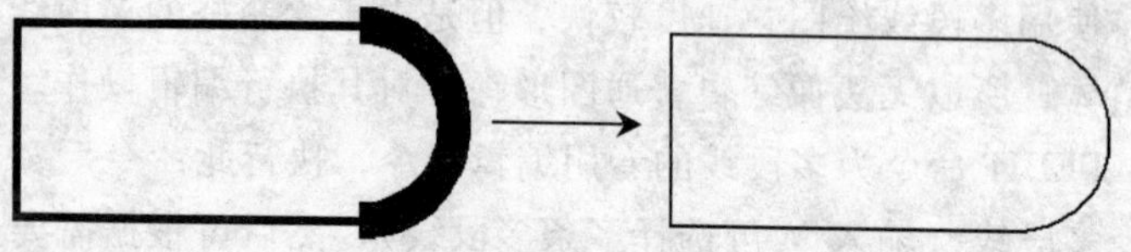

图 4-5　指定统一宽度

4）**编辑顶点（E）**：提供一组子选项，用于对顶点及与顶点相邻的线段进行编辑（参见下面内容）。

5）**拟合（F）/样条曲线（S）**："拟合"选项用于将多段线转换为圆弧；"样条曲线"选项用于将多段线转换为样条曲线，如图 4-6 所示。

图 4-6 拟合与样条曲线效果

6）**非曲线化（D）**：将"拟合"或"样条曲线"后的多段线恢复到初始状态。

7）**线型生成（L）**：当多段线的线型为非连续线型（如点画线）时，此选项用于控制多段线顶点处的线型是否连续，如果选择"开"，则多段线顶点处的线型连续（为点画线），否则拐角处线型不连续，如图 4-7 所示。

图 4-7 "线型生成"选项的作用

8）**放弃（U）**：撤销上一次操作。

当输入"E"，选择"编辑顶点"选项后，在多段线起点处会出现"×"标记，并且在命令行将显示如下提示信息：

输入顶点编辑选项[下一个（N）/上一个（P）/打断（B）/插入（I）/移动（M）/重生成（R）/拉直（S）/切向（T）/宽度

(W)/退出 (X)]

下面介绍各选项的作用:

1) 下一个 (N)/上一个 (P): 移动"×"标记到下一个或上一个顶点上。

2) 打断 (B): 在当前顶点处断开多段线，即令一条多段线变为两条多段线，并可同时删除执行点与断开点间的线，如图4-8所示。如果执行点与断开点为同一个点，则只将多段线断开。

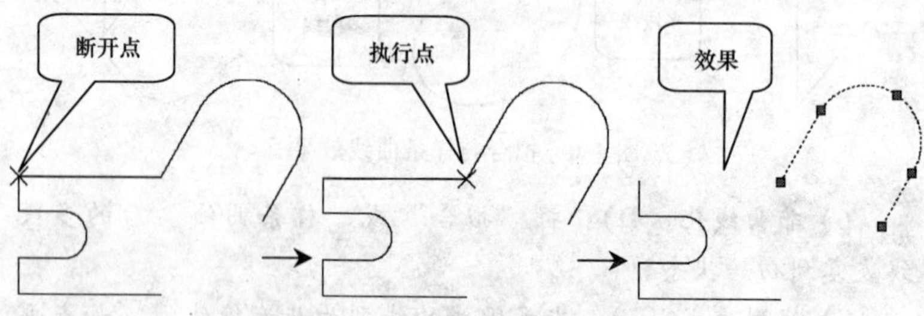

图4-8　打断多段线为两条

3) 插入 (I): 在当前顶点与下一个顶点之间插入一个新的顶点。选择此选项后，系统会要求用户选择或输入插入点的坐标值。

4) 移动 (M): 移动当前顶点到指定位置。

5) 重生成 (R): 重新生成多段线以观察编辑的效果。

6) 拉直 (S): 删除当前顶点与执行点之间的所有顶点并且用直线段连接两个顶点，如图4-9所示。

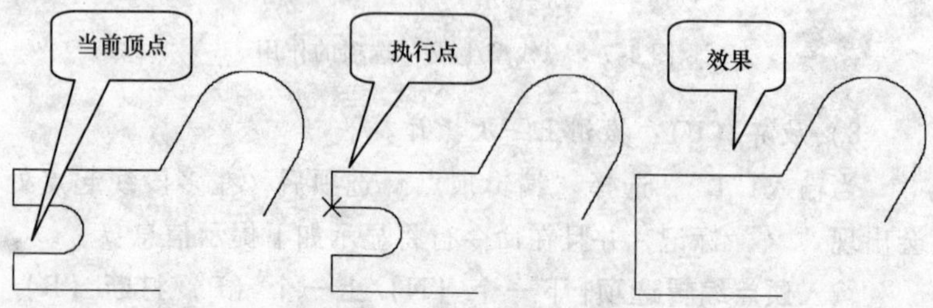

图4-9　拉直多段线

7）**切向（T）**：调整当前标记顶点处切线方向以控制曲线拟合，如图 4-10 所示。

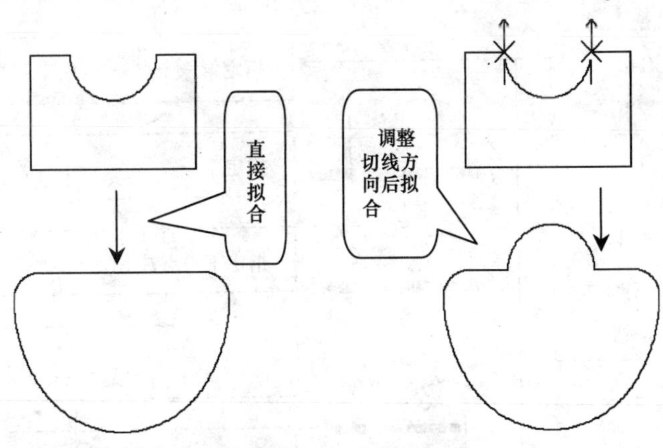

图 4-10　调整切向的效果

8）**宽度（W）**：设置当前顶点与下一个顶点之间多段线的起点宽度和端点宽度，如图 4-11 所示。

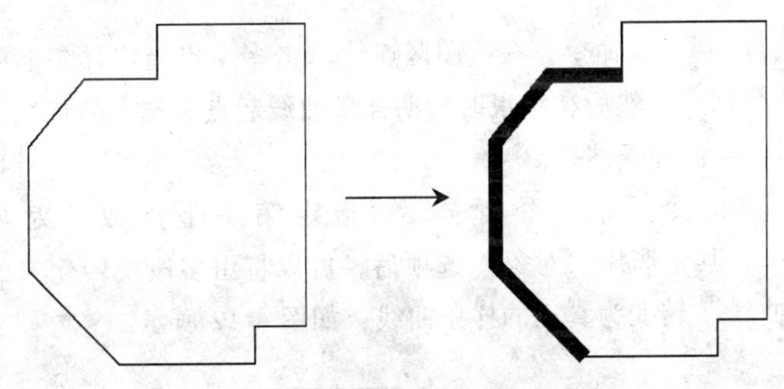

图 4-11　调整宽度的效果

9）**退出（X）**：结束顶点编辑，返回到多段线编辑提示。

提 示

此外，执行**PEDIT** 命令后，选择非多段线的直线或圆弧，输入**Y** 并回车，可以直接将非多段线转换为多段线。

4.1.3 样条曲线——SPLINE(或 SPL)

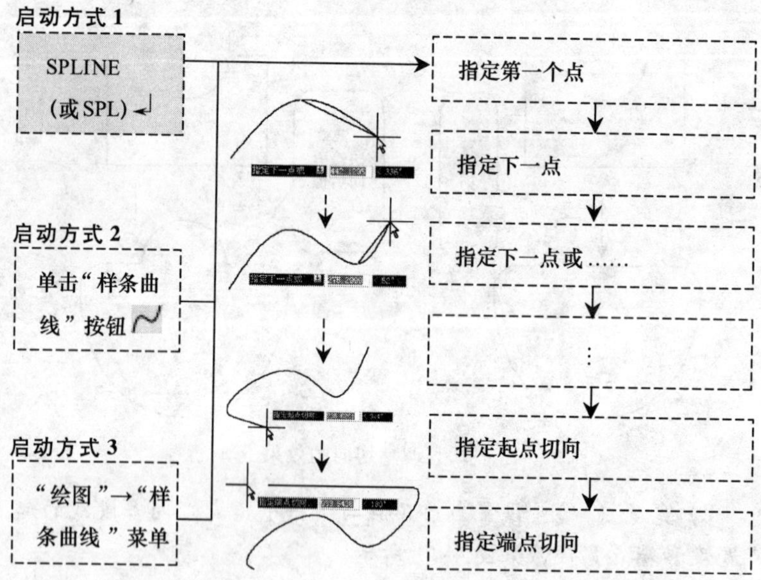

执行 SPLINE 命令，在绘图区连续单击多个点指定样条曲线的各个数据点，然后在结束时指明样条曲线起点和端点的切线方向，即可绘制样条曲线。

启动命令后，命令行提示“**指定第一个点或［对象(O)］:**”，其中选择“对象”选项后，可以将由多段线转化来的“样条曲线”转变为真正的样条曲线，如图 4-12 所示。

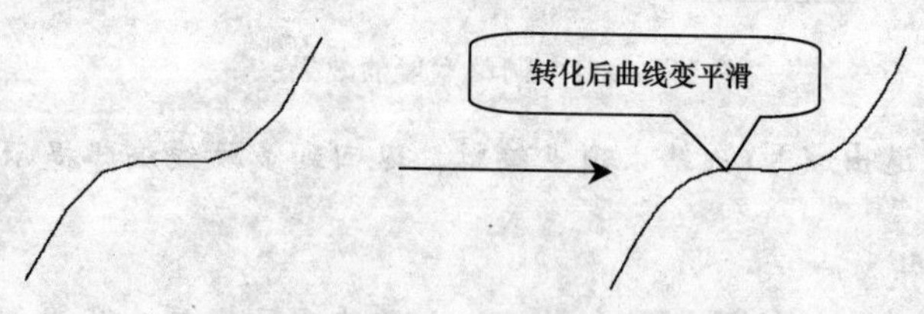

图 4-12 “对象”选项的作用

提 示

由多段线转化来的“样条曲线”（也称为“样条曲线拟合多段线”），其并不是真正意义的样条曲线，而是由一小段一小段的短直线拟合而成的。

指定样条曲线第二点后，命令行提示“**指定下一点或［闭合(C)/拟合公差（F)］<起点切向>:**”，各选项的作用如下：

1）**闭合（C)**：使样条曲线起始点、结束点重合，并使它在连接处相切。选择此项后，命令行提示“**指定切向:**”，拖动鼠标并在适当的位置单击，确定重合点的切向，即可完成样条曲线的绘制。

2）**拟合公差（F)**：此选项用于设置样条曲线接近拟合点的程度。公差越小，样条曲线就越接近拟合点。公差为0，则表明样条曲线精确地通过拟合点，如图4-13所示。

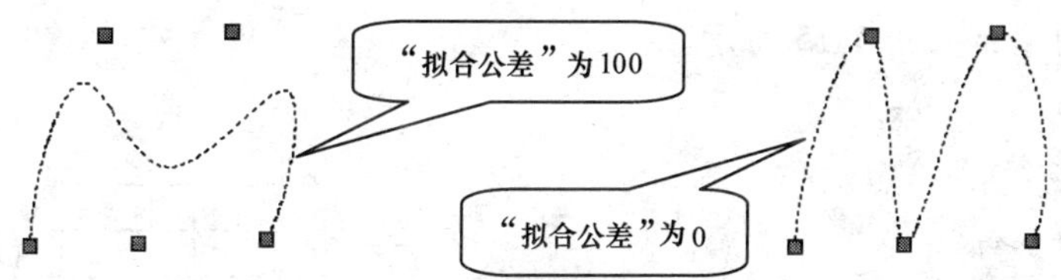

图4-13 拟合公差的作用

4.2 绘制图案填充和渐变色

可以使用图案填充和渐变色来标识某一区域的意义或用途，如图4-14所示，本节讲述其实现方法。

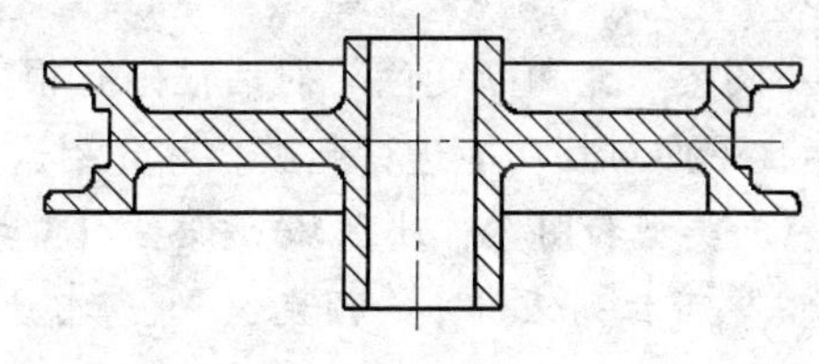

图4-14 图案填充的应用

4.2.1 绘制图案填充——BHATCH（或 BH）

启动方式 1

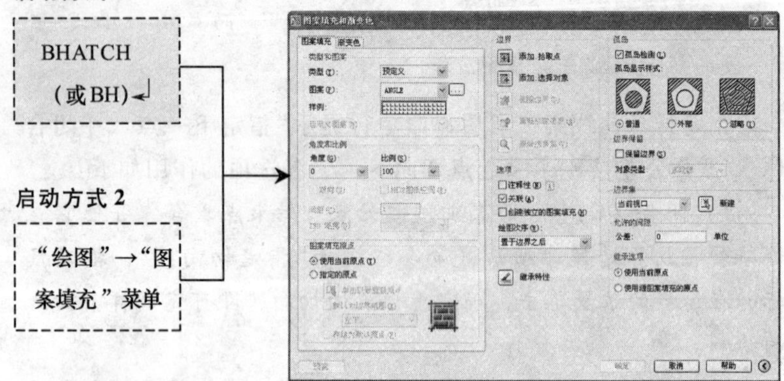

执行 BHATCH 命令后，打开“图案填充和渐变色”对话框，单击“拾取一个内部点”按钮，选择一闭合图形内的点，并按【Enter】键，再单击“确定”按钮即可使用默认填充图案填充图形，如图 4-15 所示。

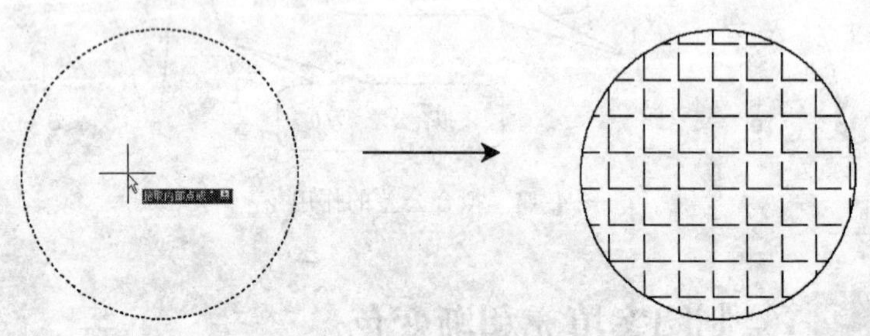

图 4-15 图案填充的简单应用

“图案填充和渐变色”对话框中有很多选项，也提供了很多功能，下面对其功能进行归类，并介绍这些功能。

1）**类型和图案**：此区域可设置图案填充的类型和样式，在“类型”下拉列表中，“预定义”是指使用 AutoCAD 提供的图案；“用户定义”是指使用当前线型定义的图案；“自定义”是指使用在其他 PAT 文件中定义的图案。

“预定义”和“用户定义”的图案分别保存在“acad. pat”和“acadiso. pat”文件中。用户也可以自己编辑图案并将其单独保存在 PAT 文件中（关于 PAT 文件的编辑，请参考其他专业书籍）。

2）**角度和比例**：可以设置选定填充图案的旋转角度和比例等参数，如图 4-16 所示。其中“双向”和“间距”选项用于定义是否具有垂直线和线的间距；“相对图纸空间”用于图纸空间的显示；“ISO 笔宽”用于用选定的笔宽缩放 ISO 预定义的图案。

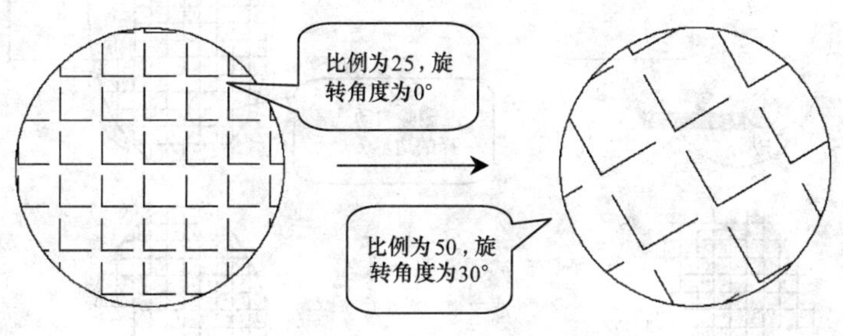

图 4-16　角度和比例的作用

3）**图案填充原点**：用于控制填充图案生成的起始位置。其中“使用当前原点”项是指使用当前的单击点作为图案填充原点；“指定的原点”是指用指定的新的图案填充原点来填充图形。

4）**边界**：用于图案填充边界的添加、删除和创建。其中“拾取点”按钮，用于在拾取点的周围自动选择填充边界；“选择对象”按钮，用于选择某个图形对象来定义填充区域的边界；“删除边界”按钮，用于取消某段选定的边界；“重新创建边界”按钮，用于为填充图案重新创建边界；“查看选择集”按钮，用于查看当前选择的作为填充边界的图线

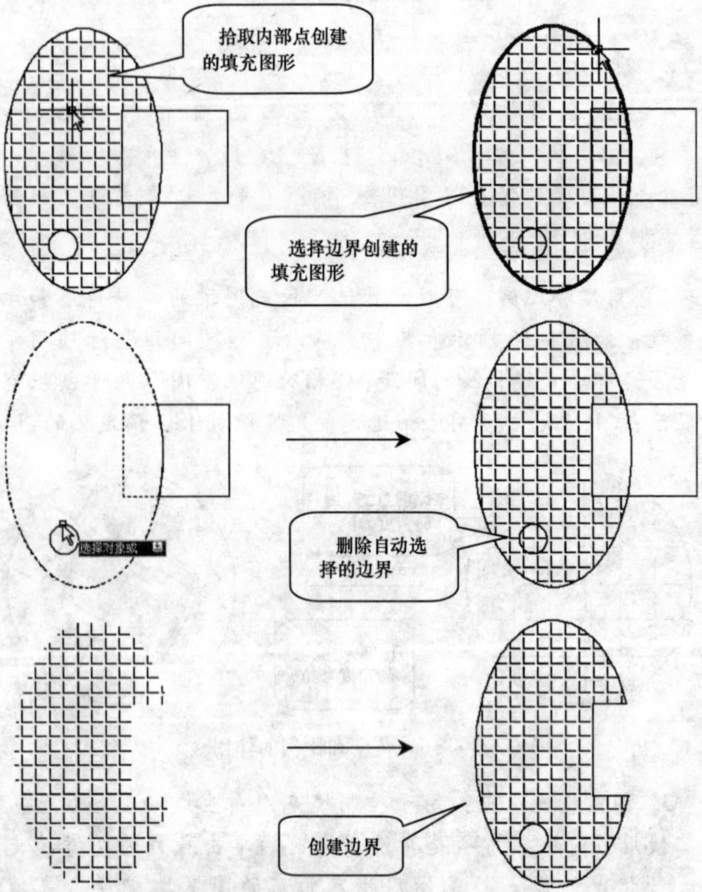

图 4-17　边界中各选项的作用

(以虚线显示)，如图 4-17 所示。

5) 选项： 用于控制图案填充的注释性和关联等。其中；“注释性”主要用于出图时调整填充的比例，其作用详见后续章节；勾选“关联”选项可以令边界和填充图案相关联；“创建独立的图案填充”选项用于控制当选定几个单独的闭合边界时，是创建整体图案填充对象，还是创建独立图案填充对象；“绘图次序”选项用于为图案填充指定绘图次序。

6）**继承特性和继承选项**：相当于Word中的格式刷功能。单击“继承特性”按钮，选择源图案填充对象，再选择其他图案填充对象，可以将现有图案填充应用到其他图案填充对象上。

7）**孤岛**：通常将位于已定义好的填充区域内的封闭区域称为孤岛。通过孤岛区域可以控制孤岛的填充样式。其意义可参见对话框上的图例，此外，在使用“添加：拾取点”选项定义边界，且有多个边界时，必须使用孤岛检测功能。

8）**边界保留**：指定是否生成图案填充对象的边界，并确定生成边界的图线类型。

9）**边界集**：当使用“添加：拾取点”选项定义填充边界时，为找到围绕拾取点的闭合区域，系统将分析当前视口范围内的所有对象，如果对象特多，将耗费较长的分析时间。单击“选择新边界集”按钮，可定义分析区域，从而减少分析时间。

10）**允许的间隙**：设置将未闭合对象作为边界时，允许的未闭合区域的最大间隙，如图4-18所示。

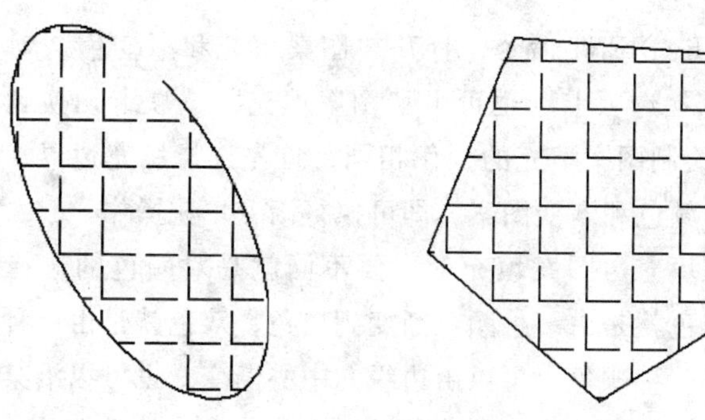

图4-18 允许间隙大于零的填充效果

4.2.2 绘制渐变色——GRADIENT(或 GD)

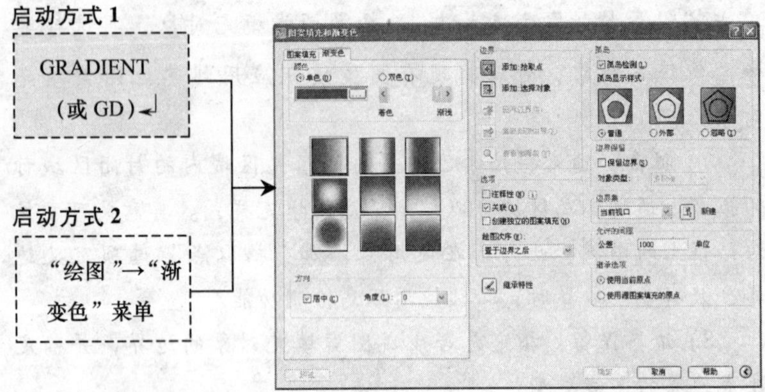

绘制渐变色即渐变填充，是指使用一种颜色的不同灰度或两种颜色之间的过渡色填充选中的图形区域，如图 4-19 所示。

图 4-19 两种渐变填充效果

执行 GRADIENT 命令，打开“图案填充和渐变色”对话框的“渐变色”选项卡（也可由“图案填充”选项卡切换到此选项卡），同绘制图案填充的操作相同，首先选择填充边界，然后选择填充的颜色和渐变图案，即可执行渐变填充操作。

渐变色填充与图案填充的主要不同就是对颜色的选择和设置，其中单色就是由一种颜色渐变到白色，双色就是由一种颜色渐变到另外一种颜色。可以由边缘向中心渐变，也可以沿某个方向上渐变，有多种形式。关于其设置方法，由于较为简单，此处不做过多叙述。

4.2.3 编辑图案填充与渐变色——HATCHEDIT(或 HE)

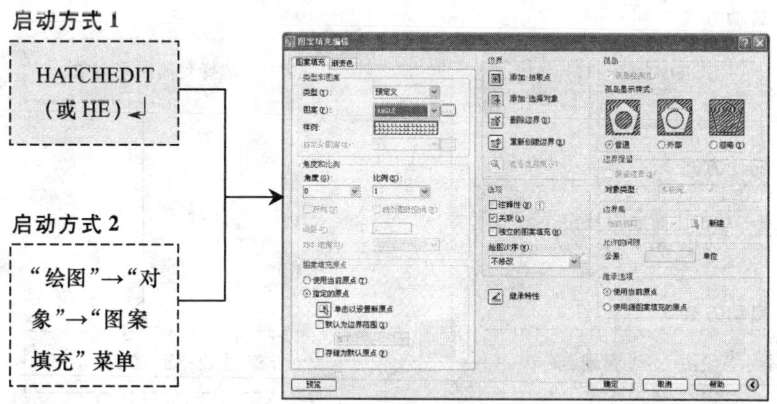

执行 HATCHEDIT 命令后，选择需要编辑的图案填充或渐变色，将打开“图案填充编辑”对话框，然后即可在此对话框中对“图案填充”或“渐变色”进行编辑。

双击要修改的图案填充或渐变色，或者选中后右击，选择“编辑图案填充”菜单项，均可打开“图案填充编辑”对话框，从而对图案填充或渐变色等进行编辑。

图案填充和渐变色的编辑操作与其创建时的操作基本相同，此处不做过多叙述。

4.3 绘制面域与边界

定义一个闭合边界，由这个闭合边界所围成的区域（包括边界）被称作面域。面域间可以进行布尔运算，从而创建复杂图形，也可用面域创建三维实体对象。

边界实际上就是生成某个图形或填充图案的边界，边界是一条封闭的多段线，可用于创建三维图形。

4.3.1　将闭合对象转换为面域——REGION(或 REG)

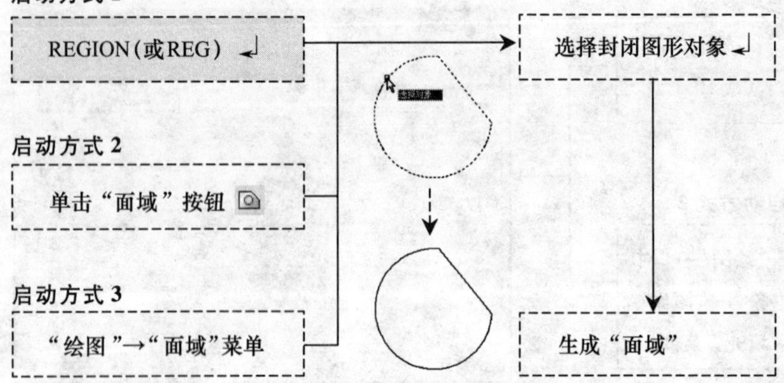

在 AutoCAD 中，用户无法直接绘制面域，而只能将现有的封闭对象，或者由多个对象组成的封闭区域转换为面域。

执行 REGION 命令后，选择封闭图形对象，按【Enter】键，即可生成面域。转换为面域后，原来的对象将被组合为一个整体（图 4-20），且使用面域夹点只能移动面域。

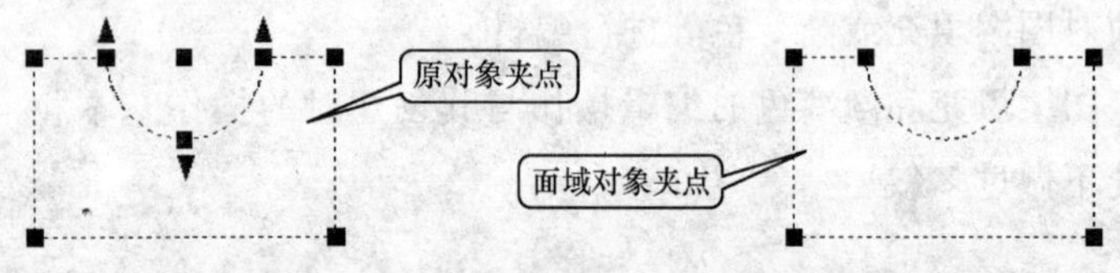

图 4-20　转变面域前后的对象夹点

4.3.2　面域运算——UNION、SUBTRACT、INTERSECT

可以对面域执行三种布尔运算，即并集（UNION）、差集（SUBTRACT）和交集（INTERSECT）运算，下面逐一讲述其功能。

求并集（UNION）的操作流程。

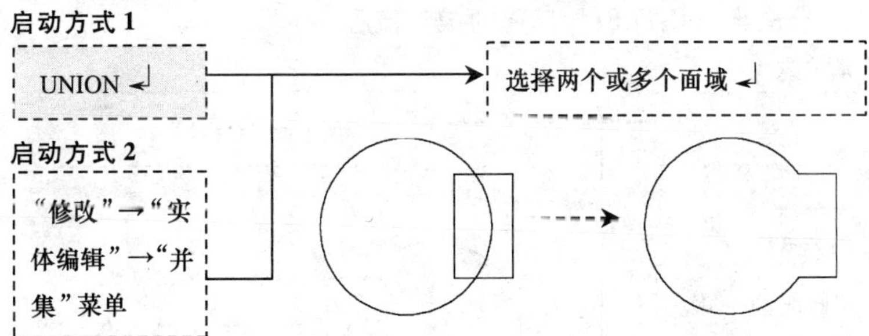

执行 UNION（或 UNI）命令后，选择两个或多个要合并的面域，按【Enter】键即可将这两个或几个面域合并，即求并集。

提 示

对面域求并集时，即使所选面域并未相交，所选面域也将被合并为一个单独的面域。

求差集（SUBTRACT）的操作流程。

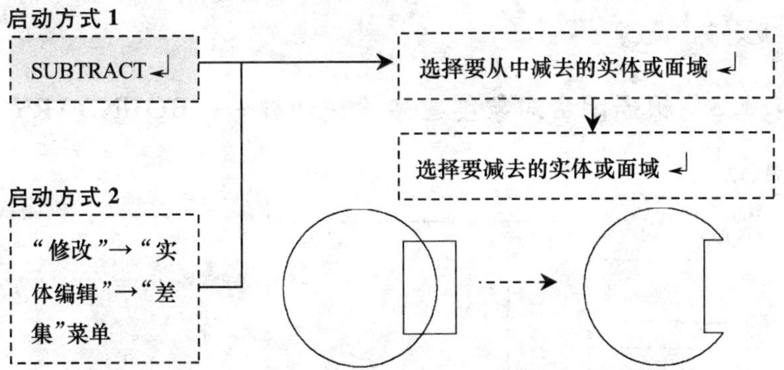

执行 SUBTRACT（或 SU）命令后，首先选择主面域（即要被减去实体的面域），按【Enter】键，然后选择作为工具的面域，再按【Enter】键，即可执行求差集操作。

提 示

面域在求差集时，如果所选面域并未相交，所有被减面域（作为工具的面域）将被删除。

求交集（INTERSECT）的操作流程。

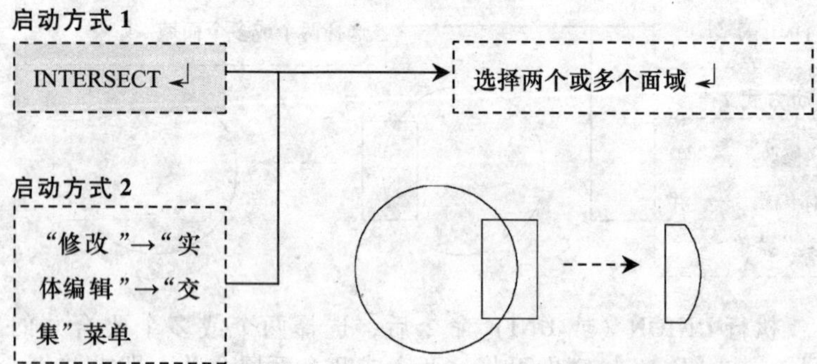

执行 INTERSECT（或 IN）命令后，选择两个或多个面域，按【Enter】键即可求得这两个（或几个）面域的交集（即相交的部分）。

提 示

对面域求交集时，如果所选面域并未相交，则将删除所有选择的面域。

4.3.3 根据闭合对象创建多段线边界——BOUNDARY

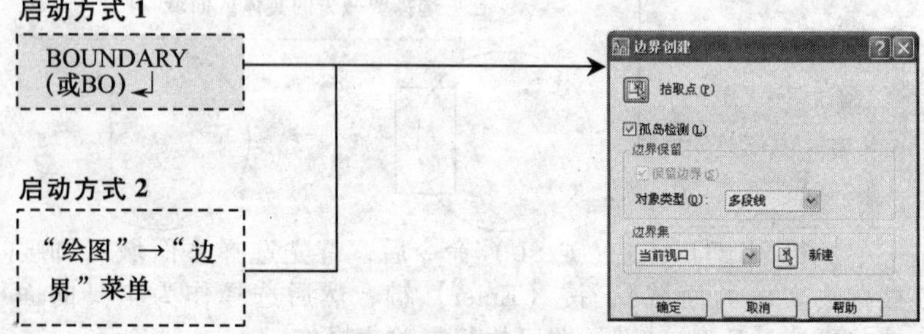

所谓边界就是指某个封闭区域的轮廓。执行 BO 命令，打开“边界创建”对话框，单击“拾取点”按钮，然后指定封闭区域内的任一点，可自动分析该区域的轮廓，并通过多段线或面域的形式将此区域的轮廓保存下来，如图 4-21 所示。

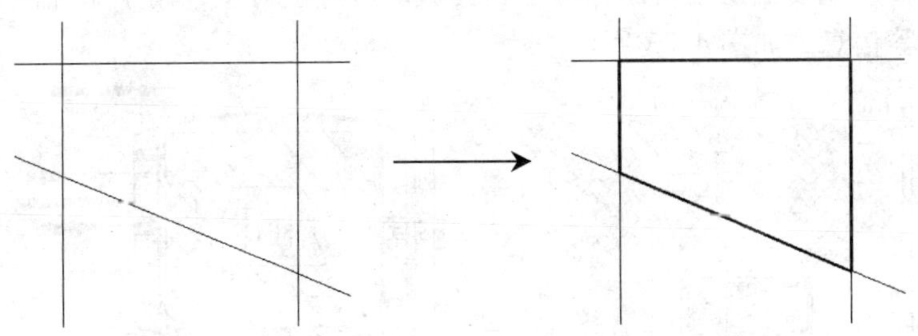

图 4-21 创建多段线边界

提 示

利用此方法创建多段线边界时，原对象将被保留。因此，为了观察和使用所创建的多段线边界，可将新建对象移动到其他位置。

此外，在“边界创建”对话框中，各选项的意义与“图案填充”对话框中相应选项的意义基本相同，此处不再赘述。

4.4 绘制修订云线与区域覆盖

修订云线是由连续的圆弧组成的多段线，用于在检查时提醒用户注意圈阅的部分，如图 4-22 所示。

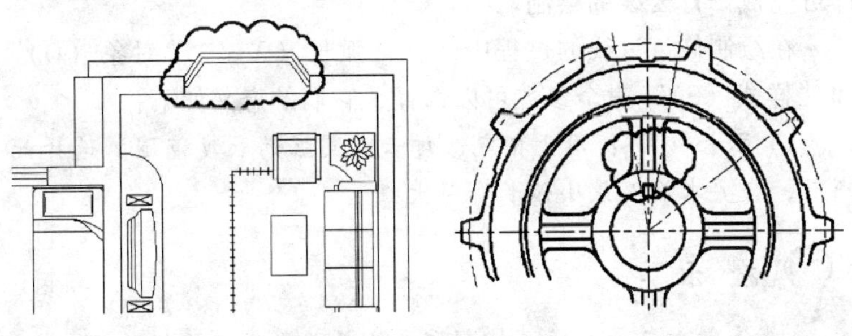

图 4-22 修订云线

区域覆盖是指使用一个空白区域屏蔽底层对象，用于添加注释等信息，如图 4-23 所示。

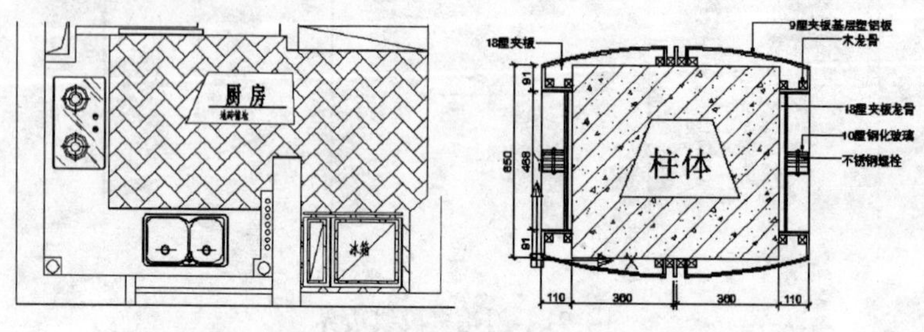

图 4-23　区域覆盖

4.4.1　修订云线——REVCLOUD

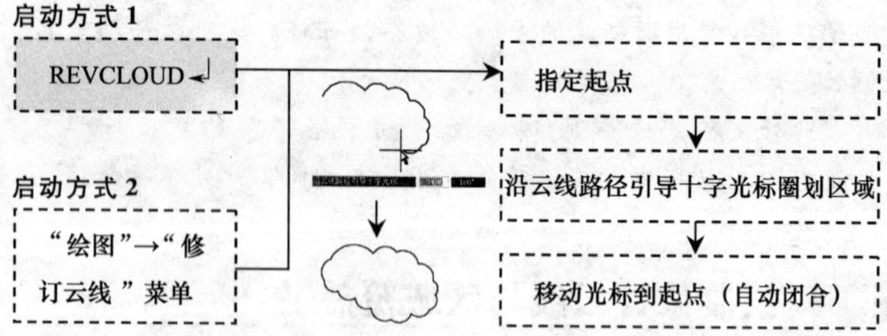

执行 REVCLOUD 命令后，首先单击指定起点，然后移动十字光标圈划区域，最后将光标移动到起点位置，云线自动闭合，即可完成修订云线的绘制。

在绘制修订云线的过程中，有“弧长（A）”、“对象（O）”和“样式（S）”三个参数可以选择，它们的意义如下：

1）弧长（A）：用于指定修订云线圆弧的长度范围。选择此项后，会要求输入最小弧长和最大弧长。

指定最大弧长数值不能超过最小弧长数值的三倍。

2）对象（O）：通过此选项可以将选择的图形转换成修订云线，如图 4-24 所示。

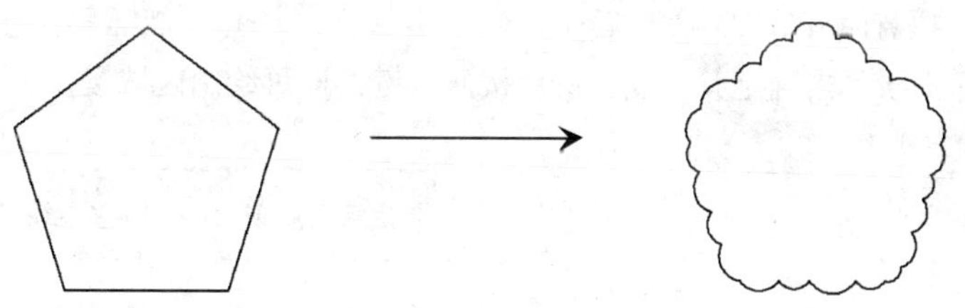

图 4-24 转换修订云线操作

3）样式（S）：用于设置修订云线圆弧的样式，共有两个样式可供选择，分别为“**普通（N）**”和“**手绘（C）**”，如果选择“手绘”，则绘制出的修订云线像是使用画笔绘制的，如图 4-25 所示。

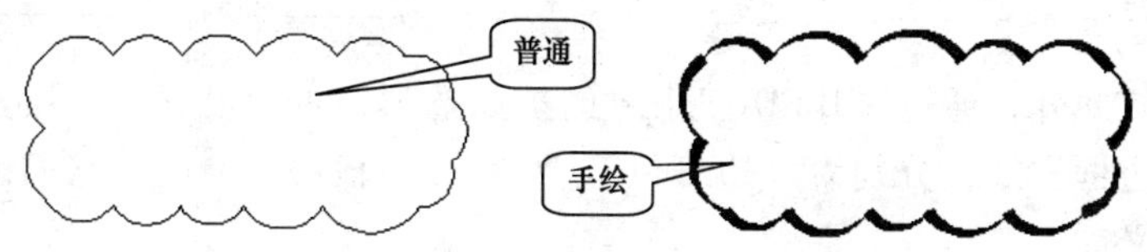

图 4-25 “普通”和“手绘”修订云线样式

提 示

如果按【Enter】键结束云线的绘制，系统将出现提示，询问是否“反转方向［是（Y）/否（N）］”，选择“是”表示要反转圆弧的方向，选择“否”表示不反转圆弧的方向，如图 4-26 所示。

图 4-26 “反转”或“不反转”修订云线的样式

4.4.2 区域覆盖——WIPEOUT

执行 WIPEOUT 命令后，首先单击指定第一点，然后移动十字光标不断单击确定其他点，最后按回车键，即可绘制区域覆盖。

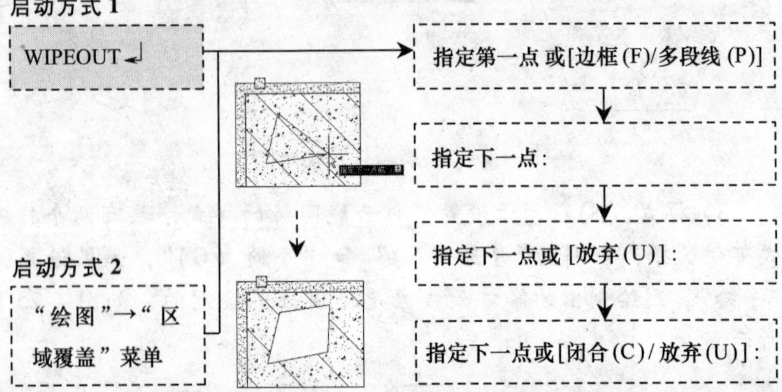

此外，通过 WIPEOUT 命令的扩展选项，可以设置区域覆盖的边框样式，分别为“边框（F)”和“多段线（P)”，它们的意义如下：

1) **边框（F)**：设置是否显示边框。选择此选项后，命令行提示“**输入模式［开（ON)/关（OFF)］<ON>:**”，选择“ON”表示显示边框，选择“OFF”表示不显示边框，如图 4-27 所示。

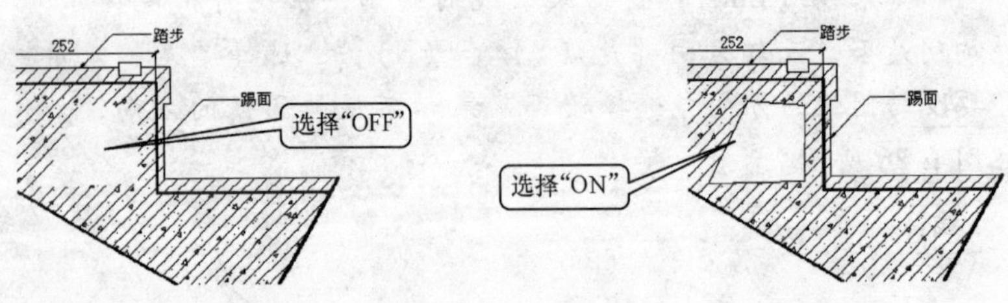

图 4-27　边框设置效果

2) **多段线（P)**：选定多段线创建区域覆盖。选择一个封闭多段线后，命令行会提示“**是否要删除多段线？［是（Y)/否**

(N)] <否>:"，选择"是"将删除用来创建区域覆盖的多段线，否则，将保留该多段线。

提 示

通过多段线创建区域覆盖时，该多段线必须闭合，且选择的多段线只能包括直线段，宽度应为0。

4.5 绘制多线

多线是由两条或多条平行线组成的线型，如图 4-28 所示。使用多线可以一次绘制多条平行线，从而提高绘图效率。本节讲述多线的绘制和编辑方法。

4.5.1 多线——MLINE(或 ML)

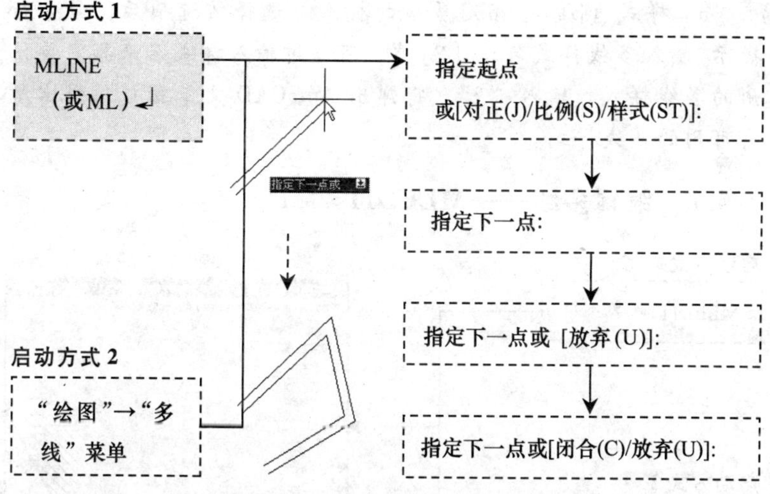

就像绘制直线一样，执行 MLINE 命令后，通过鼠标在绘图区不断单击即可绘制多线，最后按【Enter】键结束绘制操作。

在绘制多线的过程中，有三个选项可以设置，分别为"对正（J）"、"比例（S）"和"样式（ST）"，各选项的意义如下。

1）**对正（J）**：该选项用于控制绘制多线时采用何种对正方式，包括3种对正方式，即上对正、中间对正和下对正（图4-28），此选项需在绘制多线前指定。

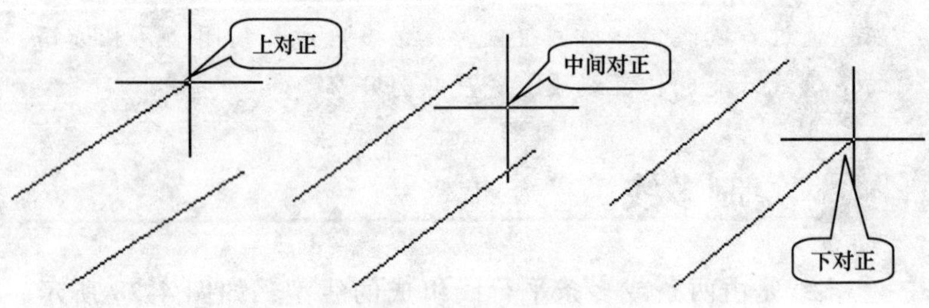

图4-28　多线的对正方式

2）**比例（S）**：该选项用于控制绘制多线时的比例。AutoCAD用此比例系数乘以元素的默认偏移量得到元素的新偏移量，从而可以起到缩放多线线宽的作用。

3）**样式（ST）**：指定多线的样式。选择该选项后，命令行提示"**输入多线样式名或**［?］:"，可通过输入样式名来指定要使用的多线样式。输入"?"，将弹出AutoCAD文本窗口，列出所有可用的多线样式。

4.5.2　编辑多线——MLEDIT

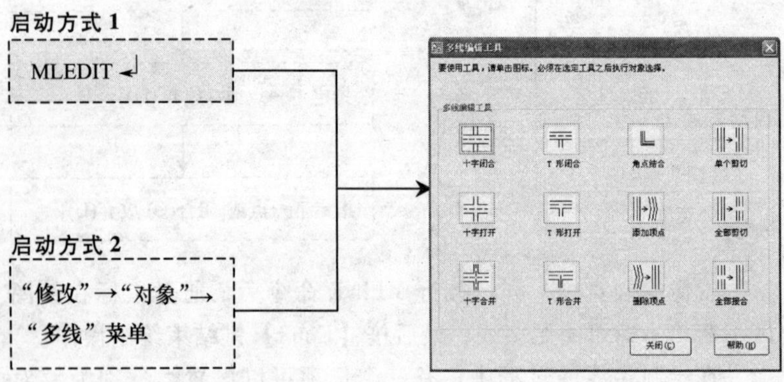

启动编辑多线命令后，将打开“多线编辑工具”对话框，此对话框共提供了12种编辑工具，分为四类（四列），分别用于编辑多线的“十字交叉”、“T形交叉”、“角点”和“多线剪切/接合”等，单击选择编辑工具，然后选择多线进行编辑即可（图4-29～图4-32）。

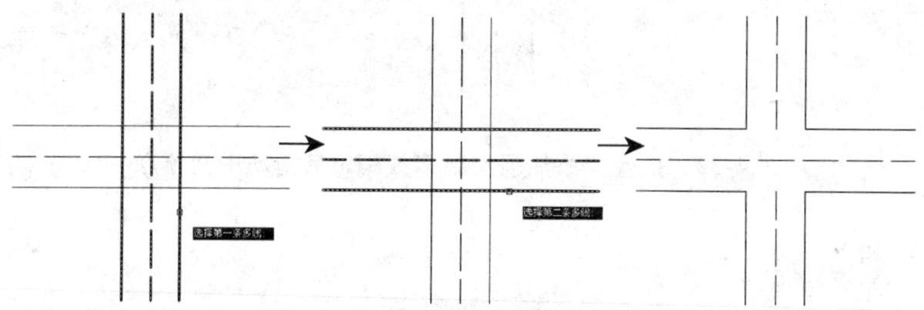

图4-29 “十字打开”多线编辑方式

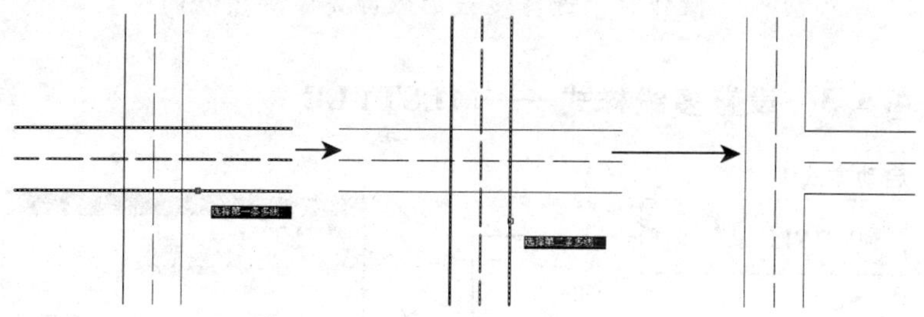

图4-30 “T形打开”多线编辑方式

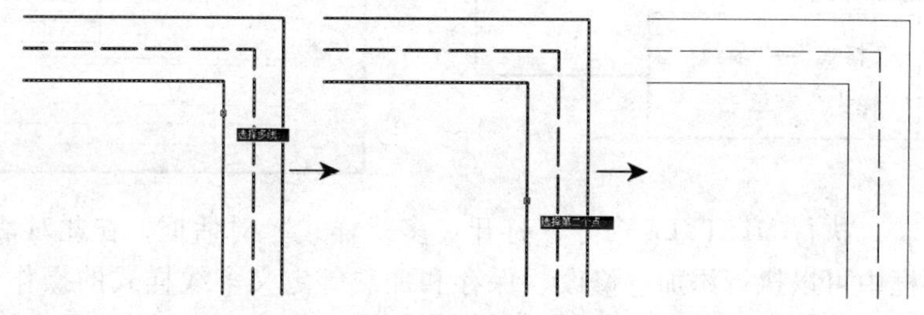

图4-31 “单个剪切”多线编辑方式

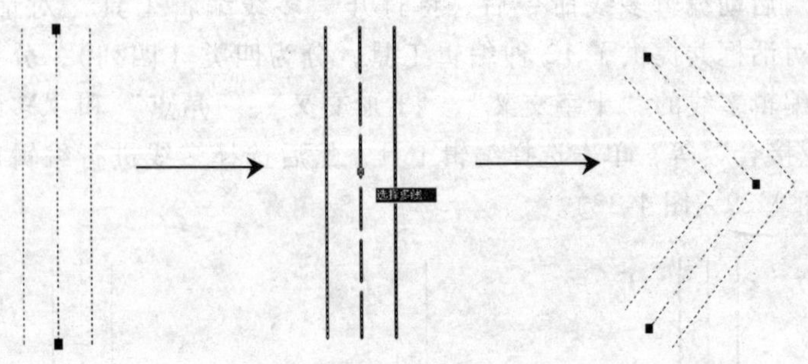

图 4-32　执行“添加顶点”多线编辑后拖动中间顶点

提　示

执行“单个剪切”命令时，命令行提示“**选择多线:**”，此时选择多线的拾取点即是第一个剪切点。同样，在执行“添加顶点”操作时，选择多线的点即是添加顶点的位置。

4.5.3　设置多线样式——MLSTYLE

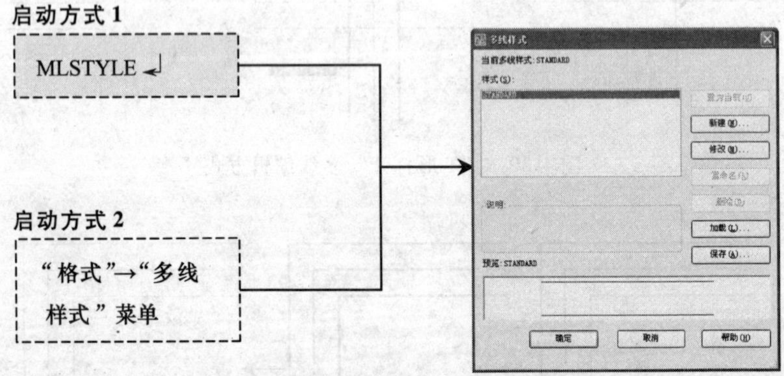

执行 MLSTYLE 命令，打开“多线样式”对话框，在此对话框中可以执行添加、修改、保存和加载等定义多线样式的操作。其中单击“新建”按钮，在打开的“创建新的多线样式”对话框中输入新样式的名称“＊＊＊”，然后单击“继续”按钮，打

开“新建多线样式：＊＊＊”对话框，在此对话框中可以自定义多线的多种样式（图4-33）。

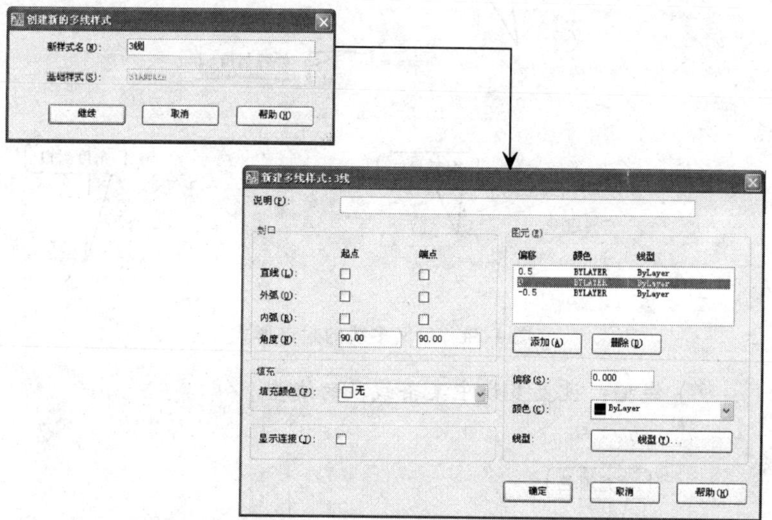

图4-33 定义多线的多种样式

下面集中介绍“新建多线样式：＊＊＊”对话框中各选项的意义（“多线样式”对话框的意义，用户可自行分析）。

1）**封口**：控制多线起点和端点封口样式。其中，“直线”表示使用直线连接多线起点或端点；“外弧”是指使用圆弧连接多线起点或端点最外端元素；“内弧”则表示连接内部成对元素；“角度”是多线起点或端点与封口的度数，如图4-34所示。

2）**填充颜色**：设置多线的背景填充颜色，如图4-35所示。

3）**显示连接**：选择此复选框后，将在多线顶点处显示连接直线，如图4-36所示。

4）**“添加”和“删除”按钮**：用于添加或删除多线中的线条。

5）**偏移**：设置多线中的某条线段偏移中心线的距离。

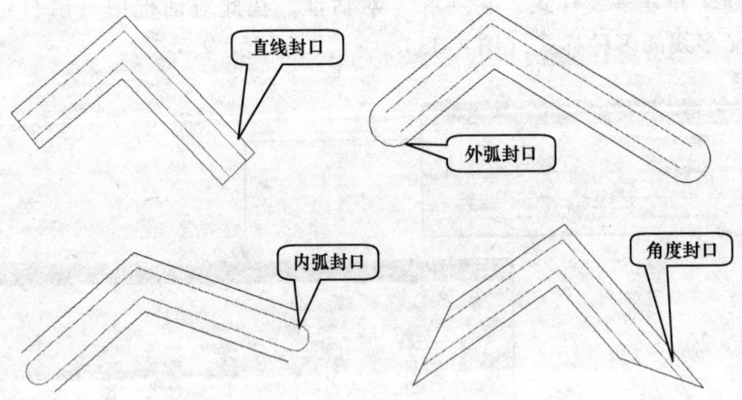

图 4-34　定义多线的封口形式

6）线型：设置多线中某条线段的线型。

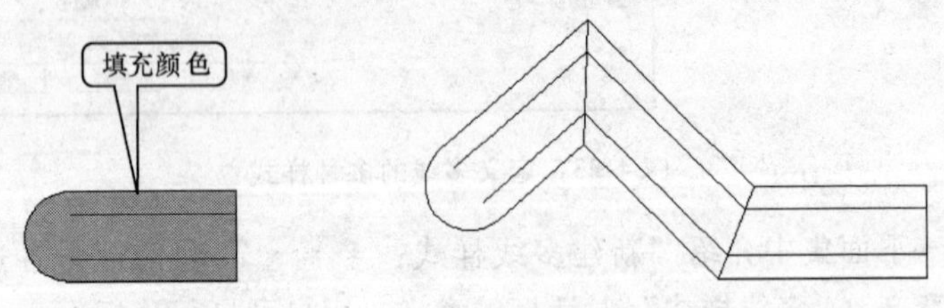

图 4-35　定义多线填充颜色　　　　图 4-36　显示多线连接

4.6 轻松小练习——绘制厨房结构图

本节将使用图 4-37 所示素材绘制图 4-38 所示厨房结构图，绘制的过程中将主要用到直线、多线和图案填充等工具，以及多线的定义和编辑等操作，用户在操作时应注意领会和掌握。

本练习中所绘制墙壁的厚度为 240mm，窗户的大小为 1200mm，门的大小为 800（距离左侧墙壁的中心线为 180mm）。

步骤 1　打开本书提供的图形文件“4-6-SC(素材).dwg”，首先执行 MLSTYLE 命令，单击“新建”按钮在“创建新的多线样式”

对话框中的基础样式一栏内选择STANDARD，定义三个多线样式，名称分别为“AA”、“BB”、“CC”，图元区域的数据分别为：120，-120；20，-20；120，50，-50，-120（图4-39）。

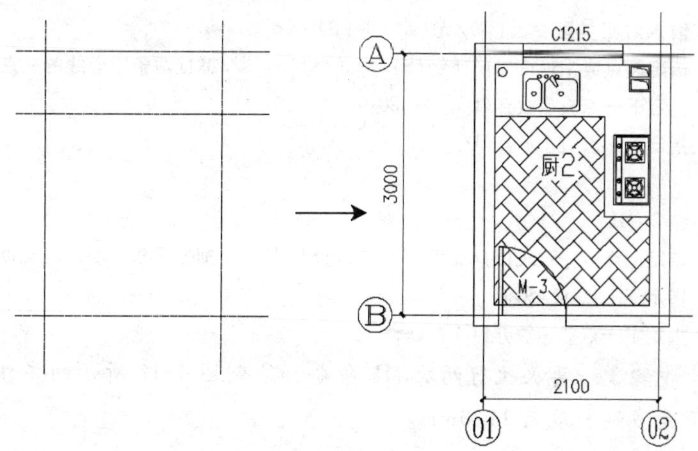

图4-37　素材文件　　　　图4-38　厨房绘制结果

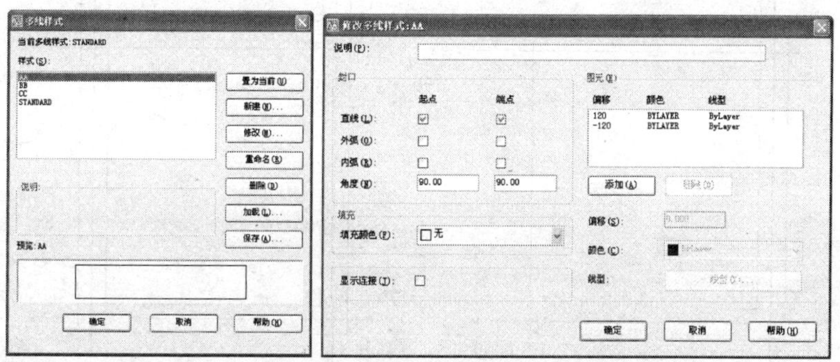

图4-39　定义三个多线样式

步骤2　执行两次ML命令，绘制如图4-40所示的多线，两次命令的操作步骤如下。

命令：ML

指定起点或［对正(J)/比例(S)/样式(ST)］：ST

输入多线样式名或[?]:AA

指定起点或[对正(J)/比例(S)/样式(ST)]:S

输入多线比例 <20.00>:1

指定起点或[对正(J)/比例(S)/样式(ST)]:J

输入对正类型[上(T)/无(Z)/下(B)] <上>:Z

指定起点或[对正(J)/比例(S)/样式(ST)]: //捕捉两条中心线的交点

指定下一点或[放弃(U)]:@180,0

指定下一点或[放弃(U)]:↵

命令:ML

指定起点或[对正(J)/比例(S)/样式(ST)]: //捕捉两条中心线的交点

指定下一点:@450,0

指定下一点或[放弃(U)]:↵

步骤3 再次执行两次 ML 命令，绘制图 4-41 所示的多线，右下角多线长度为 1120mm。

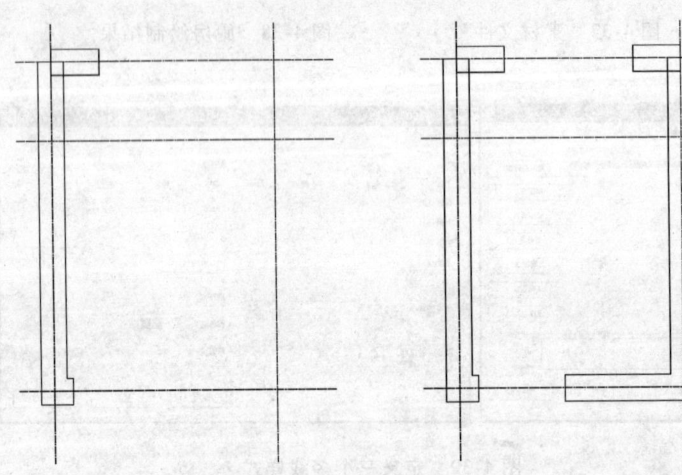

图 4-40 绘制多线 1　　图 4-41 绘制多线 2

步骤4 执行 MLEDIT 命令，打开“多线编辑工具”对话框，以“角点结合”方式对多线进行编辑，如图 4-42 所示。

步骤5 执行 L 命令，捕捉图中轴线的交点处，先向右

1310mm 再向下 1150mm 绘制图 4-43 所示图线，再切换到“门窗图层”，使用多线 BB、CC 和圆弧绘制如图 4-44 所示的门和窗。

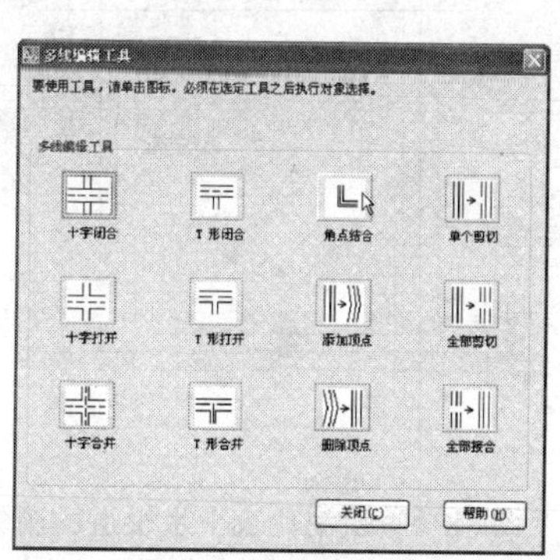

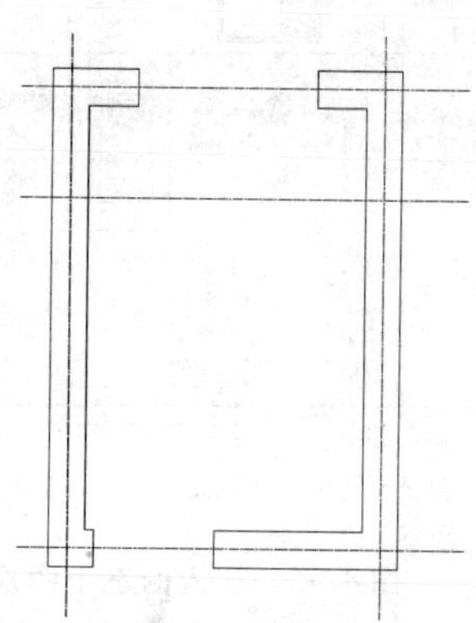

图 4-42 “多线编辑工具”对话框和多线编辑效果

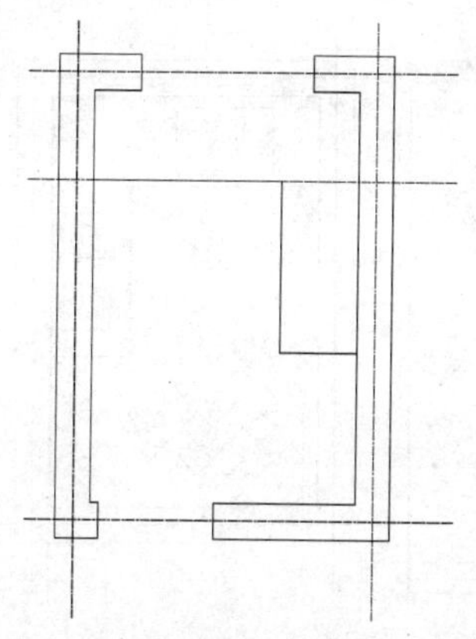

图 4-43 绘制图线

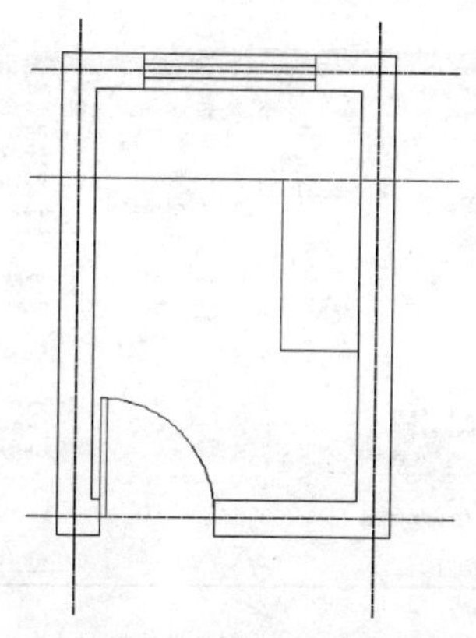

图 4-44 绘制门和窗

步骤 6 执行 I 命令，选择本书提供的图块素材，插入洗漱盆、烟管道和燃气灶图块（图 4-45），然后在距离左上角轴线交点“@240，-240”处绘制一个半径为 50mm 的圆，如图 4-46 所示。

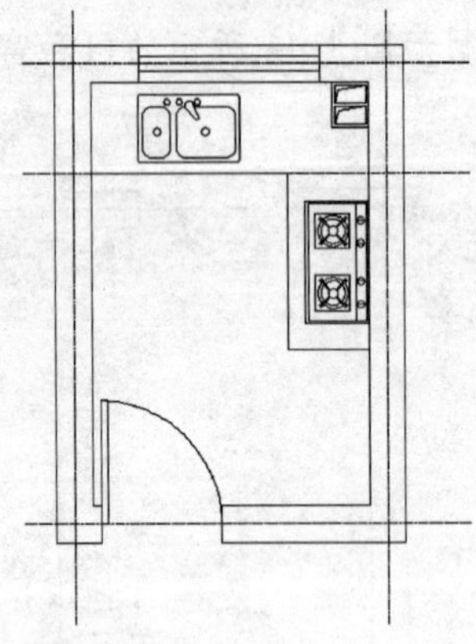

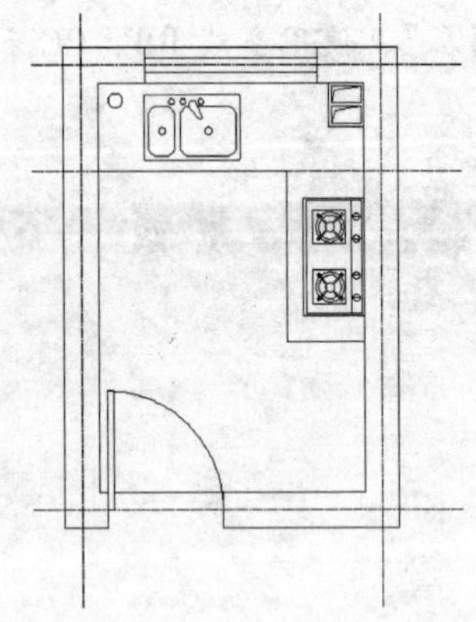

图 4-45　插入的三个图块　　　　图 4-46　绘制代表下水管道的圆

步骤 7　执行 BH 命令，按照如图 4-47 所示设置相关参数，并选取地板区域进行图案填充即可，厨房效果如图 4-48 所示。

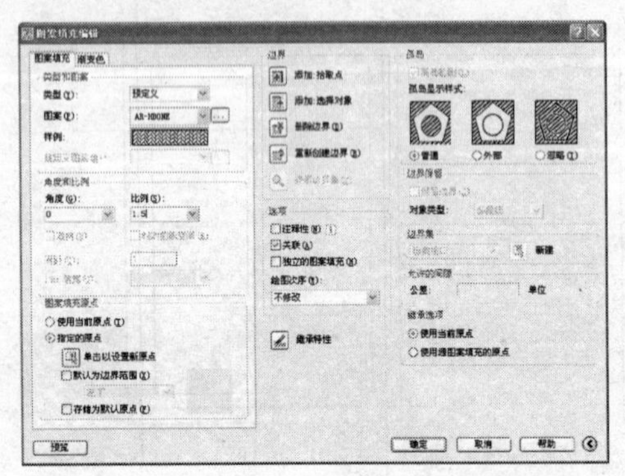

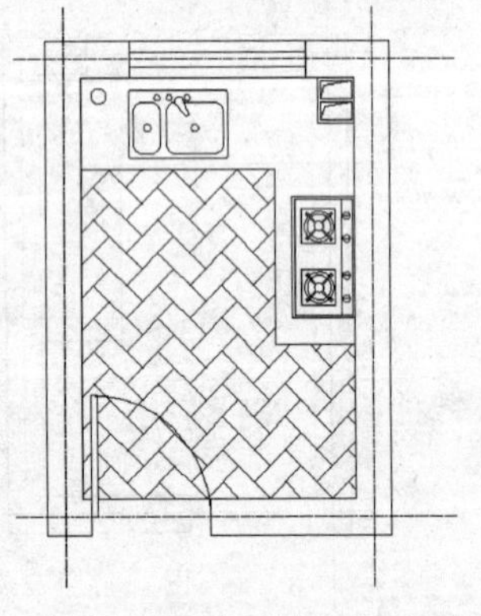

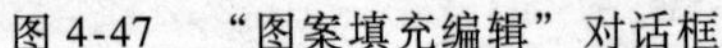

图 4-47　“图案填充编辑”对话框　　　　图 4-48　厨房效果

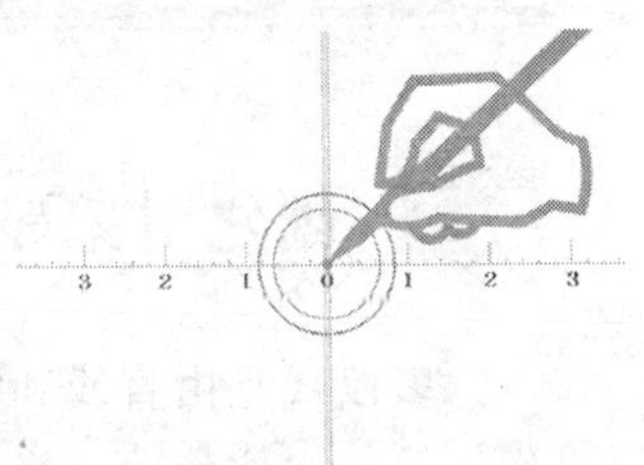

第 5 章 编辑图形

本章内容

本章介绍 AutoCAD 中对已经绘制好的图形进行编辑处理的操作，如复制对象、改变对象位置、改变对象长度，以及复合对象和编辑对象特性等。

在 AutoCAD 中，由于重复性的操作占了很大比例，所以熟练掌握这些调整图形的方法，对提高绘图速度具有重要的辅助作用。

5.1 创建对象副本

多段线是由直线和弧线相连组成的连续线段，在绘制完成后作为单一实体使用。机械图样中的轮廓线和一些特殊符号等，在AutoCAD中都可以使用多段线进行绘制。本节讲述多段线绘制和编辑的方法。

5.1.1 复制对象——COPY（或CO）

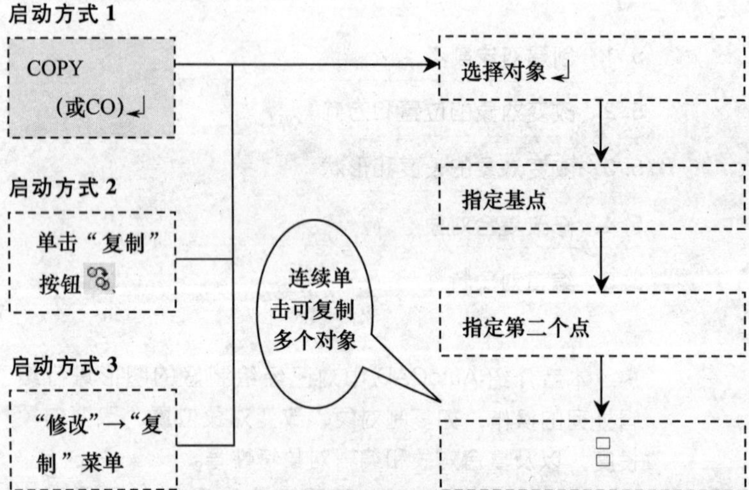

执行CO命令后，首先选择要复制的对象，然后指定所复制对象的基准点，再拖动鼠标不断单击，即可进行多次复制，最后按【Enter】键可结束对象的复制操作，如图5-1所示。

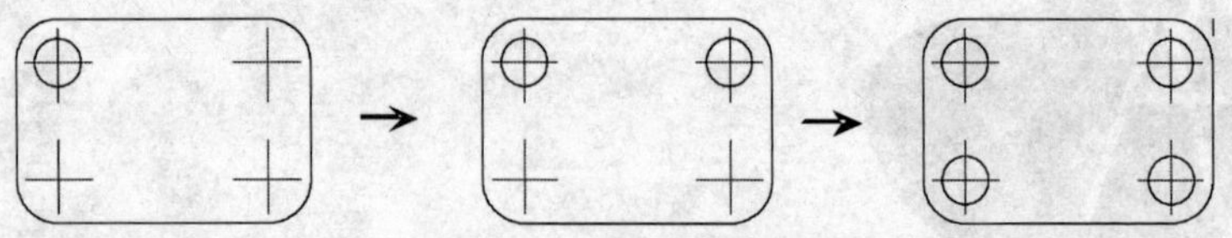

图5-1 复制对象操作

在执行复制操作的过程中，当命令行提示**“指定基点或［位移(D)/模式（O)］＜位移＞:”**时，输入“d”，可通过指定与源对象在X轴、Y轴和Z轴的相对位置来复制对象（复制二维图形时，无需指定Z轴）；输入“O”，可以选择“单个”或“多个”复制模式，默认为“多个”模式。

提 示

在“指定第二个点”提示下按【Enter】键，则对象将被复制到距离基点、基点坐标值单位的位置。

5.1.2 镜像对象——MIRROR（或MI）

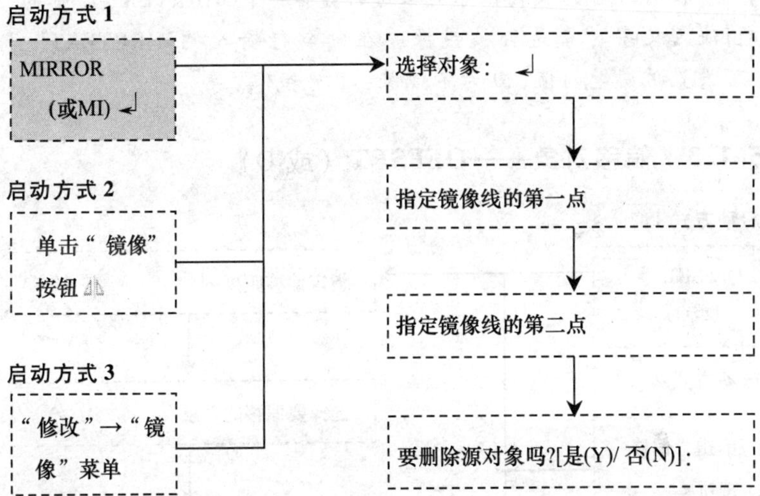

执行MIRROR命令，选择要镜像的图形后，通过单击两个点定义镜像线，即可创建对称图形，如图5-2所示。

此外，在执行镜像操作的过程中，当命令行提示**“要删除源对象吗？［是（Y)/否（N)］＜N＞:”**时，输入“Y”后按【Enter】键，将删除源对象；输入“N”后按【Enter】键则将保留原对象。

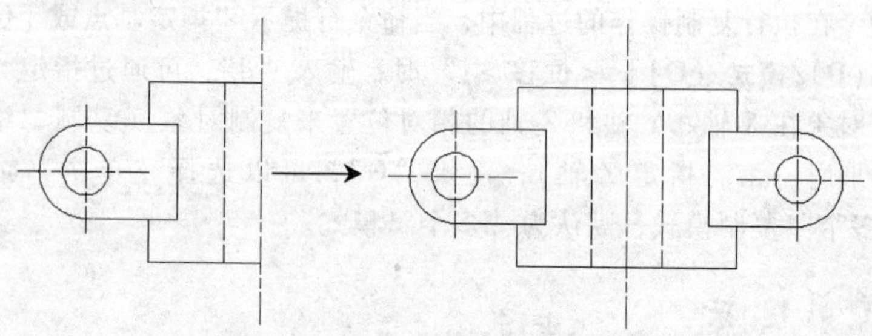

图 5-2 镜像对象操作

提 示

在对文字、块属性等对象进行镜像时，MIRRTEXT 变量的值决定文字对象是否被镜像，在命令行输入“MIRRTEXT”，可设置该变量的值，0 为不镜像，1 为镜像。

5.1.3 偏移对象——OFFSET（或 O）

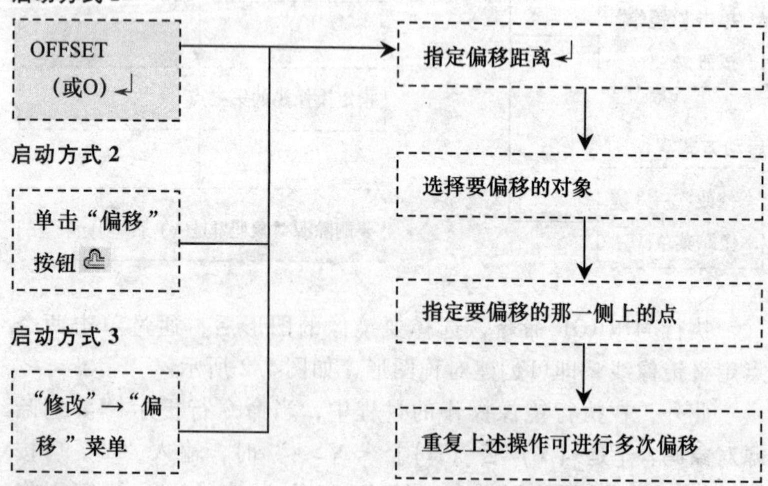

执行 O 命令后，首先指定偏移距离，然后选择偏移对象，再指定偏移的侧，可以对直线、圆弧、圆、二维多段线、椭圆、椭圆弧、构造线、射线和样条曲线等进行偏移操作，如图 5-3 所示。

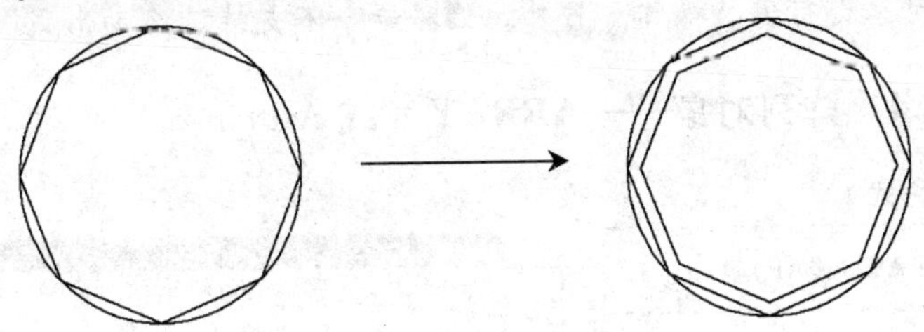

图 5-3 偏移对象效果

启动偏移命令后，命令行提示“**指定偏移距离或［通过(T)/删除（E)/图层（L)］＜通过＞:**”，其各选项的意义如下。

1）**通过：**通过指定通过点的方法偏移对象。首先选择要偏移的对象，然后指定一个通过点，对象副本将经过该指定点，如图 5-4 所示。

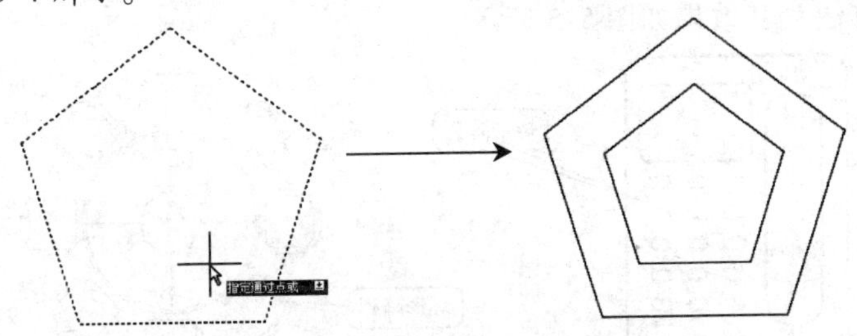

图 5-4 通过指定点偏移对象

2）**删除：**可设置偏移后是否删除源对象。

3）**图层：**用于设置将对象副本创建在当前图层上或是源对象所在图层上。

此外，在命令行提示“**指定要偏移的那一侧上的点，或［退出（E)/多个（M)/放弃（U)］＜退出＞:**”时，输入“M”，指定图形偏移的侧后，连续单击可以连续偏移多个对象。

提 示

需注意的是，使用偏移命令偏移对象时，一次只能选择一个对象进行偏移操作。另外，偏移命令不支持“名动形式”。

5.1.4 阵列对象——ARRAY（或 AR）

启动方式 1

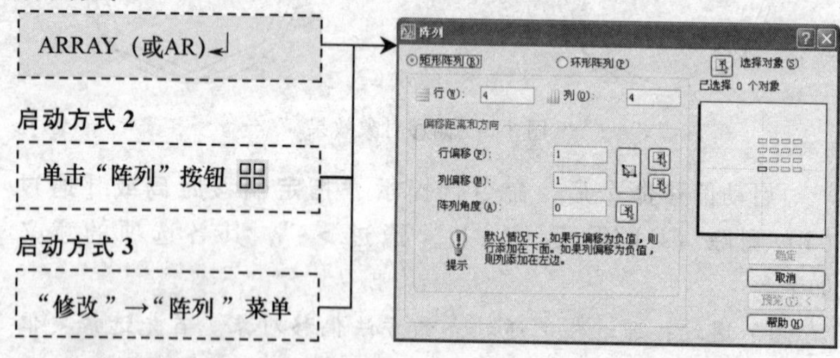

所谓“阵列”即以矩形或环形的方式创建图形的多个副本的方法，其效果如图 5-5 所示。

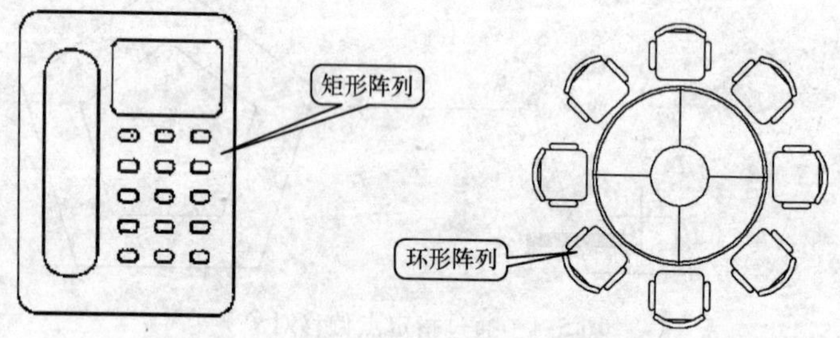

图 5-5　矩形阵列和环形阵列效果

在 AutoCAD 中，有两种阵列方式，一种是矩形阵列，一种是环形阵列。在执行 ARRAY 命令后，打开“阵列”对话框，通过单击顶部的单选按钮，用户可以选择要使用的阵列方式。下面介绍“矩形阵列”，如图 5-6 所示。

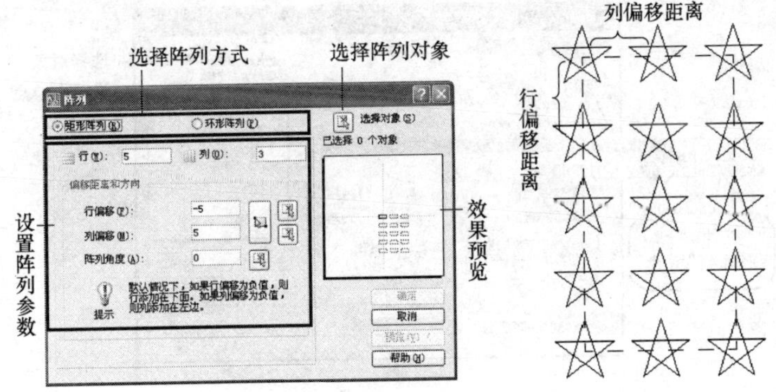

图 5-6　矩形阵列操作

在“阵列”对话框的“矩形阵列”模式下，可设置阵列的行列个数和行列偏移距离，单击“选择对象”按钮可以选择要阵列的图形对象。此外，“阵列角度”文本框用于指定阵列的旋转角度，其效果如图 5-7 所示。

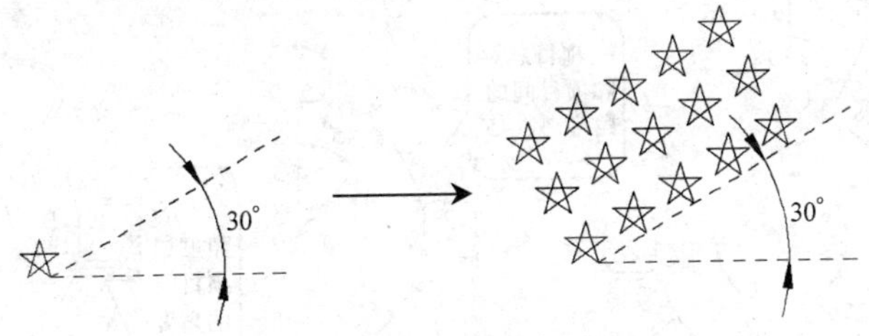

图 5-7　阵列角度的应用效果

在“阵列”对话框中单击“环形阵列”按钮，可切换到环形阵列模式，在此模式下共有三种环形阵列的方法供用户选择(图 5-8)，分别为“项目总数和填充角度”、“项目总数和项目间的角度”和“填充角度和项目间的角度”三种方式，三种环形阵列方式的操作效果如图 5-9 所示。

提 示

选中“复制时旋转项目”可在阵列的同时旋转对象，否则不旋转对象。

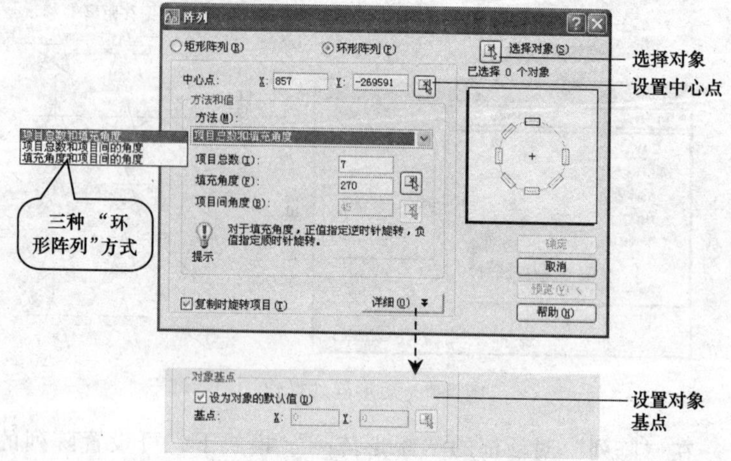

图 5-8　环形阵列操作界面

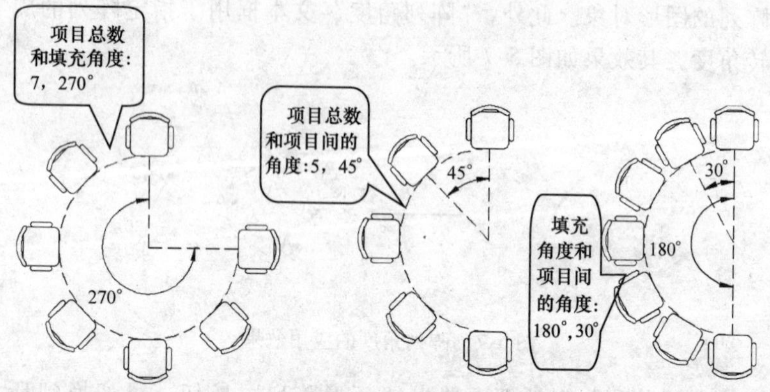

图 5-9　三种环形阵列方式的操作效果

5.1.5　剪贴板复制移动对象——【CTRL】+【X、C、V】

与 Windows 中的操作相同，在 AutoCAD 中，用户也可以使用剪贴板来复制或移动对象，其中：

- 【CTRL + X】快捷键为“剪切”对象。
- 【CTRL + C】快捷键为“复制”对象。

【CTRL+V】快捷键为"粘贴"对象。

此外，也可以通过单击"标准"工具栏中的"剪切"、"复制"和"粘贴"按钮来使用剪贴板复制或移动对象。

提 示

利用 Windows 剪贴板移动和复制对象时，默认移动和复制的基点为对象范围的左下点。此外，可选择"编辑"→"带基点复制"菜单，先为对象重新指定复制的基点，再选择对象进行复制操作。

5.1.6 删除对象——【Delete】键（或 ERASE，E）

选定要删除的对象后，按【Delete】键、单击"修改"工具栏中的"删除"工具或者在命令行中输入 E（ERASE）并按【Enter】键，都可以删除选定对象。

5.2 改变对象的位置和方向

本节介绍在 AutoCAD 中改变对象的位置和方向的方法，包括移动、旋转与对齐三个快捷命令。下面介绍其各自的操作方法。

5.2.1 移动对象——MOVE（或 M）

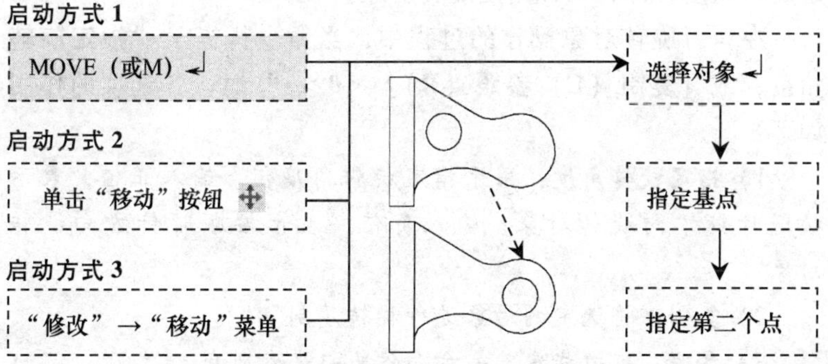

执行 M 命令，选择要移动的对象，并指定对象基点，然后指定第二个点，可以在不改变对象方向和大小的情况下重新定位对象的位置。

提 示

在命令行提示“指定基点或［位移(D)］<位移>:”时，输入 D 后按【Enter】键，输入一个坐标值，可移动对象到距原对象位置指定坐标值的位置。

5.2.2 旋转对象——ROTATE（或 RO）

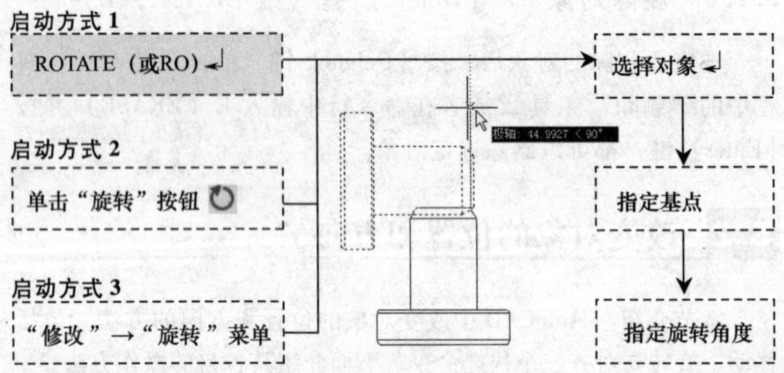

执行 RO 命令，选择要旋转的对象，指定旋转基点，然后指定旋转角度，即将以此角度旋转对象。

在执行旋转对象操作的过程中，当命令行提示“**指定旋转角度，或［复制（C)/参照（R)］<0>:**”时，各选项的作用如下：

1）**指定旋转角度**：用于指定旋转角度值。输入正值，表示按逆时针方向旋转对象；输入负值，表示按顺时针方向旋转对象。

2）**复制**：将选定的对象进行旋转复制。

3）**参照**：可以指定某一方向作为起始参照角。

5.2.3 对齐对象——ALIGN（或 AL）

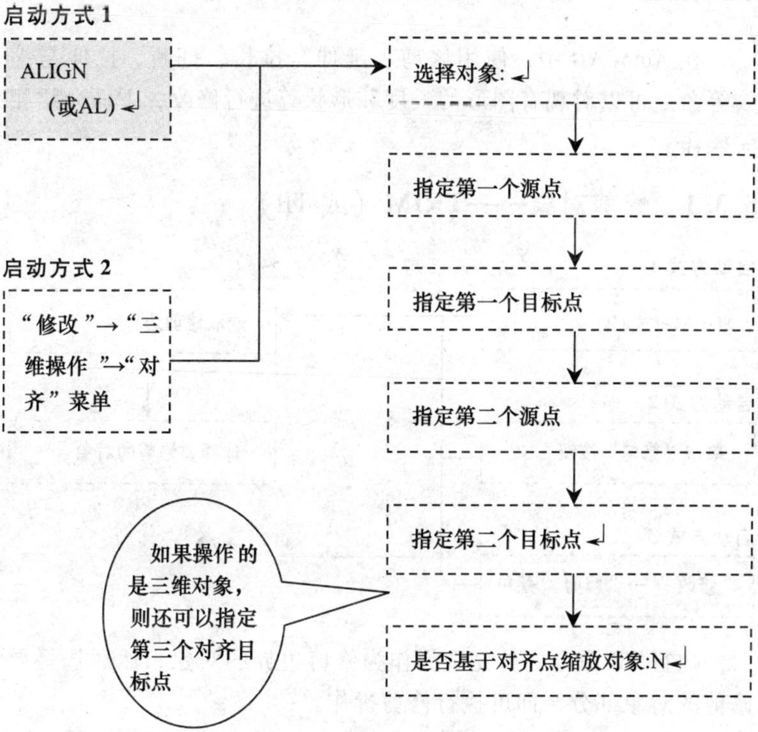

启动方式 1
ALIGN（或AL）↵
启动方式 2
“修改”→“三维操作”→“对齐”菜单
选择对象: ↵
指定第一个源点
指定第一个目标点
指定第二个源点
指定第二个目标点 ↵
是否基于对齐点缩放对象:N↵
如果操作的是三维对象，则还可以指定第三个对齐目标点

执行 AL 命令后，选择要进行对齐操作的对象，然后指定两对“对齐”点（对于三维对象则需指定三对对齐点），根据需要指定是否需要缩放对象，即可对齐对象，如图 5-10 所示。

A′
2
B′
A
1
B

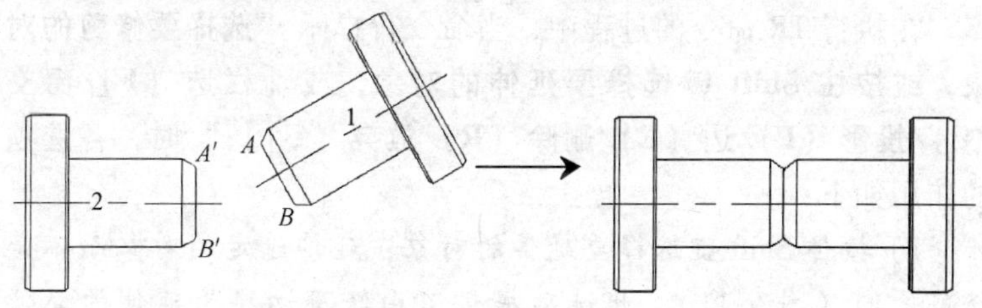

图 5-10 对齐操作效果

5.3 改变对象的长度和形状

在 AutoCAD 中，使用修剪、延伸、拉长、打断、拉伸与缩放等命令可以对现有图形的长度和形状等进行修改，下面介绍相关操作。

5.3.1 修剪对象——TRIM（或 TR）

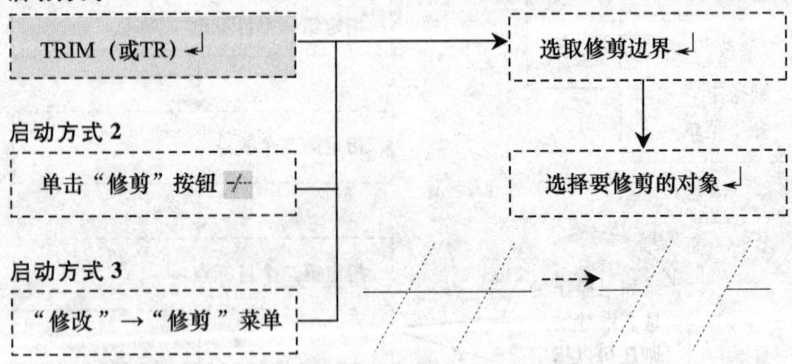

执行 TR 命令，首先选择作为修剪边界的对象，然后选择要修剪的对象部分，即可执行修剪操作。

提 示

选择修剪的边界和对象时，可以使用窗口或窗交方式选择对象。此外，即使对象被选作修剪边界，也可以被修剪。

在执行 TR 命令的过程中，当命令行提示 **“选择要修剪的对象，或按住 Shift 键选择要延伸的对象，或［栏选（F）/窗交（C）/投影（P）/边（E）/删除（R）/放弃（U）］:”** 时，各选项的作用如下：

1）**按住 Shift 键选择要延伸的对象**：延伸选定的对象而不是修剪他们（图 5-11）。此选项提供了由修剪切换为延伸的简便方法。

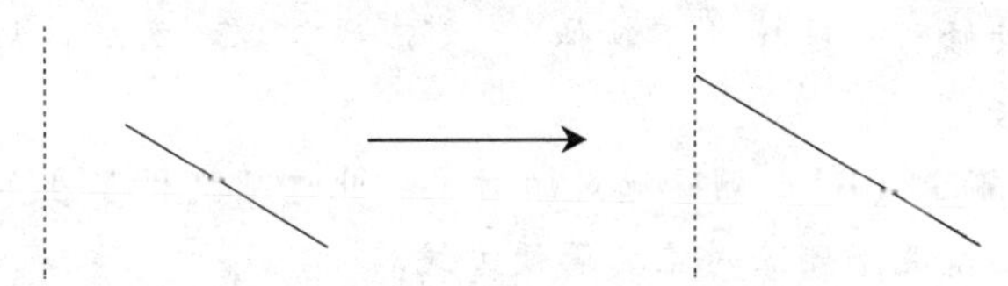

图 5-11 按住 Shift 键修剪对象的效果

2）**栏选（F）**：使用栏选方式选择要修剪的对象

提 示

所谓“栏选”，是指用户可用此选项构造任意折线，凡是与该折线相交的实体对象均会被选中。

3）**窗交（C）**：使用窗交方式选择要修剪的对象。

4）**投影（P）**：指定修剪三维空间对象时使用的投影方式，选择此项后命令行提示“**输入投影选项［无（N）/UCS（U）/视图（V）］<UCS>：**”，选择“无”，表示不使用投影修剪；选择“UCS”，表示以 UCS 坐标系中 XY 平面上的投影来修剪对象；选择“视图”，表示以选择的修剪边界修剪在当前视图中看起来边界相交的对象，如图 5-12 所示。

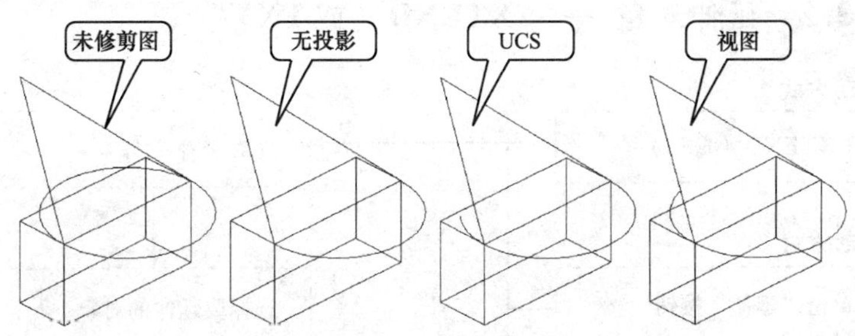

图 5-12 三种投影修剪效果

5）**边（E）**：指定对象是在另一个对象的延长边处修剪，还是仅在与该对象相交处修剪。选择此选项，命令行提示“**输入隐含边延伸模式［延伸（E）/不延伸（N）］<不延伸>：**”，选择“延伸”，表示沿对象自身自然路径延伸剪切边，并在延长边的相交处修剪；选择“不延伸”，表示被剪裁对象只在与剪切边相交处修剪。

6）**删除（R）**：删除选定的对象。此选项提供了在不退出修剪命令的情况下删除对象的简便方式。

7）**放弃（U）**：撤销上一次的修剪操作。

提 示

使用修剪命令可以修剪尺寸标注，修剪后系统会自动更新尺寸文本，如图5-13所示（注意此处使用了中间“边”的延伸模式）。此外，尺寸标注不能被作为修剪边界使用。

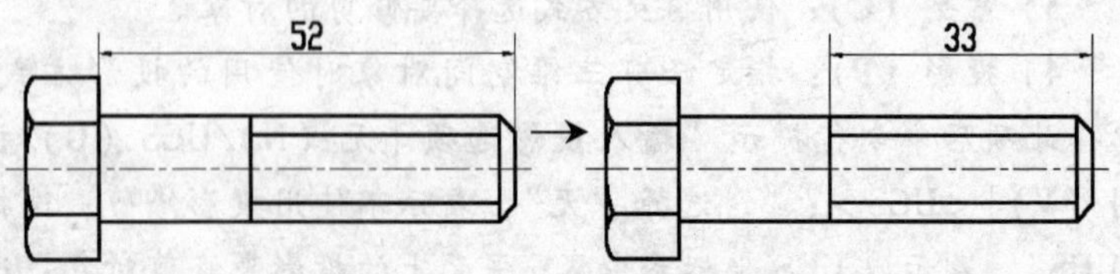

图5-13　对标注进行修剪的效果

5.3.2　延伸对象——EXTEND（或EX）

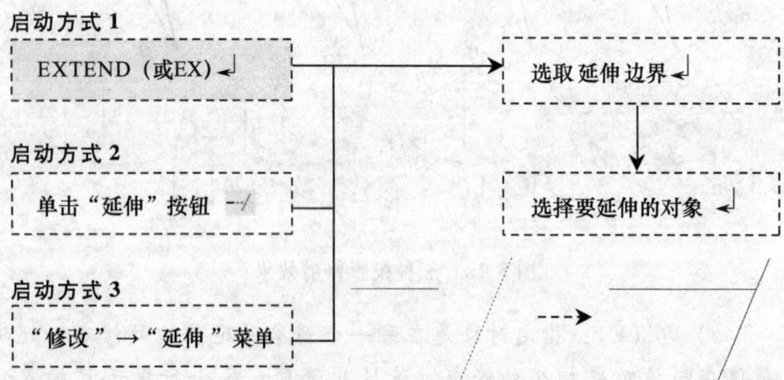

执行EX命令，首先选择作为延伸边界的对象，然后选择要延伸的对象，即可执行延伸操作。

提 示

选择要延伸的对象时，应注意拾取点应靠近延伸的一侧，否则会出现延伸错误或无法延伸。

此外，在“延伸”命令的命令行提示中，各选项的意义与“修剪”命令中的相似，此处不再赘述。

同样的，使用“延伸”命令也可以对尺寸标注进行延伸操作。

5.3.3 拉长对象——LENGTHEN（或 LEN）

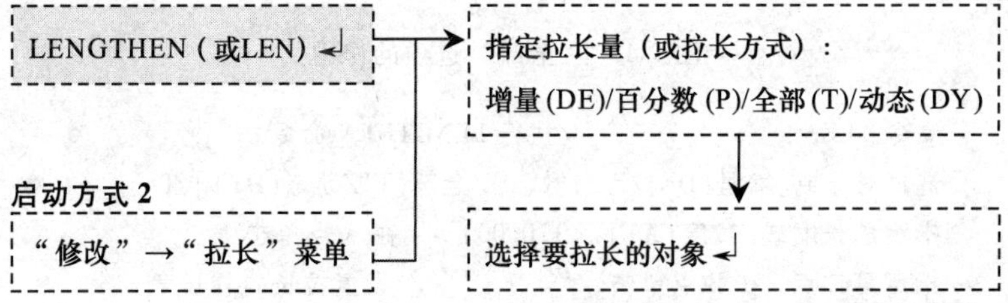

执行 LEN 命令后，首先选定一种方式指定拉长量，然后选择被拉长的对象，即可对对象执行拉长操作，如图 5-14 所示。

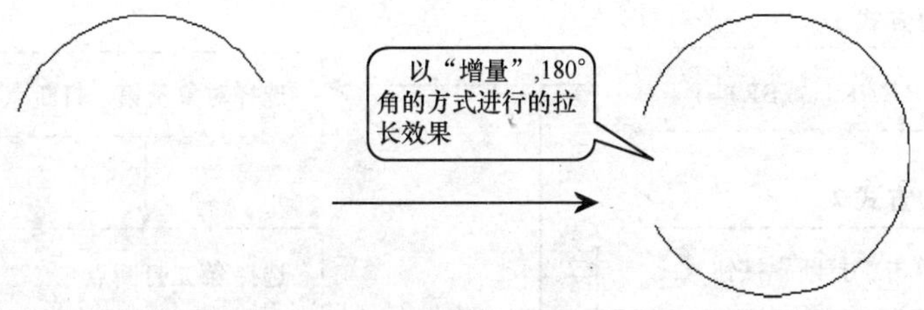

图 5-14 拉长对象操作

启动 LEN 命令后，命令行提示**“选择对象或［增量（DE）/百分数（P）/全部（T）/动态（DY）］:”**，各选项的意义如下。

1）**增量（DE）**：可通过指定长度或角度增量值的方法来拉

长或缩短对象，正值表示拉长，负值表示缩短。

2）**百分数（P）**：通过输入百分比的方式来改变对象的长度或包含角的大小。

3）**全部（T）**：通过指定对象的新长度或包含角来改变其大小。选择此选项后，将从离选择对象的拾取点最近的端点拉长或缩短到指定值。例如可通过如下操作，使图5-15中的直线长度相等。

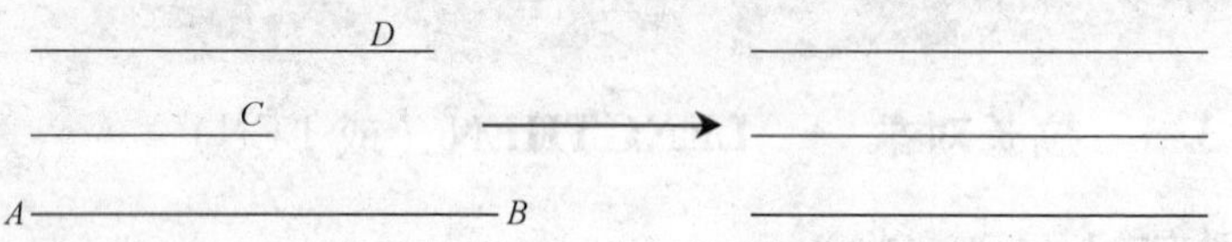

图5-15 “全部”选项的作用

命令：LEN　　　　　　　　//执行LENGTHEN命令

选择对象或[增量(DE)/百分数(P)/全部(T)/动态(DY)]：T

指定总长度或[角度(A)] <1.0000>：在A点单击

指定第二点：在B点单击　　　　　　//设置拉长的总长度

选择要修改的对象或[放弃(U)]：单击C和D点//拉长对象

5.3.4 打断对象——BREAK（或BR）

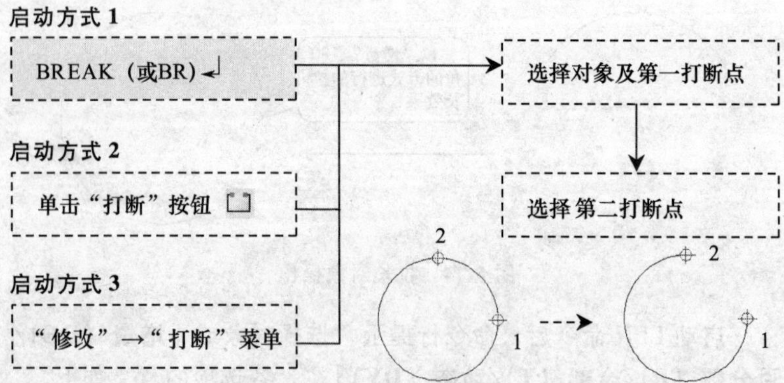

执行 BR 命令，顺序单击要打断对象上的两个点，可以将对象指定的两点间的部分删除。

在执行操作的过程中，由于第一次指定的点无法进行对象捕捉，所以当命令行提示“**指定第二个打断点 或 [第一点(F)]:**”时，可输入“F”，重新指定第一个打断点。

提 示

在执行打断圆操作时，系统默认按逆时针方向删除圆上第一个打断点到第二个打断点之间的部分。

此外，在“指定第二个打断点”命令提示下，若输入@，表示令第二个打断点与第一个打断点重合，即将对象打断成两个具有同一端点的对象（相当于单击“修改”工具栏中的“打断于点”按钮，以从此点处将对象分割为两部分）。

5.3.5 拉伸对象——STRETCH（或 S）

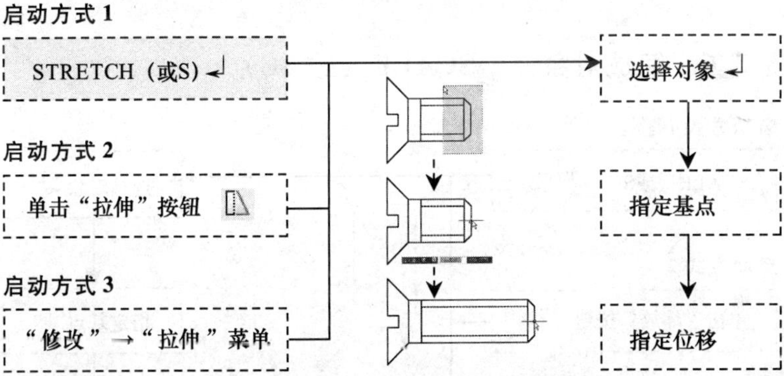

启动方式 1

STRETCH（或S）↵

启动方式 2

单击“拉伸”按钮

启动方式 3

“修改”→“拉伸”菜单

选择对象 ↵ → 指定基点 → 指定位移

执行 S 命令，使用交叉窗口方式（自左下到右上）选择要拉伸的对象（完全包含在交叉窗口中的对象将被移动，而与交叉窗口相交的对象将被拉伸或缩短），然后指定拉伸基点，再移动鼠标指定拉伸位移，即可将对象拉伸。

提 示

只能拉伸由直线、圆弧、椭圆弧、多段线等命令绘制的带有端点的图形对象。

对于没有端点的图形对象（如圆、文本等）的拉伸，若其特征点（如圆心）在选择窗口之外，则拉伸后该图形不会被移动；若其特征点在选择窗口之内，则拉伸后该图形将移动（图 5-16）。

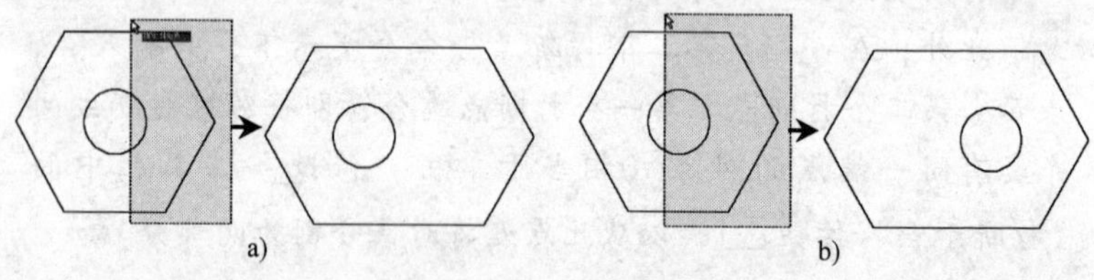

图 5-16　对没有端点图形对象的拉伸

a）圆心在窗口外　b）圆心在窗口内

5.3.6　缩放对象——SCALE（或 SC）

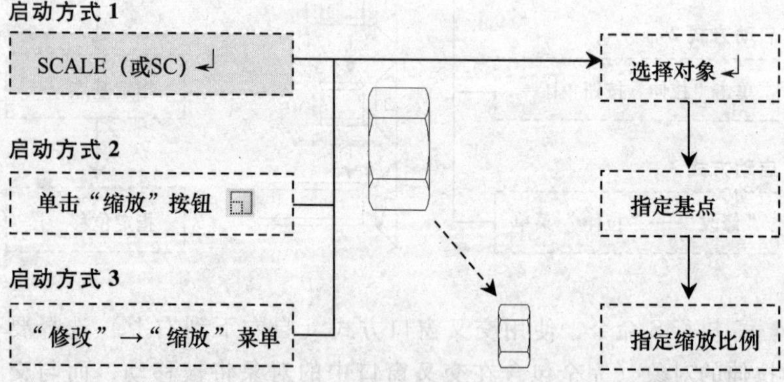

执行 SC 命令，选择要缩放的对象，然后指定缩放基点，再指定缩放比例，即可执行缩放对象操作。

提 示

在执行缩放操作的过程中，当命令行提示“**指定比例因子或［复制（C）/参照（R）］<1.0000>：**”时，输入“C”可在缩放对象后保留原对象，即实现复制对象；输入“R”，可通过指定参照长度和新的长度来确定比例因子，从而缩放对象。

5.4 修改复合对象

在AutoCAD中，由多个对象（如圆、直线、矩形、多段线等）组成的图形，称其为复合对象，如图5-17所示。对复合对象可进行倒圆角、倒角，以及分解和合并等操作，本节将讲述其操作方法。

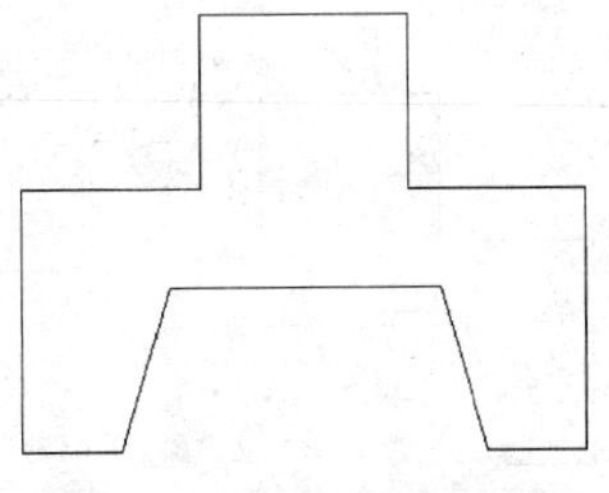

图5-17　典型的复合对象

5.4.1 圆角对象——FILLET（或F）

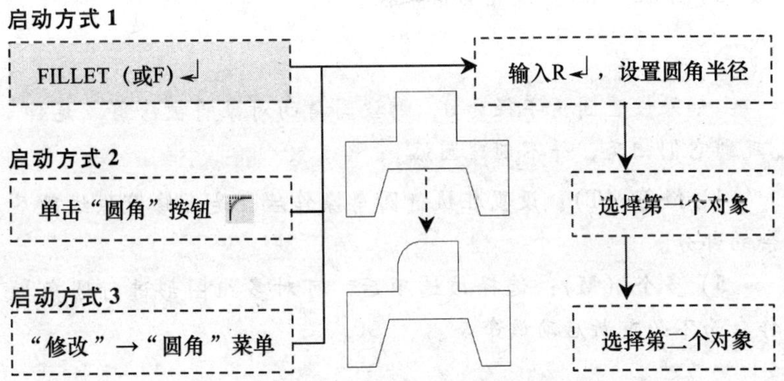

执行F命令，首先输入R后按【Enter】键，输入圆角半径，然后选择要进行圆角处理的两个边线，即可执行圆角操作。

在执行F命令后，当命令行提示**“选择第一个对象或[放弃(U)/多段线(P)/半径(R)/修剪(T)/多个(M)]:”**时，除了输入R，设置圆角半径大小外，还可以执行其他操作，各项的意义如下。

1) **放弃(U)**：恢复在命令中执行的上一次操作。

2) **多段线(P)**：选择该选项后，可将所选多段线中所有的棱角按照设置的半径值进行圆角处理，如图5-18所示。

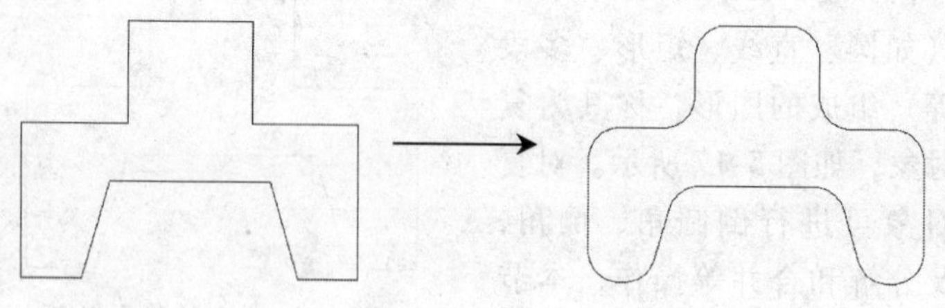

图5-18　对多段线进行的圆角处理

3) **半径(R)**：设置圆角半径。

提　示

如果设置圆角半径为0，则被圆角的对象将被修剪或延伸直到它们相交，并不创建圆弧。

4) **修剪(T)**：设置在执行圆角操作后，是否修剪原线段多余的部分。

5) **多个(M)**：选择该选项后，可对多组图形进行圆角操作，而不必重新启动该命令。

5.4.2 倒角对象——CHAMFER（或 CHA）

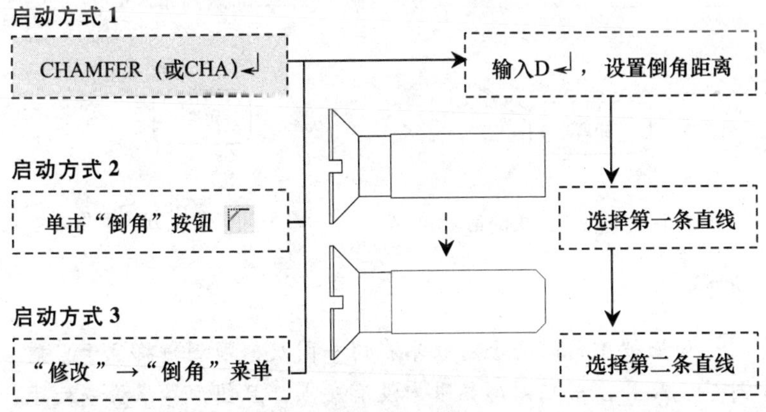

执行 CHA 命令，首先输入 D 后按【Enter】键，顺次设置第一倒角距离和第二倒角距离，然后选择要进行倒角处理的两条直线，即可执行倒角操作。也可以通过“角度-距离”方式进行倒角，详见下面说明。

倒角操作与圆角操作基本相同，在启动 CHA 命令后，命令行会提示**“选择第一条直线或［放弃（U）/多段线（P）/距离（D）/角度（A）/修剪（T）/方式（E）/多个（M）］:”**，其中除了“距离”、“角度”和“方式”三个选项外，其他各选项的意义与圆角操作基本相同，此处不再赘述。其他几个选项的意义如下。

1）**距离（D）**：通过指定第一倒角距离和第二倒角距离对图形进行倒角操作，如图 5-19 所示。

2）**角度（A）**：通过指定倒角与第一条线的倒角距离，以及倒角与第一条线的角度值，对图形进行倒角，如图 5-20 所示。

3）**方式（E）**：可在“距离”和“角度”两个倒角方式间选择一种倒角方式。

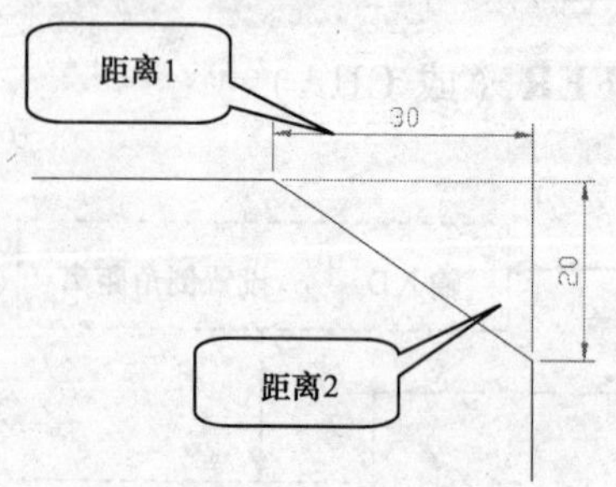

图 5-19　距离方式倒角

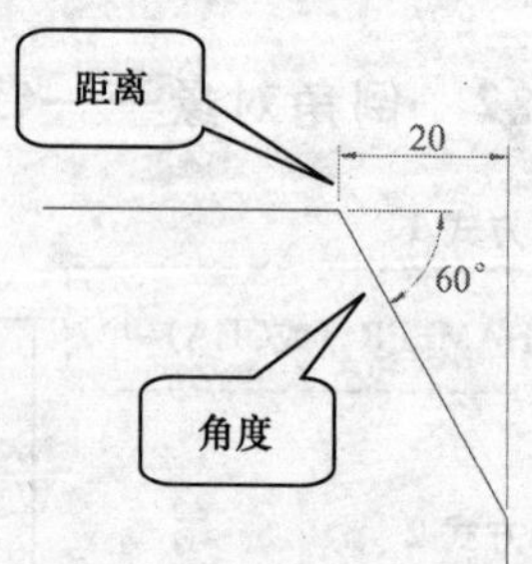

图 5-20　角度方式倒角

提　示

如果被倒角的两个对象不在同一图层，则倒角将位于当前图层。此外，若在图形界限内没有交点，且图形界限检查处于打开状态，AutoCAD 将拒绝倒角。

5.4.3　分解对象——EXPLODE（或 X）

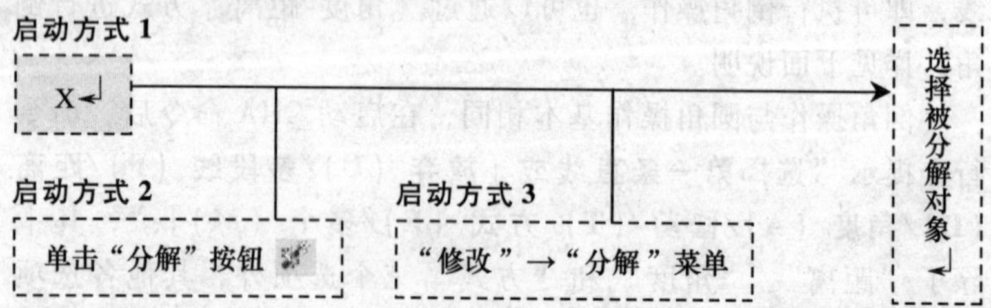

执行 X 命令后，选择矩形、多边形、多段线、多线、尺寸标注、多行文字、块、三维曲面和三维实体等复合对象，即可将其分解为由多条单个线段和圆弧组成的图形，如图 5-21 所示。

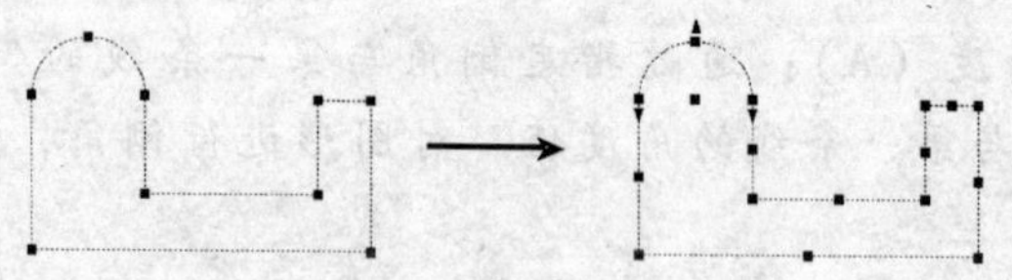

图 5-21　将多段线分解后的效果

提 示

执行“EXPLODE”命令分解对象，可以控制对象分解后的颜色、图层、线型和线宽等特性，此处不再一一叙述。

5.4.4 合并对象——JOIN（或J）

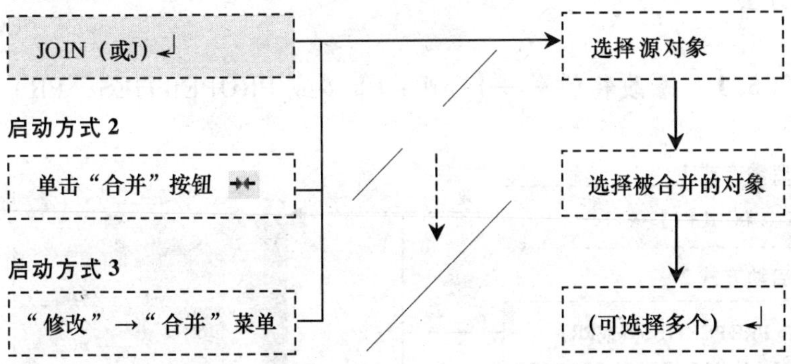

执行J命令，选择源对象，然后选择多个同类对象，可以将多个同类对象合并为单个对象。

提 示

执行“合并”操作时，要注意以下几项规则：

合并直线时：所有要合并的直线必须共线，但是它们之间可以有间隙，合并后间隙将被补齐。

合并多段线时：要合并的对象可以是直线、多段线或圆弧，但是它们之间不能有间隙。

合并圆弧时：要合并的圆弧对象必须位于同一假想的圆上，但是它们之间可以有间隙（使用“闭合”选项可将圆弧转换成圆）。

5.5 编辑对象特性

通常图形对象的特性与其所在图层相同，除此之外，还可以为对象单独设置很多特性，如颜色、图层、线型、打印样式等，单独设置的对象特性，会覆盖图层中的属性，下面介绍其设置方法。

5.5.1 修改特性——【Ctrl+1】（或 PROPERTIES，PR）

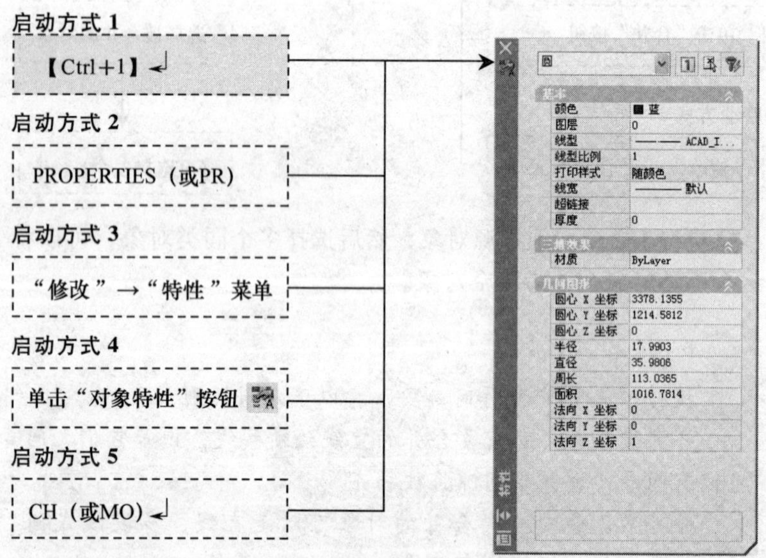

按【Ctrl+1】组合键，或执行 PR 命令，可打开“特性”面板。此时选择要修改特性的对象，可在特性面板中对其颜色、图层、线型、线型比例等特性进行修改。如可通过图 5-22 所示操作修改圆的半径。

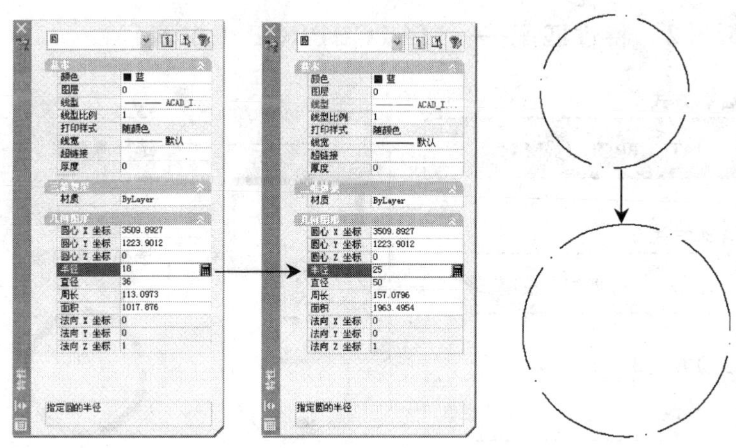

图 5-22 通过特性面板修改圆的半径

提 示

双击对象，也可打开“特性”面版，并显示该对象的属性。此外，如果当前没有选择对象，“特性”面板将显示当前图的基本特性；如果已选中多个对象，在“特性”面板中将显示它们的共同属性。

在“特性”面板上方有“切换 PICKADD 系统变量的值”、“选择对象”和“快速选择”三个工具按钮，各项意义如下：

- 切换 PICKADD 系统变量的值：单击此按钮时，如果工具图标上出现“+”符号（即），表示可以同时选择多个对象并在“特性”面板中显示其属性；如果工具图标上出现“1”符号（即），则表示此时只能选中单一对象，并显示其属性。
- 选择对象：单击此按钮，可在绘图区选择对象并在“特性”面板中显示其属性。
- 快速选择：单击此按钮，弹出“快速选择”对话框，然后可按照属性匹配模式快速选择多个对象。当视图中对象较多时常被采用。

5.5.2 特性匹配——MATCHPROP（或 MA）

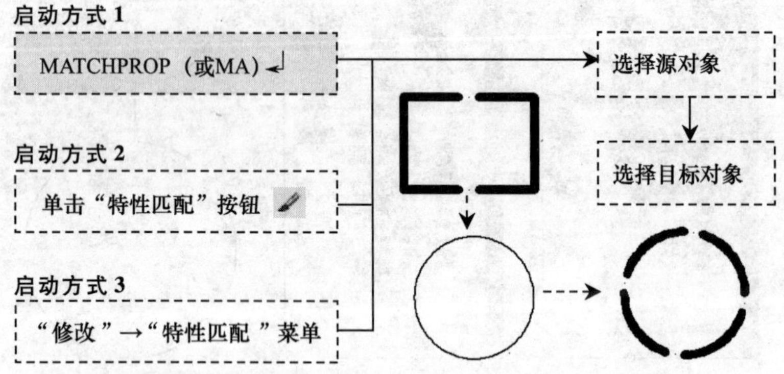

特性匹配命令——MA 与 Word 中的“格式刷”相似，用于复制某个对象的特性给另外一个对象。执行 MA 命令后，首先选择源对象，然后选择目标对象，可以将源对象的特性复制给目标对象。所复制的属性包括颜色、线型、线宽、图层、厚度、标注和文字等。

提 示

在执行特性匹配的过程中，当命令行出现“**选择目标对象或［设置（S）］：**”时，输入 S 后按【Enter】键，打开“特性设置”对话框（图 5-23），可在此对话框中设置要复制给目标对象的特性。

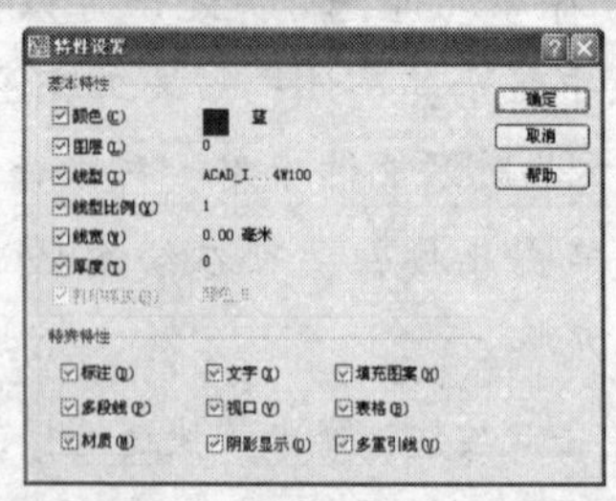

图 5-23 “特性设置”对话框

5.6 轻松小练习——绘制“面盆”平面图

本节将绘制图 5-24 所示“面盆”平面图，在绘制的过程中，将主要用到偏移、删除、修剪和特性设置等工具，以便巩固所学到的知识和加深对其的理解。

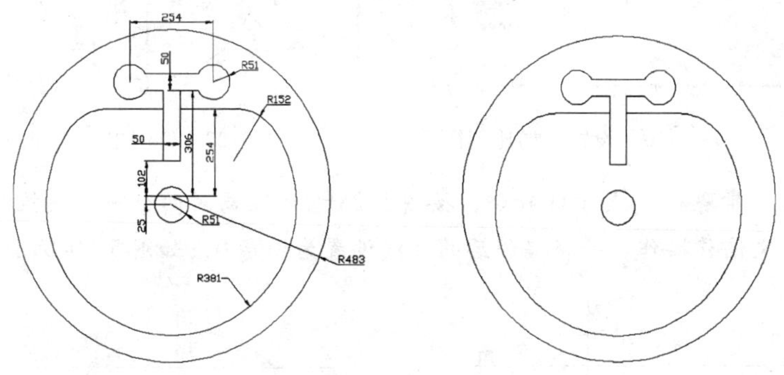

图 5-24 “面盆”平面图

步骤 1 新建绘图文件，执行 LA 命令，打开“图层特性管理器”对话框，新建一个“中心线”图层，图层颜色为“红色”，线型为“ACAD_ISO02W100”，如图 5-25 所示。

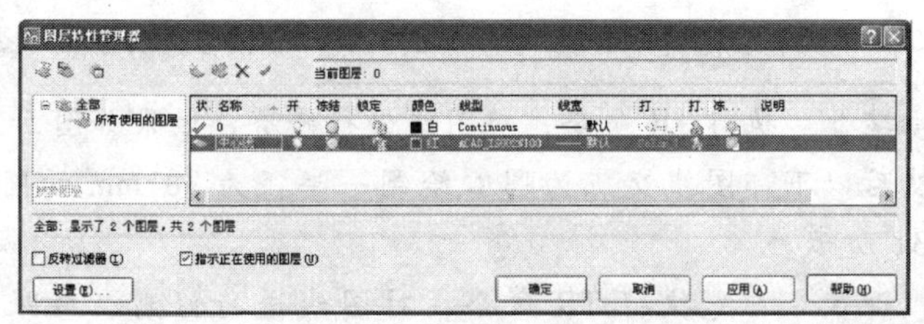

图 5-25 “图层特性管理器”对话框

步骤 2 执行 LT 命令，打开“线型管理器”对话框，设置“全局比例因子”为 3.5，如图 5-26 所示。

步骤 3　绘制两条互相垂直的中心线和半径为 483mm 的圆，如图 5-27 所示。

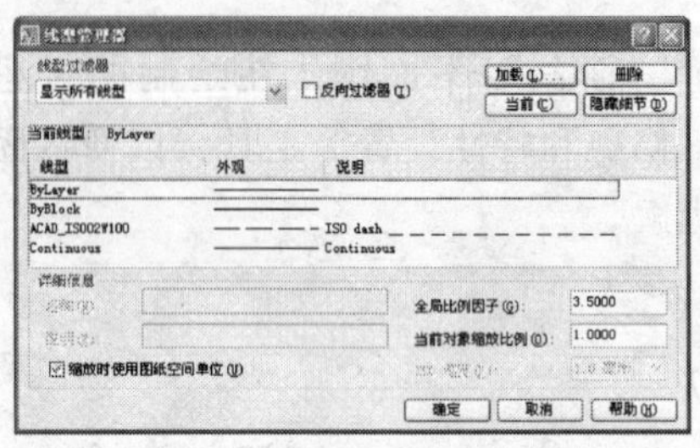

图 5-26　设置全局比例因子

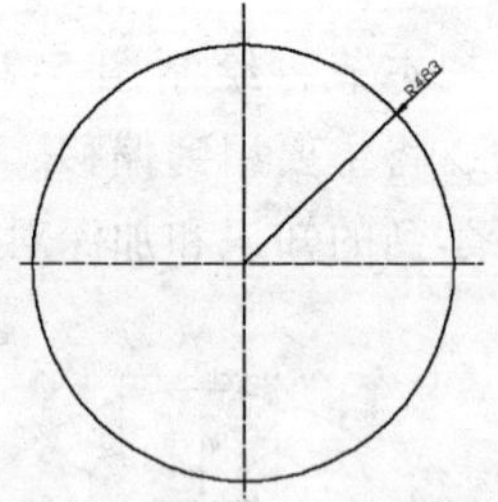

图 5-27　绘制中心线和圆

步骤 4　执行 O 命令，按图 5-28 所示距离对两个中心线执行多次偏移操作，并将偏移后的直线设置为图层 0，如图 5-29 所示。

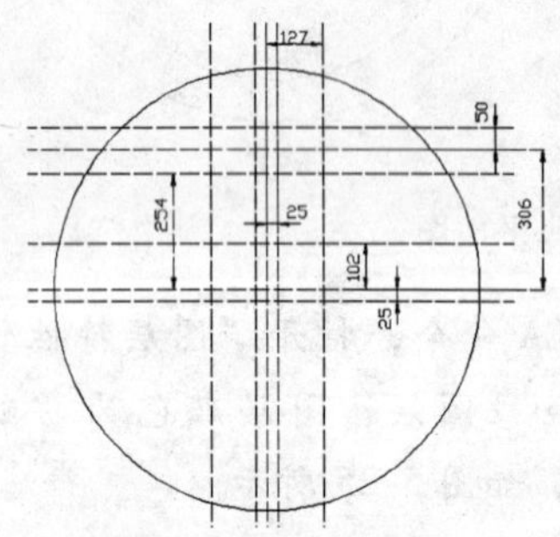

图 5-28　偏移多条“中心线”

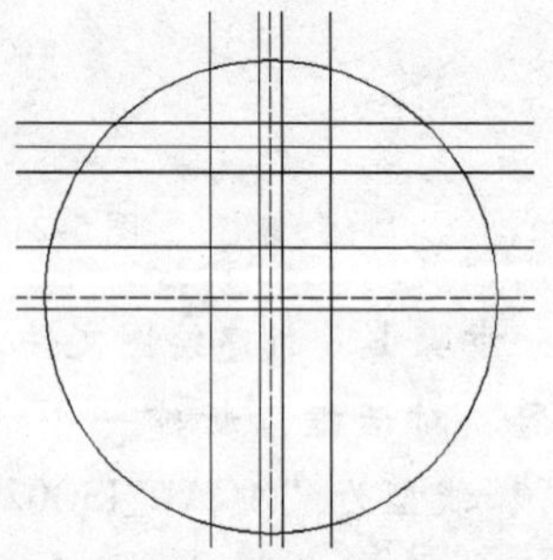

图 5-29　将偏移直线移动到图层 0

步骤 5　执行 TR 命令，对图线进行修剪，效果如图 5-30 所示；然后以下部图线交点为圆心绘制一半径为 381mm 的圆，如图 5-31 所示。

步骤 6　首先执行 TR 命令，对图线进行修剪，效果如图 5-32 所示；然后执行 E 命令将中心线及下部直线删除；再执行 F 命令，以 152mm 为半径对图线进行圆角处理，效果如图 5-33 所示。

步骤 7　绘制半径为 51mm、经过小圆圆心的圆，然后执行

CO 命令，复制出两个经过上部直线中点的圆（图 5-34），最后再对图线进行适当修剪即可，最终效果如图 5-35 所示。

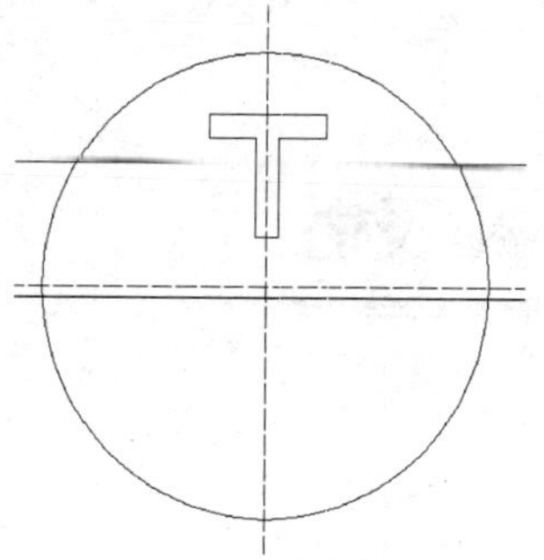

图 5-30 “修剪”图线后的效果

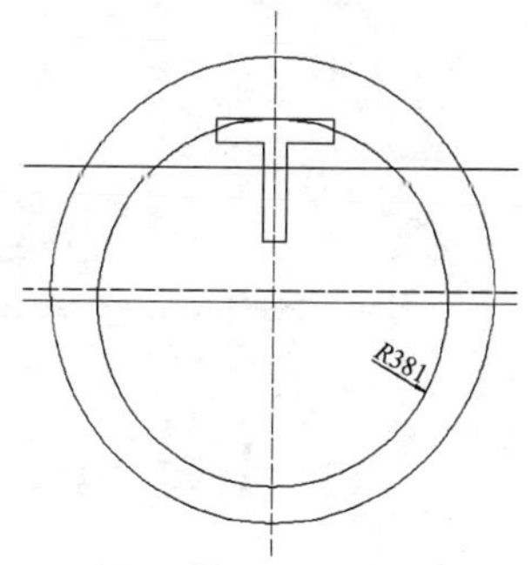

图 5-31 绘制圆效果

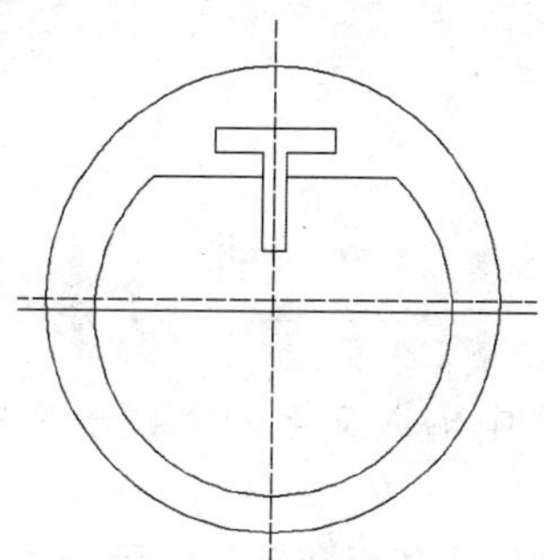

图 5-32 修剪图线效果

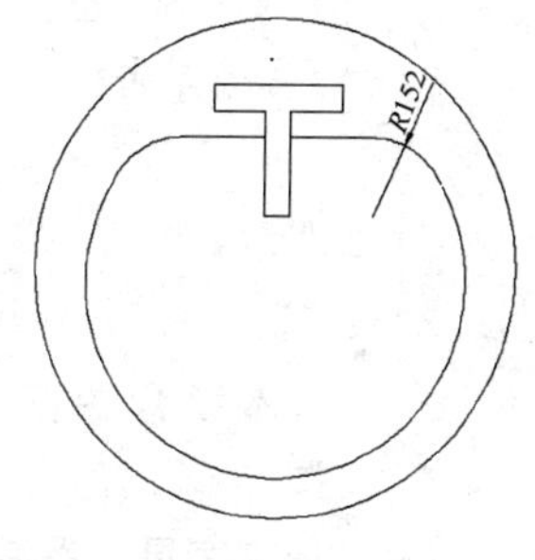

图 5-33 删除图线及圆角效果

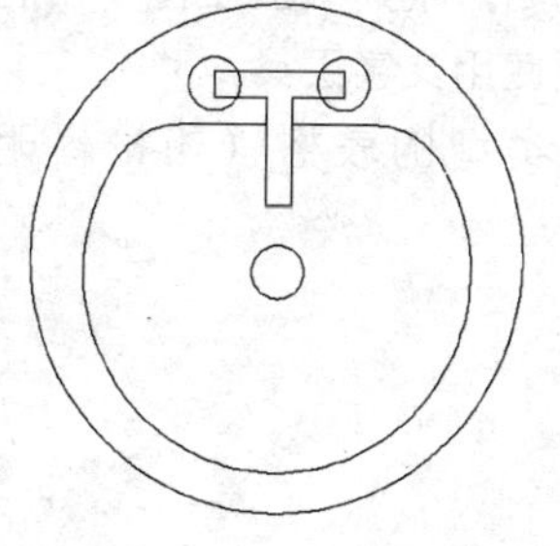

图 5-34 绘制圆并进行复制效果

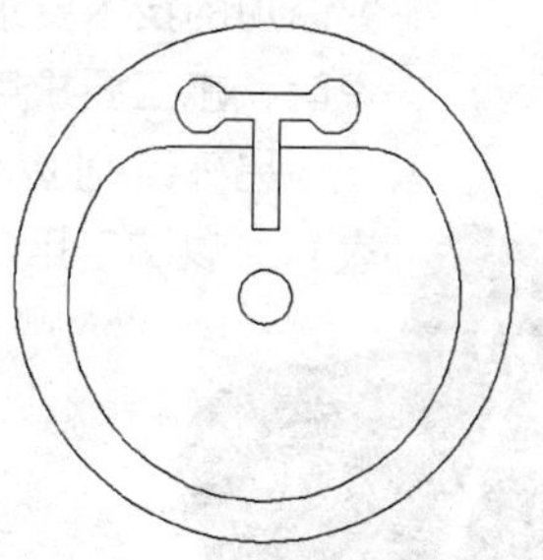

图 5-35 最终图线效果

第 6 章

创建文字和表格

本章内容

6.1 输入文字

6.2 编辑文字

6.3 创建表格

本章介绍在 AutoCAD 中输入文字和创建表格的操作。

文字是工程制图中不可缺少的组成部分，用于辅助表达工程师的设计意图。例如，在绘制机械图时，需要添加的技术要求、装配说明，或建筑施工图中的材料说明、施工要求等，都需要使用文字工具。

另外，可以创建不同类型的表格（如材料明细表），以满足用户的使用。

6.1 输入文字

本节讲述文字样式的设置，以及单行文字和多行文字的输入方法等，详见下面小节中的叙述。

6.1.1 创建文字样式——STYLE（或 ST）

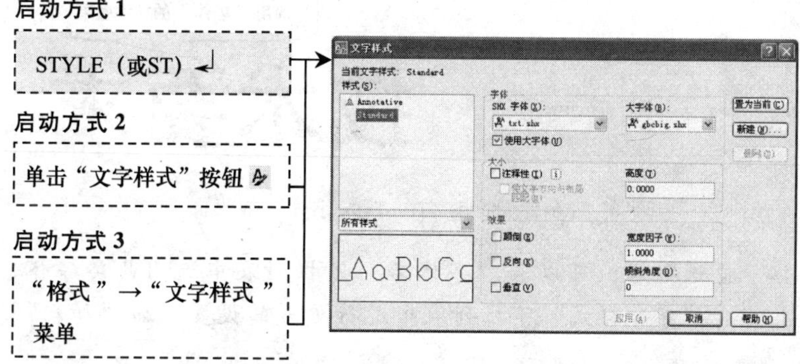

执行 ST 命令，打开“文字样式”对话框，在此对话框中可以设置当前使用的文字样式，主要可设置文字“字体”、“大小”和“效果”三部分，各项意义如下。

字体：用于设置当前文字样式使用的字体类型。AutoCAD 共提供了两种字体：一种是“SHX 字体”，一种为“TrueType 字体”。

“SHX 字体”为 AutoCAD 提供的专用字体，选用此种字体后，如要输入汉语文字还需勾选“使用大字体”复选框，并需在右侧“大字体”下拉列表中选用正确的汉语字体类型（gbcbig. shx 为简体中文字体，chineset. shx 为繁体中文字体，bigfont. shx 为日文字体等），否则将无法正确显示汉语字体（图 6-1）。“TrueType 字体”是在 Windows 系统中注册的字体，如常用的宋体、黑体等，该字体中包含汉字字型，如图 6-2 所示。当取消“使用大字

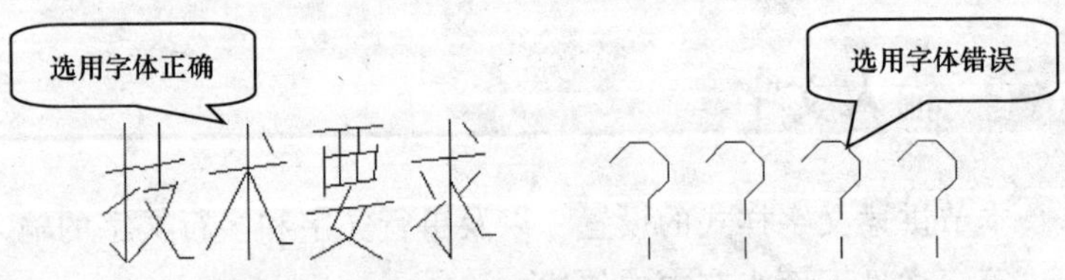

图 6-1　选用字体正确和错误的表现效果

图 6-2　选用“TrueType 字体”效果

体”复选框后，可以在“字体名”下拉列表中选用此类字体，并可在“字体样式”下拉列表中进行更多的设置，如“加粗”、“倾斜”等。

提　示

“大字体”汉字字体显示粗糙，并不好看，为什么还要继续使用此种字体呢？这主要是因为有一些专门的大型图纸打印设备仍然只支持此类字体，为了保证正确的输出，有时必须使用此类字体。

大小： 用于设置字体的显示大小。其中“高度”文本框用于设置文字的高度。如果输入 0，则每次用该样式输入文字时，AutoCAD 都将提示输入文字高度，否则，文字将采用此处设置的高度。

勾选“注释性”复选框后，可直接输入具有“注释性”的文字。勾选“使文字方向与布局匹配”复选框，可以指定图纸空间视口中的文字方向与布局方向始终一致（图 6-3）。

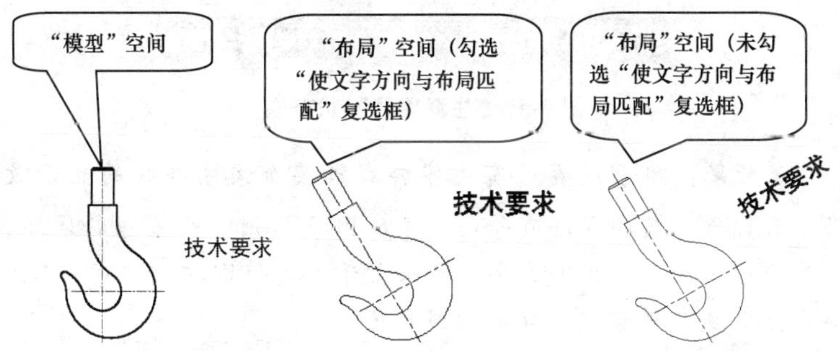

图 6-3 "使文字方向与布局匹配"复选框的作用

提 示

"布局空间"也被称为"图纸空间"，在此种空间模式下，可以建立多个窗口，根据不同需要，以不同方式重复显示模型的相同部分，如图 6-4 所示。在此模式下，可以通过选择"视图"→"动态观察"→"受约束的动态观察"菜单，调整视图方向。

此外，可设置文字、标注、块等具有"注释性"的对象，可通过使用窗口右下角的"注释比例"状态栏中的按钮对其进行调整（图 6-5）。其主要作用是可以令标注等注释对象随着打印比例的变化而调整其显示的大小。

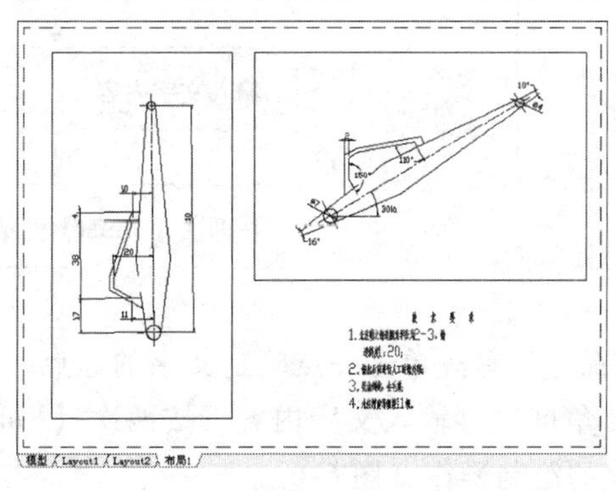

图 6-4 "图纸空间"的作用

注释比例: 1:1

图 6-5 “注释比例”状态栏

效果：用于设置所有文字样式或某个文字样式的显示效果，如颠倒、反向和垂直等。“宽度因子”用于设置字符间距，输入小于 1 的值将压缩文字，输入大于 1 的值则扩大文字；“倾斜角度”则用于设置文字的倾斜角度。

此外，单击“置为当前”按钮可将左侧选中的文字样式设置为当前文字样式，单击“新建”按钮可以新建文字样式，单击“删除”按钮可以删除文字样式。

6.1.2 单行文字——DTEXT（或 DT）

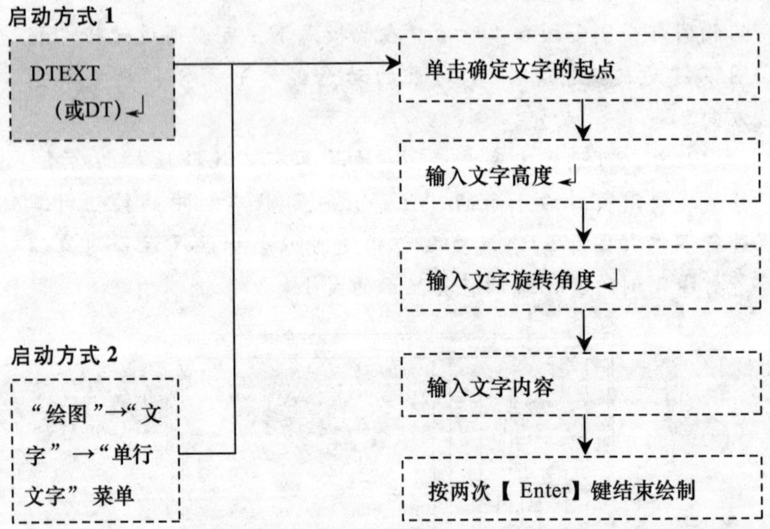

执行 DT 命令，首先单击一点确定文字的起点，然后输入文字高度和旋转角度，再输入文字内容，按两次【Enter】键即可完成单行文字的绘制操作（图 6-6）。

在绘制文字的过程中，当命令行提示**“指定文字的起点或**

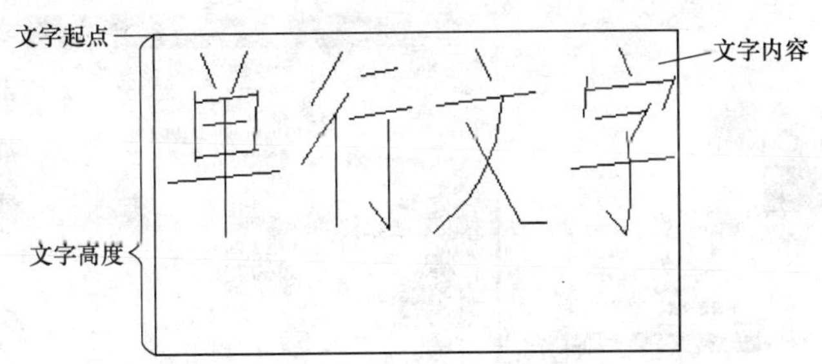

图 6-6　输入的单行文字效果

[对正 (J)/样式 (S)]:" 时，输入 "J"，将显示如下提示信息：

输入选项 [对齐(A)/调整(F)/中心(C)/中间(M)/右(R)/左上(TL)/中上(TC)/右上(TR)/左中(ML)/正中(MC)/右中(MR)/左下(BL)/中下(BC)/右下(BR)]:

其中选择"对齐（A）"和"调整（F）"两个选项后，系统将要求设置一基线，然后将在此基线长度范围内输入文字（相当于提前设置了文字的总输入长度），"调整（F）"选项不同于"对齐（A）"选项的是其输入的文字高度不变。

其他选项用于设置文字对齐点的位置。对齐点的位置即是第一个单击点的位置，定义此位置的作用是利于文字定位。

此外，当命令行提示 **"指定文字的起点或 [对正 (J)/样式 (S)]:"** 时，输入 "S"，可以设置当前使用的文字样式（即 6.1.1 节讲述的通过 ST 命令设置文字样式）。

提　示

用户还可以在单行文字中插入"字段"，"字段"是可以随着图形的调整而不断改变的量。所以，插入字段后可以让单行文字随着文档的改变时而动态更新。

当单行文字处于动态编辑状态时，右击后，在弹出的快捷菜单中选择"插入字段"菜单，然后再在弹出的"字段"对话框中选择所要添加的字段即可（图 6-7）。

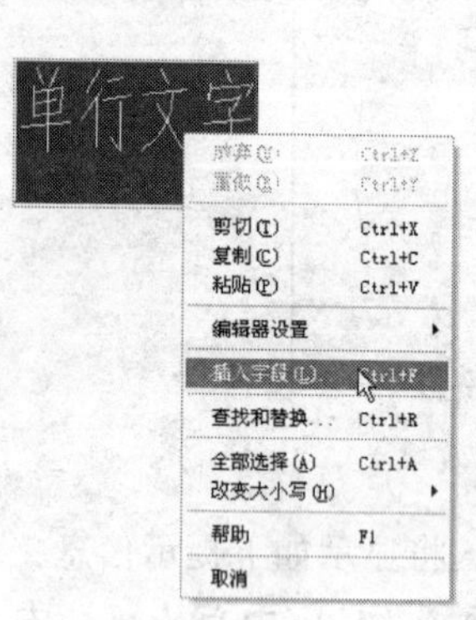

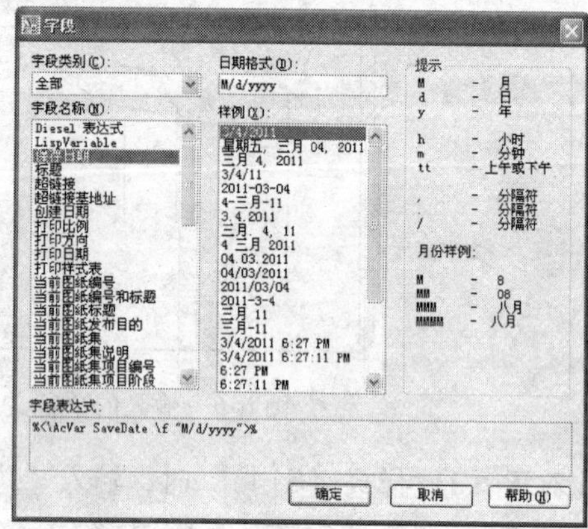

图 6-7　为单行文字插入字段操作

6.1.3　多行文字——MTEXT（或 T）

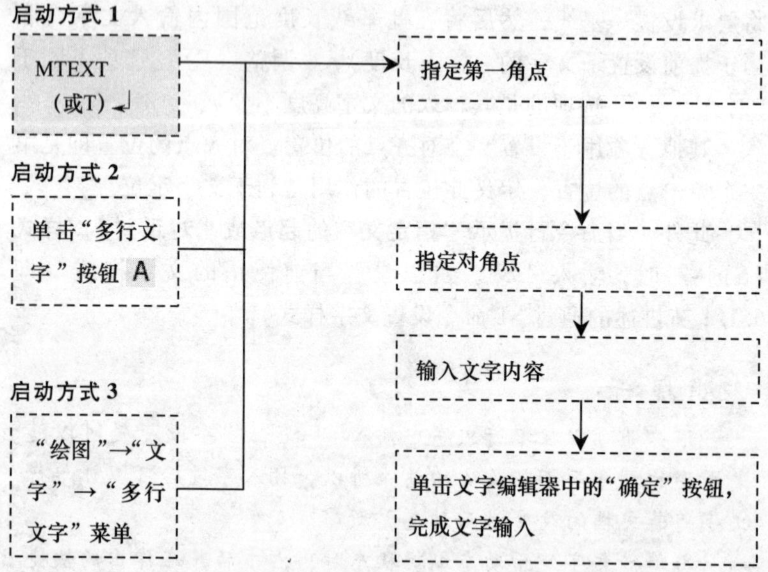

AutoCAD 中的多行文字，类似于 Word 中的文本框。执行 T 命令，首先单击两点确定多行文字的输入区域，然后输入文字内

容，最后单击文字编辑器中的“确定”按钮即可输入多行文字，如图 6-8 所示。在输入多行文字的过程中，可以通过文字编辑器设置多行文字的格式。

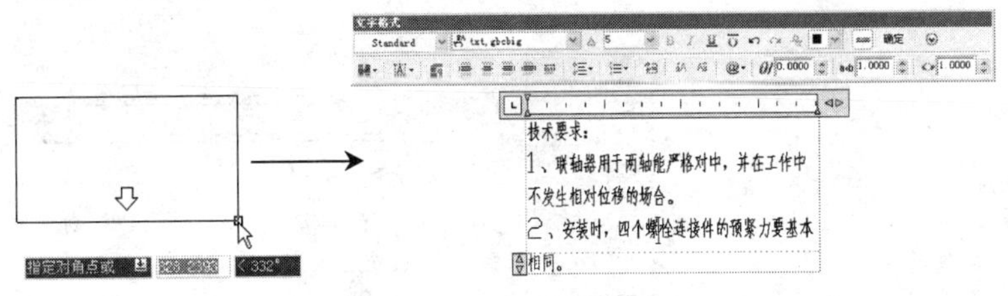

图 6-8 输入多行文字

对于文字编辑器中关于“文本格式”设置的部分，较为简单也易于理解，所以这里不再赘述。这里只解释几个特殊按钮：

- **“注释性”按钮**：选中后可以设置多行文本具有注释特性。
- **“堆叠”按钮**：单击此按钮，可以创建堆叠文字（主要指分数或公差），如图 6-9 所示。

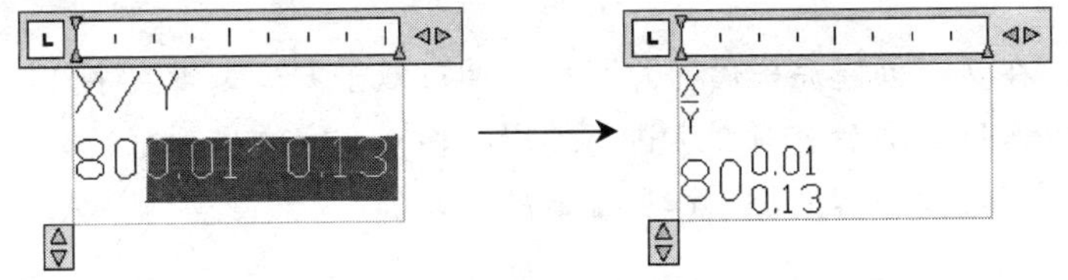

图 6-9 堆叠文字操作

提 示

可首先输入分子和分母，其间使用“/”、“#”或“∧”符号分隔，然后选择这一部分文字，单击“堆叠”按钮即可创建堆叠文字。

选定堆叠文字后，单击“堆叠”按钮，可取消文字的堆叠。

- **“符号”按钮 @▾**：单击此按钮，可以方便地从其下拉菜单中输入特殊符号，如图 6-10 所示。

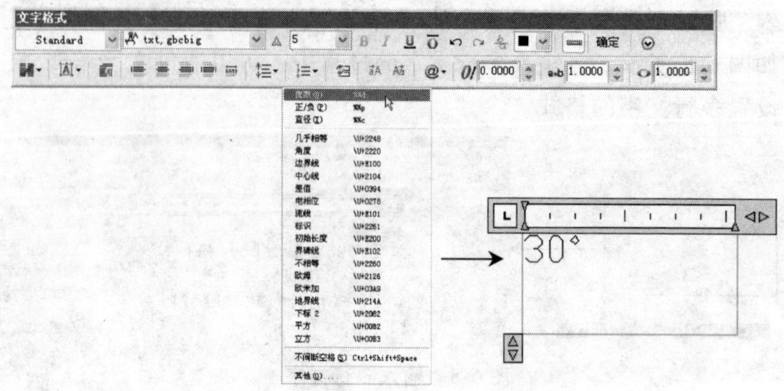

图 6-10　输入特殊符号

"插入字段"按钮：同 6.1.2 小节中输入单行文字的解释，可以将动态字段插入到任意文字对象中。

6.2 编辑文字

在文字创建完毕后，除了可以通过双击方式编辑文字外，还可以通过多个命令对文字进行编辑、检查文字的拼写是否有误以及进行查找和替换等，详见本节的讲述。

6.2.1 编辑文字——DDEDIT（或 ED）

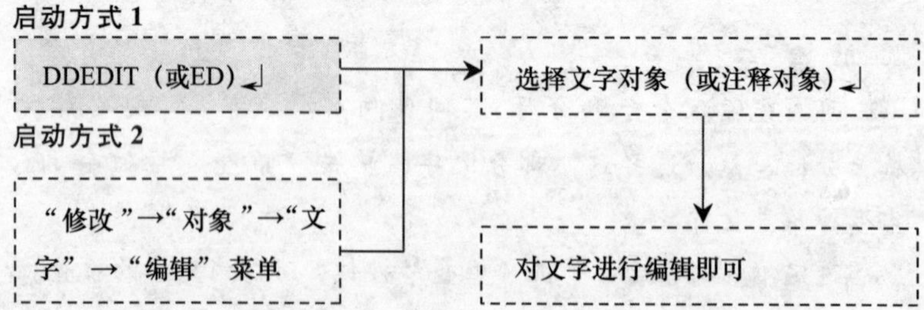

执行 ED 命令，选择要编辑的文本对象后，即可以对本文进行编辑，其操作与双击文本对象再进行编辑一致，此处不再赘述。

6.2.2 重定义文字插入点——JUSTIFYTEXT

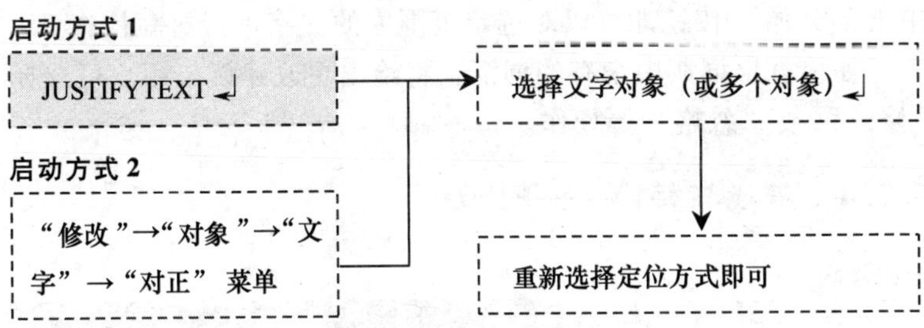

执行 JUSTIFYTEXT 命令，选择要调整文字插入点的单个或多个文本，按【Enter】键确认后选择新的定位方向即可，重新定位插入点的文本效果如图 6-11 所示。

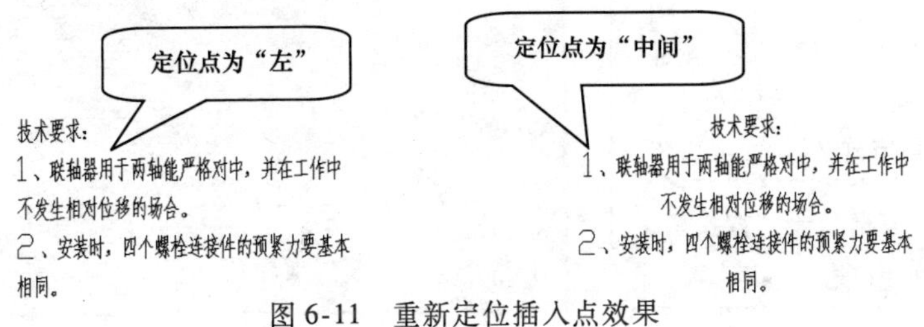

图 6-11 重新定位插入点效果

6.2.3 拼写检查——SPELL

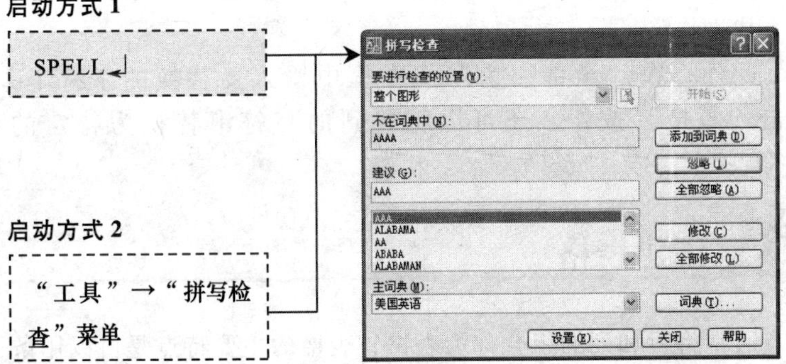

执行 SPELL 命令，打开“拼写检查”对话框，选择拼写检查的范围（如整个图形）和使用的“主词典”（如美国英语），单击“开始”按钮即可以对选定范围内的文字进行拼写检查。

如检查出词典中未有的词汇，将给出更改建议，用户可选择“修改”或“忽略”等操作。

6.2.4 查找与替换——FIND

启动方式 1

FIND ↵

启动方式 2

“编辑”→“查找”菜单

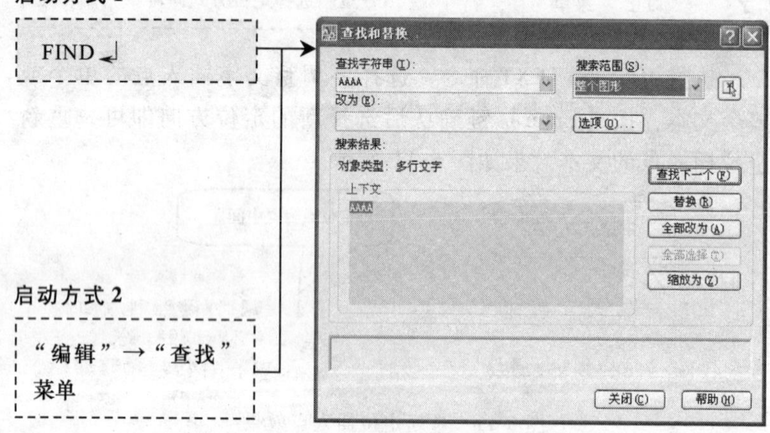

执行 FIND 命令，打开“查找和替换”对话框，在此对话框中的“查找字符串”文本框中输入要查找的字符串，并在右侧选定搜索范围，然后单击“查找下一个”按钮可以对字符串进行查找操作。

此外，在“全部改为”文本框中输入要替换的字符串，单击“替换”按钮，还可以将找到的字符串替换为特定的字符。

6.3 创建表格

通常将行和列的组合称为表格，表格的主要特点是可以用条理化的方式显示繁杂的数据。所以，当视图中的标注数据过多令图纸显得凌乱时，使用表格进行说明是一种明智的选择。

在 AutoCAD 中，可以使用表格绘制材料明细表、预制混凝土配料表、原料清单等多种需要对图纸进行附加说明的信息。

6.3.1 创建和修改表格样式——TABLESTYLE（或 TS）

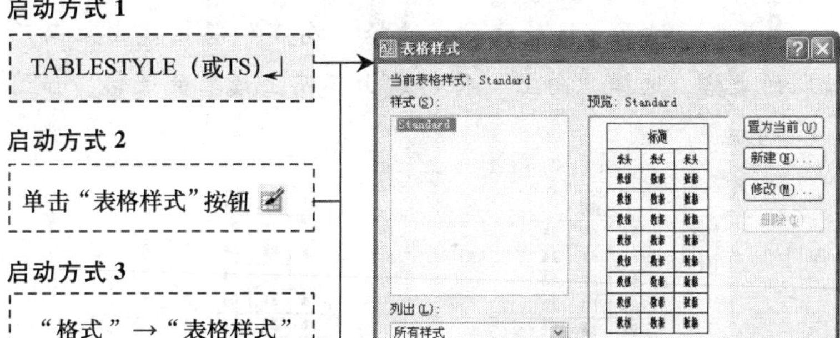

执行 TS 命令，可以打开“表格样式”对话框，在此对话框中可以选用当前使用的表格样式。

此外，选中某个表格样式“＊＊＊”，单击“修改”按钮，可以打开“修改表格样式：＊＊＊”对话框（图 6-12），在此对

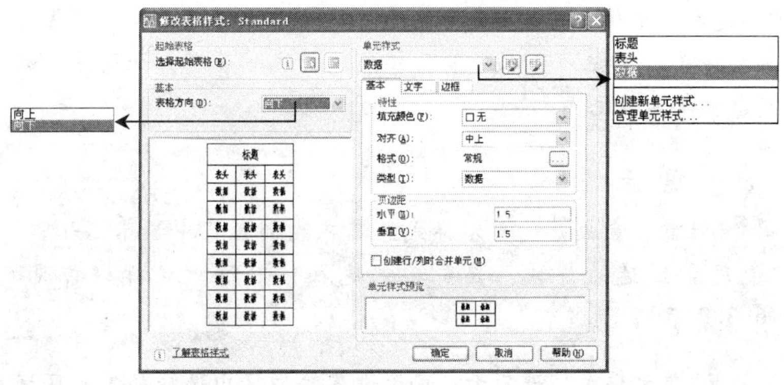

图 6-12 “修改表格样式：＊＊＊”对话框

话框中可以对表格的“填充颜色”、“对齐方式”、“边线样式”等进行设置，具体如下：

起始表格：单击“选择起始表格”按钮，可在绘图区中指定一个表格用作样例来设置此表格样式的格式。单击“删除表格”按钮，可使用原始表格样式。

基本：设置表格的方向。选择“向下”将创建由上而下读取的表格，选择“向上”将创建由下而上读取的表格，如图6-13所示。

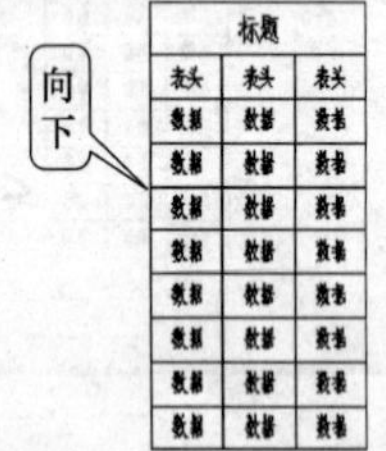

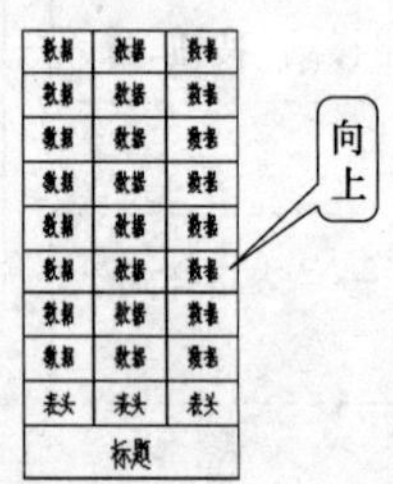

图6-13　不同方向表格的显示效果

单元样式：选择要设置的单元样式。其中，在“单元样式下拉列表”中，可以选择当前要进行设置的单元样式；单击“创建新单元样式”按钮，可以创建新的单元样式；单击“管理单元样式”按钮，可以对单元样式进行统一管理，如删除、新建、重命名单元样式等。

提　示

注意，新创建的单元样式并不在左侧预览中显示，如需使用新创建的样式，需要在创建表格时进行选择（详见6.3.2节）。

“单元样式”选项卡：用于设置按钮区中选择的单元区域的样式。其中，“基本”选项卡用于设置“填充颜色”、“对齐”、“格式”和“类型”等；“文字”选项卡用于设置文字特性；“边框”选项卡用于设置边框特性，如图 6-14 所示。

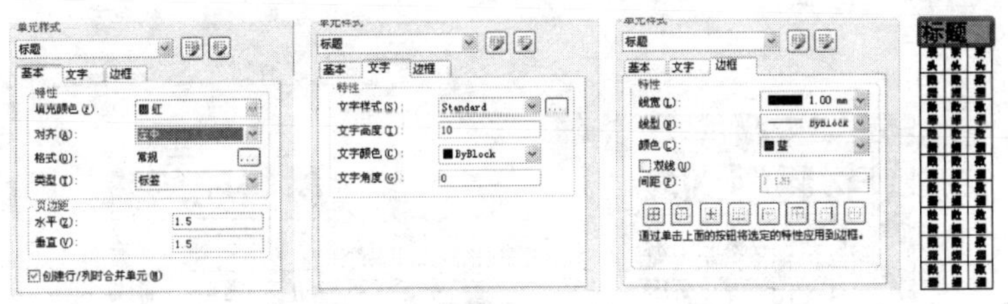

图 6-14 “单元样式”选项卡的作用

提 示

勾选“创建行/列时合并单元（M）”复选框，可使创建的所有新行或新列合并为一个单元。

6.3.2 插入表格——TABLE（或 TB）

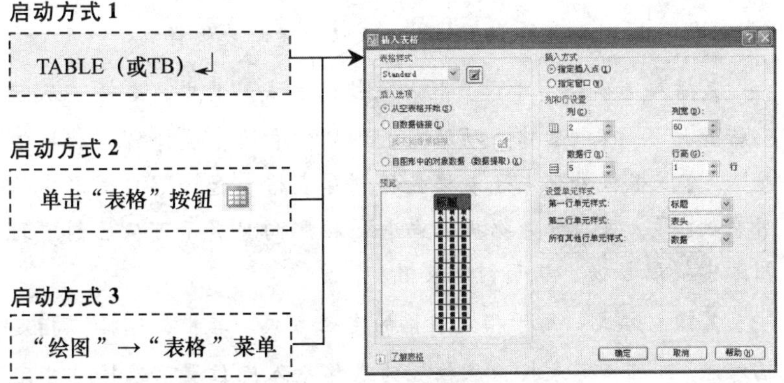

执行 TB 命令，打开“插入表格”对话框，选择使用的表格样式，设置行列个数和行列宽度，再设置使用的单元样式，单击“确定”按钮，在绘图区中单击即可插入表格。插入表格后，可以在表格区中像输入单行文字一样为各个单元格输入数据，如图

6-15 所示。

文字格式

仿宋体 | 仿宋_GB2312 | 3.5 | B I U O | 确定

0.0000 | a•b 1.0000 | 0.7000

	A	B	C
1	材料明细表		
2	序号	名称	材料
3	1	轴承座	HT150
4	2	固定套	ZQAL9-4
5	3	上轴衬	ZQAL9-4
6	4	下轴衬	HT150
7	5	轴承盖	HT200
8	6		

→

材料明细表		
序号	名称	材料
1	轴承座	HT150
2	固定套	ZQAL9-4
3	上轴衬	ZQAL9-4
4	下轴衬	HT150
5	轴承盖	HT200
6	卡圈	HT150

图 6-15　输入单元格数据操作

下面介绍“插入表格”对话框中各选项的含义。

表格样式：可以选择要使用的表格样式。单击右侧“启动‘表格样式’对话框”按钮，可以创建新表格样式。

插入选项：用于设置插入表格的方式。其中，选择“从空表格开始”，可以创建手动填充数据的空表格；选择“自数据链接”，可以根据外部电子表格数据创建表格。选择“自图形中的对象数据”，可打开数据提取向导，按照向导提示可从已创建的图形中提取数据，从而创建表格。

插入方式：用于指定表格的定位方式。其中，选择“指定插入点”，可指定表格角点位置为表格插入点位置；选择“指定窗口”，可通过两个点定义一个区域，从而指定表格的位置和大小。

列和行设置：用于设置行列个数和行列宽度。

设置单元样式：使用表格样式中定义的单元样式来指定新

创建表格各区域的样式。

提 示

表格创建完毕后，双击单元格区域，可以对其数据进行修改。

此外，选中单元格区域，系统将显示“表格”工具栏（图 6-16），通过此工具栏可以对表格进行灵活操作，如插入或删除列以及合并单元格等，其操作方式与 Word 中的表格基本相同，此处不再赘述。

图 6-16 “表格”工具栏

6.4 轻松小练习——为图纸添加技术说明

本节将为“凸缘联轴器”图纸添加视图注释、技术要求、材料明细表和图纸信息等内容（图 6-17），在创建的过程中将主要用到单行文字、多行文字、表格的编辑和处理等操作，以加深对本章前面所学知识的理解和掌握各命令的运用。

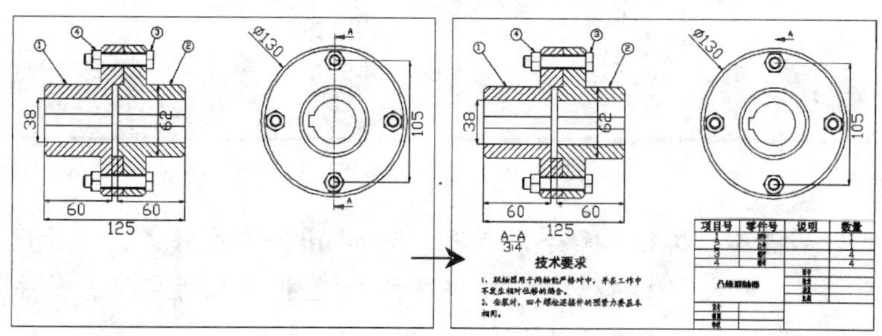

图 6-17 为图纸添加技术说明

步骤 1 打开本书提供的素材文件——6-4-SC.dwg，执行 **ST** 命令，打开“文字样式”对话框（图 6-18），单击三次“新建”按钮，新建三个文字样式，各样式要求详见图 6-18 说明。

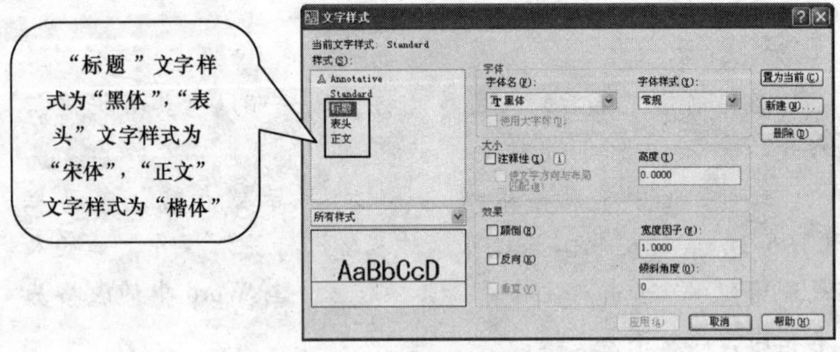

图 6-18　添加三个文字样式

步骤 2　执行 TS 命令，打开“表格样式”对话框，单击“修改”按钮，打开“修改表格样式：Standard”对话框，设置“表头”的水平和垂直页边距均为“0.5”，文字样式为“表头”、5 号；“数据”的水平和垂直页边距均为“0.2”，文字样式为“Standard”、4 号，如图 6-19 所示。

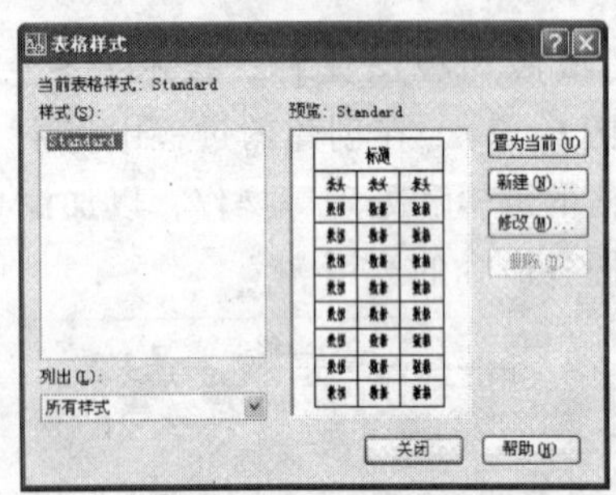

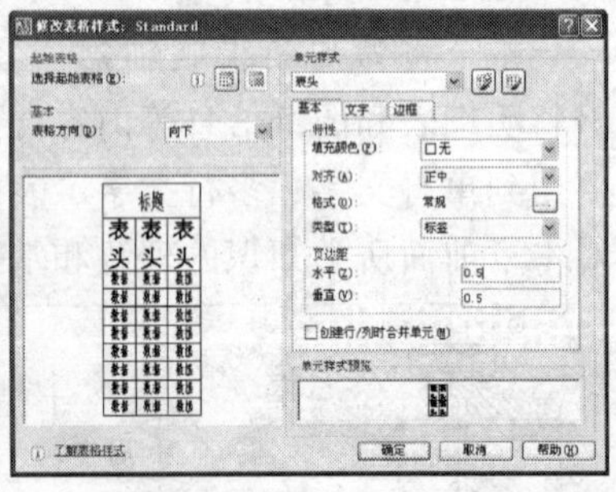

图 6-19　设置表格样式

步骤 3　执行 T 命令，选用“Standard”文字样式，字号设置为 8，输入“A-A/3:4”字符，然后选中输入的字符，单击“堆叠”按钮，创建视图注释，如图 6-20 所示。

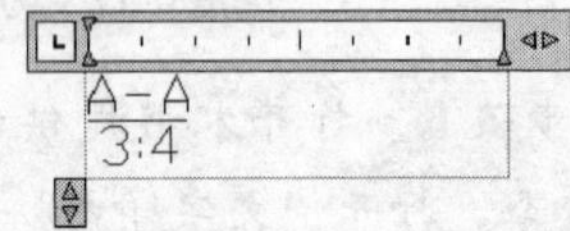

图 6-20　创建视图注释

步骤4 分别执行DT命令和T命令，输入技术要求，操作步骤如下，效果如图6-21所示。

命令：DT //执行DT命令

当前文字样式： "Standard" 文字高度： 6.0000 注释性： 否

指定文字的起点或［对正（J）/样式（S）］：**S** ↵

输入样式名或［?］<Standard>：**标题** ↵

//选用"标题"文字样式

当前文字样式： "Standard" 文字高度： 2.5000 注释性： 否

指定文字的起点或［对正（J）/样式（S）］：

//单击指定文字起点

指定高度<2.5000>：**6** ↵

//设置文字高度

指定文字的旋转角度 <0>：↵

//直接按【Enter】键不旋转文字

//然后输入文字内容，并连续两次按【Enter】键即可。

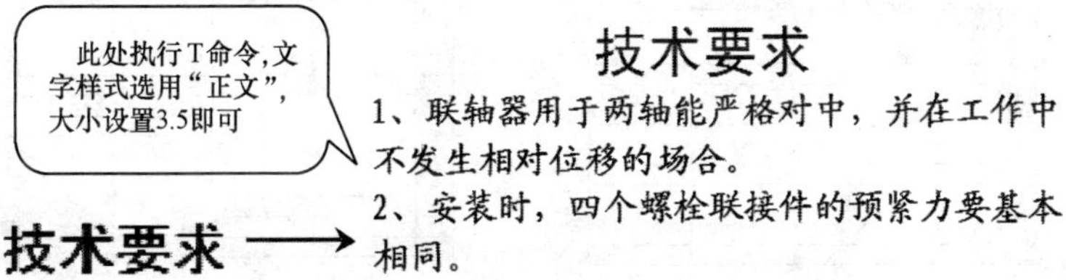

此处执行T命令，文字样式选用"正文"，大小设置3.5即可

技术要求

1、联轴器用于两轴能严格对中，并在工作中不发生相对位移的场合。

2、安装时，四个螺栓联接件的预紧力要基本相同。

技术要求 ⟶

图6-21 添加技术要求效果

步骤5 执行TB命令，打开"插入表格"对话框，设置列数为4，列宽为30，数据行为10，行高为1，并设置"第一行单元样式"为"表头"，其他两个为"数据"，单击"确定"按钮，在绘图区的适当位置单击，插入表格，如图6-22所示。

步骤6 选中需要合并的单元格区域，单击"表格"工具栏"合并单元"按钮下的"全部"项，将两个区域合并，如图

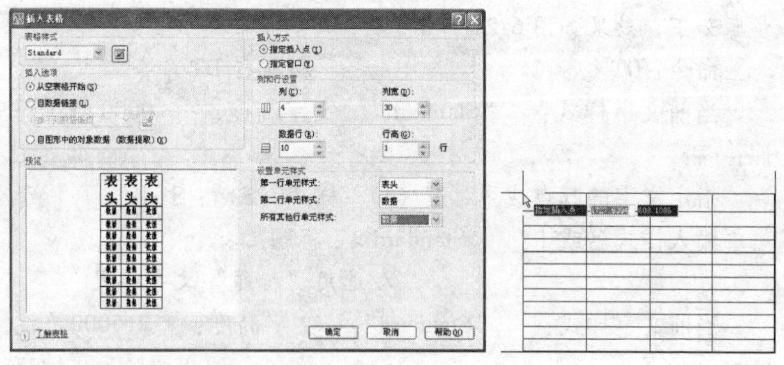

图 6-22　插入表格操作

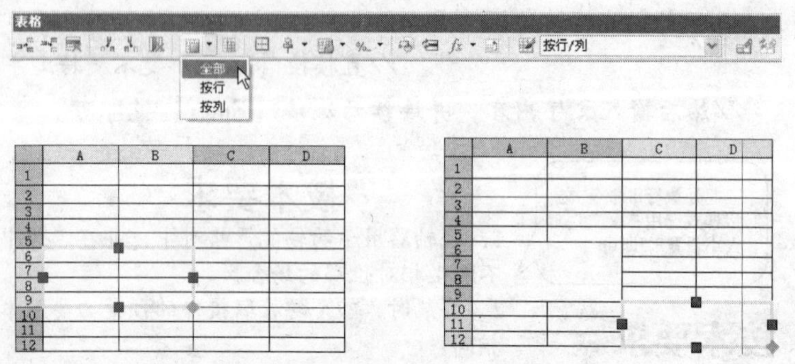

图 6-23　调整表格操作

6-23 所示。

步骤 7　双击单元格区域，输入图 6-24 所示的数据。注意“凸缘联轴器”字符需进行单独设置，其字号为 4 号，字体为“黑体”，完成图纸的绘制。

①
②
③
④
Ø130
38
62
105
60
60
125
A-A放大
技术要求
1、联轴器用于两轴能严格对中，并在工作中不发生相对位移的场合。
2、安装时，四个螺栓联接件的预紧力要基本相同。
项目号
零件号
说明
数量
1
凹件
1
2
凸件
1
3
螺杆
4
4
螺母
4
凸缘联轴器
图号
数量
重量
比例
设计
制图
审核

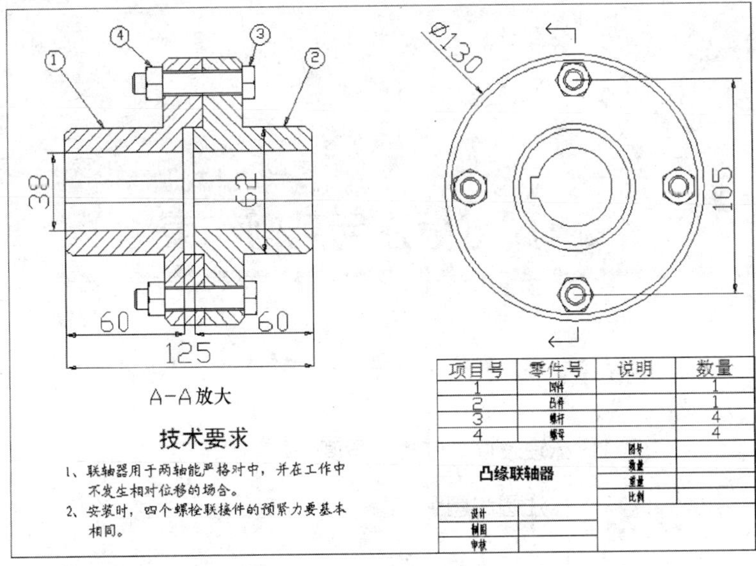

图 6-24 输入数据

第7章

尺寸标注与几何约束

本章内容

7.1 标注长度、位置和角度

7.2 标注圆和圆弧

7.3 标注注释与公差

7.4 快速标注

7.5 编辑尺寸标注

7.6 标注样式管理

7.7 几何约束和标注约束

本章介绍为图形添加尺寸标注，并进行几何约束的方法。尺寸标注用于描述图形中各个对象的大小，是产品生产、工程施工中的重要依据；几何约束是自2010版开始的新加功能，用于规范图形间的位置关系，进而提高绘图速度。

7.1 标注长度、位置和角度

在 AutoCAD 中，通过线性标注、对齐标注可以标注两点之间的长度；通过坐标标注可以标注点的绝对坐标；通过角度标注可以标注圆和圆弧等角度，下面看一下相关操作。

7.1.1 线性标注——DIMLINEAR（或 DLI）

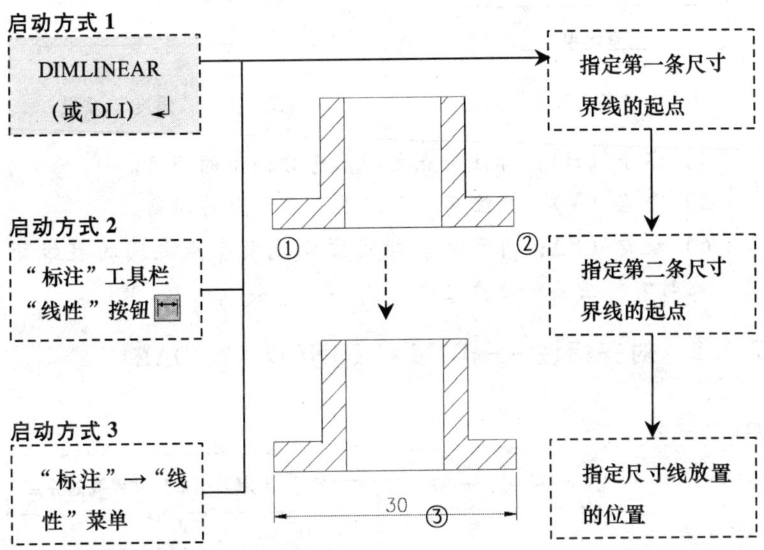

执行 DLI 命令，选择起点和终点，然后指定尺寸线放置的位置，可以标注两个点之间的水平或垂直距离。

在执行线性标注的过程中，当命令行提示 **“指定第一条尺寸界线原点或 <选择对象>:”** 时，可按【Enter】键直接选择要标注的对象；当命令行提示 **“指定尺寸线位置或［多行文字(M)/文字(T)/角度(A)/水平(H)/垂直(V)/旋转(R)］:”** 时，可以对尺寸线进行更多设置，各项意义如下。

1）**多行文字（M）**：选择该选项可打开文字编辑器，对系统默认的测量值进行修改，如输入文字或添加特殊符号等，如图7-1所示。

2）**文字（T）**：添加单行文字。

3）**角度（A）**：设置标注文字的旋转角度，如图7-2所示。

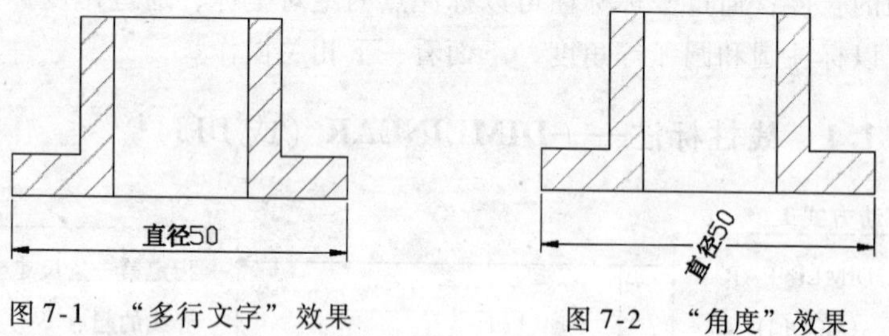

图7-1 “多行文字”效果　　图7-2 “角度”效果

4）**水平（H）**：标注两点之间水平方向上的距离。

5）**垂直（V）**：标注两点之间垂直方向上的距离。

6）**旋转（R）**：用于测量指定方向上两个点之间的直线距离，此时需要指定旋转角度。

7.1.2 对齐标注——DIMALIGNED（或DAL）

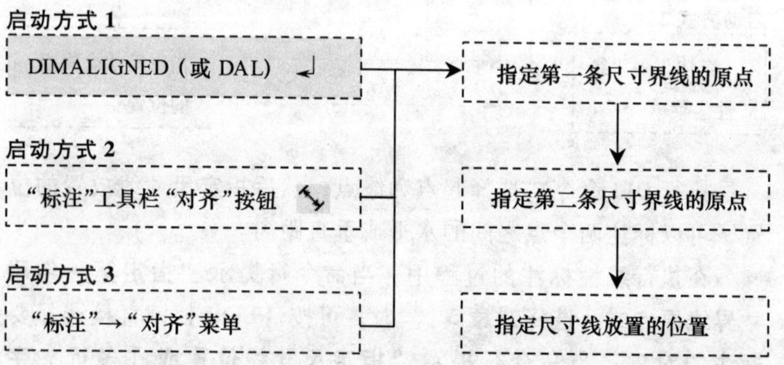

执行DAL命令，选择直线的起点和终点，然后指定尺寸线放置的位置，可以标注两点之间的直线距离，此时尺寸线与标注点之间的连线平行，如图7-3所示。

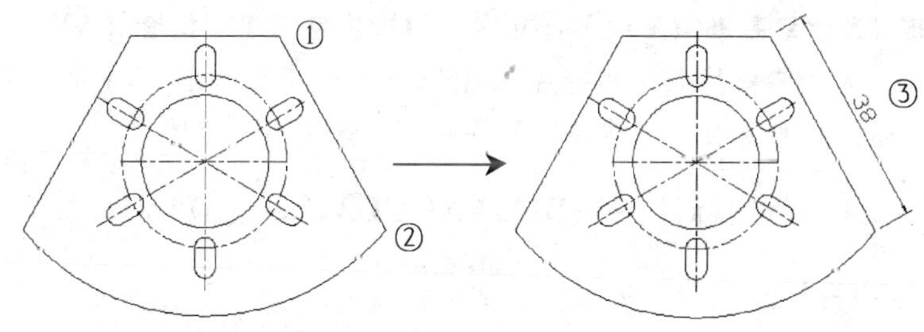

图 7-3 标注“对齐标注”的效果

在执行对齐操作的过程中，当命令行提示**“指定尺寸线位置或［多行文字（M）/文字（T）/角度（A）］:”**时，其中各选项的意义与“线性”标注相似，此处不再赘述。

7.1.3 坐标标注——DIMORDINATE（或 DOR）

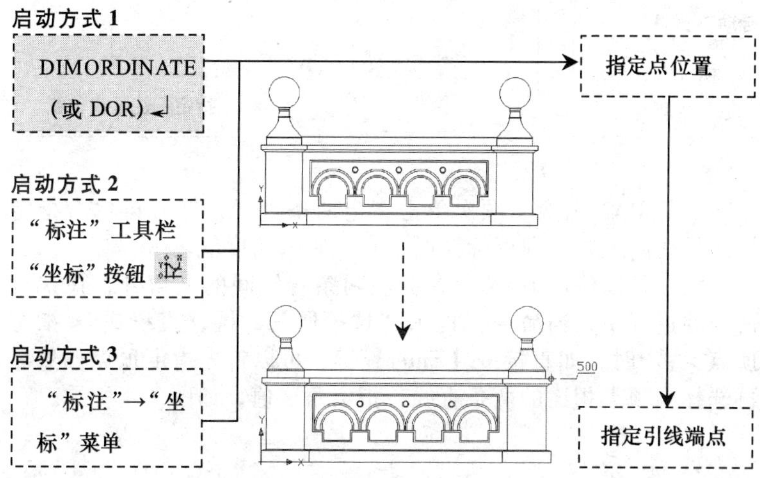

执行 DOR 命令，单击一个要标注坐标的点，然后左右或上下移动鼠标（左右移动标注 X 坐标值，上下移动标注 Y 坐标值），再在特定的位置单击确定引线端点的位置，即可完成此点某方向坐标的标注。

在执行 DOR 命令时，命令行提示**“指定引线端点或［X 基**

准（X）/Y 基准（Y）/多行文字（M）/文字（T）/角度（A）]:”时，选择“X 基准”将标注 X 坐标，选择“Y 基准”将标注 Y 坐标，其他选项与“线性”标注相似，这里不再赘述。

7.1.4 角度标注——DIMANGULAR（或 DAN）

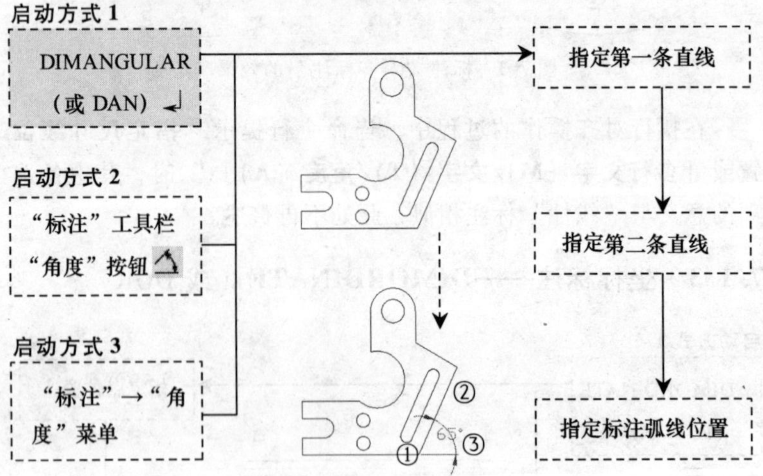

执行 DAN 命令，顺次单击指定两条直线，然后再单击指定标注弧线的位置，即可标注两条直线间的角度值。

除了可以使用 DAN 命令标注两条直线间的夹角外，在执行命令的过程中，当命令行提示**“选择圆弧、圆、直线或 <指定顶点>:”**时，如直接按【Enter】键，可以首先指定顶点，然后再选择与顶点相连的两条直线，指定角度值，如图 7-4 所示。

提 示

使用此方式标注角度的好处是可以标注角度大于 90°的外角，如图 7-4 所示图形。而通过直接选择直线的方式，将只能标出图 7-5 所示形状。

在标注时，如直接选择圆弧进行标注，则将直接标注此圆弧的角度值（图 7-6）；如选择圆进行标注，则将标注圆上指定两点间的角度值，如图 7-7 所示。

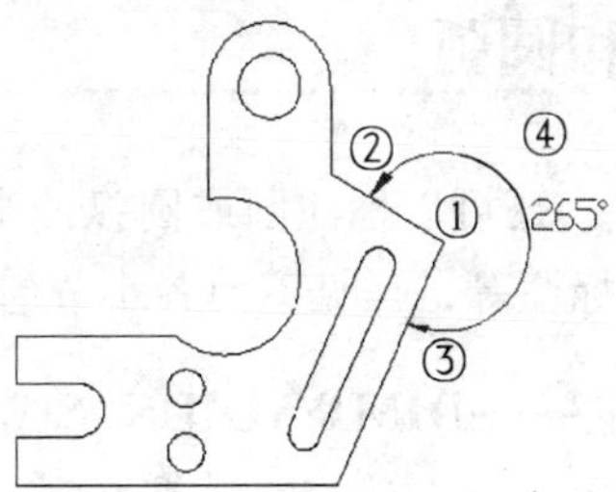

图 7-4　首先指定顶点标注角度

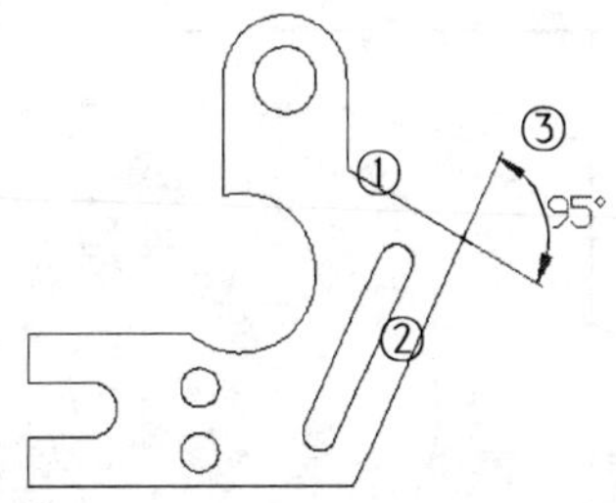

图 7-5　普通标注方式标注的角度

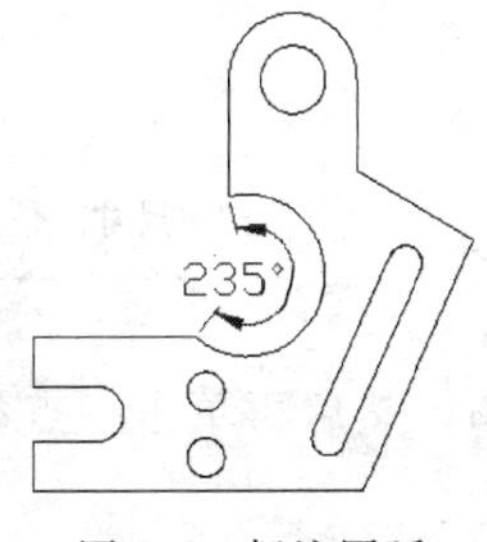

图 7-6　标注圆弧

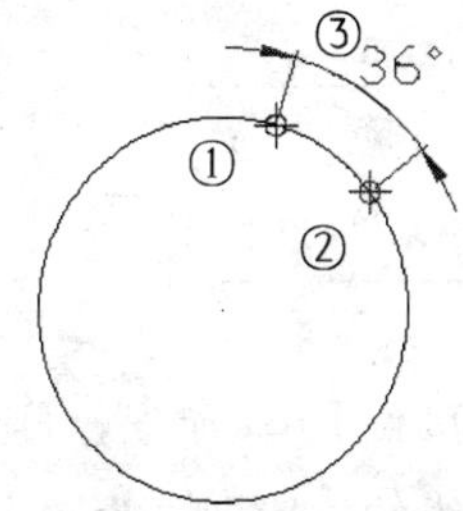

图 7-7　选择圆进行标注

提　示

此外，当命令行提示"指定标注弧线位置或［多行文字(M)/文字(T)/角度(A)/象限点(Q)]："时，选择"象限点"选项，可指定将标注锁定到的象限（其他选项的意义请参见线性标注部分）。

7.2 标注圆和圆弧

在 AutoCAD 中，还可以标注圆或圆弧的半径、直径、弧长，以及单独添加圆心标注等，详见下面各小节的讲述。

7.2.1 半径标注——DIMRADIUS（或 DRA）

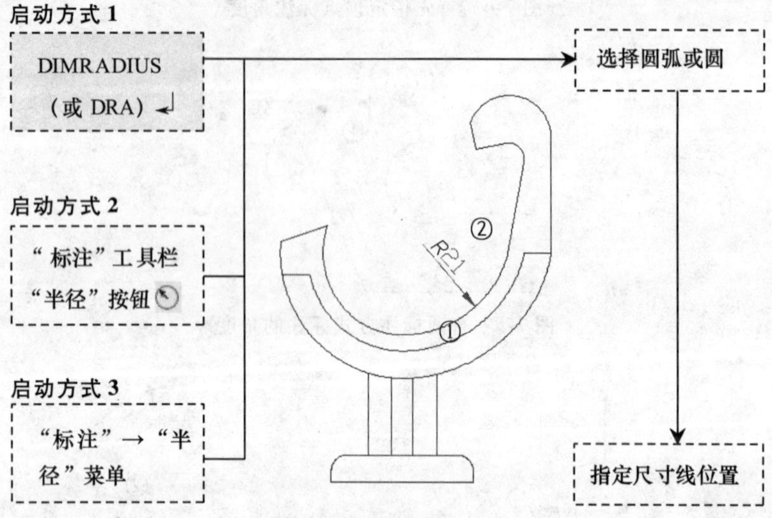

执行 DRA 命令，首先选择圆弧或圆，然后再单击一点指定尺寸线的位置即可为图形添加半径标注。

提 示

在执行“半径”标注操作后，系统将自动在标注文字前添加“*R*”，作为半径的标志。

另外，当圆或圆弧因半径过小导致没有足够空间放置标注数字和箭头时，可以通过调整标注样式的方式令标注能够合适显示（详见 7.6 节）。

7.2.2 直径标注——DIMDIAMETER（或 DI）

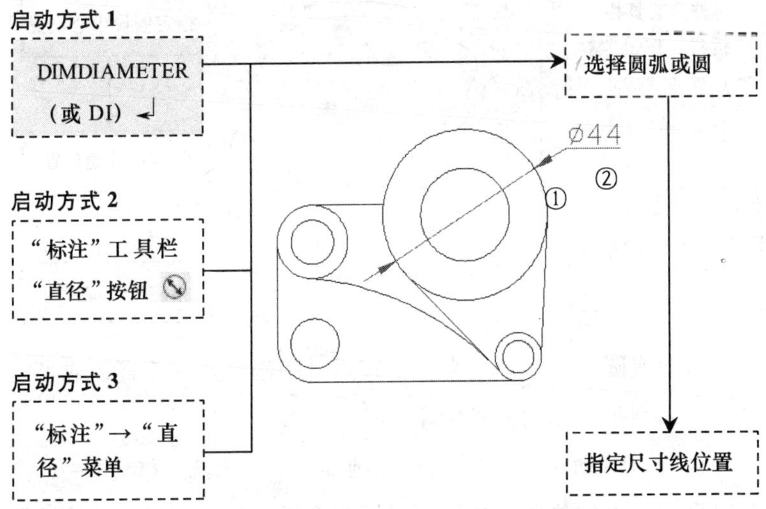

与半径标注相同，执行 DRA 命令，首先选择圆弧或圆，然后再单击一点指定尺寸线的位置即可为图形添加直径标注。

提 示

在执行“直径”标注操作后，系统将自动在标注文字前添加“ϕ”，作为直径的标志。此外，尺寸线位置不同，直径标注的表现方式也不同，用户不妨尝试一下。

7.2.3 折弯标注——DIMJOGGED（或 JOG）

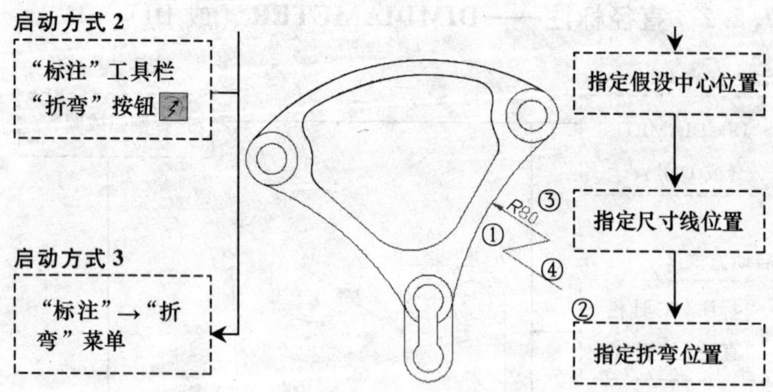

当圆或圆弧的半径过大，不宜通过圆心位置标注直径或半径时，可采用折弯标注方式标注半径。

执行 JOG 命令后，首先选择圆弧或圆，然后再单击一点指定假设中心点的位置，再拖动鼠标在合适位置单击指定尺寸线的位置，最后拖动鼠标指定折弯的位置，即可为图形添加折弯标注。

7.2.4 弧长标注——DIMARC（或 DAR）

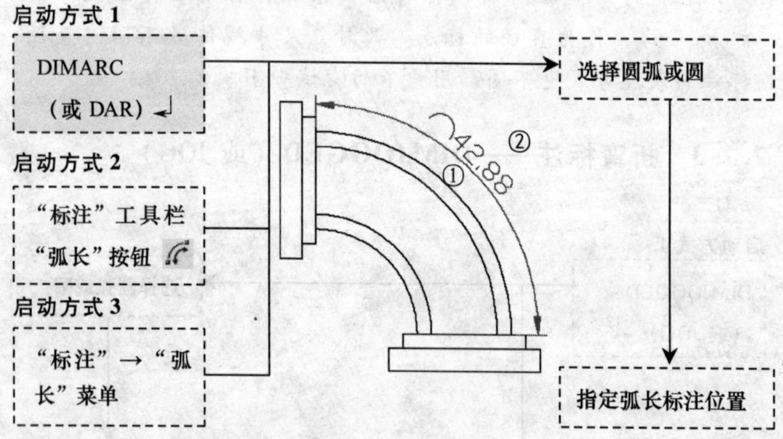

执行 DAR 命令，首先选择圆弧，然后再单击一点指定弧长标注的位置即可为图形添加弧长标注。

在进行弧长标注操作的过程中，选择要标注的弧线段后，命令行提示**“指定弧长标注位置或［多行文字（M）/文字（T）/角度（A）/部分（P）/引线（L）］:”**，其中，“部分（P）”用于标注所选圆弧的部分弧长，如图 7-8 所示。“引线（L）”用于为弧长标注添加指向圆心的引线，如图 7-9 所示（只有所选圆弧夹角大于 90°时才会显示“引线”选项）。

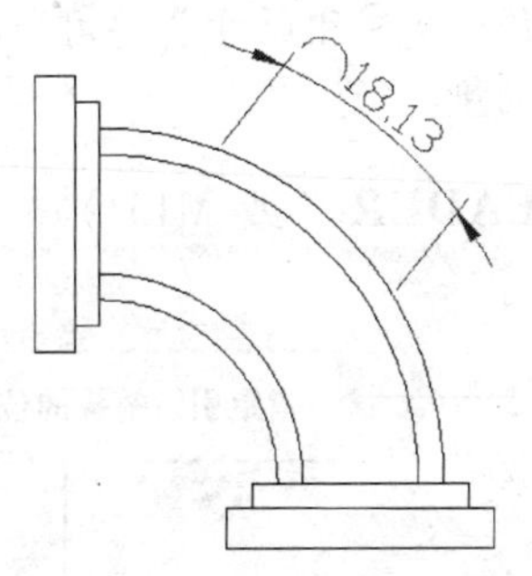

图 7-8 “部分”选项的作用

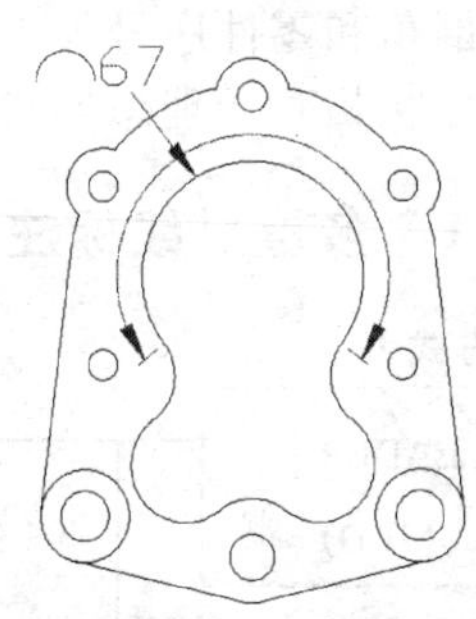

图 7-9 “引线”选项的作用

7.2.5 圆心标记——DIMCENTER（或 DCE）

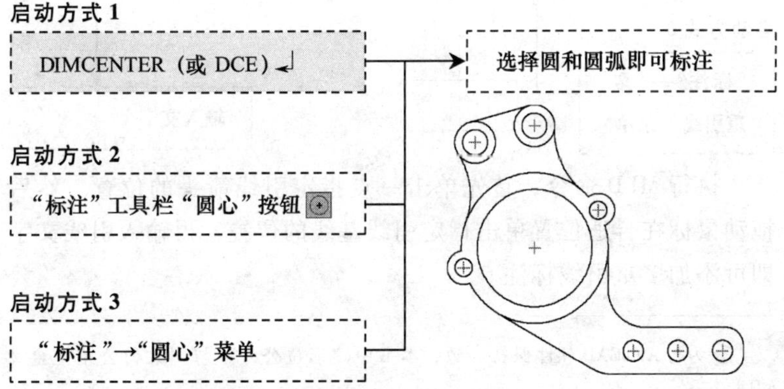

执行 DCE 命令，选择圆弧或圆即可添加圆心标注。

提 示

用户可通过“标注样式管理器”的“符号和箭头”选项卡中的“圆心标记”设置区，选择圆心标记的样式。

7.3 标注注释与公差

通过多重引线可以为图形对象标注注释性的说明性信息，如标注倒角和零件序号等，而添加形位公差㊀和尺寸公差可以标明实际形状相对于理想形状的允许变动量。

7.3.1 多重引线标注——MLEADER（或 MLD）

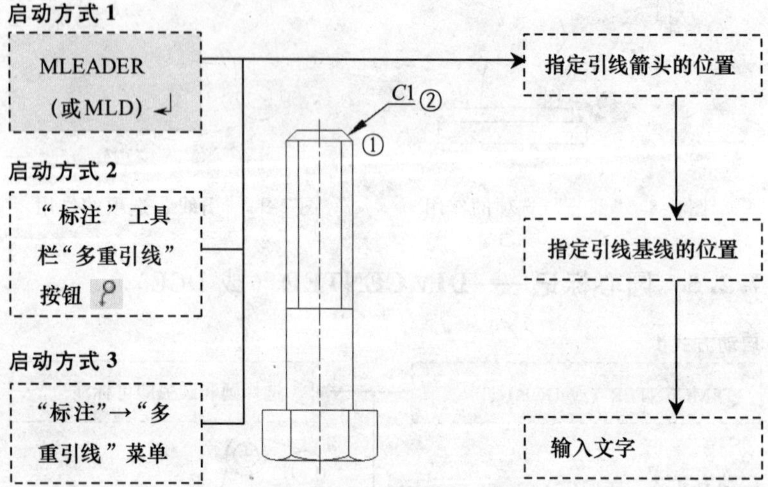

执行 MLD 命令，首先单击一点指定引线箭头的位置，然后拖动鼠标在合适位置单击指定引线基线的位置，再输入引线文字即可添加多重引线标注。

㊀ 为与 AutoCAD 软件保持一致，本书中“形位公差”与“几何公差”含义相同。

引线标注由箭头、引线、基线和文字四部分组成，如图7-10所示。其中，引线是指向对象的一条线或样条曲线，其一端为箭头，另一端为水平基线，终端连接文字或块。

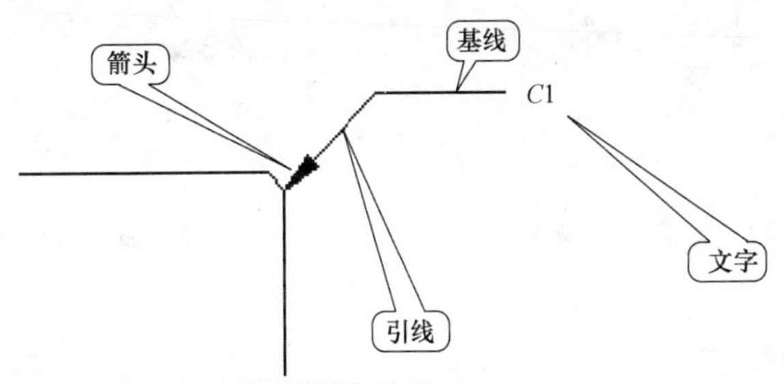

图 7-10　引线标注的组成部分

在执行 MLD 命令的过程中，命令行提示 **“指定引线箭头的位置或［引线基线优先（L）/内容优先（C）/选项（O）］<选项>:”** 时，各选项的意义如下。

1）**引线基线优先（L）**：选择此选项，可先指定引线基线的位置，再指定引线箭头的位置。

2）**内容优先（C）**：选择此选项，可先指定引线文字的位置，然后输入文字，再指定引线箭头的位置。

3）**选项（O）**：通过此选项的子选项可以设置多重引线的部分样式，如设置引线类型、内容类型和最大节点数等。

提　示

此外，单击“多重引线”工具栏中的“添加引线”按钮和“删除引线”按钮，可为选定的多重引线添加和删除引线（删除时，选中多重引线后，要再次单击选择引线），如图 7-11 和 7-12 所示。

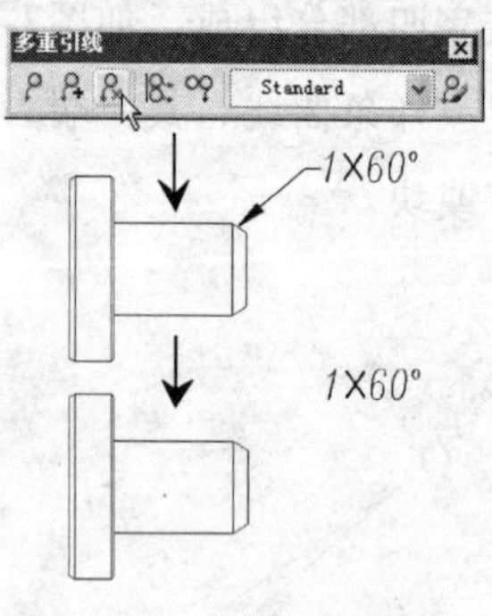

图 7-11　删除引线操作

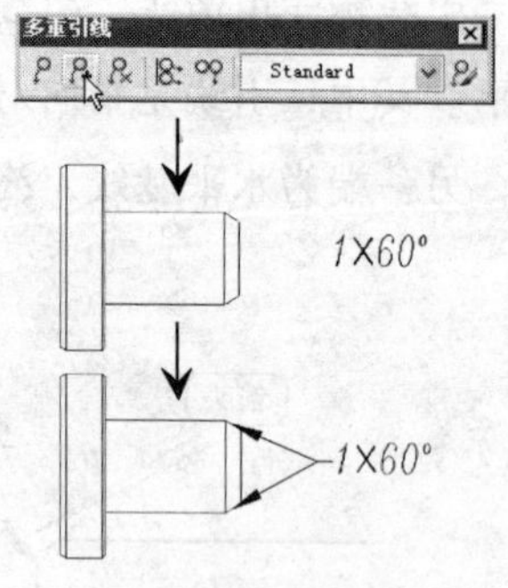

图 7-12　添加引线操作

提 示

执行 MLEADERSTYLE（或 MLS）命令，打开“多重引线样式管理器”对话框，然后单击“修改”按钮，打开“修改多重引线样式”对话框，通过此对话框可以对多重引线的样式进行修改。

执行 MLEADERALIGN（或 MLA）命令后，可以对齐多重引线的文字、引线，或按一定间距对齐多重引线。

执行 MLEADERCOLLECT（或 MLC）命令，选择多条多重引线，然后指定合并方式，或者直接单击确定合并后的多重引线定位点，可将多条单独的引线合并为一条引线。

7.3.2　形位公差——TOLERANCE（或 TOL）

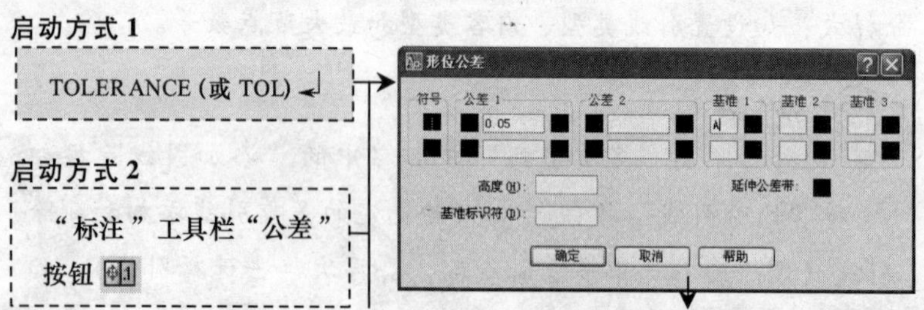

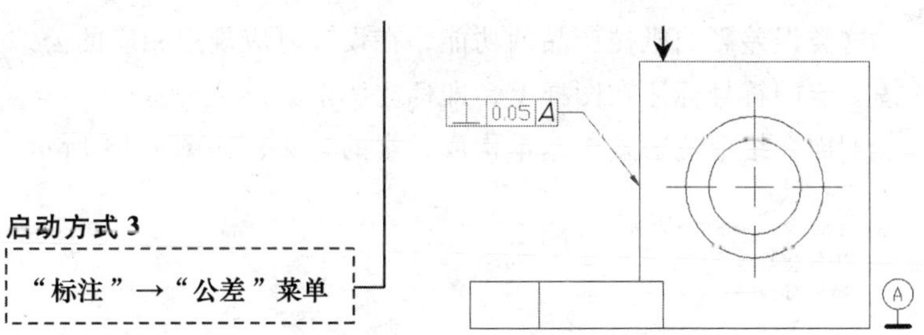

执行 TOL 命令，打开“形位公差”对话框，选择公差符号，输入公差值和基准符号，单击“确定”按钮，再在绘图区中要标注公差的位置单击即可标注形位公差。

提 示

在实际绘图的过程中，通过 TOL 命令只能添加形位公差框内的值，如⊥|0.05|A，而其指向实体的线无法通过此命令添加。

实际操作时，可以使用多重引线提前绘制指引线，或执行快速引线命令 LE（此命令的使用详见 7.4.4 节），然后选择 S 选项，指定标注类型为“公差”，然后添加指引线，再添加“形位公差”即可，如图 7-13 所示。

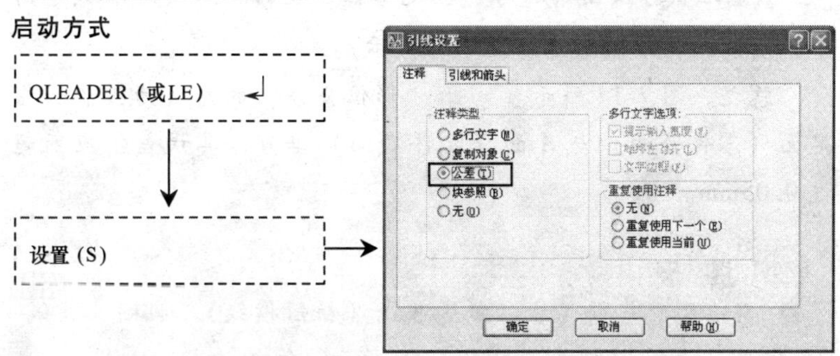

图 7-13 通过快速引线命令添加形位公差流程

机械加工后零件的实际形状或相互位置与理想几何体规定的形状或相互位置不可避免地存在差异，形状上的差异就是形状误差，而相互位置的差异就是位置误差。

这类误差影响机械产品的功能，在设计时应规定相应的公差并按规定的符号标注在图样上，即标注所谓的形位公差。

下面介绍形位公差中基本构成元素的含义，如图 7-14 所示。

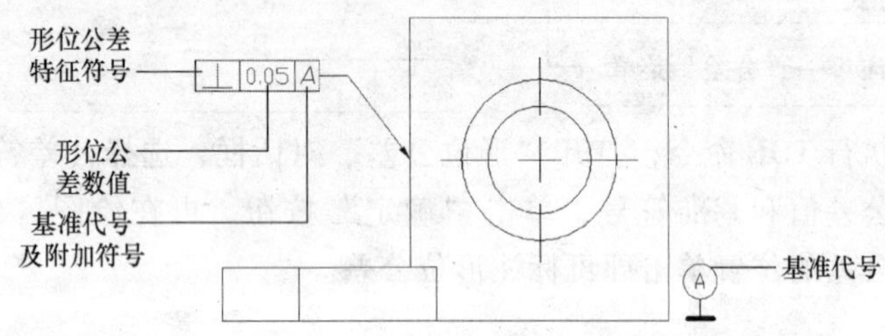

图 7-14 “形位公差”基本构成元素的含义

形位公差特征符号：指定此形位公差为何种形位公差，如⊥代表“垂直度”。

形位公差数值：规定形位公差的偏差范围，加工误差应不超过此值。

基准代号及附加符号：指定形位公差的参照（基准代号需单独绘制，其绘制要求详见下面提示）。

总之，图 7-14 所示 ⊥|0.05|A “形位公差”的意义为：箭头指定面（零件竖面）与 *A* 面（零件底面）垂直，其误差值应不超过 0.05mm。

提 示

需绘制的基准代号应由基准线（粗短横线）、圆圈、连线和字母（大写）组成，如图 7-15 所示。

了解了以上内容后，再来介绍“形位公差”对话框中各项的主要作用，图 7-16 中各选项的意义如下：

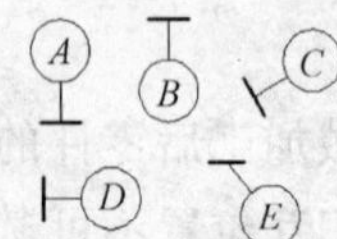

图 7-15 典型的“基准代号”

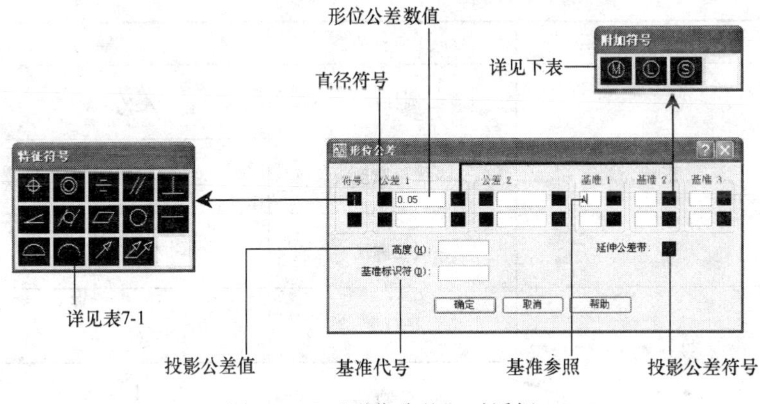

图 7-16 “形位公差”对话框

符号：单击后将弹出特征符号对话框，用于选择为何种公差的公差符号（公差符号的含义见表7-1）。

直径符号：当公差带为圆形或圆柱形时，可在公差值前添加此标志，表明为直径的公差值。

形位公差值：用于设置公差值的大小。

附加符号：用于指定“形位公差”与“尺寸公差”的关系，如指定“最大实体要求”等，见表7-1。

基准参照：用于指定此形位公差对应的基准参照。

投影公差符号和投影公差值：“投影公差”也称为“延长公差”，用于指定此公差值在某方向延伸的距离。

基准符号：用于指定理论上精确的几何参照，以确定其他特征的位置（实际上是前面“基准”的基准）。

表 7-1 公差符号

公差类型	几何特征	符　号
形状公差	直线度	—
	平面度	▱
	圆度	○

（续）

公差类型	几何特征	符　号
形状公差	圆柱度	⌭
	线轮廓度	⌒
	面轮廓度	⌓
方向公差	平行度	//
	垂直度	⊥
	倾斜度	∠
	线轮廓度	⌒
	面轮廓度	⌓
位置公差	位置度	⌖
	同心度（用于中心点）	◎
	同轴度（用于轴线）	◎
	对称度	⌯
	线轮廓度	⌒
	面轮廓度	⌓
跳动公差	圆跳动	↗
	全跳动	⌰

（续）

公差类型	几何特征	符　　号
其他附加符号	最大实体要求	Ⓜ
	最小实体要求	Ⓛ
	独立原则 RFS	Ⓢ

提　示

这里解释几个不易理解的公差符号：

“圆跳动”：是指绕基准轴线作无轴向移动，在指定方向上指示表测得的最大允许误差。

“全跳动”：是指绕基准轴线作无轴向移动，同时指示表作平行或垂直于基准轴线的移动，整个过程中指示表测得的最大允许误差。

“最大实体要求”：用于指出当前标注的形位公差是在被测要素处于最大实体状态下给定的。

“最小实体要求”：用于指出当前标注的形位公差是在被测要素处于最小实体状态下给定的。

“独立原则 RFS”：用于表示无论被测要素处于何种尺寸状态，形位公差的值均不变。

7.3.3　尺寸公差

模型加工后的尺寸值不可能与理论数值完全相等，通常允许在一定的范围内波动，这个波动的值即是尺寸公差。

“尺寸公差”也可以理解为尺寸的允许变动范围，AutoCAD 中没有单独标注尺寸公差的命令，而只需对已标注的尺寸进行更改。如图 7-17 所示，双击一尺寸标注，打开其“特性”面板，在“公差”设置区中设置“显示公差”的样式，再设置上下极限偏差的值即可。

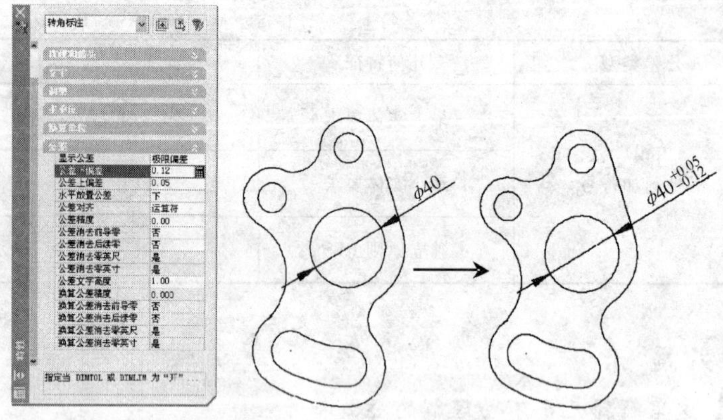

图 7-17　尺寸公差的标注

提　示

关于尺寸标注特性面板中“公差”设置区中各选项的意义，用户可自行琢磨。

此外，除了可以通过此方式标注尺寸公差外，执行 D 命令打开“标注样式管理器”对话框，再单击“修改”按钮，打开“修改标注样式：＊＊＊”对话框，在该对话框的“公差”选项卡中也可以对公差样式进行设置。设置完成后将为绘图区中的所有标注添加相同的公差值，如图 7-18 所示（关于其使用方法详见本章 7.6 节部分）。

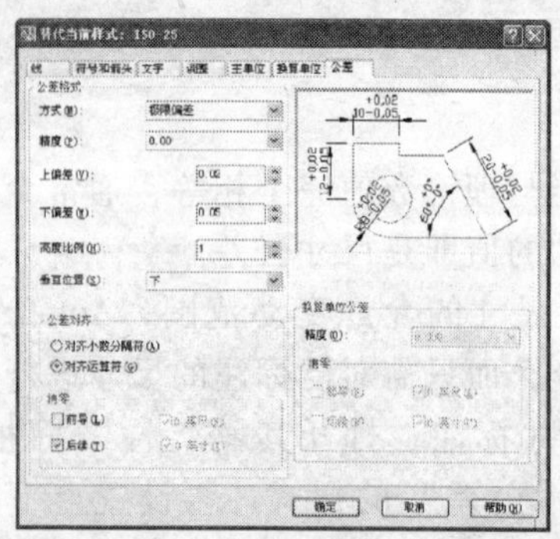

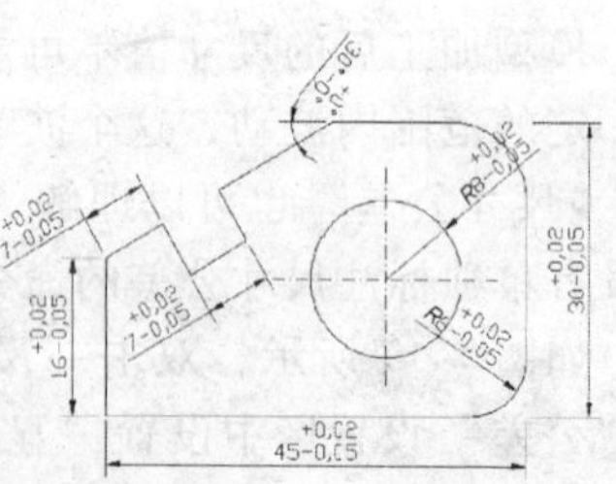

图 7-18　尺寸公差的另外一种标注方法

7.4 快速标注

当绘图区对象较多时，对每个对象进行单独标注，非常烦琐，且容易出现错误。为此，AutoCAD 提供了快速标注图形的方法。如使用基线标注可以一次性标注多个线性标注或角度标注，使用连续标注命令可以连续标注多个对象的尺寸等，下面作详细介绍。

7.4.1 基线标注——DIMBASELINE（或 DBA）

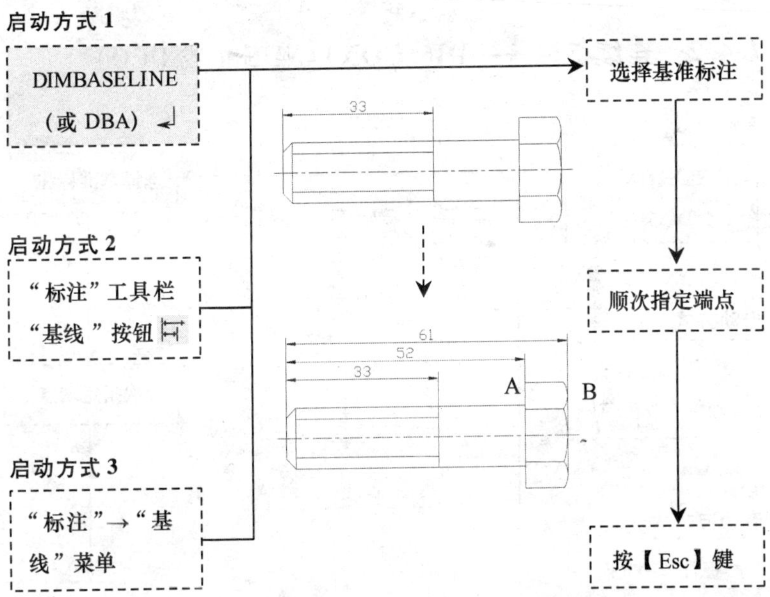

执行 DBA 命令，首先选择基准标注，系统将以此基准标注的一个端点为起点顺次添加新标注。然后顺次指定新标注的下一个端点，即可不断添加新标注，完成后按【Esc】键即可。

提 示

如执行 DBA 命令前，执行了创建标注操作，那么系统将自动选择最后创建的尺寸标注作为基准标注，并将该标注的第一条尺寸界线作为基准尺寸界线。

执行 DBA 命令后，如系统自动选择了基准标注，按【Enter】键可以重新选择其他标注作为基准标注。

此外，如通过单击方式选择某个尺寸标注，那么鼠标单击靠近哪一侧，就以那一侧的尺寸界线为基准尺寸界线。

可以执行“基线标注”的标注类型有线性、坐标或角度标注。

7.4.2 连续标注——DIMCONTINUE（或 DCO）

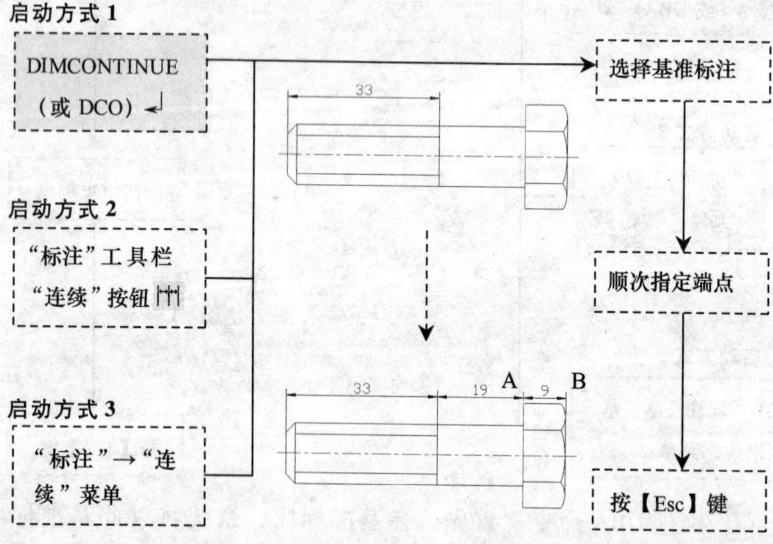

执行 DCO 命令，首先选择基准标注，系统将以此基准标注的一个端点为起点添加新标注。然后顺次指定新标注的下一个端

点，即可不断以新标注的第二个端点为起点添加新标注，完成后按【Esc】键即可。

提 示

执行该命令后，系统自动以最近创建的尺寸标注作为起始参考标注。按【Enter】键，可以选择其他尺寸标注作为起始参考标注。同样只可以对线性、坐标和角度标注执行“连续标注”操作。

7.4.3 快速标注——QDIM

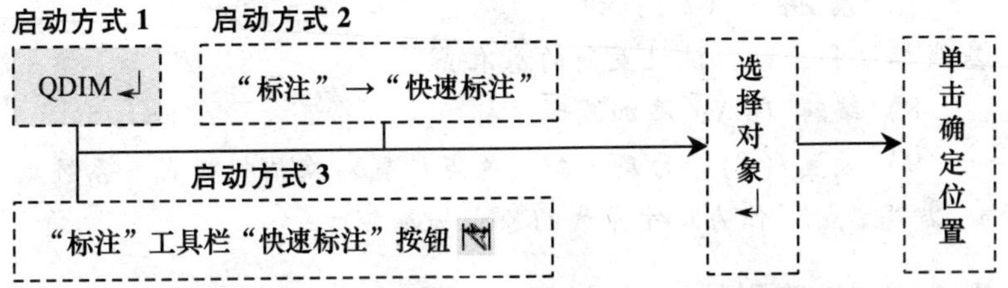

执行 QDIM 命令，选择单个或多个对象，按【Enter】键确认后拖动，在适当位置单击确定标注的位置，可以快速标注一个或多个对象的尺寸标注，如图 7-19 所示。

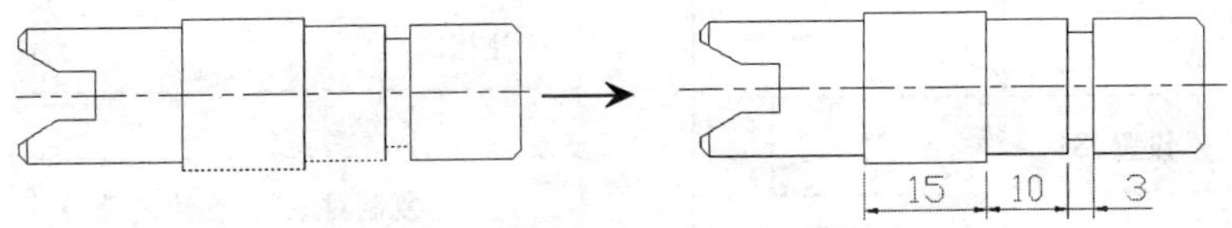

图 7-19 快速标注多个对象尺寸

启动命令后，选择要标注的图形后，命令行提示“**指定尺寸线位置或［连续（C）/并列（S）/基线（B）/坐标（O）/半径（R）/直径（D）/基准点（P）/编辑（E）/设置（T）］<连续>:**”，各选项的意义如下。

1）**连续（C）**：创建一系列连续尺寸标注。

2）**并列（S）**：创建一系列并列尺寸标注，通常用于对称机件的标注，如图7-20所示。

3）**基线（B）**：创建一系列基线尺寸标注。

4）**坐标（O）**：创建一系列坐标标注。

5）**半径（R）**：创建一系列半径尺寸标注。

6）**直径（D）**：创建一系列直径尺寸标注。

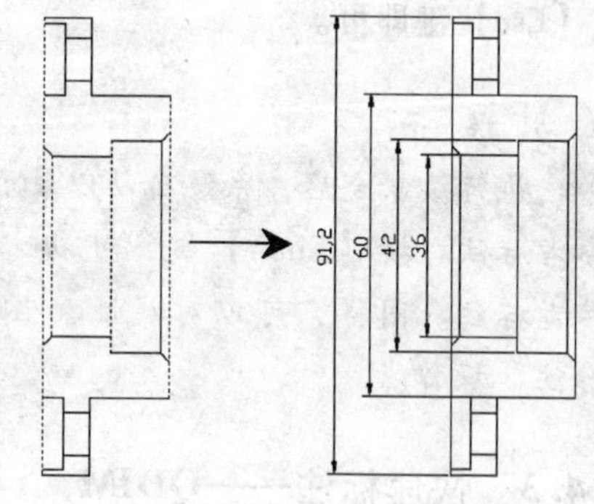

图7-20　创建并列尺寸标注

7）**基准点（P）**：为基线标注和坐标标注设置新的基准点。

8）**编辑（E）**：添加或删除标注点。

9）**设置（T）**：为尺寸界线原点设置对象捕捉模式。系统默认以“端点”作为尺寸界线的原点捕捉模式。

7.4.4　快速引线——QLEADER（或LE）

启动方式

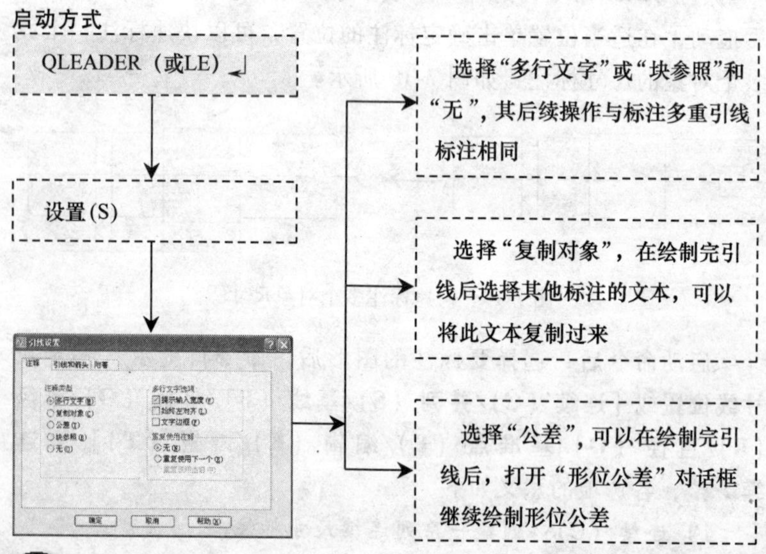

执行 LE 命令，可以首先绘制引线，然后快速绘制多重引线标注和公差，也可以复制标注。

在执行此命令的过程中，在系统提示**“指定第一个引线点或［设置（S）］:”**时，输入 S 后按【Enter】键，可以打开“引线设置”对话框，通过此对话框可以设置快速引线默认绘制的标注类型（是多行文字，还是公差等），也可以对快速标注的引线样式、点数和箭头样式，以及“附着文字”的位置等进行设置（可参考 7.3.2 节和 7.6 节部分）。

7.5 编辑尺寸标注

通过一些快捷命令，可以对已经标注的尺寸对象（如间距、尺寸界线、文字等）进行必要的修改。

7.5.1 标注间距——DIMSPACE

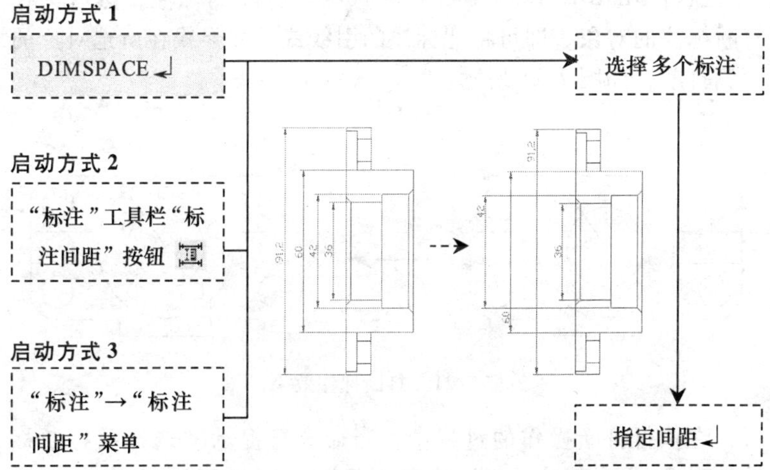

执行 DIMSPACE 命令，选择多个类型相同的标注，然后指定标注的间距，可以调整标注间的距离。

提 示

对于线性标注，被调整的标注必须平行；对于角度标注，被调整的标注必须同心。

7.5.2 打断标注——DIMBREAK

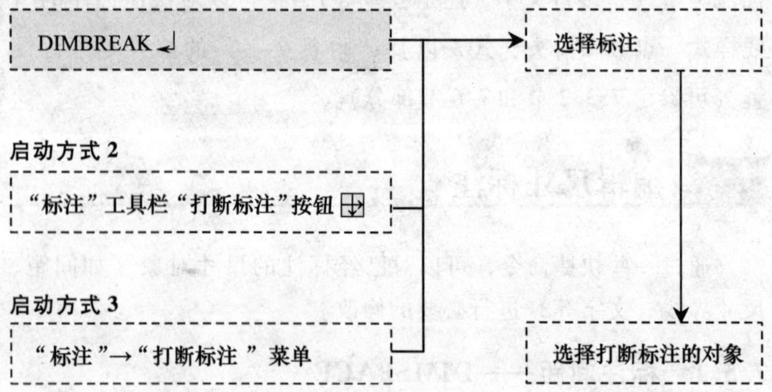

执行 DIMBREAK 命令，首先选择要打断的标注，然后选择打断标注的对象，即可将此标注的引线或尺寸界线在所选对象的两侧打断，如图 7-21 所示。

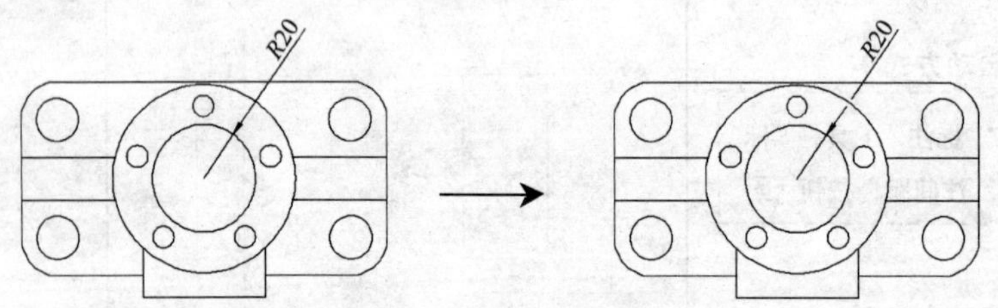

图 7-21 打断标注效果

在执行打断操作的过程中，当命令行提示**“选择要打断标注的对象或［自动（A）/恢复（R）/手动（M）］<自动>:”**时，各选项的意义如下。

1）**自动（A）：**自动打断标注，即所有经过图形的引线或尺寸界线都会被打断，如图 7-22 所示。

2）**恢复（R）**：从选定的标注中删除现有的折断。

3）**手动（M）**：在尺寸线或尺寸界线上指定两个点（*A*、*B*）进行打断，如图 7-23 所示。使用此选项后，在移动交叉对象时，将不能更新折断。

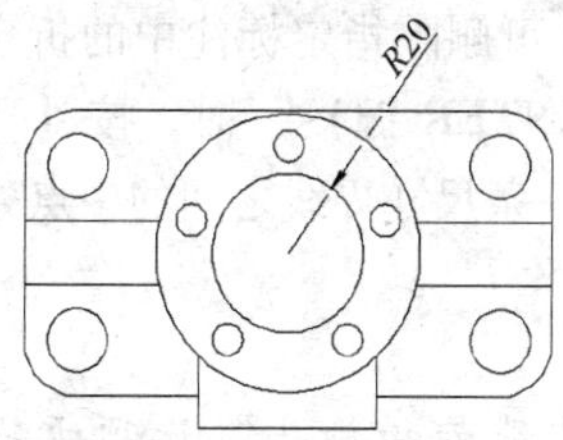

图 7-22 自动打断效果

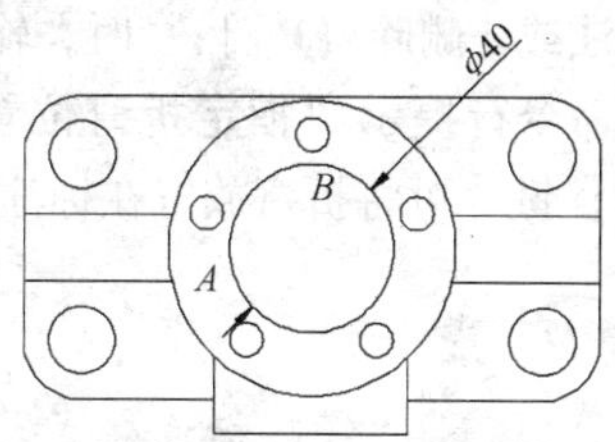

图 7-23 手动打断效果

提 示

对于标注，可在“修改标注样式”对话框“符号和箭头”选项卡中，通过“折断大小”文本框设置打断的长度；对于多重引线，可通过“修改多重引线样式”对话框“引线格式”选项卡中的“打断大小”设置打断的长度。

7.5.3 折弯线性标注——DIMJOGLINE（或 DJL）

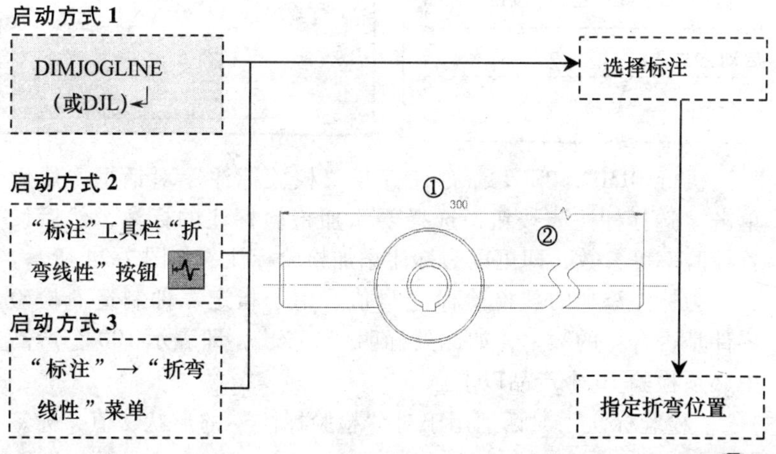

使用折弯线性标注，可在尺寸线中添加折弯，其作用是可以用来表示实际测量值与尺寸界线之间的长度不匹配。

执行 DJL 命令后，选择要添加折弯的标注，然后指定添加折弯的位置，即可添加折弯。

在执行折弯标注的过程中，当命令行提示**“选择要添加折弯的标注或［删除（R）］:”**时，输入“R”，可删除指定标注中的折弯；当命令行提示**“指定折弯位置（或按 ENTER 键）:”**时，按【Enter】键，可将折弯放置在标注文字和第一条尺寸界线之间的中点处。

提 示

通过“修改标注样式”对话框“符号和箭头”选项卡中的“线性折弯标注”项，可设置折弯的大小。另外，单击折弯的夹点后拖动可以改变折弯的位置。

7.5.4 检验标注——DIMINSPECT

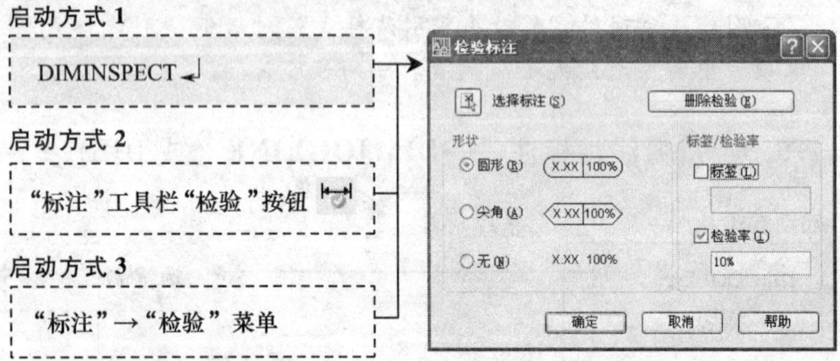

执行 DIMINSPECT 命令，打开“检验标注”对话框，然后单击“选择标注”按钮，选择要添加检验标注的标注，然后设置检验率等参数，即可以为标注添加检验标注，如图 7-24 所示。

为标注添加的“检验标注”值，用于指定零件制造商检验零件是否合格的频率，如此处标明“10%”，即表示 100 个产品中必须检验 10 个产品以上。

“检验标注”对话框用于对“检验标注”的形状、值、标签

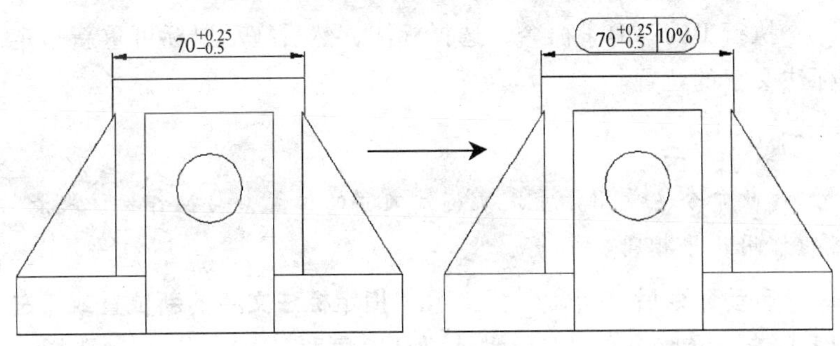

图 7-24　添加检验标注

等进行设置，具体如下：

选择标注：单击此按钮，可选择要添加或删除检验标注的标注（可同时为多个标注添加检验标志）。

删除检验：单击此按钮，可删除选定标注中的检验标注。

形状：可用于选择围绕检验标注的边框形状。

标签/检验率：勾选“标签”复选框，可以为检验标注添加说明性文字；勾选“检验率”复选框，可以设置检验率值。

7.5.5　对齐标注文字——DIMTEDIT

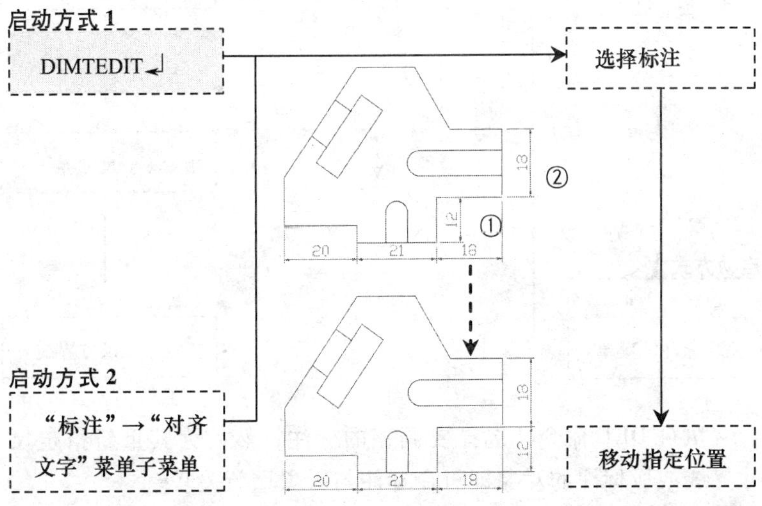

执行 DIMTEDIT 命令，选择标注，然后拖动鼠标可重新指定标注文字的位置。

提 示

此命令主要用于重定义标注文字的位置，与操作标注夹点的作用几乎相同。

启动命令后，当命令行提示“**指定标注文字的新位置或［左(L)/右（R)/中心（C)/默认（H)/角度（A)］:**”时，选择不同选项可以直接设置标注文字的位置，具体意义如下。

1）**左（L)**：标注文字沿尺寸线左对齐于尺寸界线。

2）**右（R)**：标注文字沿尺寸线右对齐于尺寸界线。

3）**中心（C)**：令标注文字位于尺寸线的中间。

4）**默认（H)**：令标注文字位于默认位置。

5）**角度（A)**：设置标注文字旋转一定角度放置。

7.5.6 重新关联标注——DIMREASSOCIATE（或 DRE）

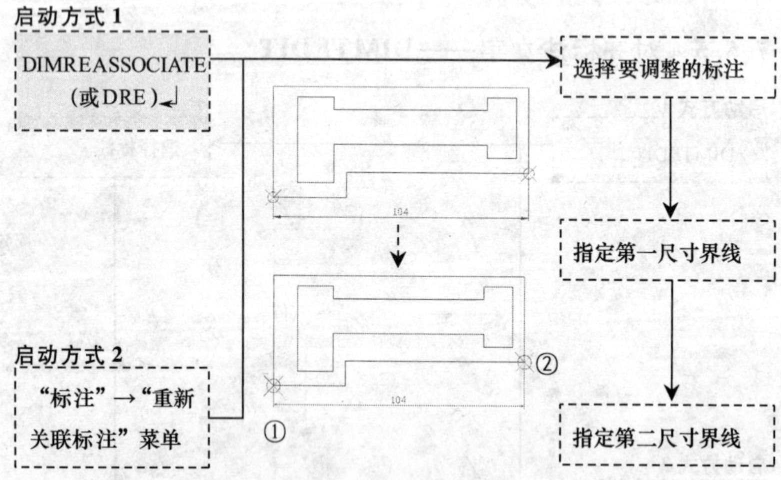

执行 DRE 命令，选择要调整的标注，然后为其重新指定尺寸界线或所标注的对象即可令标注与对象重新关联。

提 示

在执行重新关联标注的操作中，选择不同的标注类型，命令行的提示信息也会不同，用户不妨自行尝试一下。

7.6 标注样式管理

可以对标注的样式进行管理，如可以设置标注尺寸线的样式、箭头样式、文字样式等，以便更加准确地对图形进行清晰的标注。

7.6.1 修改尺寸标注样式——DIMSTYLE（或D）

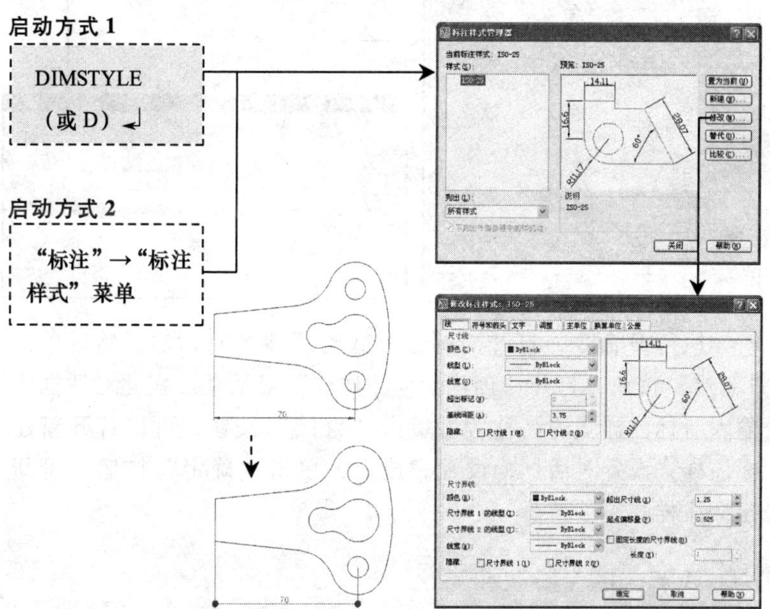

执行D命令，打开“标注样式管理器”对话框，然后单击“修改”按钮，打开“修改标注样式：＊＊＊”对话框。在此对话框中可以对线、符号和箭头、文字及公差等重新进行详细设置

（具体设置方法见 7.6.3 ~7.6.8 节部分，此处不多做叙述）。

7.6.2　新建尺寸标注样式

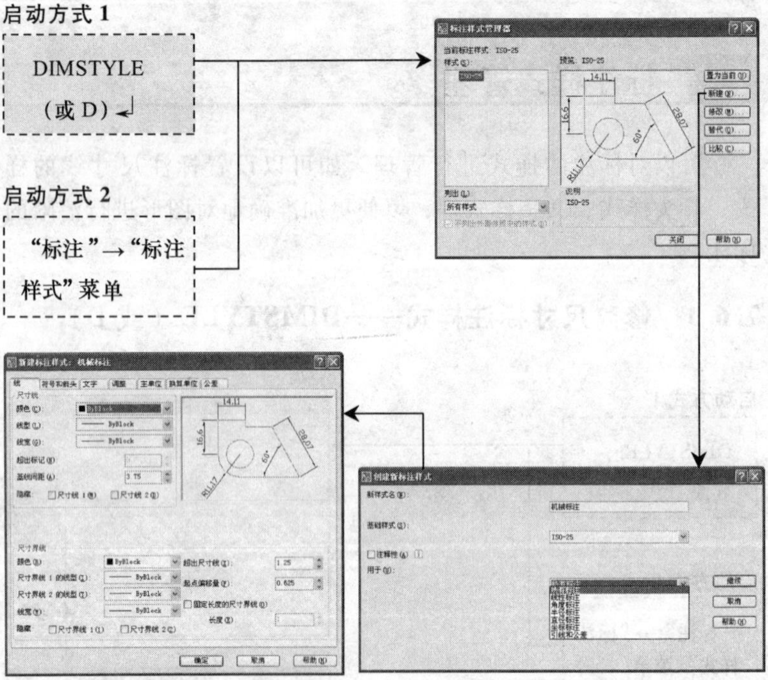
启动方式 1
DIMSTYLE
（或 D）↵
启动方式 2
“标注”→“标注样式”菜单
标注样式管理器
创建新标注样式
新建标注样式：机械标注

执行 D 命令，打开“标注样式管理器”对话框，然后单击“新建”按钮，打开“创建新标注样式”对话框。在此对话框中输入新标注样式的名称等，单击“继续”按钮，可以打开新建标注样式设置对话框，设置完成后，单击“确定”按钮即可新建标注样式。

提　示

在“创建新标注样式”对话框中除了可以输入样式名称外，还可以选择基础样式，以及定义新样式的应用范围，或令新样式具有注释性等。关于新标注的样式设置，详见后文叙述。

7.6.3 设置尺寸线

如图 7-25 所示，在“线”选项卡中，可以控制尺寸标注的尺寸线与尺寸界线的外观形式（此选项卡的打开方法见 7.6.1 和 7.6.2 节）。

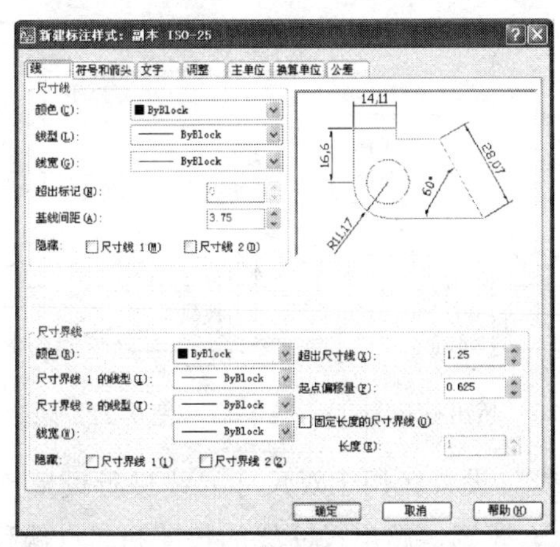

图 7-25 “线”选项卡

其中，“尺寸线”设置区用于对尺寸线进行设置。可以设置尺寸线的颜色、线型、线宽、基线间距等内容，具体意义如下：

- **颜色**：设置尺寸线的颜色。
- **线型**：设置尺寸线的线型。
- **线宽**：设置尺寸线的线宽。
- **超出标记**：控制尺寸线超出尺寸界线的距离，其效果如图 7-26 所示。

提 示

在默认情况下“超出标记”选项不可操作，只有在“符号和箭头”选项卡中将箭头设置为“倾斜”或“建筑标记”等样式时，该选项才有效。

基线间距：控制使用“基线”方式进行尺寸标注时平行尺寸线之间的距离。

隐藏：用于控制是否显示尺寸文字左右两侧的尺寸线，如图 7-27 所示。

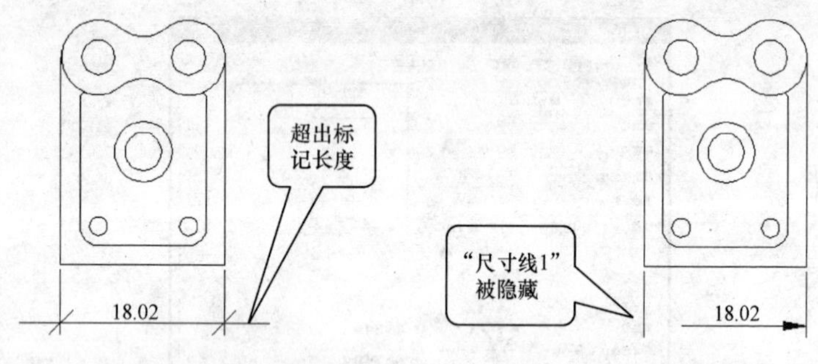

图 7-26　超出标记　　　　图 7-27　隐藏标记

“尺寸界线”设置区用于对尺寸界线进行设置。可以设置尺寸界线的颜色、线宽、超出尺寸线的长度和起点偏移量等，具体意义如下。

颜色：设置尺寸界线的颜色。

尺寸界线 1 的线型：设置第一条尺寸界线的线型。

尺寸界线 2 的线型：设置第二条尺寸界线的线型。

线宽：设置尺寸界线的线宽。

隐藏：用于控制是否显示第一条和第二条尺寸界线，如图 7-28 所示为左侧尺寸界线隐藏的效果图。

超出尺寸线：设置尺寸界线超出尺寸线的距离，如图 7-29 所示。

起点偏移量：用于设置尺寸界线偏移标注端点的距离，如图 7-30 所示。

固定长度的尺寸界线：通过该选项可以将尺寸界线设定为

一个固定的长度。长度的起点为尺寸线，终点为标注端点。

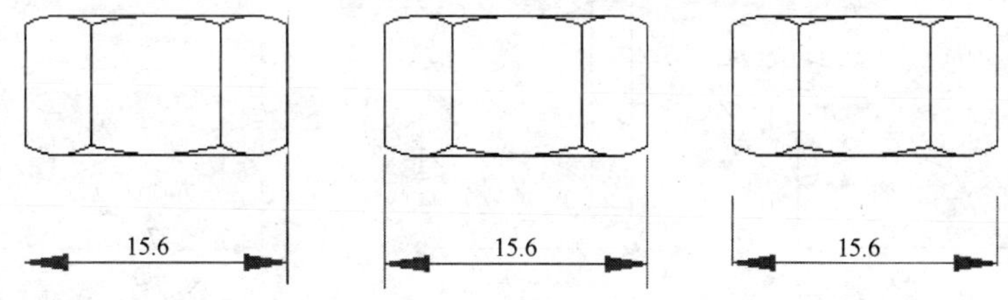

图 7-28　隐藏尺寸界线　　图 7-29　超出尺寸线　　图 7-30　起点偏移量

7.6.4　设置箭头样式

如图 7-31 所示，在“符号和箭头”选项卡中，用户可以设置尺寸标注的箭头、圆心标记、弧长符号等内容（此选项卡的打开方法见 7.6.1 和 7.6.2 节），具体意义如下。

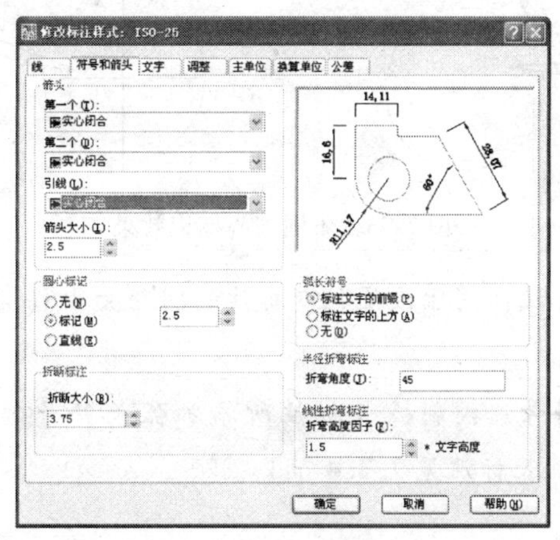

图 7-31　“符号和箭头”选项卡

箭头：用于控制尺寸箭头的外观。其中，**“第一个”**和**“第二个”**下拉列表用于设置尺寸线的箭头类型；**“引线”**选项用于设置引线的箭头类型（用于 7.3.1 节的“多重引线标注”等）；**“箭头大小”**用于设置箭头的大小，其不同箭头效果如图

7-32 所示。

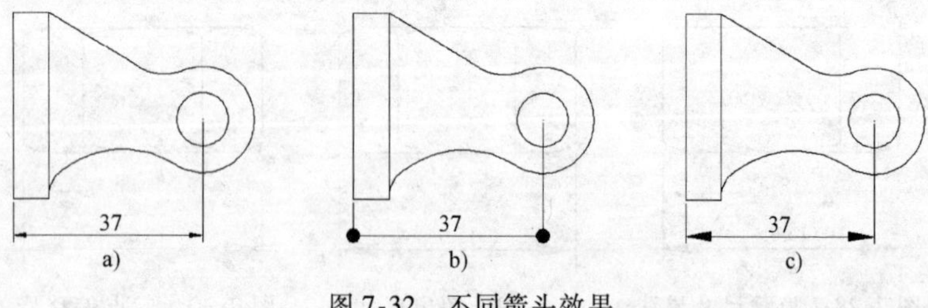

图 7-32　不同箭头效果

a）默认箭头　b）“点”箭头　c）增加箭头大小

圆心标记：用于控制圆心标记的类型和大小。其中，选择“无”，表示不创建圆心标记；选择“标记”，表示在圆心位置以短十字线标注圆心；选择“直线”，表示创建中心线。其不同效果如图 7-33 所示（圆心标记的创建方法见 7.2.5 节）。

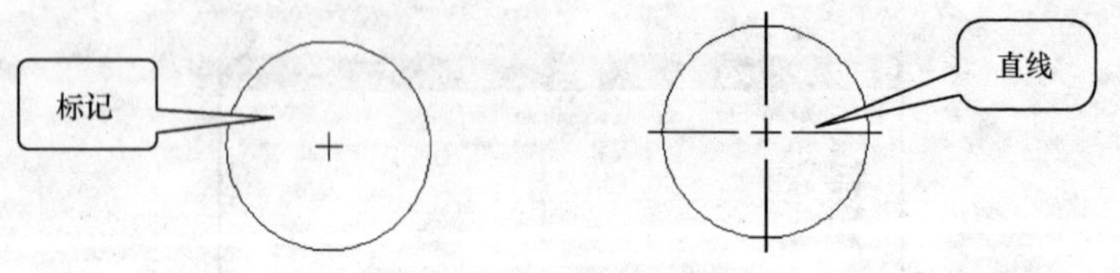

图 7-33　不同圆心标记效果

折断标注：用于设置折断标注的间距大小（关于折断标注见 7.5.2 节）。

弧长符号：控制弧长标注所添加弧长符号的位置，如图 7-34所示（弧长标注见 7.2.4 节）。

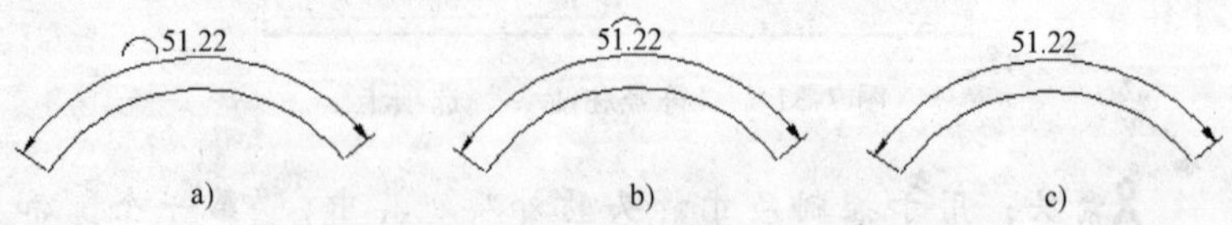

图 7-34　不同弧长符号位置

a）标注文字的前缀　b）标注文字的上方　c）无弧长符号

“半径折弯标注”区域：控制标注半径折弯标注时的折弯

角度（关于半径折弯标注详见7.2.3节中介绍）。

“线性折弯标注”区域：通过形成折弯的角度的两个顶点之间的距离确定折弯高度（关于线性折弯标注详见7.5.3节）。

7.6.5 设置文字样式

通过“文字”选项卡可设置标注文字外观、文字位置和文字对齐等内容，如图7-35所示（此选项卡的打开方法见7.6.1和7.6.2节），各项意义如下。

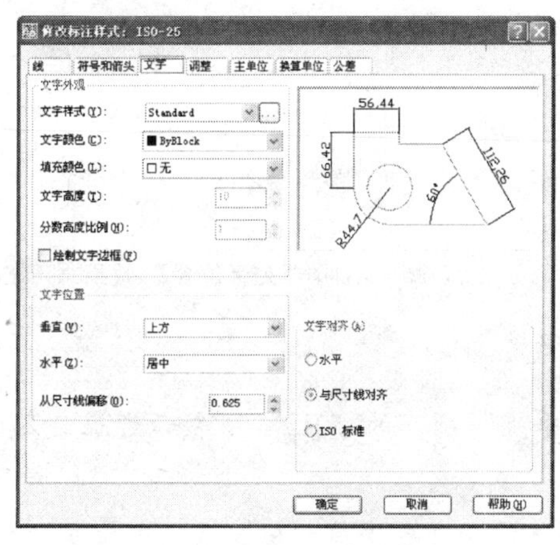

图7-35 “文字”选项卡

文字外观：该设置区用来设置文字的样式、颜色、高度等内容。关于“文字”效果，由于在第6章中已做过较为详细的介绍，所以这里只介绍**“分数高度比例”**文本框：主要用于控制分数或公差高度相对于标注文字的比例。

提 示

在默认情况下，**“分数高度比例”**选项不可用，只有在“主单位”选项卡中，将“单位格式”设置为“分数”，或选择了某一公差形式时，该选项才可使用。

文字位置：该区域用于控制尺寸文字相对于尺寸线和尺寸界线的位置。其中**“垂直”**项用于控制标注文字相对于尺寸线的垂直位置；**“水平”**项用于控制标注文字相对于尺寸界线的水平位置；**“从尺寸线偏移”**项用于控制标注文字与尺寸线之间的偏移距离，如图 7-36 所示。

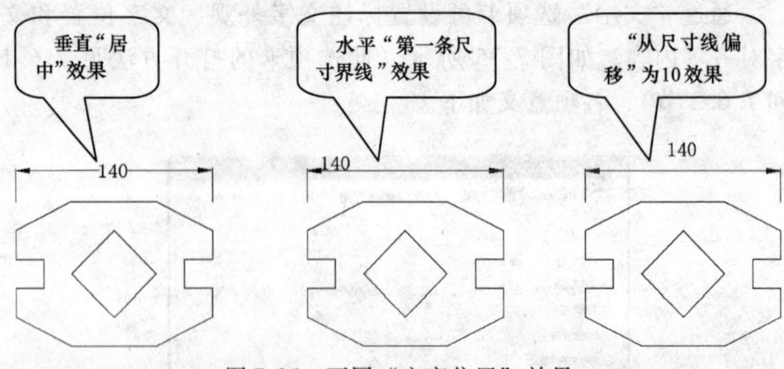

图 7-36 不同“文字位置”效果

提 示

其中“垂直”项下的“JIS”项表示遵循日本工业标准放置方式。

文字对齐：该设置区用来控制标注文字是否沿水平方向或平行于尺寸线方向放置。其中，**“水平”**项表示将标注文字始终沿水平方向放置；**“与尺寸线对齐”**项用于设置沿尺寸线方向放置标注文字；**“ISO 标准”**项用于将尺寸文字按照国际标准放置，如图 7-37 所示。

提 示

选用**“ISO 标准”**项时，当标注文字能够放置在尺寸界线内部时，采用“与尺寸线对齐”方式放置，否则采用“水平”方式放置。

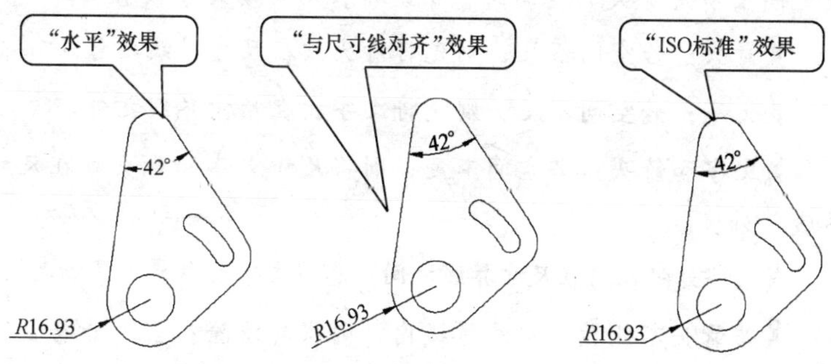

图 7-37 不同"文字对齐"效果

7.6.6 调整文字位置

通过"调整"选项卡（图 7-38），可用来设置标注文字和箭头的放置方法，如图 7-38 所示（此选项卡的打开方法见 7.6.1 和 7.6.2 节）。

在"调整选项"设置区中，可以根据尺寸界线之间的空间控制标注文字和箭头的放置效果（图 7-39），各项的意义如下。

文字或箭头：系统自动选择最佳放置方式。当两条尺寸界

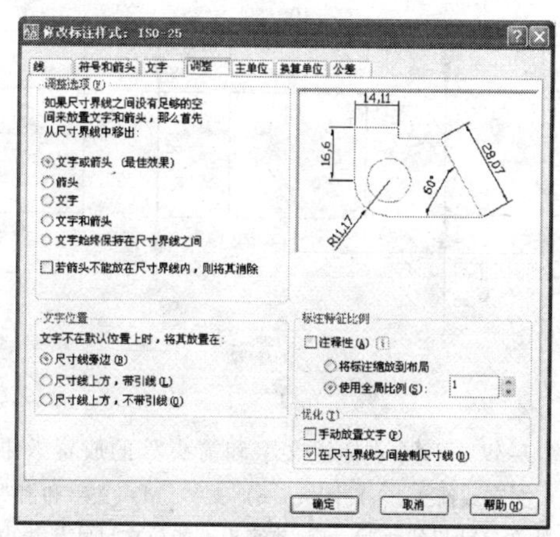

图 7-38 "调整"选项卡

线之间没有足够大的空间时，系统将自动移动文字或箭头。

箭头：若空间不足，则先将箭头放在尺寸界线之外。

文字：若空间不足，则先将文字放在尺寸界线之外。

文字和箭头：若空间不足，则将尺寸文字和箭头放在尺寸界线之外。

文字始终保持在尺寸界线之间：总将文字放在尺寸界线之间。

若箭头不能放在尺寸界线内，则将其消除：当不能将箭头和文字放在尺寸界线内时，则隐藏箭头。

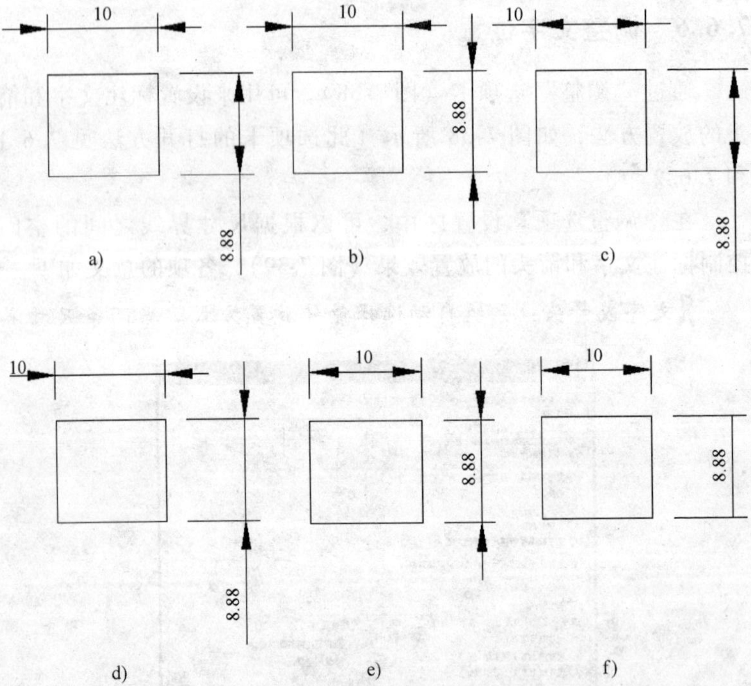

图 7-39　不同“标注文字和箭头”的放置效果

a）文字或箭头　b）箭头　c）文字　d）文字和箭头

e）文字始终保持在尺寸界线之间　f）若箭头不能放在尺寸界线内，则将其消除在“文字位置”设置区中可以设置标注文字的位置，各项的意义如下（图7-40）。

尺寸线旁边：将标注文字放在尺寸线的旁边。

尺寸线上方，带引线：将标注文字从尺寸界线移开，并用引线连接标注文字与尺寸线。

尺寸线上方，不带引线：将标注文字从尺寸界线移开，但不用引线连接。

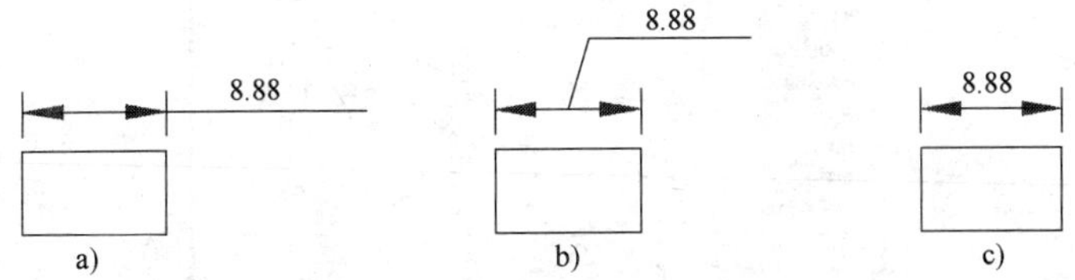

图7-40　不同“文字位置”效果

a）尺寸线旁边　b）尺寸线上方，带引线　c）尺寸线上方，不带引线

在“标注特征比例”设置区中，可以设置全局标注比例或图纸空间比例，从而统一缩放尺寸标注的各组成元素（此处可参见6.1.1节和第12章中的解释）。

在“优化”设置区中可以设置其他调整选项，具体意义如下。

手动放置文字：选中后标注尺寸时可手动放置标注文字。

在尺寸界线之间绘制尺寸线：勾选该复选框，AutoCAD将总在尺寸界线间绘制尺寸线。否则，当尺寸箭头移至尺寸界线外侧时，将不绘制尺寸线，如图7-41所示。

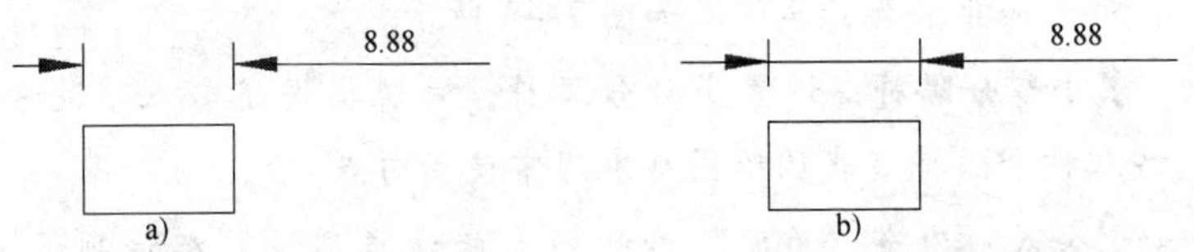

图7-41　在尺寸界线之间绘制或不绘制尺寸线效果

a）不绘制尺寸线　b）绘制尺寸线

7.6.7 设置主单位

通过“主单位”选项卡可以调整线性标注和角度标注的单位格式、精度，以及小数分隔符、前缀、后缀和消零方法等，如图7-42所示（此选项卡的打开方法见7.6.1和7.6.2节）。各项意义如下。

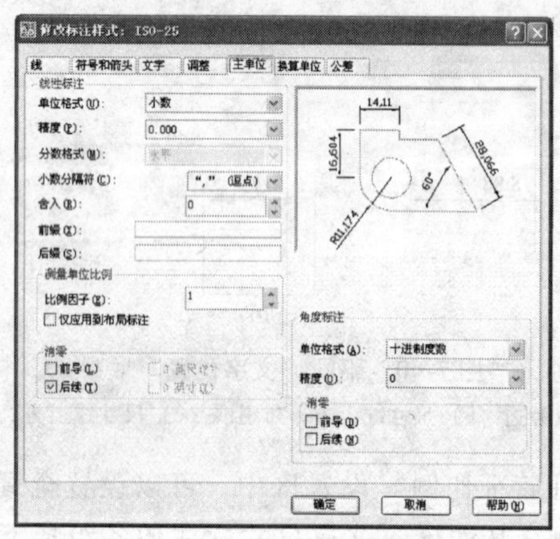

图7-42 “主单位”选项卡

单位格式： 设置除角度之外的所有标注的单位格式。

精度： 设置标注文字的小数位个数。

分数格式： 设置单位格式为分数时的标注文字放置方式。在默认情况下，该选项不可用。只有在“单位格式”中选择“分数”或“建筑”时，该选项才有效。可选择的选项包括水平、对角和非堆叠，其效果如图7-43所示。

小数分隔符： 设置小数分隔符，系统提供了句点、逗号、空格三种分隔符（我国绘图标准通常使用句点）。

舍入： 为除“角度”外的所有标注类型设置标注测量值的小数位数和舍入规则。

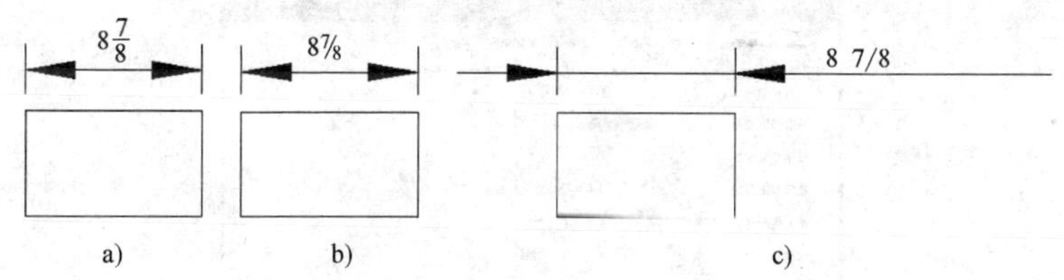

图 7-43　分数格式的几个效果
a）水平　b）对角　c）非堆叠

前缀：用于输入放置标注文字前的文本。

提　示

可以在“前缀”文本框中输入文字或用控制代码显示特殊符号。例如，输入“%%C”，可在标注文字前加上直径符号“ϕ”。输入前缀内容将覆盖 AutoCAD 生成的前缀，如直径和半径符号等。

后缀：用于输入放置标注文字后的文本。

测量单位比例：用于设置测量单位的比例因子以及控制该比例因子是否仅应用到布局标注。

消零：设置是否消除线性标注数字前面的 0 或后面的 0。

在“角度标注”设置区也可以设置角度标注的单位格式、精度和消零方法。

7.6.8　设置换算单位

通过“换算单位”选项卡可以设置是否同时显示主单位和换算单位（英寸），以及以何种格式显示换算单位（此选项卡的打开方法见 7.6.1 和 7.6.2 节），如图 7-44 所示，各项意义如下（此处仅解释与主单位不同的选项）。

换算单位倍数：用于设置主单位与换算单位的转换比例，

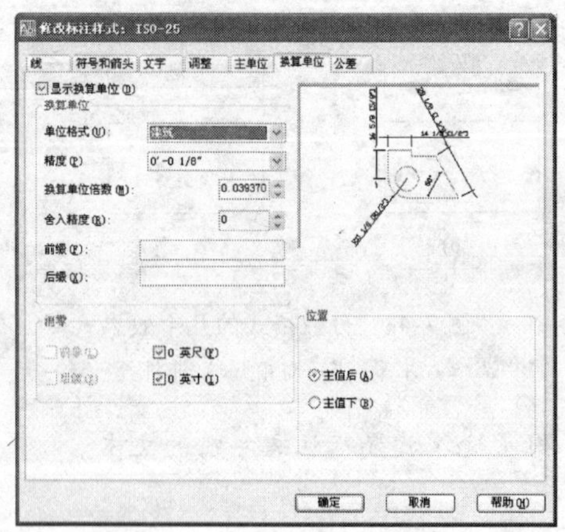

图 7-44 “换算单位”选项卡

即一图形单位为多少英寸。

位置：用于设置换算单位的位置。选择“主值后”，表示将换算单位放置在主单位的后面；选择“主值下”，表示将换算单位放在尺寸线的下方，如图 7-45 所示。

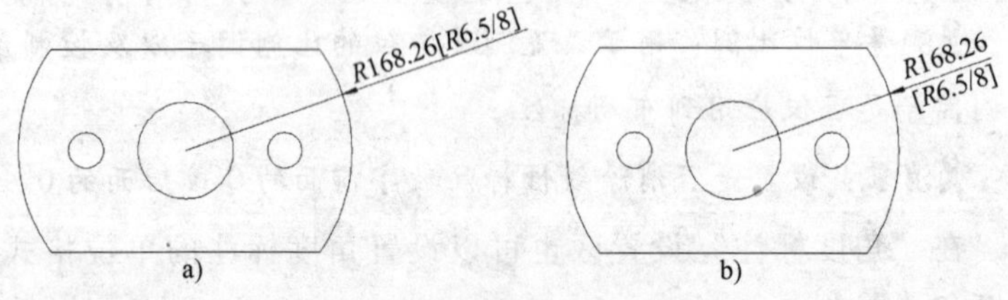

图 7-45 换算单位的位置效果

a）选择“主值后” b）选择“主值下”

7.6.9 设置公差

利用“公差”选项卡可以设置公差值的格式和精度，如图 7-46 所示（此选项卡的打开方法见 7.6.1 和 7.6.2 节）。

关于此选项卡的详细解释可参见 7.3.3 节，此处不再赘述。

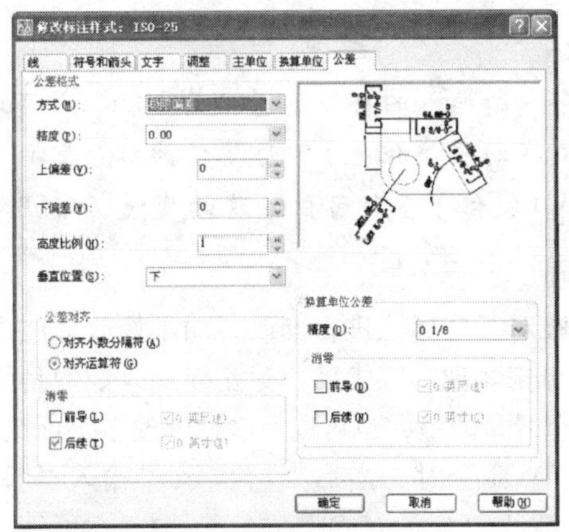

图 7-46 “公差”选项卡

7.6.10 替代尺寸标注样式——DIMOVERRIDE（或 DOV）

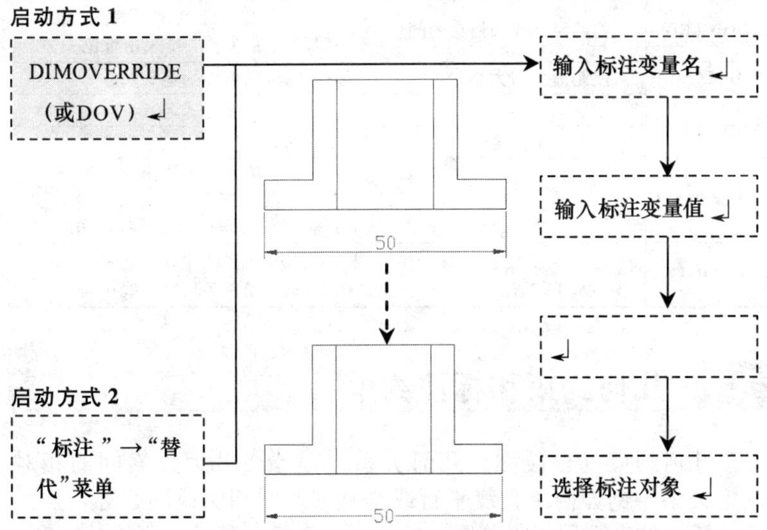

执行 DOV 命令，首先输入要更改的变量名，然后输入要更改为的变量值，再选择要更改的标注对象，即可替代尺寸标注样式。

提 示

在图例中，所输入的标准变量名为 DIMTAD（此变量的值决定了标注文字的垂直位置），变量值为 0，表示令标注“居中”（AutoCAD 提供了多种可供修改的变量，常用标注变量见表 7-2）。

当需要单独对某些标注进行修改，而不修改标注样式时，可使用“替代”命令来实现。替代尺寸标注样式改变的是代表此标注特性的某个或多个变量的值，也可以一次性修改多个标注的变量值。

在执行 DOV 命令时，当命令行提示**“输入要替代的标注变量名或［清除替代（C）］：”**时，输入“C”，可清除标注替代，令其恢复为原有标注的样式（也可通过执行“标注”→“更新”菜单恢复其原有样式）。

表 7-2 常用标注变量

变量名	作用	变量值
DIMCLRD	控制尺寸线和箭头的颜色	“1”表示红色、“2”表示黄色、“3”表示绿色、“4”表示青色……
DIMASZ	控制箭头的大小	输入的值即为箭头尺寸
DIMTXSTY	控制标注文字样式	输入文字样式名
DIMTXT	控制文字高度	输入高度值为文字高度
DIMTAD	控制标注文字相对于尺寸线的垂直位置	“0”表示尺寸线正中、“1”表示尺寸线上方、“2”表示尺寸线外部、“3”表示日本工业标准 JIS
DIMJUST	控制标注文字相对于尺寸界线的水平位置	“0”表示尺寸界线正中、“1”表示紧邻第一条尺寸界线……

7.7 几何约束和标注约束

几何约束（也被称为几何关系）是指各几何元素间的相对位置关系，例如两条直线平行或垂直、两圆相切或同心等。

标注约束则用于规范图形的大小，如定义某条线段的长度等。

使用“几何约束”和“标注约束”绘图实际上是一种不同于 AutoCAD 原设计风格的一种全新的制图思路，绘图之前无需构图，减少辅助线的使用，可以令制图更加灵活方便。

AutoCAD 自 2010 版开始引入“几何约束”和“标注约束”功能，所以在此之前的版本无法使用此项功能。

7.7.1 几何约束——GEOMCONSTRAINT

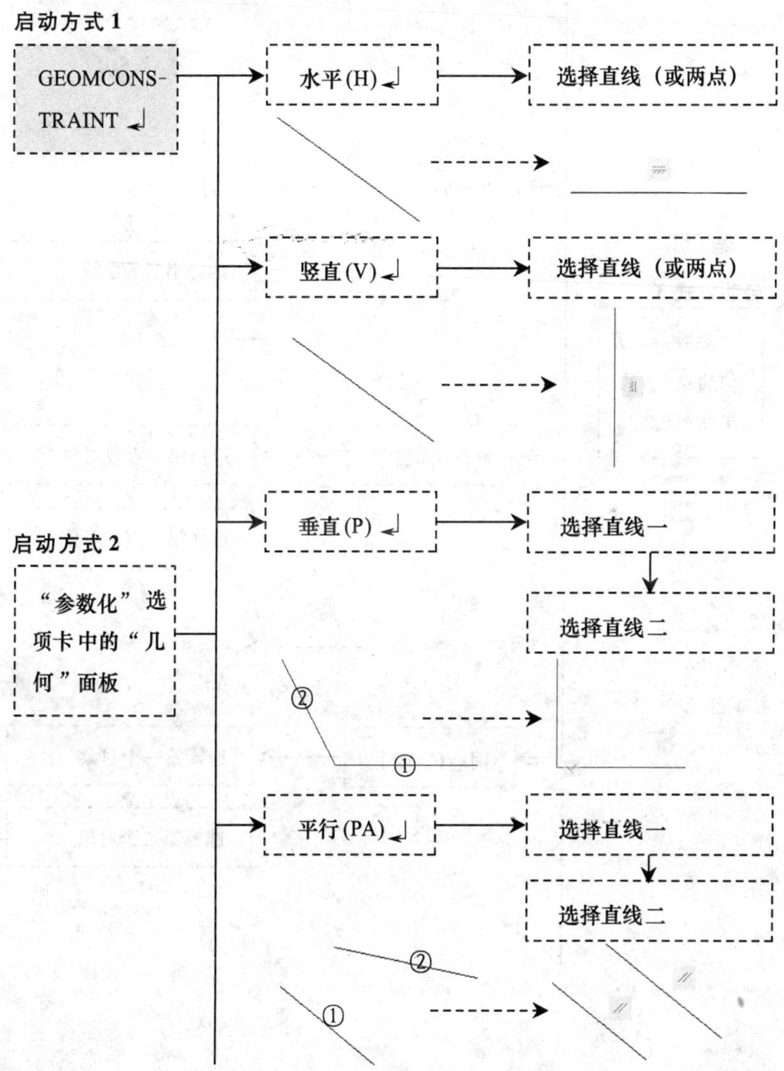

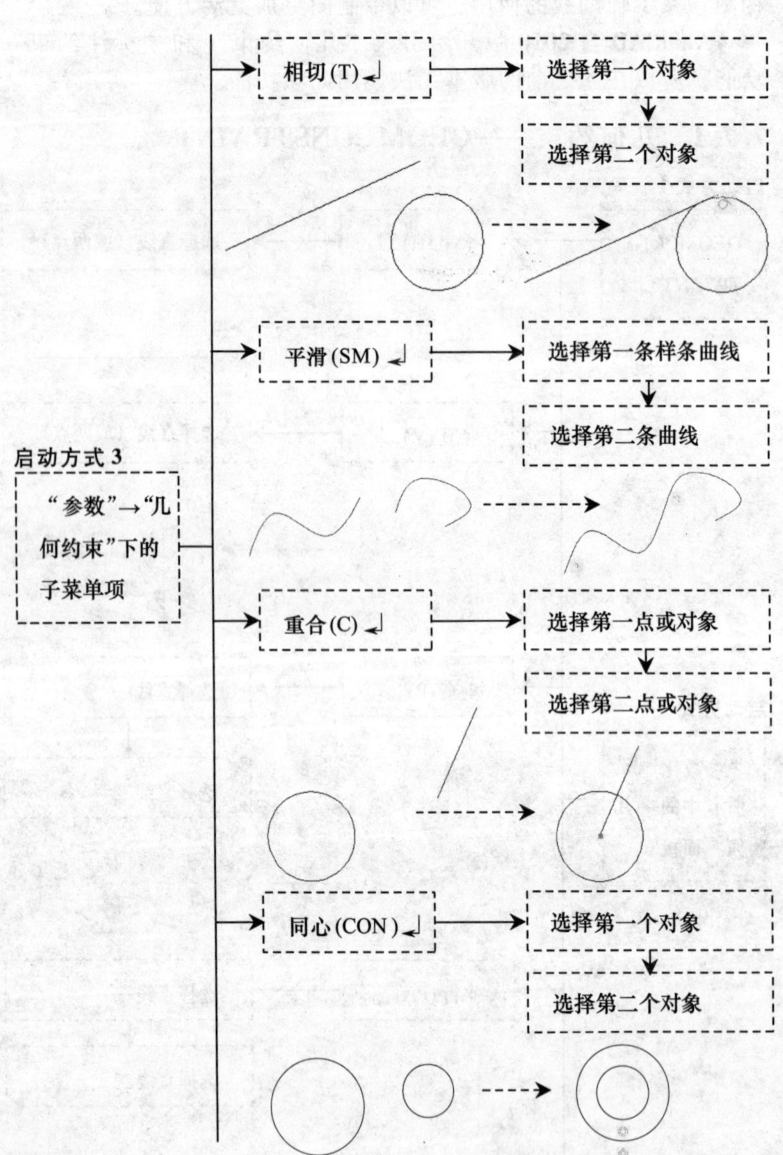
启动方式 3
"参数"→"几何约束"下的子菜单项
相切(T)↲
选择第一个对象
选择第二个对象
平滑(SM)↲
选择第一条样条曲线
选择第二条曲线
重合(C)↲
选择第一点或对象
选择第二点或对象
同心(CON)↲
选择第一个对象
选择第二个对象

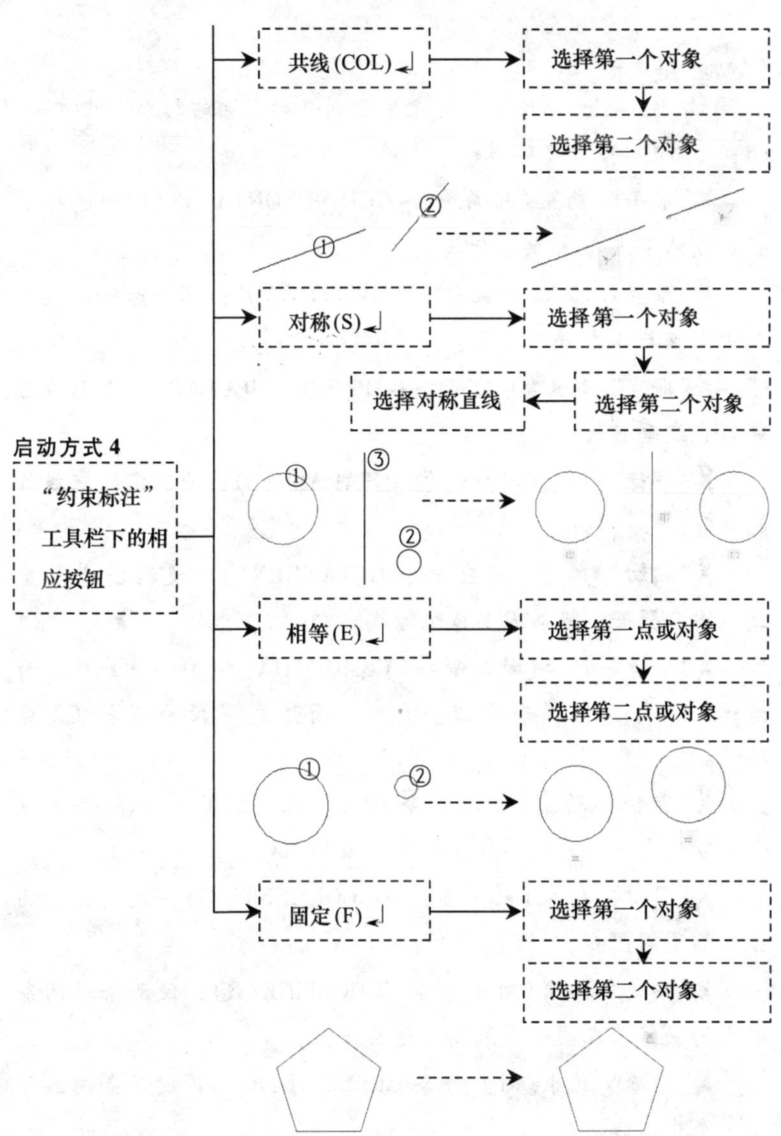

执行 GEOMCONSTRAINT 命令后，选择相应的约束选项，然后再选择进行约束的一个或多个图形对象，即可以为其添加几何约束。各几何约束的意义如下。

提 示

此外，也可以使用单个命令分别添加不同的约束，此方法在后文中也将一并说明。

“水平”约束(对应命令 GCHORIZONTAL)：可令选择的直线或两个点与 X 轴平行放置。

“竖直”约束(对应命令 GCVERTICAL)：可令选择的直线或两个点与 Y 轴平行放置。

“垂直”约束(对应命令 GCPERPENDICULAR)：令两条选定的直线垂直放置。

“平行”约束(对应命令 GCPARALLEL)：使选定的直线彼此平行。

“相切”约束(对应命令 GCTANGENT)：使两图线（直线、圆、圆弧、椭圆或实体边缘线）相切。

“平滑”约束(对应命令 GCSMOOTH)：将样条曲线约束为连续，并与其他样条曲线、直线、圆弧或多段线保持 G2 连续性。

“重合”约束(对应命令 GCCOINCIDENT)：令两个点重合，或约束一个点使其位于曲线（或延长线）上。

“同心”约束(对应命令 GCCONCENTRIC)：使两圆、圆弧或椭圆同圆心。

“共线”约束(对应命令 GCCOLLINEAR)：使两条或两条以上的直线落在同一直线或其延长线上。

“对称”约束(对应命令 GCSYMMETRIC)：使两条图线关于一个中心线对称。

“相等”约束(对应命令 GCEQUAL)：使选取的图形元素等长或等半径。

- “固定”约束(对应命令 GCFIX)：令对象不可移动。

7.7.2 标注约束——DIMCONSTRAINT

执行 DIMCONSTRAINT 命令后，命令行提示“**输入标注约束选项［线性（L)/水平（H)/竖直（V)/对齐（A)/角度(AN)/半径（R)/直径（D)/形式（F)/转换（C)］<半径>:**”，此时选择相应的选项即可为图形添加对应的标注约束。

例如，执行命令后，选择“半径（R)”项，再选择要约束大小的圆，并单击一点指定标注约束的位置，然后输入约束尺寸，即可为其添加半径约束，如图 7-47 所示。

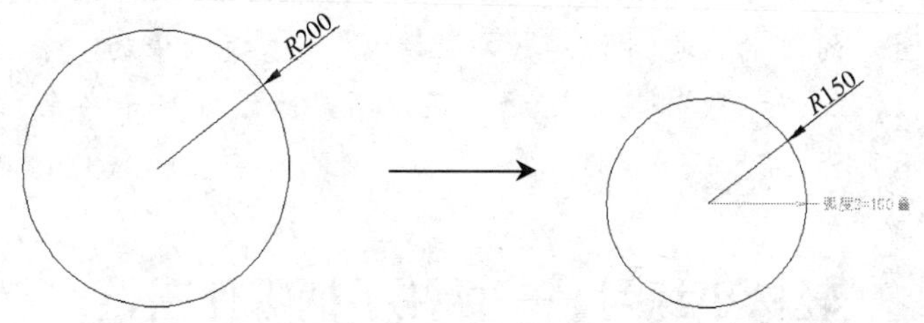

图 7-47　添加“标注约束”效果

从上面操作中可以看出，“标注约束”的添加与创建“尺寸标注”的方法几乎完全相同，而且其对应的选项也几乎完全相同。不同之处在于，添加了“标注约束”后，图形大小将被随之固定，此后将无法通过夹点编辑图形的大小，即用数值的方式规范了图形的大小。

由于“标注约束”的操作步骤与“尺寸标注”类似，所以本文此处不再对其操作作详细介绍。

此外，也可以通过单个命令添加“标注约束”，具体如下。

- **线性**：DCLINEAR。
- **水平**：DCHORIZONTAL。
- **竖直**：DCVERTICAL。

- 对齐：DCALIGNED。
- 角度：DCANGULAR。
- 半径：DCRADIUS。
- 直径：DCDIAMETER。
- 形式：DCFORM（指定要创建的标注约束是动态约束还是注释性约束）。
- 转换：DCCONVERT（用于将关联标注转换为标注约束）。

提　示

结合使用“标注约束”与“几何约束”，可以达到快速绘制图形的目的。也可以通过“参数化”选项卡中的“标注”面板，或“参数”菜单下的子菜单项，隐藏或显示约束，此处不再赘述。

7.8 轻松小练习——标注手柄零件图

本节将为图7-48所示的“手柄”模型零件图添加标注，效果如图7-49所示。在创建的过程中将主要用到线性标注、角度标注、折弯标注、连续标注、快速引线和替代尺寸标注样式等功能。

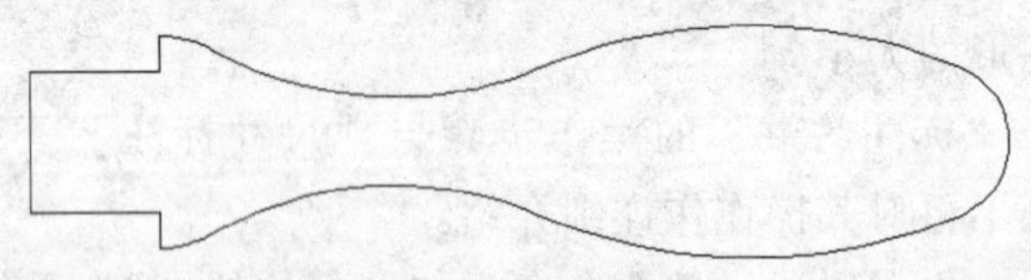

图7-48　手柄零件图

步骤1　打开本书提供的素材文件——7-8-SC.dwg，执行D命令，打开“标注样式管理器”对话框，单击“修改”按钮打开“修改标注样式：ISO-25”对话框，如图7-50所示。

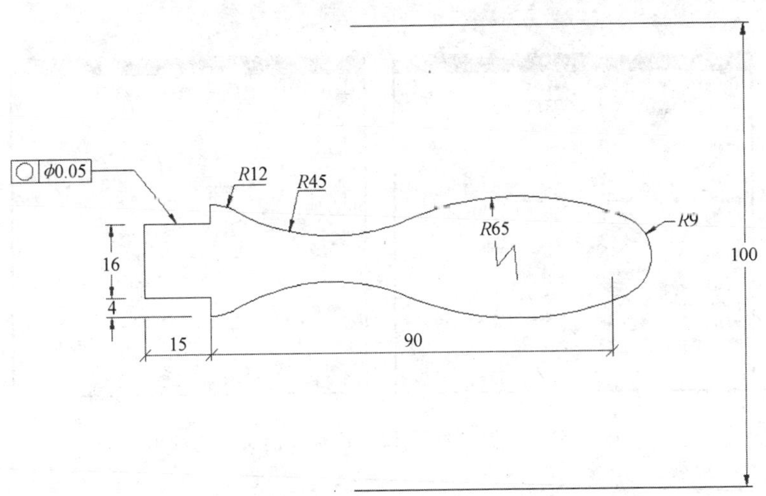

图 7-49 图形标注效果

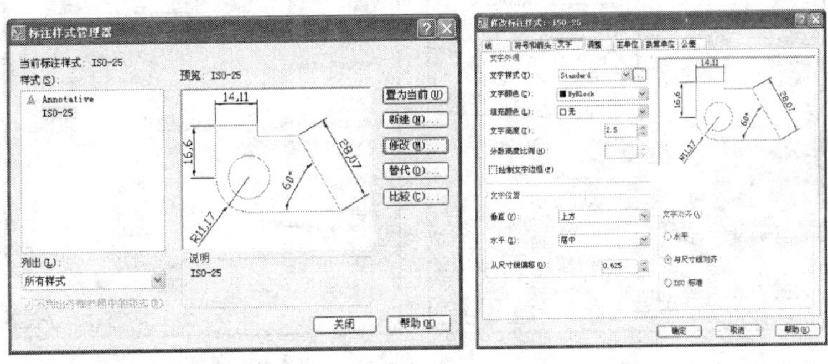

图 7-50 打开“修改标注样式：ISO-25”对话框

步骤 2 切换到“线”选项卡，设置“起点偏移量”为 4.5；再切换到“符号和箭头”选项卡，设置“圆心标记”为“无”，如图 7-51 所示。

步骤 3 切换到“文字”选项卡，设置“文字对齐”方式为“水平”[㊀]；再切换到“调整”选项卡，取消“在尺寸界线之间绘制尺寸线”复选框的选中状态，然后单击“确定”按钮退出后再单击“关闭”按钮完成设置，如图 7-52 所示。

㊀ 也可将文字对齐方式改为“与尺寸线对齐”，用户可自行尝试。

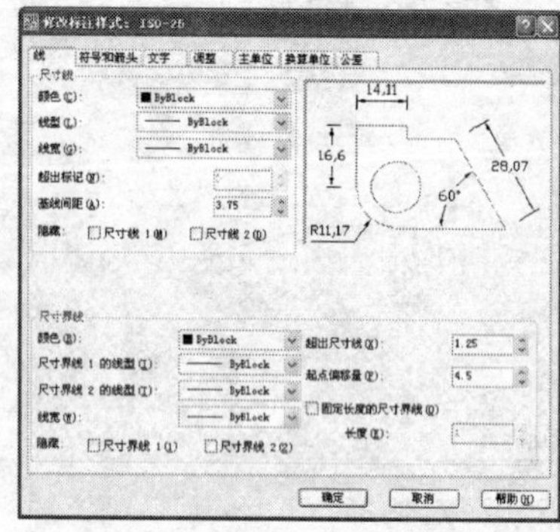

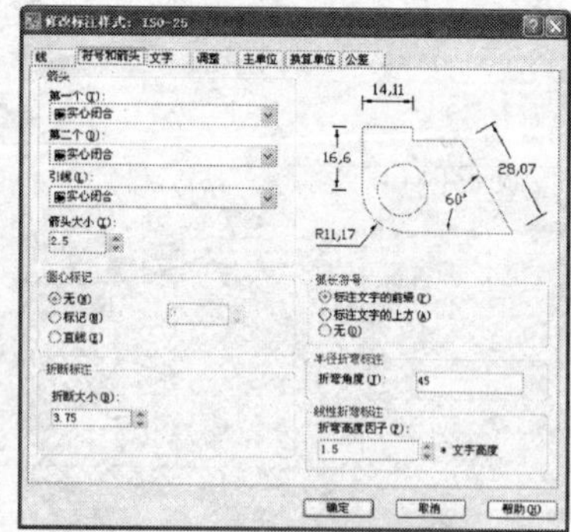

图 7-51　设置“线”和“符号和箭头”选项卡

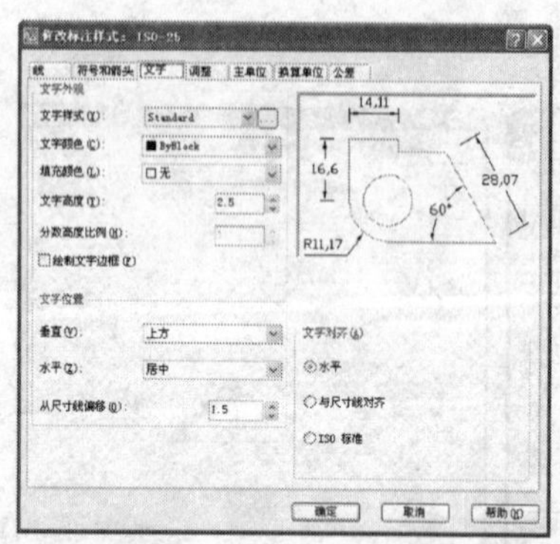

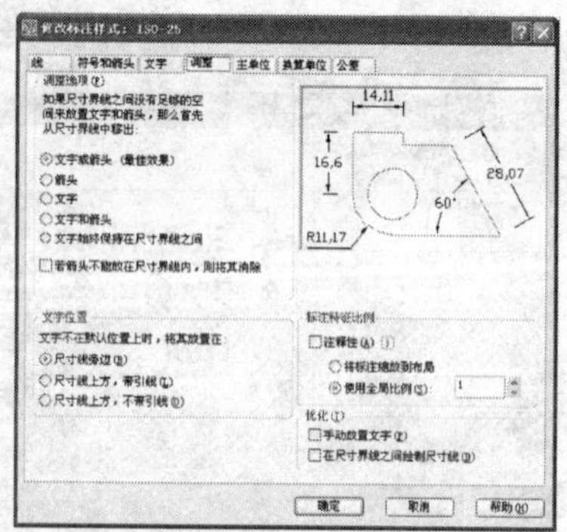

图 7-52　设置“文字”和“调整”选项卡

步骤 4　执行 QDIM 命令，选择左侧下面的两条竖线，按【Enter】键后向左侧拖动，并在适当位置单击，标注这两条线段的长度。完成后，选中底部标注，使用夹点编辑功能，将标注文字拖动到其对应的尺寸界线内，如图 7-53 所示。

步骤 5　执行 DLI 命令，分别选中横向线段的两个端点，向下拖动，再在适当位置单击，标注此线段的长度，如图 7-54 所示。

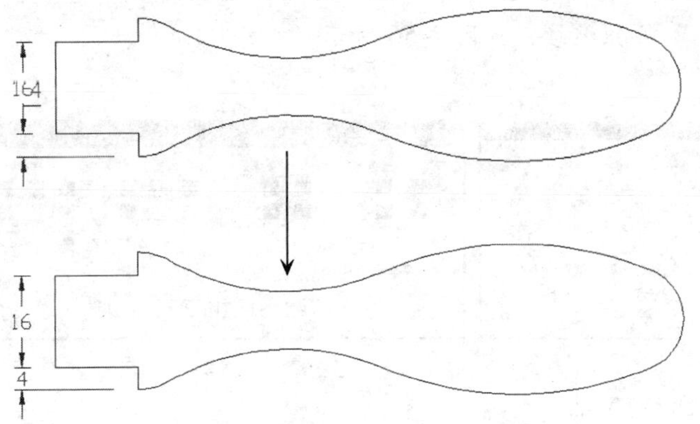

图 7-53 使用快速标注命令标注尺寸

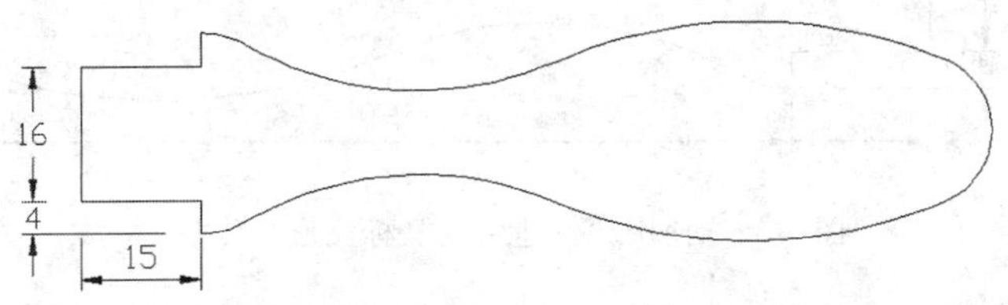

图 7-54 使用“线性标注”命令标注横向尺寸

步骤 6 执行 DCO 命令，向右拖动鼠标，捕捉到最右侧顶端圆弧的圆心单击，标注此处的尺寸，按【Esc】键如图 7-55 所示。

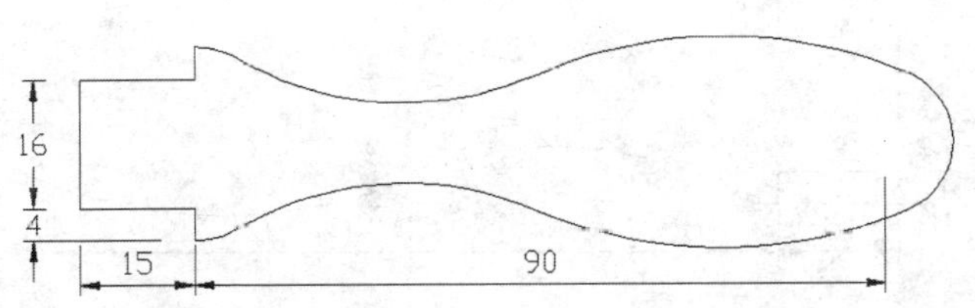

图 7-55 使用“连续标注”命令继续标注尺寸

步骤 7 执行 LE 命令，再输入 S 后按【Enter】键，打开“引线设置”对话框。选择“公差”，单击“确定”按钮，捕捉到上部横线的中点向左上角拖动，单击后再单击并水平向左拖动，打开“形位公差”对话框，设置公差值为 ○ Ø0.05 ，单击“确定”按钮继续，如图 7-56 所示。

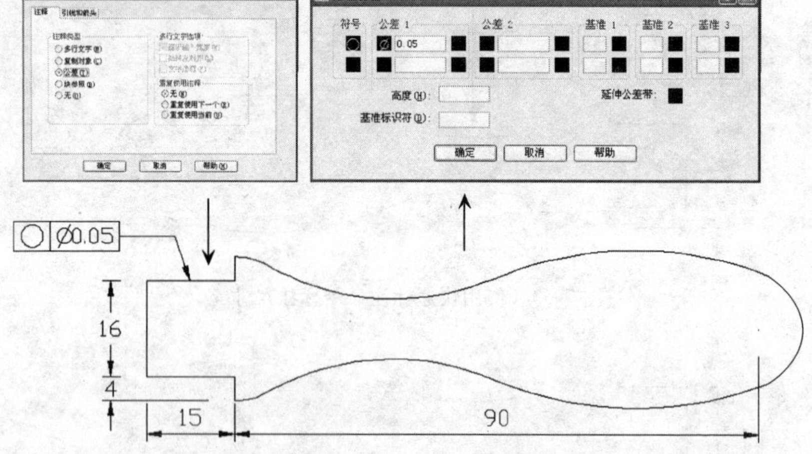

图 7-56　使用“快速引线”标注形位公差

步骤 8　执行 DRA 命令，分别捕捉左侧的两段圆弧和最右侧的一段圆弧，为其标注半径尺寸，如图 7-57 所示。

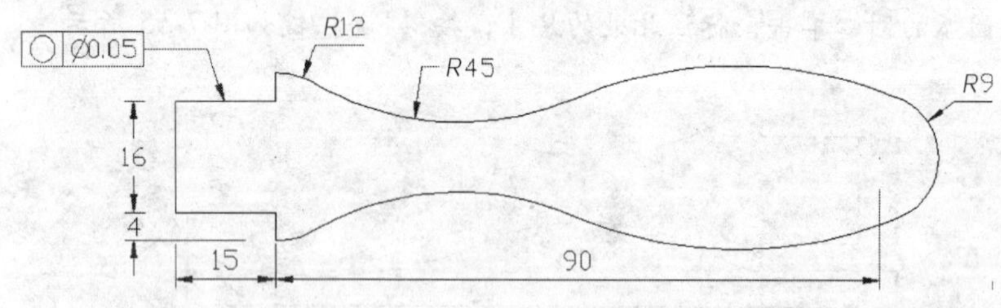

图 7-57　标注半径尺寸

步骤 9　执行 DLI 命令，捕捉上下两个圆弧的圆心向右拖动标注其距离。然后再执行 JOG 命令，为右侧较大的圆弧标注半径尺寸，如图 7-58 所示。

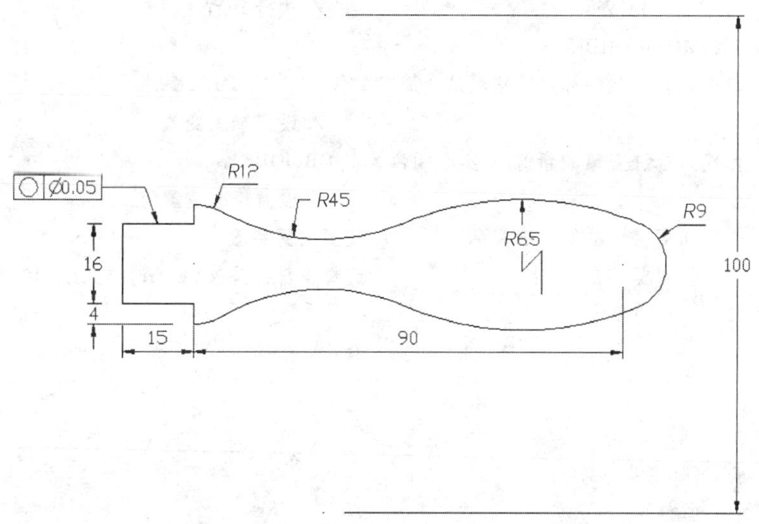

图 7-58 使用“线性标注”标注圆心距离和使用“折弯标注”标注半径

步骤 10 执行 DOV 命令，将下部两个标注的箭头样式替换为“倾斜”，如图 7-59 所示（操作步骤如下）。

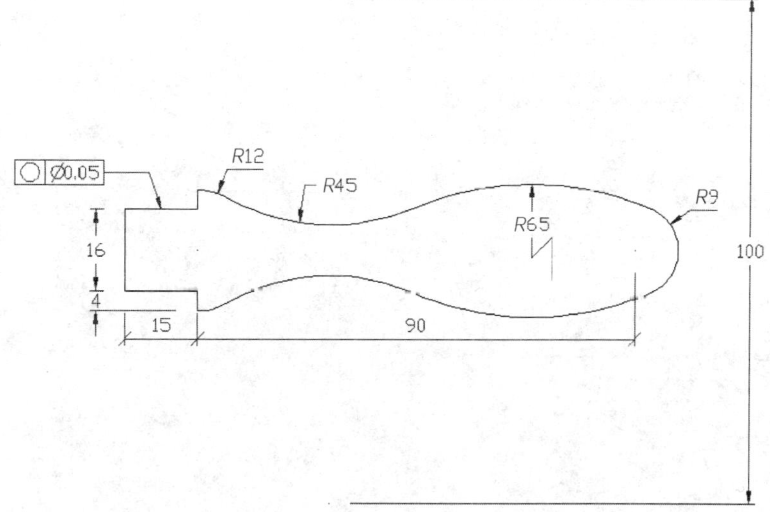

图 7-59 通过“替代尺寸标注样式”修改最下部两个标注的样式

命令：DOV↵　　　　　　　　　//执行 DOV 命令

DIMOVERRIDE

输入要替代的标注变量名或[清除替代(C)]：DIMBLK↵

　　　　　　　　　　　　　　//设置修改变量

输入标注变量的新值 <实心闭合>：_OBLIQUE↵

　　　　　　　　　　　　　　//设置修改变量值

输入要替代的标注变量名：↵　　//变量设置完成

选择对象　　　　　　　　　　//选择下部标注按【Enter】键完成标注

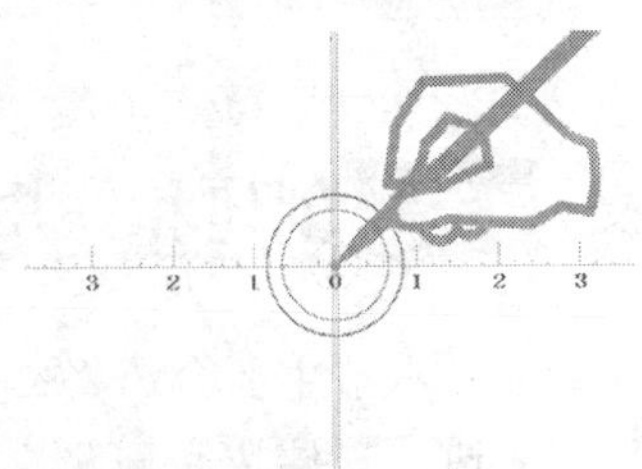

第 8 章

图块、外部参照与光栅图像

本章内容

在绘制机械制图或装修施工图时，有很多图形对象会被重复使用，如机械制图中各种规格的螺钉和轴，以及装修图中的门窗、家具和卫浴等。为此，可将这些图形定义为块，以方便在其他图形中直接插入使用。

此外，用户也可将拍摄的图片以参照的形式插入到当前绘图界面中，以便于图形的绘制。

8.1 创建和使用块

本节主要介绍将已有图形创建为块的方法，以及在图形中插入块、存储块和分解块的方法。

8.1.1 创建块——BLOCK（或B）

启动方式1

BLOCK（或B）↵

启动方式2

单击“创建块”按钮

启动方式3

“绘图”→“块”→“创建”菜单

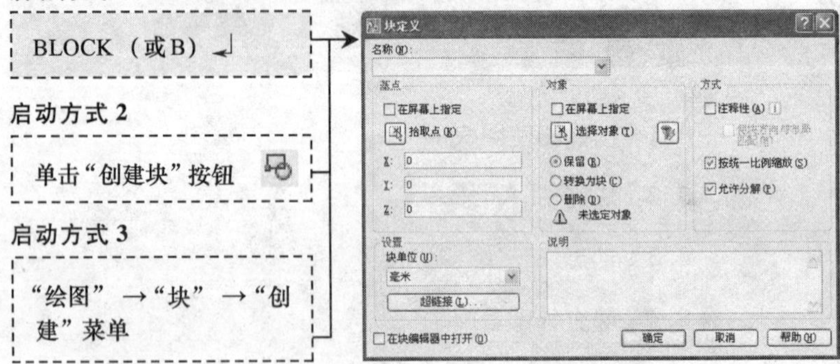

执行B命令，打开“块定义”对话框后，再执行如下操作可以将图8-1所示图形（需提前绘制）定义为块。

步骤1 在“名称”文本框中输入块名称“沙发”。

步骤2 单击“拾取点”按钮，捕捉图形上部边线的中点单击，作为块插入的基点。

步骤3 单击“选择对象”按钮，然后在绘图区中选取整个图形，按【Enter】键返回“块定义”对话框。

步骤4 其他选项保持系统默认。单击“确定”按钮即可完成块的创建。

下面集中介绍“块定义”对话框中各选项的主要作用，具体如下。

名称：可在文本框中设置块的名称。单击其下拉列表将显示已定义块的名称（使用相同名称可更新已定义的块内容）。

基点：用于指定块的插入基点。其中，勾选“**在屏幕上指定**”复选框，将在关闭“块定义”对话框后要求用户指定插入

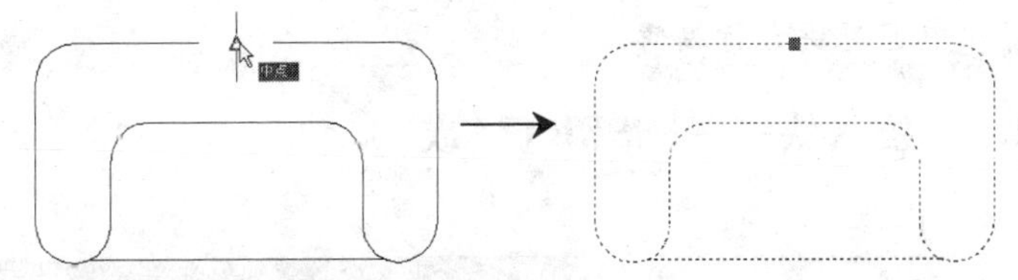

图 8-1　创建块操作（右侧为创建好的块对象）

基点；单击“**拾取点**”按钮，可以在当前图形中指定插入基点；也可以在“X”、“Y”、“Z”文本框中指定基点的坐标值。

对象：用于指定块中所包含的对象，以及创建块后对原对象的处理方式。其中，勾选“**在屏幕上指定**”复选框，将在关闭“块定义”对话框后要求用户指定图形对象；单击“**选择对象**”按钮，可在当前图形中指定要定义为块的对象；单击“**快速选择**”按钮，可在打开的“快速选择”对话框中通过定义选择集来选择定义为块的对象；下面几项用于确定创建完块对象后，将原对象“**保留**”、“**转换为块**”还是“**删除**”。

方式：用于设置块的输出方式。其中，勾选“**注释性**”复选框可设置块为注释性块；“**使块方向与布局匹配**”复选框用于指定在图纸空间视口中块方向与布局方向始终一致（此处可参考 6.1.1 节部分进行理解）；“**按统一比例缩放**”复选框用于强制块内所有对象按统一比例缩放；“**允许分解**”复选框令插入的块可以分解。

设置：用于指定块的单位和超链接。其中，“**块单位**”复选框用于指定块的插入单位（通常选择“无单位”，以保证块单位与当前文件一致）；单击“**超链接**”按钮，将打开“插入超链接”对话框，通过此对话框可设置块与外部的某个文件链接，从而在插入块后，按【Ctrl】键时单击块可打开对应的文件。

说明：用于指定块的说明性文字。

在块编辑器中打开：勾选此复选框后，再单击“确定”按钮关闭“块定义”对话框后，将打开“块编辑器”窗口，在此窗口中可对块进行编辑。

8.1.2 插入块——INSERT（或I）

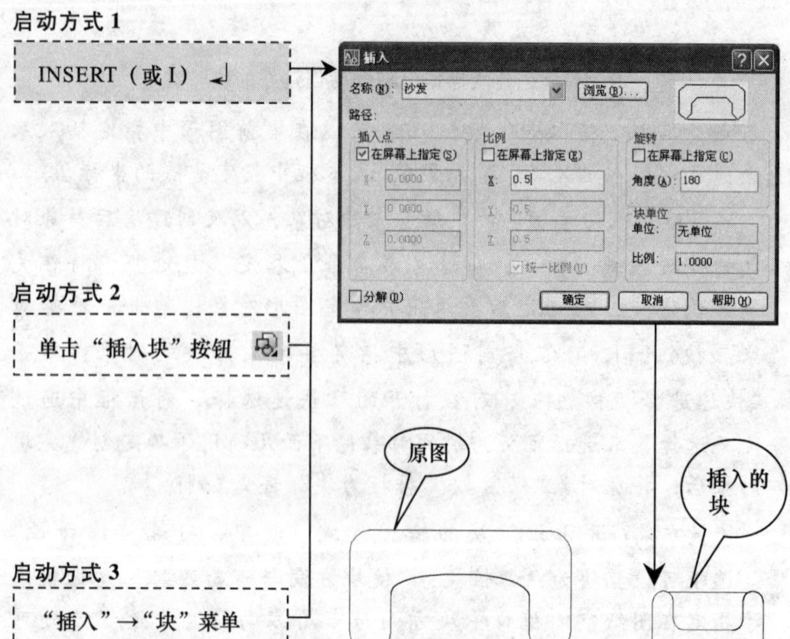

执行I命令，打开“插入”对话框后，在名称文本框下拉列表中选择要插入的块（或单击“浏览”按钮，在打开的对话框中选择块文件）。然后在“比例”选项组中设置图块比例，在“旋转”选项组中设置块的旋转角度，单击“确定”按钮，在绘图区单击，即可插入图块。

下面介绍“插入”对话框中各选项的主要作用。

名称：指定要插入的块。单击“浏览”按钮，可在打开的“选择图形文件”对话框中选择要插入的块或图形文件。

插入点：用于指定块的插入点。其中勾选“**在屏幕上指定**”复选框，将在完成对话框操作后指定块的插入点；取消此复选框的选中状态，也可在下面“X”、“Y”、“Z”文本框中输

入块插入点的坐标值。

比例：用于指定插入块时块的缩放比例。其中，勾选“**在屏幕上指定**”复选框，可在绘图区操作时设置插入块的比例；也可在“X”、“Y”、“Z”文本框中对每个方向分别设置块的比例；勾选“**统一比例**”复选框，可令X、Y、Z方向比例相等。

旋转：用于设置插入块相对于当前坐标系的旋转角度，如图8-2所示。勾选“**在屏幕上指定**”复选框，表示在插入时指定旋转角度；“**角度**”文本框用于输入块的旋转角度值。

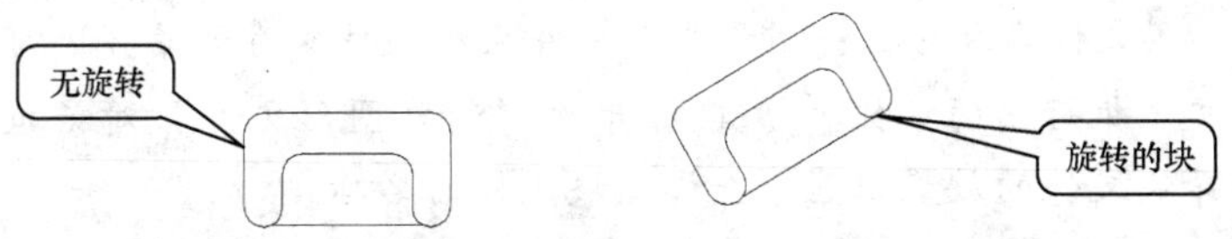

图8-2 无旋转的块与旋转的块

块单位：显示插入块的单位和比例。

分解：勾选此复选框后，将块插入到图形区域中时，块将会被分解。

8.1.3 存储块——WBLOCK（或W）

启动方式

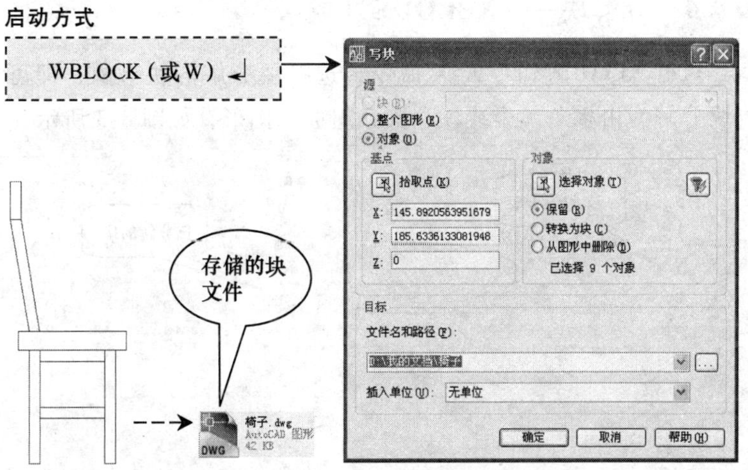

执行 W 命令，打开“写块”对话框后，单击“拾取点”按钮指定图块基点，单击“选择对象”按钮，选择要存储的图形，再在“文件名和路径”文本框中指定存储的路径和文件名，单击“确定”按钮，即可将现有图形存储为图块文件。

“写块”对话框与前面讲述的“块定义”对话框基本相同，对于相同的选项此处不再重复叙述，这里仅介绍几个特殊项。

源：用于指定要保存为文件的源对象。其中，选择“**块**”可将现有块保存为块文件；选择“**整个图形**”可将整个图形保存为块文件；选择“**对象**”可选择要创建为块的对象创建块文件。

文件名和路径：用于指定文件名和文件保存的路径。可单击文本框后面的按钮[...]，在打开的“浏览图形文件”对话框中选择块文件的放置位置，并设置块文件的名称。

提 示

通过此种方式创建的块被称为“外部块”，块文件创建完成后，可执行插入块（I）命令，单击“浏览”按钮，选择块文件，插入到当前图形中作为块使用。

8.1.4 分解块——XPLODE（或 X）

执行 XPLODE 命令或 X 命令，选择要分解的块对象，即可将块分解为由多条单个线段和圆弧组成的图形，如图 8-3 所示。

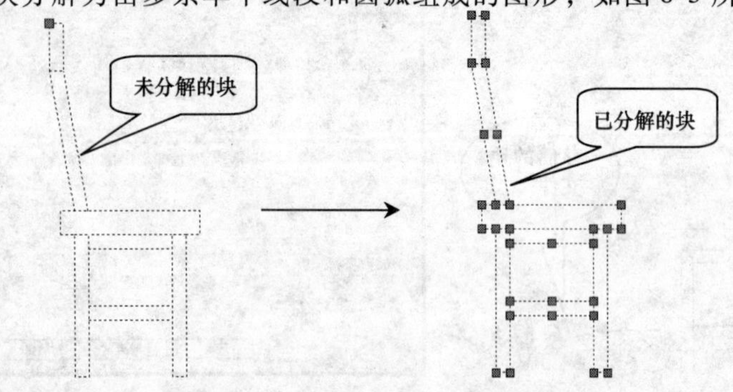

图 8-3　未分解的块和已分解的块

XPLODE 命令与 X 命令不同的是，执行 XPLODE 命令后，除了可以将对象分解外，系统还会提示“**[全部(A)/颜色(C)/图层(LA)/线型(LT)/线宽(LW)/从父块继承(I)/分解(E)]<分解>:**”信息，通过提供的这些选项，可以设置图块分解后图线的颜色、图层、线型和线宽。

提　示

关于 XPLODE 命令各选项的意义，限于篇幅，此处不再详细解释，有兴趣的用户不妨一试。

8.1.5　插入系统内置块——TOOLPALETTES（或 TP）

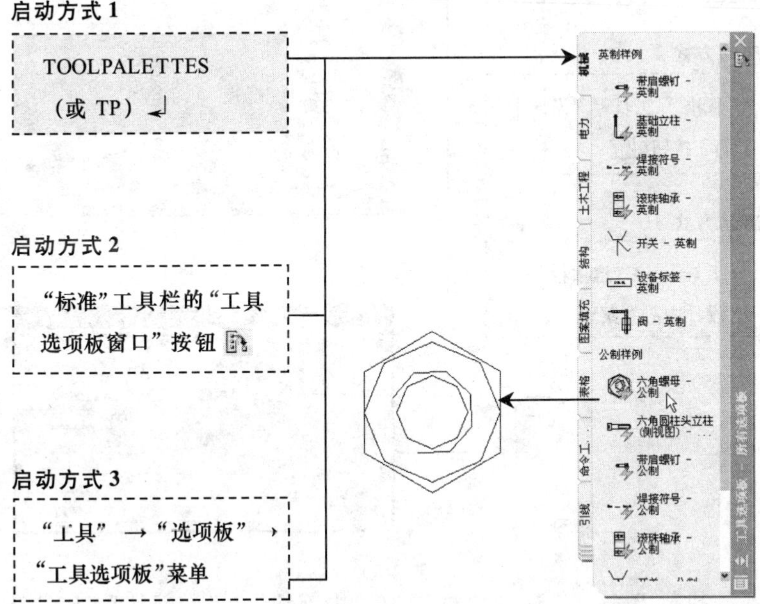

执行 TP 命令，打开“工具选项板”对话框后，在某个选项卡中（如“机械”选项卡），选中一个块（如“六角螺母 - 公制”块），再在绘图区中单击即可插入系统内置的块。

在选中块，而未插入到操作区之前，命令行会提示“**指定**

插入点或[基点(B)/比例(S)/X/Y/Z/旋转(R)]:”，此时如有需要，可通过输入 B 设置插入的基点坐标；输入 S、X、Y、Z 设置比例；输入 R 设置插入块的旋转角度。

提　示

“工具选项板”中的块均为“动态块”，关于动态块的意义，详见 8.3 节中的介绍。

8.1.6　插入文件中的块——ADCENTER（或 ADC）

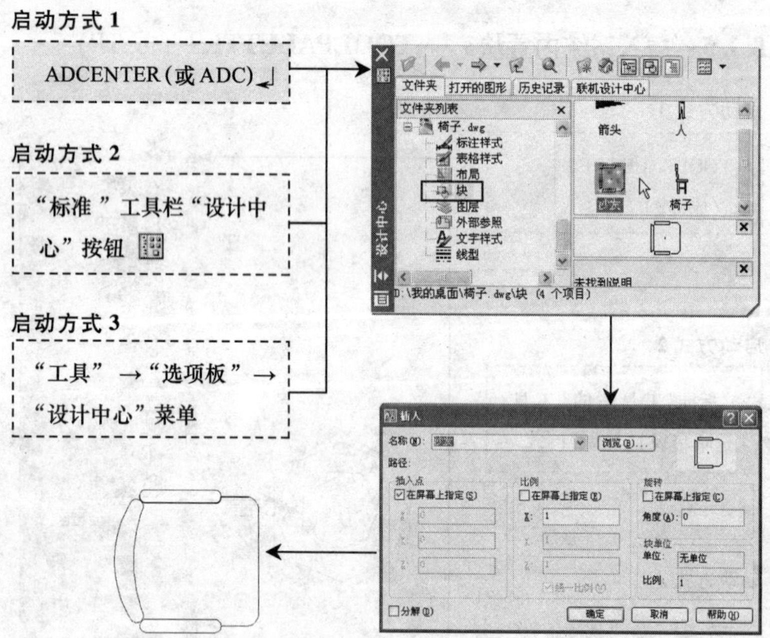

执行 B 命令创建的块被称为“内部块”，“内部块”不同于“外部块”，没有单独的 DWG 文件，而是默认保存在创建此图块的图纸中。执行 ADC 命令，打开“设计中心”操作面板，选择某些包含内部块的图纸文件，展开其内容列表，双击“块”项，可在右侧查看到此文件包含的块，双击要使用的块，可在当前图

纸中插入块。

使用“设计中心”插入块，主要有如下几点好处。

- 非常方便地浏览本地及网络中的图形文件。
- 非常方便地打开图形文件，或者将图形文件以块方式插入到当前图形中。
- 可以在大图标、小图标、列表和详细资料等显示方式之间切换。

8.1.7　删除块——PURGE（或 PU）

启动方式

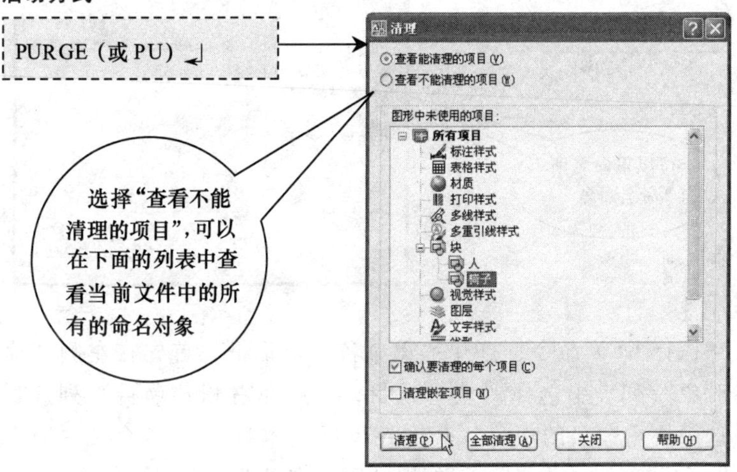

执行 PU 命令，打开“清理”对话框，展开“块”项目，选中要删除的块，单击“清理”按钮，再在弹出的“确认清理”对话框中单击“是”按钮，即可将块删除。

提　示

使用此命令，不仅可以清理“块”对象，还可以清理当前文件中的所有已命名对象（前提是此对象未被当前文件使用），从而减少存放体积。

另外，在“清理”对话框中，勾选“清理嵌套项目”复选框，可以删除所有未使用的命名对象，即使此对象包含在其他未使用的命名对象中。

单击“清理”按钮可以清理当前选中的对象，单击“全部清理”按钮可以清理所有未使用的对象。

8.1.8 重命名块——RENAME（或 REN）

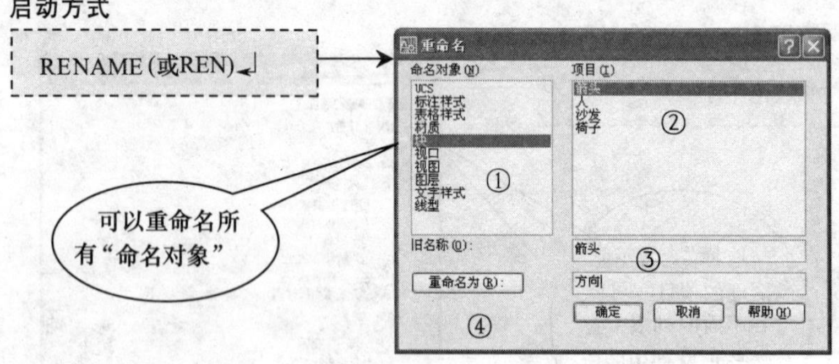

执行 REN 命令，打开“重命名”对话框，首先在左侧“命名对象”列表中选择“块”项目，然后在右侧“项目”列表栏中选中要重命名的项目，其次在下部文本框中分别输入“旧名称”和“新名称”，最后单击“重命名为”按钮（或“确定”按钮），即可重命名内部块。

8.2 块属性

为了方便快捷地绘制图形，在定义块时，有时需要为其指定特殊的块属性。

所谓的块属性是指附属于块的非图形信息，是可包含在块定义中的文字对象。它令块在插入图形后，某些部分可编辑，以利于在将块作为公差符号等使用时灵活设置其数值。

如可将“基准符号”中的字母标志设置为块属性，在插入图块后可方便地将其设置为 A、B、C 等值，如图 8-4 所示。

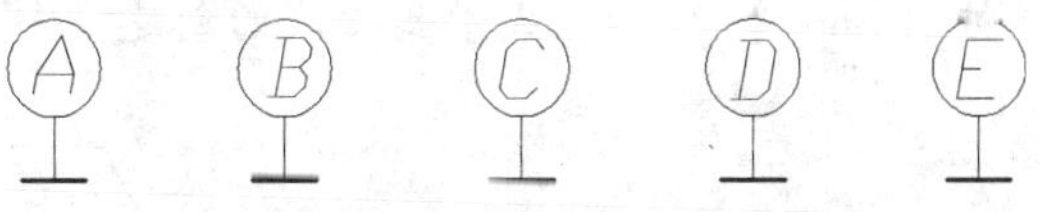

图 8-4 “基准符号”中可更改的属性

8.2.1 定义块的属性——ATTDEF（或 ATT）

启动方式 1

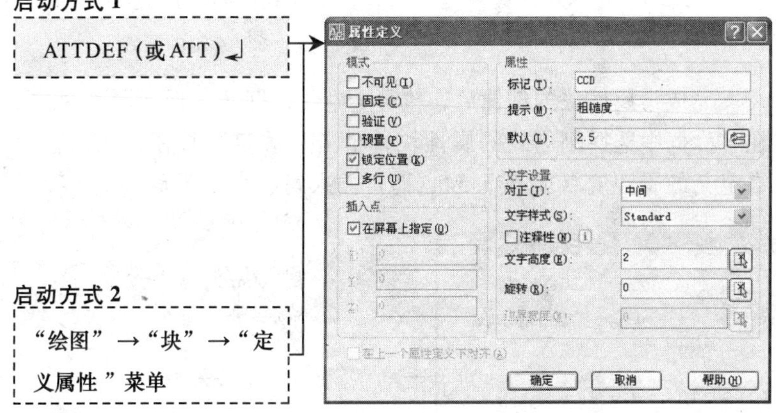

执行 ATT 命令后，打开“属性定义”对话框，然后可通过如下操作创建带有属性的块。

步骤 1 在“标记”文本框中输入“CCD”；在“提示”文本框中输入“粗糙度”；在“默认”文本框中输入 2.5；在“对正”下拉列表中选择“中间”菜单项；在“文字高度”文本框中输入“2”。

步骤 2 单击“确定”按钮，在图形中的合适位置处单击，首先插入块的属性字段，如图 8-5 所示。

步骤 3 围绕“步骤 2”插入的属性字段，绘制如图 8-6 所示的图线。

步骤 4 执行 B 命令，打开“块定义”对话框，在“名称”

文本框中输入“粗糙度”；单击“拾取点”按钮，选择图8-6示A点作为块的基点；单击“选择对象”按钮，选择图线和块属性，并按【Enter】键，完成带属性块的创建。

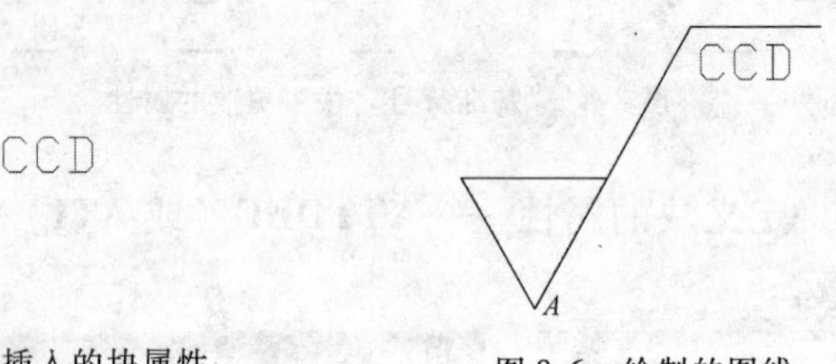

图8-5　插入的块属性　　　图8-6　绘制的图线

完成带属性块的创建后，执行I命令，打开“插入”对话框，在名称框中选择刚创建的属性块，单击“确定”按钮，然后输入自定义的属性值（如Ra5.5），即可插入属性块（图8-7）。

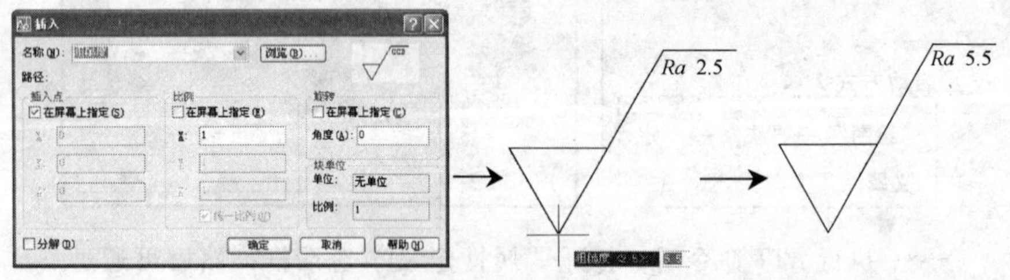

图8-7　插入属性块

提　示

通过上述操作，不难看出，实际上块属性就是附加在块上的一段文字说明（只是在定义块之前需要提前定义块属性）。

此外，可为一个块定义一个或多个属性值。且属性块的插入操作也与普通块没有太多差别，不过是增加了输入属性值的过程。

下面介绍“属性定义”对话框中各选项的意义：

模式：设置属性块的显示模式和特性等，具体如下。

不可见：表示该属性不可见。

固定：表示该属性不可更改。

验证：表示插入块时，系统将提示检查该属性值的正确性。

预置：表示插入块时，系统不再提示输入该属性值，但仍可在插入块后更改该属性值。

锁定位置：表示将该属性相对于块的位置锁定（锁定的属性没有自己的夹点，不能单独移动，否则可单独移动）。

多行：表示属性值可以包含多行文字。

属性：设置属性数据，具体如下。

标记：相当于此属性的名称，可以使用除空格外的任何字符组合，并且会自动将小写字母转换为大写字母。

提示：用于指定插入带属性块时显示的提示信息。不输入提示时，属性标记将用作提示。

默认：用于指定默认属性值。也可单击“插入字段”按钮，插入需要应用的动态字段。

提 示

如果在“模式”区域选择“固定”模式，“提示”选项将不可用。

插入点：用于指定属性的插入点。取消“**在屏幕上指定**”复选框的选中状态，可以在“X”、“Y”、“Z”文本框中输入坐标值。

文字设置：用于设置属性文字的属性，如文字高度、字体样式和旋转角度等（用户可参考第7章的讲述）。其中“**边界宽度**”选项用于设置多行文字行的最大宽度。

提 示

只有在“模式”区域中选择“多行”模式，“边界宽度”选项才可用。

在上一个属性定义下对齐：表示是否要将此属性标记直接置于前一个属性的下面（如果以前没有创建属性定义，该选项不可用）。

8.2.2 编辑块的属性——ATTEDIT（或ATE）

启动方式

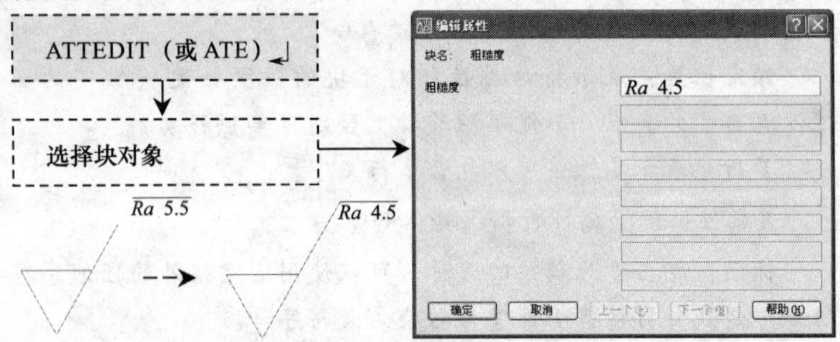

执行ATE命令，选择要编辑属性值的块，将弹出“编辑属性”对话框，在此对话框中，对块的各个属性值进行更改后，单击“确定”按钮即可。

提 示

在“编辑属性”对话框中，在一个界面里，系统最多提供8个可编辑属性项，如果有更多属性项要更改，可单击“上一步”或“下一步”按钮来浏览其他属性。

此外，需要注意的是，“编辑属性”对话框不能编辑锁定图层中的属性值。

此外，双击要更改属性值的块，将弹出“增强属性编辑器”对话框（图8-8），在此对话框中除了可以更改属性值外，还可对此属性的字体、图层和线型等进行设置

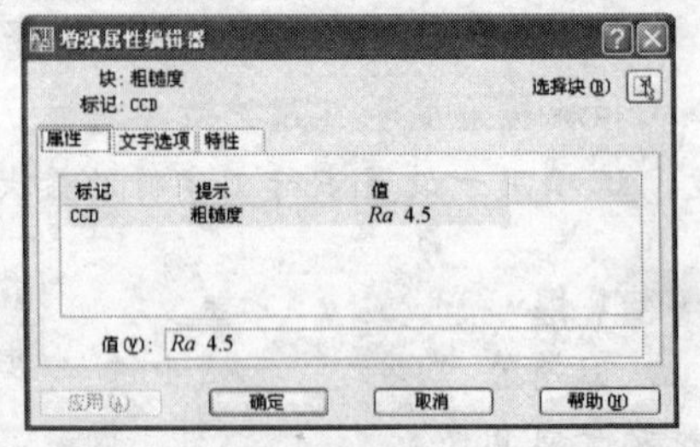

图8-8 “增强属性编辑器”对话框

（此处不再赘述）。

8.3 动态块

使用动态块，可以令块具有更多的可编辑特性，如可以设置随意缩放块、旋转块等，系统内置块多为动态块，如图 8-9 所示。

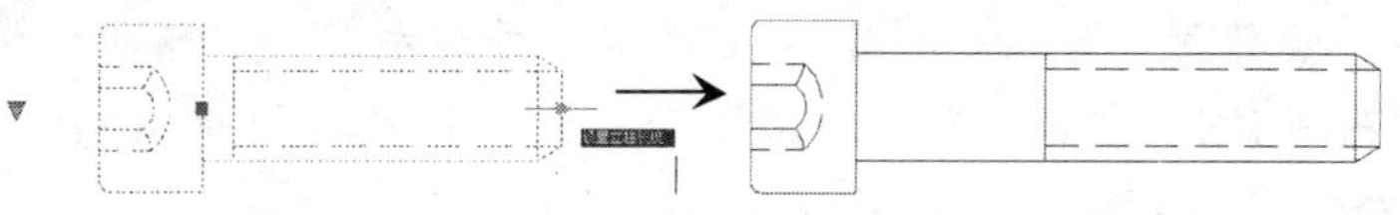

图 8-9　系统内置的动态块

提　示

动态块，相对较为复杂，本文由于篇幅限制，不做过多介绍，有兴趣的用户可参考其他专业书籍。

8.4 建立外部参照

顾名思义外部参照，即在一幅图形中引用另一幅外部图形作为参照绘制图形。除此之外，当外部参照图形被修改后，应用它的图形也将自动更新，这是外部参照和块引用的主要区别。

8.4.1　外部参照——XREF（或 XR）

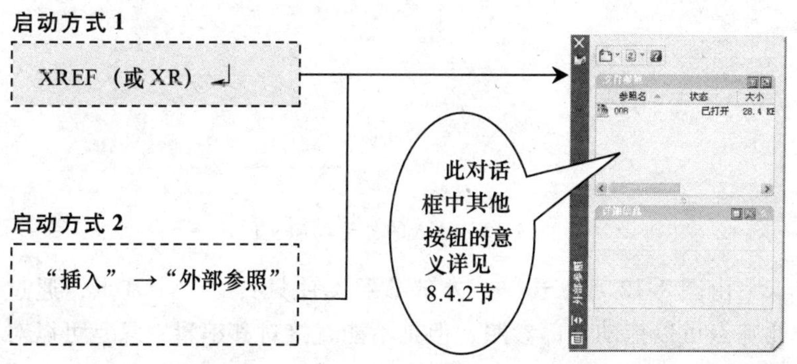

执行 XR 命令，打开“外部参照”选项板，然后可通过如下操作插入外部参照。

步骤 1 单击“附着”按钮，打开“选择参照文件”对话框，如图 8-10 所示。

步骤 2 通过“选择参照文件”对话框选择希望作为外部参照的图形文件，并单击“打开”按钮。

步骤 3 系统显示图 8-11 所示“外部参照”对话框，保持系统默认设置（关于此对话框的意义，详见后叙说明），单击“确定”按钮。

步骤 4 在绘图区的适当位置单击，即可插入外部参照，如图 8-12 所示。

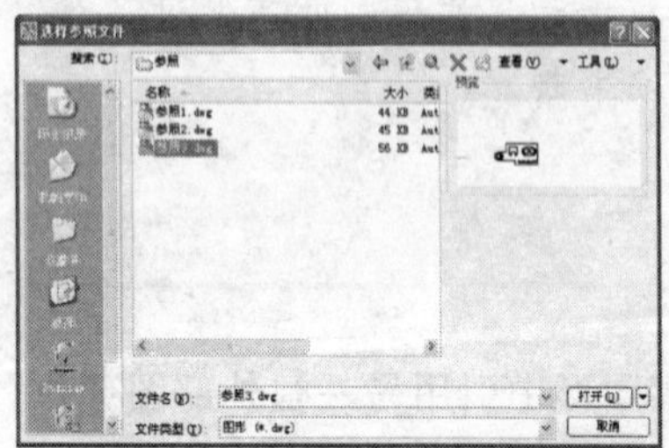

图 8-10 “选择参照文件”对话框

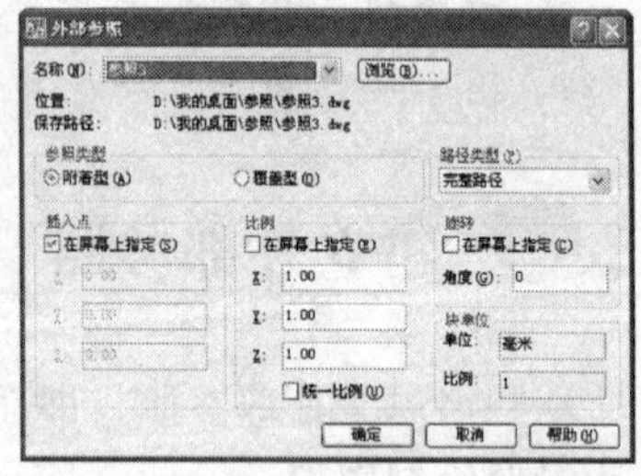

图 8-11 “外部参照”对话框

图 8-12 插入的外部参照文件

由图 8-12 可以看出，外部参照文件只具有一个基点，通过此基点可以拖动外部参照，但是不能直接对其编辑，只是可以对参照的图线等进行捕捉。

提 示

在默认情况下，外部参照的基点坐标位于其原点（0，0，0）。如需改变基点，可打开参照文件，执行 BASE 命令，或者选择“绘图”→“块”→“基点”菜单，然后为其指定新的基点。

下面介绍“外部参照”对话框中“参照类型”设置区和“路径类型”设置区的意义（其他选项可参见本章前面的叙述）：

参照类型：用于选择参照的引用类型。

“附着型”，用于指定在多重嵌套时，依然显示底层嵌套图形。如 A 引用 B，B 引用 C，A 中将显示 C 的图形（附着外部参照不支持循环嵌套）。

“覆盖型”，不支持多重嵌套，即它仅显示一层深度。如 A 引用 B，B 引用 C，A 中将不显示 C 的图形（覆盖参照允许循环引用）。

路径类型：用于设置要使用的路径类型。

“完整路径” 指定外部参照图形使用完整路径。如果用户移动文件夹，将不能使用附着的外部参照。

“相对路径” 指定使用相对路径为外部参照图形的路径。此类型针对网站或驱动器内文件夹的移动，不影响外部参照的使用。

“无路径” 指定使用当前文件夹为调用参照文件的路径。

提 示

单独执行 XATTACH 命令，也可插入外部参照。

8.4.2 管理外部参照

通过“外部参照”选项板（打开方式见 8.4.1 节）的其他

按钮，可以对导入的参照进行管理，具体如下。

单击“**附着**”按钮右侧的下拉按钮（图8-13），可在弹出的下拉菜单中选择不同类型的附着文件。

其中，**DWF文件**（附着DWF）是图形的高度压缩形式；**DGN文件**（附着DGN）是使用Bentley Microstation（另一种CAD程序）创建的图形；“**附着图像**”选项是指插入光栅图像，将在8.4.5节中介绍其操作方法。

单击“**刷新**”按钮可将参照图形文件与内存中的数据同步，单击“重载所有参照”按钮（位于“刷新”按钮下拉列表），可以重载已更改的参照图形文件。

右击载入的外部参照，在弹出的快捷菜单中（图8-14），可以删除、更新或卸载参照。

其中，选择“**附着**”菜单可以再次插入此参照图形；选择“**卸载**”菜单可以临时关闭当前图形中此参照文件；选择“**重载**”菜单可以重新加载外部参照；选择“**拆离**”菜单，可以彻底删除外部参照；选择“**绑定**”菜单，将打开“绑定外部参照”对话框（图8-15）。通过此对话框，可以将外部参照转换为标准内部块，使之成为当前图形的一部分。

提 示

绑定外部参照有“绑定”和“插入”两种方式。它们的区别在于：绑定方式将外部参照图层名称的格式由“外部参照名/图层名”更改为“外部参照名$#$图层名”（其中“#”代表数字，默认为0，如多个外部参照图层同名，则“#”变为1，以此类推）；而插入方式将删除“外部参照名”部分，变为“图层名”，如图8-16所示。

图 8-13 “附着”按钮右侧的下拉按钮

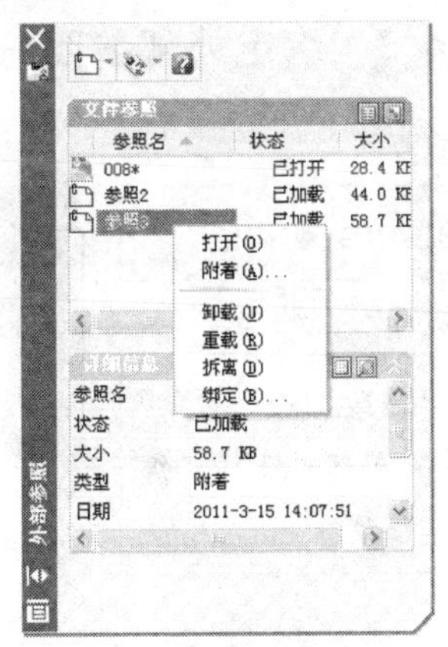

图 8-14 外部参照右键快捷菜单

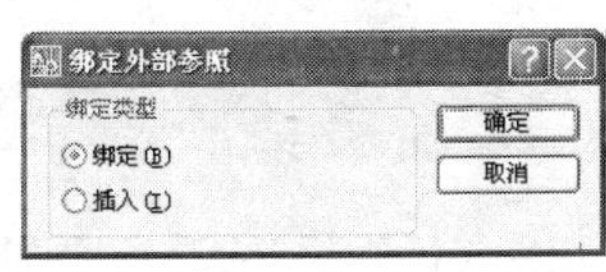

图 8-15 “绑定外部参照”对话框

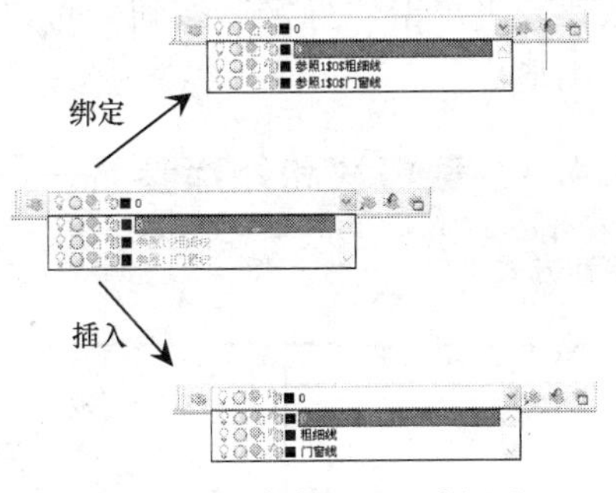

图 8-16 “绑定”和“插入”的区别

提 示

用户也可在选定外部参照后，直接按【Delete】键或利用删除工具删除外部参照，但此时外部参照的一些信息（如图层设置等）仍会残留在图形中，所以建议尽量采用右键快捷菜单删除参照。

此外，绑定外部参照后，参照将被转换为内部标准块，所以将无法再次将此图形插入为外部参照。

8.4.3 绑定外部参照——XBIND（或 XB）

启动方式 1

XBIND(或XB)↵

启动方式 2

“修改”→“对象”→“外部参照”→“绑定”菜单

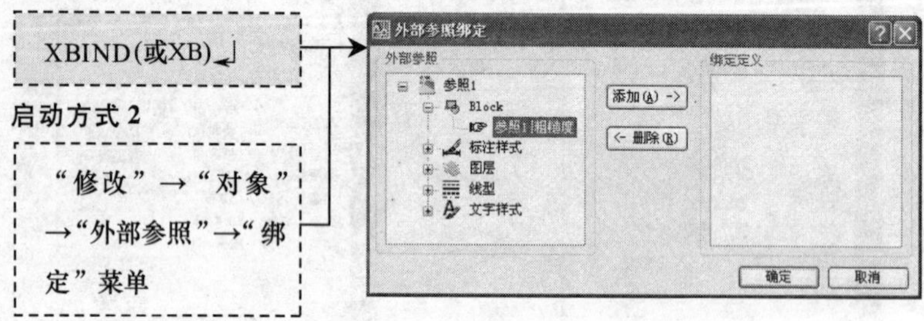

执行 XB 命令，打开“外部参照绑定”对话框，在“外部参照”列表中选择要绑定的块、图层等命名对象。单击“添加”按钮，再单击“确定”按钮，可以将这些对象导入到当前的用户图形中。

8.4.4 裁剪块和外部参照——XCLIP

启动方式 1

XCLIP ↵

启动方式 2

“参照”工具栏“剪裁外部参照”按钮

选择块或外部参照

新建边界 (N)

矩形(R)

指定第一个角点

指定对角点

②

①

执行 XCLIP 命令，选择要剪裁的块或外部参照，新建一个边界，可以此边界为界限，对块或外部参照进行剪裁。

执行 XCLIP 命令的过程中，在选择了剪裁对象后，命令行会给出“输入剪裁选项[开(ON)/关(OFF)/剪裁深度(C)/删除(D)/生成多段线(P)/新建边界(N)]<新建边界>:”提示信息，各选项的意义如下。

1）**开**(ON)：对此块或外部参照的裁剪处于打开状态。

2）**关**(OFF)：对此块或外部参照的裁剪处于关闭状态（可以使用此选项关闭裁剪效果）。

3）**剪裁深度**(C)：在外部参照或块上设置前剪裁平面和后剪裁平面，系统将不显示由边界和指定深度所定义的区域外的对象（此功能可用于外部参照为三维对象时的情况，如图 8-17 所示）。

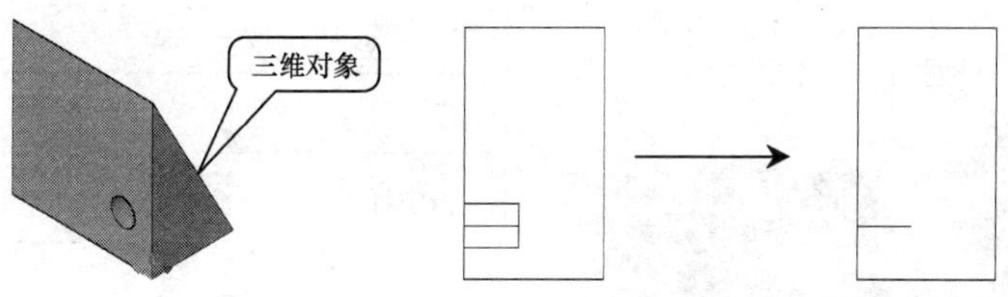

图 8-17　“剪裁深度”项的作用

4）**删除**(D)：为选定的外部参照或块删除剪裁边界。

5）**生成多段线**(P)：自动绘制一条与剪裁边界重合的多段线，以在剪裁后，显示剪裁边界。

6）**新建边界**(N)：定义一个矩形或多边形边界用于剪裁图形。

提　示

此外，选择“新建边界”选项后，系统还会给出“[选择多段线(S)/多边形(P)/矩形(R)/反向剪裁(I)]<矩形>:”提示信息，选择“反向剪裁（I)”项，系统将进行反向裁剪操作。

8.4.5 插入光栅图像——INAGEATTACH（或 IAT）

启动方式 1

INAGEATTACH(或 IAT)

启动方式 2

“插入”→“光栅图像参照”菜单

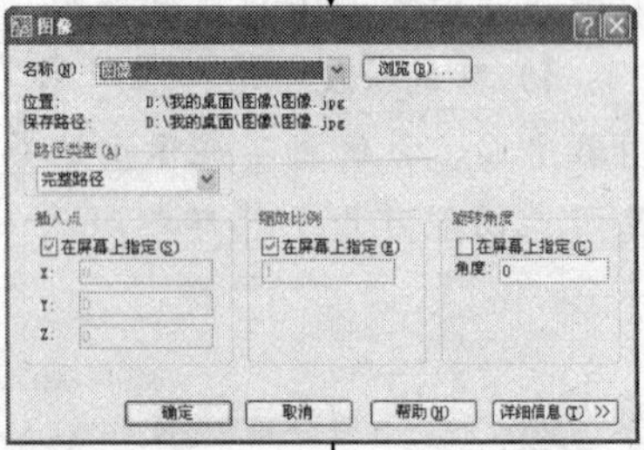

指定插入点

指定缩放比例

执行 IAT 命令后，将打开“选择图像文件”对话框，选择要插入的图像文件，并单击“打开”按钮。打开“图像”对话框，在其中设置图像的插入点、缩放比例和旋转角度等参数。然后单击“确定”按钮，在绘图区中指定图像的插入点和缩放比例，即可插入光栅图像。

提 示

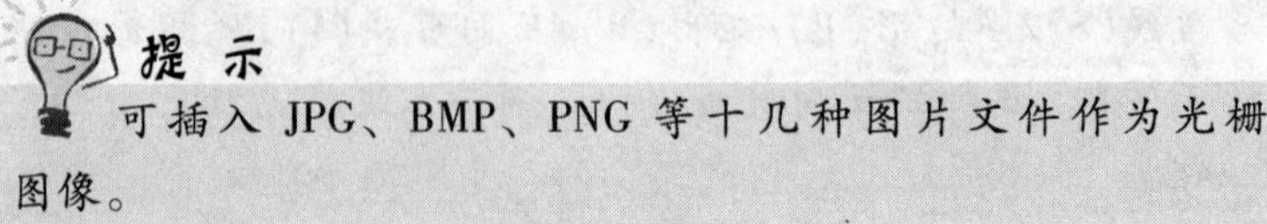

可插入 JPG、BMP、PNG 等十几种图片文件作为光栅图像。

8.5 轻松小练习——为建筑平面图添加标高

此小练习将以本书提供的楼房背立面图为外部参照，为其添加标高，如图 8-18 所示。

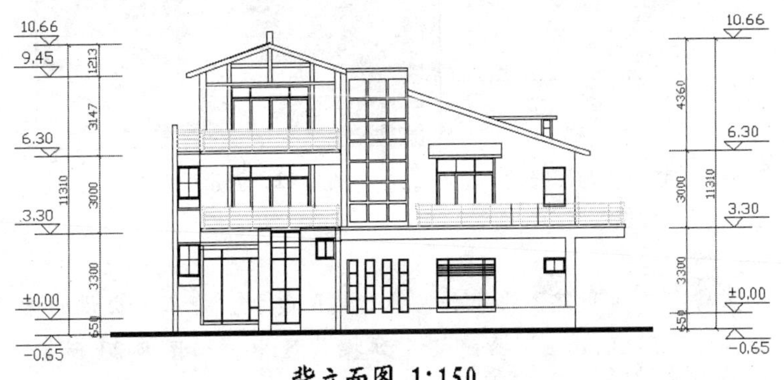

图 8-18　楼房背立面图

步骤 1　首先新建图形文件，按照图 8-19 所示长度绘制图形。然后执行 ATT 命令，添加标记为“BG”、提示为“标高”、文字高度为“400”的块属性，单击“确定”按钮，如图 8-20 所示。

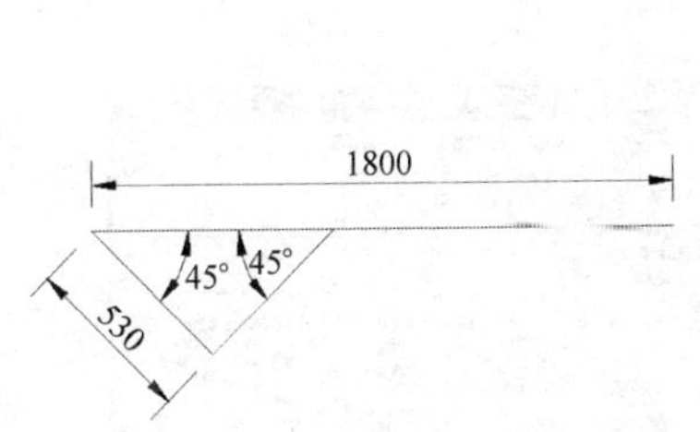

图 8-19　需绘制的图形

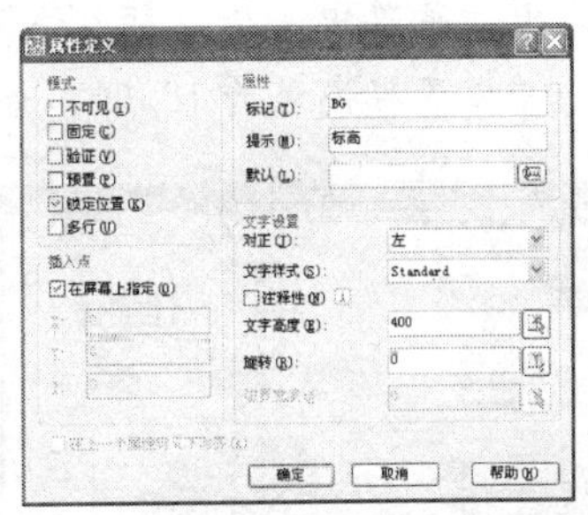

图 8-20　添加块属性操作

步骤 2　将 BG 移动到图线的上方，如图 8-21 所示。然后执行 B 命令，以图中 A 点为基点创建一名称为“标高”的块

（图 8-22），然后将此文件保存为“008 标高块 . dwg”备用。

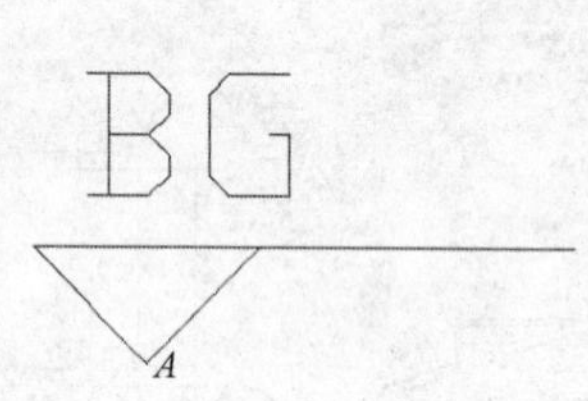

图 8-21　块属性与图线的相对位置

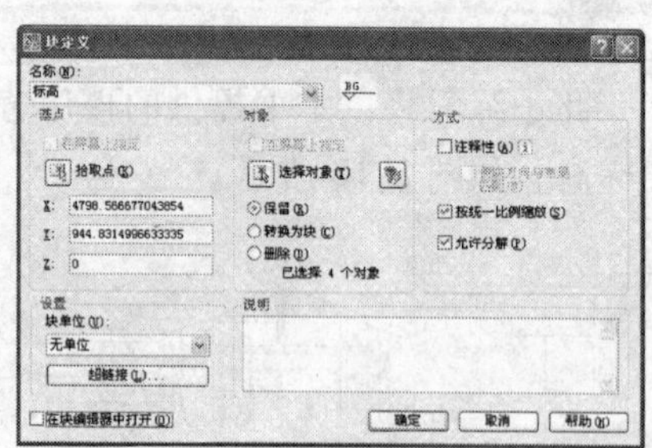

图 8-22　创建块操作

步骤 3　再新建图形文件，执行 XA 命令，将本书提供的素材文件“8-5-SC. dwg”参照插入到操作区中，如图 8-23 所示，效果如图 8-24 所示。

步骤 4　捕捉外部参照标注的各个相交点，分别向左和向右绘制长度为 2600mm 的直线，如图 8-25 所示。

步骤 5　执行 ADC 命令，打开“设置中心”操作面板，然后找到前面保存的图形文件——“008 标高块 . dwg”。右击图块，在弹出的菜单中选择“插入块”，将其附带的图块插入到操作区中，并设置标高值为 10. 66，如图 8-26 所示。

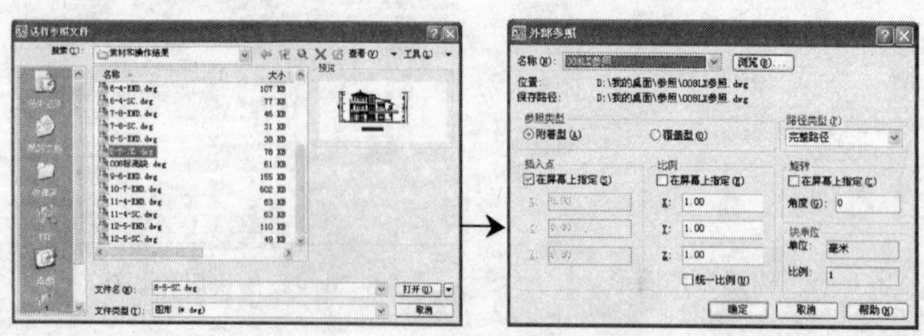

图 8-23　插入外部参照操作

背立面图 1:150

图 8-24 插入外部参照的效果

背立面图 1:150

图 8-25 捕捉外部参照绘制直线

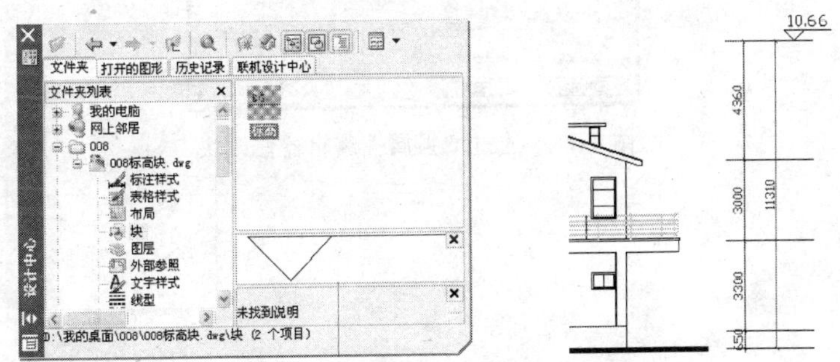

图 8-26 插入文件中的块

步骤 6 执行 CO 命令，并以多个复制的方式将此块进行连续复制，再执行 MI 命令镜像出底部的块以及右侧的块，效果如图 8-27 所示。

背立面图 1:150

图 8-27 复制和镜像多个块

步骤 7 多次双击“步骤 6”中复制的图块，弹出“增强属性编辑器”对话框（图 8-28），将所有值更改为如图 8-18 所示的数值即可。

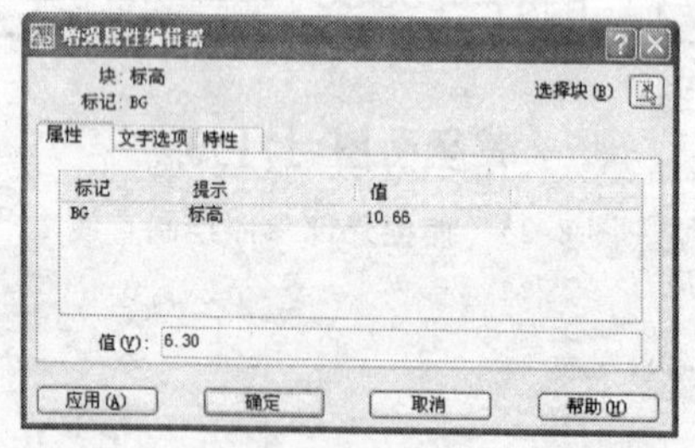

图 8-28 通过增强属性编辑器修改块

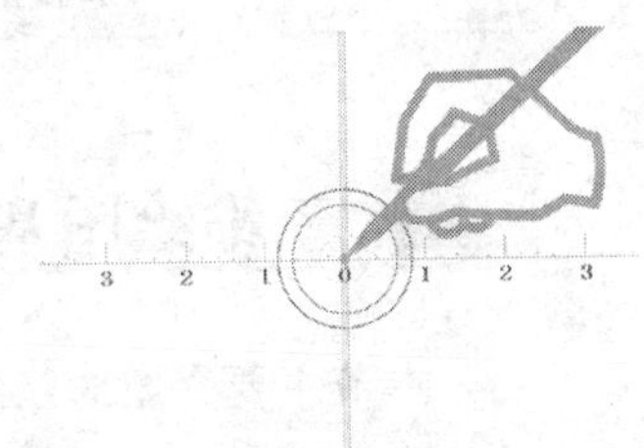

第 9 章

三维建模

本章内容

9.1　三维绘图基础

9.2　绘制三维线条

9.3　绘制基本实体

9.4　利用平面图形创建实体

9.5　绘制三维面

总体来说，AutoCAD 还是一个以绘制二维图形为主的制图软件，在工业图纸、建筑工程和服装制版等方面的应用无可比拟。同时，AutoCAD 也提供对三维构图的支持，可以按要求绘制各种三维模型，以对渲染输出等提供支持。

9.1 三维绘图基础

本节主要介绍对三维模型进行支持的三维坐标系，三维图形的消隐，和对三维轮廓线的调整等操作。

9.1.1 三维坐标系变换——UCS

在第 1 章介绍了当执行 WSCURRENT 命令时，或者选择“工作空间”工具栏中的下拉按钮，可以将当前工作空间切换到“三维建模”模式。但是，切换到三维空间模式后，系统仍然显示二维图形，如需显示三维图形，需选择“视图”→“三维视图”下的子菜单项进行切换，如图 9-1 所示。

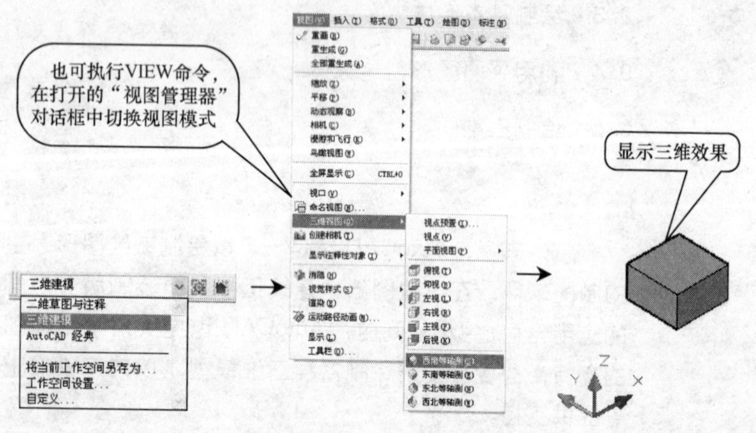

图 9-1 显示“三维效果”操作

此外，为配合绘图需要，在二维空间中，可以通过使用 UCS 命令对坐标系进行灵活的调整。同样，在三维空间中，也可以使用此命令随意调整坐标系的方向和位置，如图 9-2 所示（其调整方法见 1.2.3 节部分）。

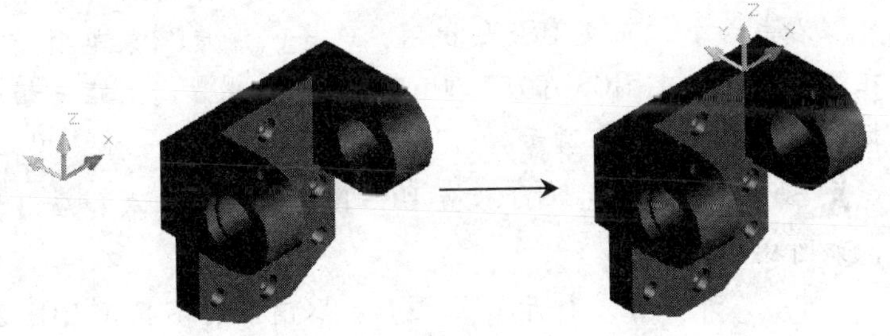

图 9-2　在“三维空间”中调整坐标系位置效果

9.1.2　管理坐标系——UCSMAN（或 UC）

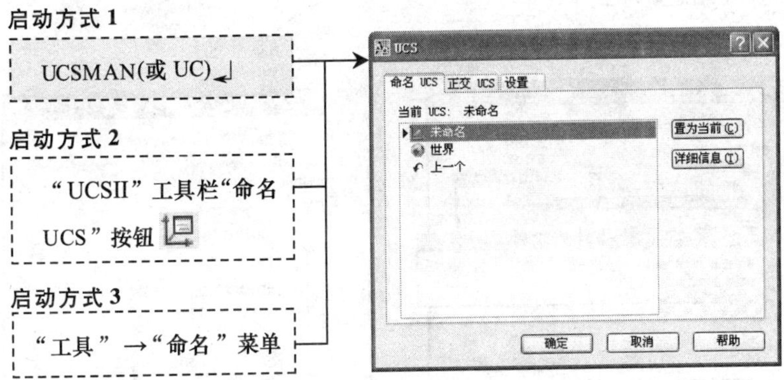

执行 UCS 命令，打开 UCS 对话框，通过此对话框可以将调整后的坐标系命名保存，具体如下。

- 双击“**未命名**”项，输入自定义的坐标名称即可为新坐标系命名。以后要使用该坐标系，可重新打开“UCS”对话框，选择以前保存的坐标系名称，然后单击“置为当前”按钮即可。
- “**详细信息**”按钮主要用于查看某一坐标系相对于指定坐标系的详细信息（需在打开的对话框中选择相对坐标系）。
- “**正交 UCS**”选项卡：用于设置六个“正交 UCS”的坐标

位置，以及其相对的坐标（相对坐标或者用户自定义的坐标）。此外，右击六个“正交 UCS”视图，选择“深度”菜单项，可以在弹出的“正交 UCS 深度”对话框中调整此方向上距离相对坐标的距离，如图 9-3 所示。

“设置”选项卡：用于设置 UCS 图标的显示方式和应用范围，如图 9-4 所示。

其中，**“开”**即是打开 UCS 图标，取消后将不显示 UCS 图标；**“显示于 UCS 原点”**即是在原点显示 UCS 图标，否则将图标显示在左下角；**“应用到所有活动视口”**选项用于设置前面两项的窗口应用范围；**“UCS 与视口一起保存”**选项设置命名视口时保存 UCS 设置；**“修改 UCS 时更新平面视图”**选项，令修改 UCS 后模型的显示方向随之改变。

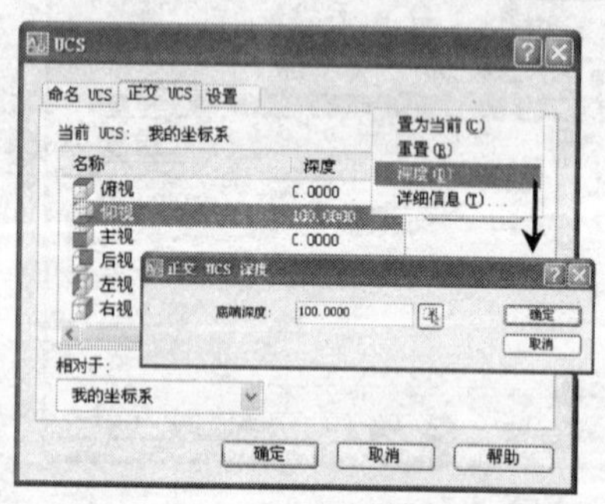

图 9-3 “正交 UCS”选项卡

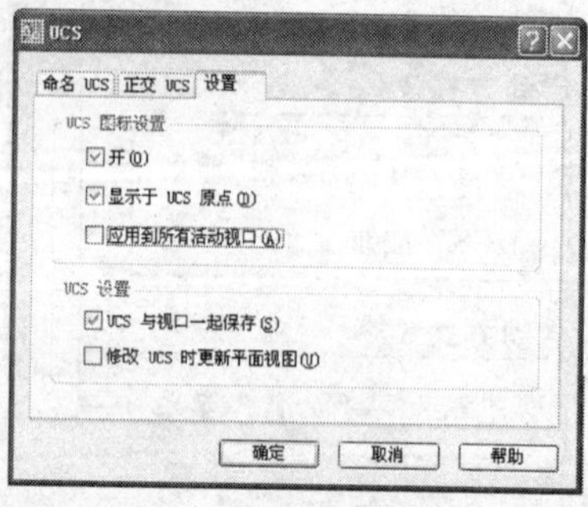

图 9-4 “设置”选项卡

9.1.3 三维空间定位点

绘制三维图形的一个关键要素是要知道所绘制点的坐标值，以正确定义所绘图形的大小，通常有如下三种方式在三维空间中定位点。

利用动态 UCS 定位点：选中状态栏中的“允许/禁止动态 UCS”按钮DUCS，可打开动态 UCS 功能。利用该功能可将捕捉到的平面作为临时坐标系的XY平面，而靠近捕捉点的平面角点被作为临时坐标系的原点，如图9-5所示。

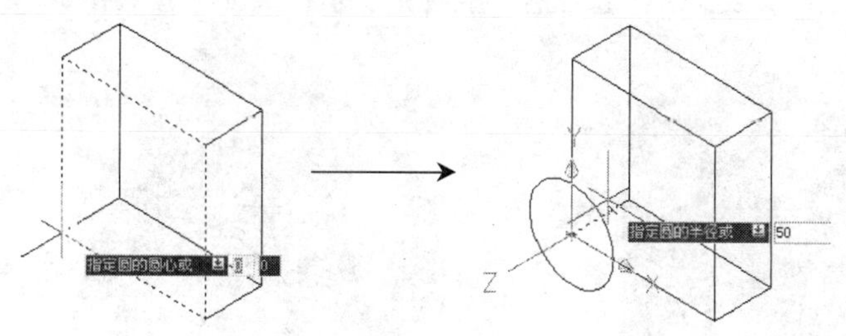

图9-5 利用动态UCS定位点操作

使用对象捕捉、对象捕捉追踪等方法定位点： 绘制三维图形时同样可以使用对象捕捉和对象捕捉追踪。例如，可执行图9-6所示操作在一个长方体的侧面中心画一个圆。

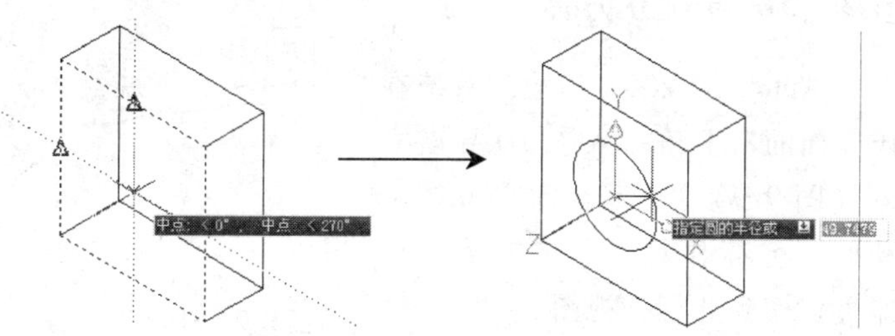

图9-6 使用对象捕捉追踪在三维图形上绘制圆

提 示

最好将对象捕捉与动态UCS功能结合使用，否则，将只能在当前坐标系的XY平面或与XY平面平行的平面上画图。

利用三维坐标来定位点： 用户在绘制三维图形时除了可直接使用（X，Y，Z）的坐标形式来定位点外，还可使用柱坐标和球坐标来定义点。

“柱坐标”使用XY距离、XY平面角度和Z坐标来定义点，（图9-7），例如（50<45，30）和（@80<45，200）。

"球坐标"使用点到坐标系原点或上一点的 XYZ 距离、XY 平面角度、与 XY 平面的夹角 3 个参数来定义点，如图 9-8 所示。例如（100 <50 <20）和（@110 <120 <30）都是合法的球坐标。

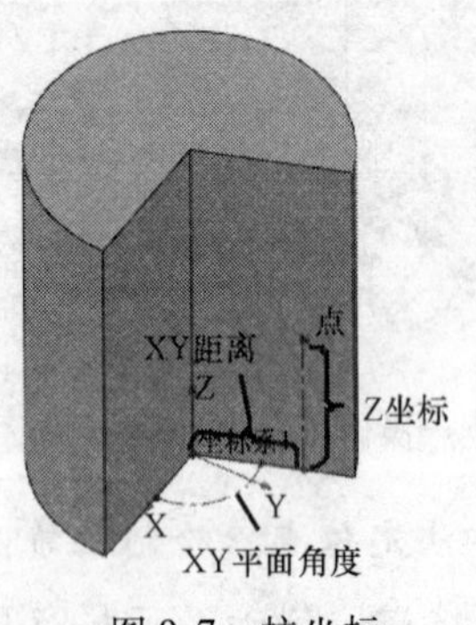

图 9-7 柱坐标

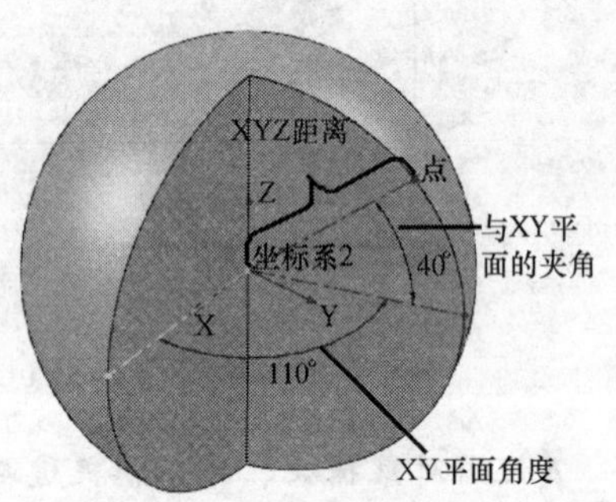

图 9-8 球坐标

9.1.4 3D 导航立方体

自 AutoCAD 2009 开始，系统在操作界面的右上角引入了 3D 导航立方体（图 9-9），鼠标在此立方体上移动时，会亮显热点，单击某一热点即可切换到此相关视图。

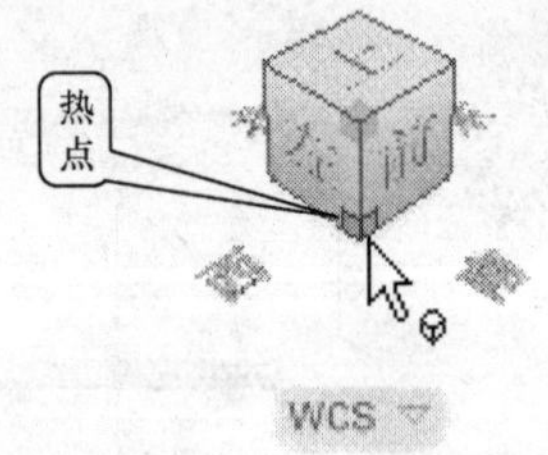

图 9-9 3D 导航立方体

9.1.5 动态观察视图——3DORBIT、3DFORBIT 和 3DCORIT

执行 3DORBIT、3DFORBIT、3DCORIT 命令，或选择"视图"→"动态观察"菜单下的各子菜单项，可通过模拟相机（视点）移动，以视口中心为目标点，在三维空间内动态观察对象，具体如下。

受约束的动态观察（3DORBIT）：显示三维动态观察光标图标，以视口中心为目标点，随意旋转视图，如图 9-10 所示（也可按住【Shift】+鼠标滚轮，启用该命令。

自由动态观察（3DFORBIT）：当光标移进大圆时，显示形状，此时的功能与受约束的动态观察相同；光标移出大圆时显示形状，此时按住鼠标左键并拖动，视图将绕大圆旋转；光标移进弧线球上下边或左右边的小圆时显示形状，此时可绕大圆的水平轴或竖直轴旋转，如图 9-11 所示。

连续动态观察（3DCORIT）：连续地进行动态观察。执行命令后，在绘图区中单击并沿任意方向拖动鼠标，释放鼠标后，开始沿此方向演示动画，再次单击鼠标，可结束动画演示，如图 9-12 所示。

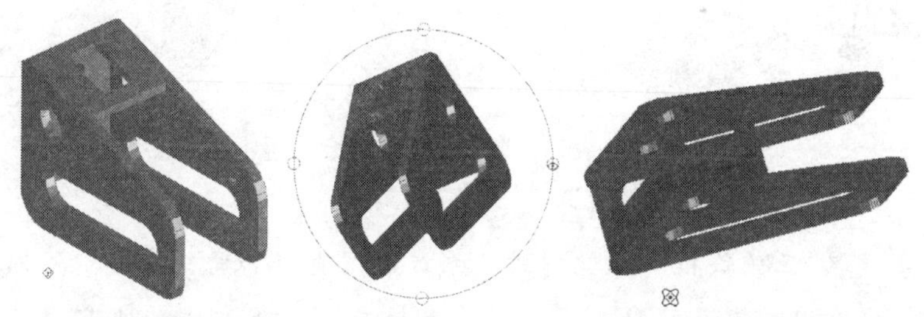

图 9-10　受约束的动态观察　图 9-11　自由动态观察　图 9-12　连续动态观察

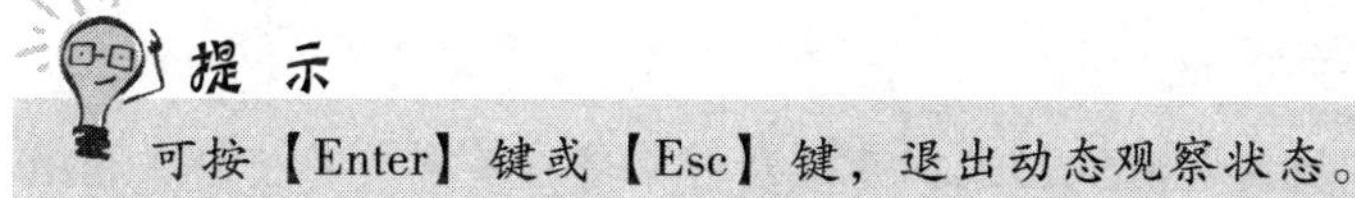

提 示

可按【Enter】键或【Esc】键，退出动态观察状态。

9.1.6　典型视觉样式——VSCURRENT

为了更好地观察视图，可以执行 VSCURRENT 命令，或选择“视图”→“视觉样式”菜单下的子菜单项，切换不同的视觉样式。AutoCAD 共提供了 5 种视觉样式(图 9-13)，下面分别说明一下其意义。

“二维线框”视觉样式：系统用直线和曲线表示边界对象，且光栅、OLE 对象、线型和线宽可见。

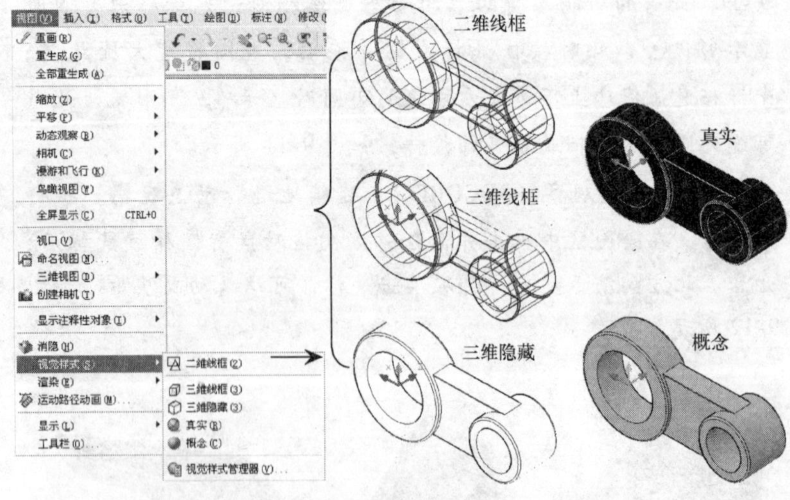

图 9-13 视觉样式调整

"三维线框"视觉样式：系统也用直线和曲线表示边界对象，但此时系统将显示一个已着色的三维 UCS 图标，也可显示特定的背景色（"三维线框"状态下，光栅图像显示更加清晰）。

"三维隐藏"视觉样式：显示用三维线框表示的对象，并隐藏不可见的线。

"概念"视觉样式：系统对对象进行着色，并使对象的边平滑。着色使用冷色和暖色进行过渡，效果缺乏真实感，但是立体感明显增强。

"真实"视觉样式：系统同样对对象进行着色，不但使对象的边线更加光滑，而且可以显示已附着到对象上的材质，令对象的显示更加逼真。

着色图形被保存后，当再次打开时，其着色模式不变。

9.1.7　消隐和重生成——HIDE（或 HI）和 REGEN（或 RE）

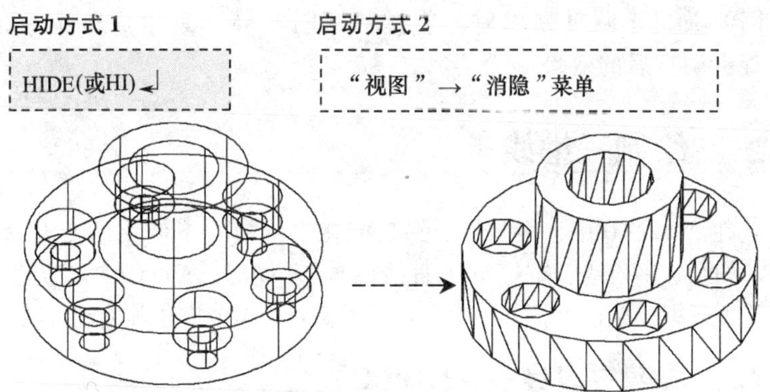

执行 HI 命令，可将位于三维实体背面看不见的线遮挡，并在视图正面添加较多斜线，以使用户更好地观察视图。

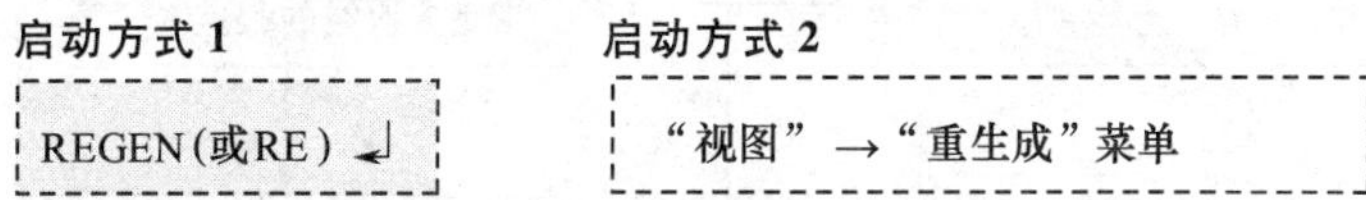

视图被消隐后，无法进行平移、缩放等操作，要重新操作图形，需执行 RE 命令，或选择“视图”→“重生成”菜单。

9.1.8　调整曲面轮廓线显示——ISOLINES

启动方式 1

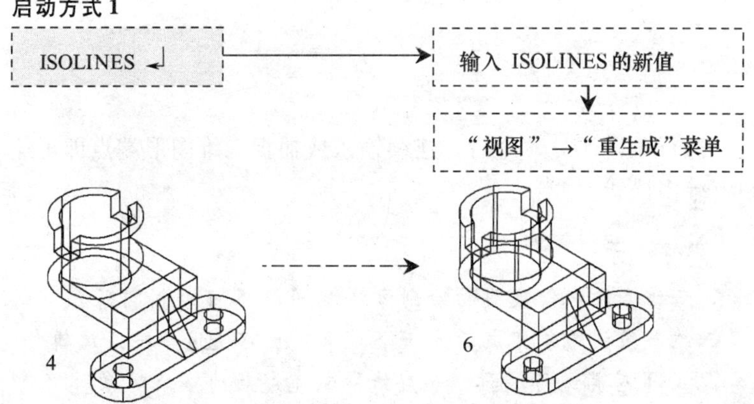

系统显示三维图形的默认网线数目为4，此时所表达的图形并不一定完整。可执行ISOLINES命令，然后输入新的数字来调整网线数目。调整完成后，选择“视图”→“重生成”菜单，可查看调整后的效果。

9.2 绘制三维线条

在AutoCAD中，很多命令都只能在二维模式下使用的专有命令，如圆、多段线、矩形等（直线除外）。同时，AutoCAD也提供了几个三维线条命令，如三维多段线和螺旋，本节讲述其绘制方法。

9.2.1 三维多段线——3DPLOY

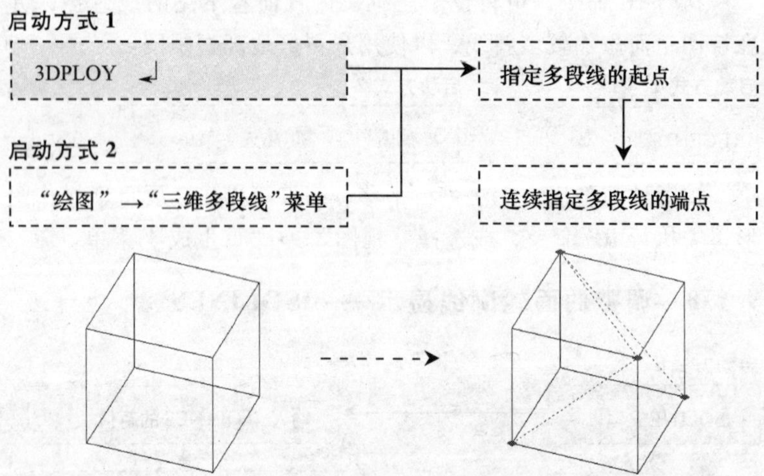

执行3DPLOY命令后，连续输入或捕捉三维图形端点即可绘制三维多段线。

提 示

三维多段线与直线的绘制方法相同（不可绘制圆弧），只是三维多段线绘制完成后为一个对象，且可使用多段线编辑命令PEDIT对其进行编辑，而直线绘制完成后为多个对象。

9.2.2 螺旋——HELIX

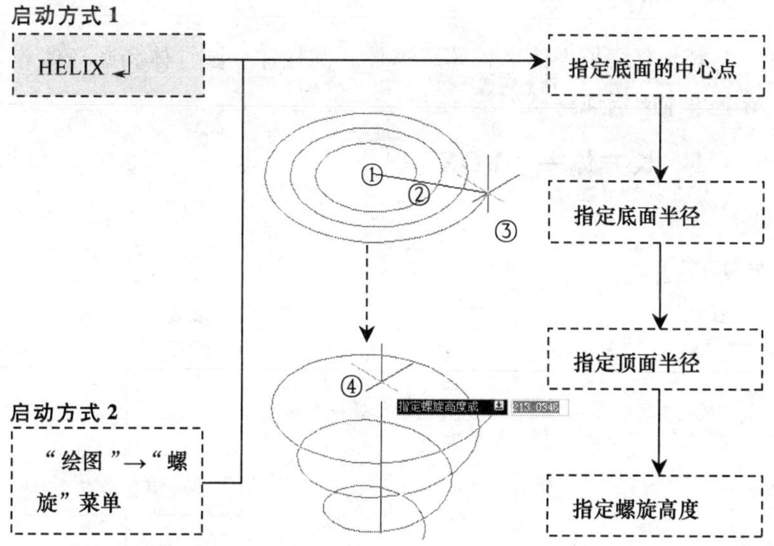

执行 HELIX 命令，首先指定螺旋底面的中心点，然后拖动鼠标指定底面半径，再拖动鼠标指定顶面半径，最后上下拖动鼠标指定螺旋的高度，即可绘制螺旋。

在绘制螺旋的过程中，系统会出现“**指定螺旋高度或[轴端点(A)/圈数(T)/圈高(H)/扭曲(W)]:**”提示信息，其中各选项的意义如下。

1）**轴端点（A）**：选择该选项后，可在三维空间中任意位置指定螺旋轴的端点，从而确定螺旋的长度和方向。

2）**圈数（T）**：选择此参数后，可设置螺旋的圈数。

3）**圈高（H）**：选择该选项后，可设置螺旋内一个完整圈的高度。指定圈高后，螺旋中的圈数将相应地自动更新。

4）**扭曲（W）**：选择该选项后，可指定以顺时针方向还是逆时针方向绘制螺旋，系统默认绘制逆时针螺旋。

9.3 绘制基本实体

本节介绍长方体、楔体、球体、圆柱体、圆锥体和圆环体等基本实体的快捷绘制方法。

9.3.1 长方体——BOX

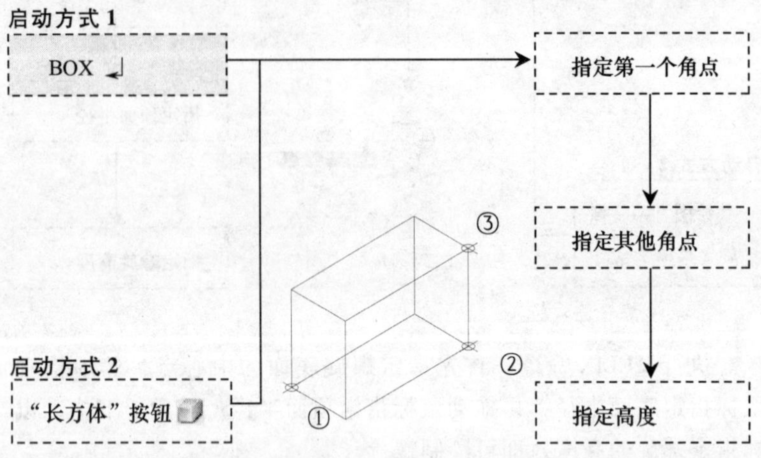

执行 BOX 命令（也可以选择"绘图"→"建模"→"长方体"菜单），指定长方体的第一个角点，再指定其他角点，最后指定高度，即可绘制一个长方体。

提 示

在绘制长方体的过程中，系统提示"**指定其他角点或［立方体（C）/长度（L）］：**"时，选择 C 项可以绘制立方体，选择 L 项，可以"**先后确定底面两个边长，再确定高度**"的形式绘制长方体。

9.3.2 楔体——WEDGE（或 WE）

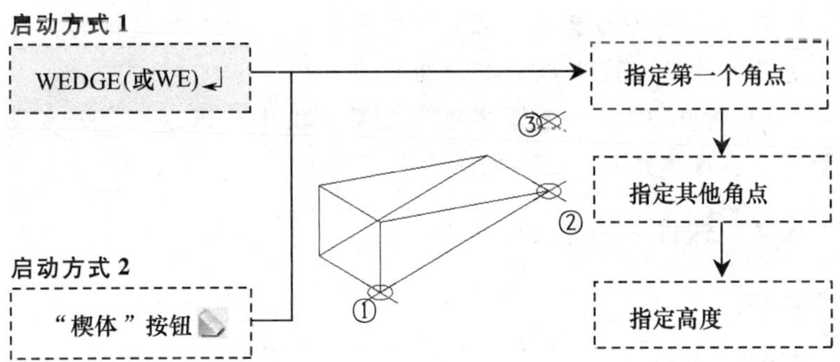

执行 WE 命令（也可以选择“绘图”→“建模”→“楔体”菜单），指定楔体的第一个角点，再指定其底部面的对角点，最后指定高度，即可绘制一个楔体（与长方体的绘制方法基本一致）。

9.3.3 多段体——POLYSOLID

多段体实际上可以看作具有固定宽度和高度的多段线，如图9-14所示。执行 POLYSOLID 命令或选择“绘图”→“建模”→“多段体”菜单，用户即可以像绘制多段线一样直接绘制多段体，也可以将现有直线、二维多段线、圆弧或圆等转换为多段体。

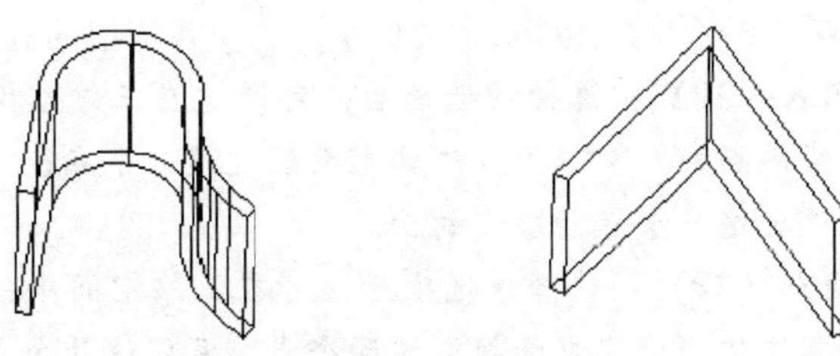

图 9-14　多段体

在绘制多段体的过程中，命令行会提示“**指定起点或［对象(O)/高度(H)/宽度(W)/对正(J)］<对象>：**”，各选项的意义如下。

1）直接单击可以绘制多段线。

2）**对象（O）**：选择该项可以选择将已有对象转换为多段体。

3）**高度（H）/宽度（W）**：选择后可以指定多段体的高度与宽度（默认高度为80，宽度为5）。

4）**对正（J）**：选择此项可设置多段体对正方式，如多段线位于多段体的左侧、右侧还是中部。

9.3.4 球体——SPHERE

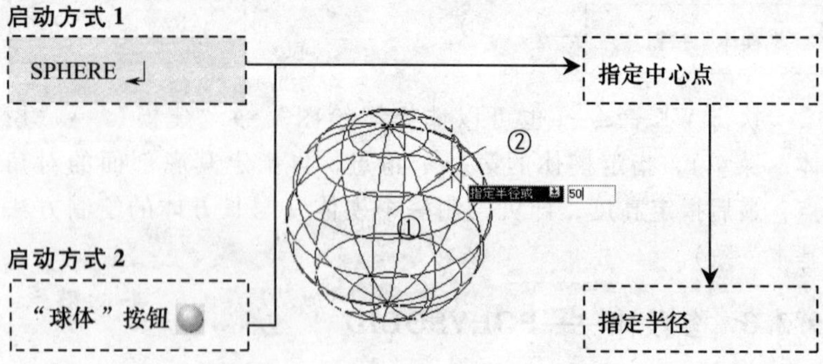

执行SPHERE命令（也可以选择“绘图”→“建模”→“球体”菜单），先后指定球体球心坐标和球体半径即可绘制球体。

执行绘制球体命令后，命令行会提示“**指定中心点或**［三点(3P)/两点(2P)/相切、相切、半径(T)］：”，各选项的意义如下。

1）**三点（3P）**：选择该选项后，可通过在三维空间中指定三个不共线的点来定义球体，球体表面经过这三个点，且其最大截面也经过由这三个点所决定的面。

2）**两点（2P）**：选择该选项后，可在三维空间中任意指定两点来绘制球体，球体表面经过这两个点，且以这两个点的距离为直径生成球体。

3）**相切、相切、半径（T）**：选择该选项后，可定义具有指定半径，且与两个对象相切的球体。

9.3.5 圆柱体——CYLINDER（或 CYL）

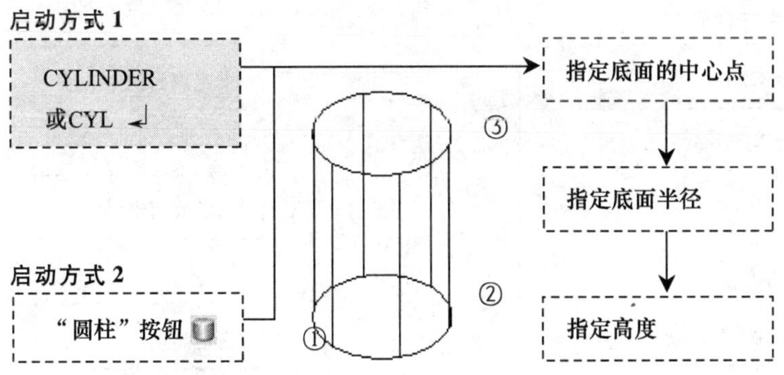

执行 CYL 命令（也可以选择“绘图”→“建模”→“圆柱体”菜单），首先单击两点绘制圆柱体的底面圆，然后指定其高度，即可完成圆柱体的绘制。

在绘制圆柱体的过程中，在命令行提示“**指定底面的中心点或［三点(3P)/两点(2P)/相切、相切、半径(T)/椭圆(E)］:**”时，选择 E 选项，可以绘制底面为椭圆的圆柱体（其他选项的意义同 9.3.4 节中的球体）。

此外，在命令行提示“**指定高度或［两点（2P)/轴端点(A)］ < *** >：**”时，选择 A 选项，可通过指定轴端点的位置来确定圆柱体的长度和方向，如图 9-15 所示。

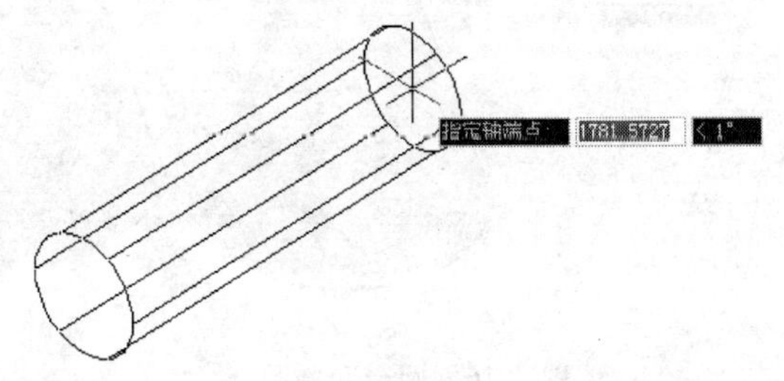

图 9-15 通过指定“轴端点（A）”绘制圆柱体

9.3.6 圆锥体——CONE

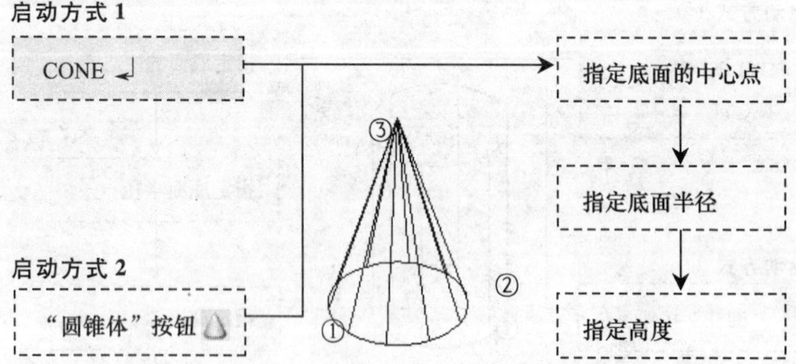

执行CONE命令（也可以选择"绘图"→"建模"→"圆锥体"菜单），可按照与绘制圆柱体相同的操作绘制圆锥体。

在执行绘制圆锥体的过程中，在命令行提示"**指定高度或［两点(2P)/轴端点(A)/顶面半径(T)］<＊＊＊>:**"时，选择T选项，可通过指定顶面半径来绘制圆台或椭圆台，如图9-16所示（其他选项的意义可参考9.3.5节的圆柱体）。

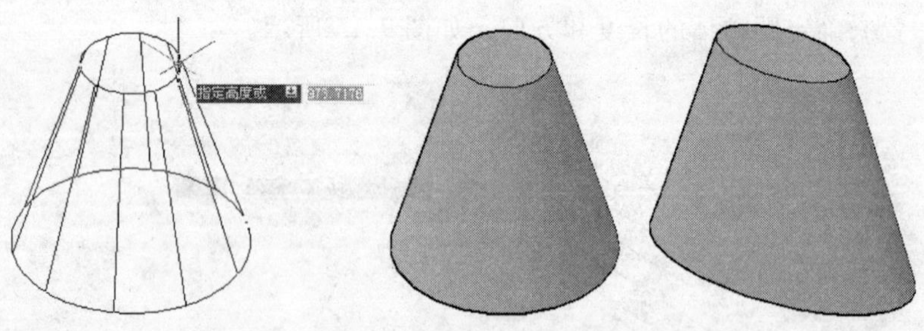

图9-16　圆台和椭圆台

9.3.7 圆环体——TORUS

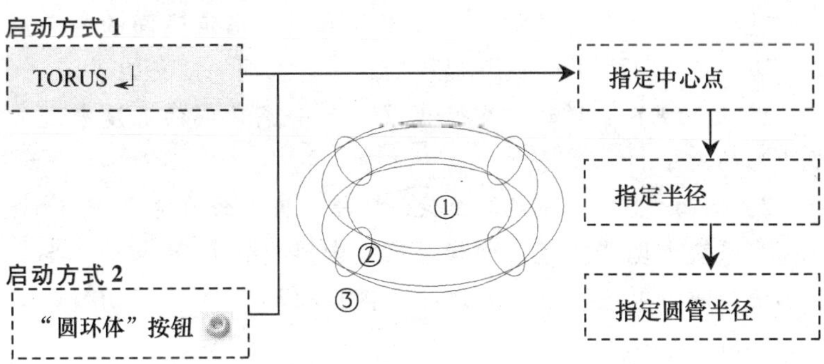

执行TORUS命令（也可以选择“绘图”→“建模”→“圆环体”菜单），可首先指定圆环中心点，然后指定圆环半径，再指定圆管半径，即可绘制圆环体。

提 示

在执行绘制圆环体的过程中，命令行提示“**指定中心点或[三点(3P)/两点(2P)/相切、相切、半径(T)]：**”时，各选项的意义与绘制球体时各个选项的意义相似，此处不再解释。

9.3.8 棱锥面——PYRAMID

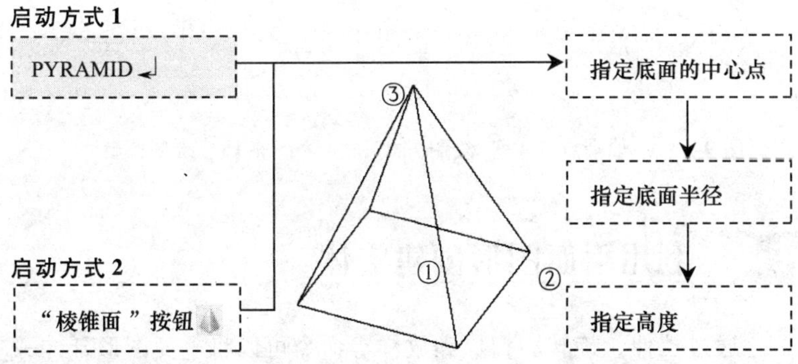

执行PYRAMID命令（也可以选择“绘图”→“建模”→

“棱锥面”菜单，首先底面中心点，然后指定底面半径，再指定棱锥高度，即可绘制棱锥面。

在绘制棱锥面的过程中，系统会出现**“指定底面的中心点或［边（E）/侧面（S）］:”**提示信息，各选项的意义如下。

1）**边（E）**：通过指定底面多边形一条边线的长度来定义多边形的大小。

2）**侧面（S）**：指定侧面数，即指定棱锥面的棱数。

当系统出现**“指定底面半径或［内接（I）］ <＊＊＊>:”**提示信息时，可选择底面多边形**“内接（I）”**或**“外切（C）”**于底面圆。

当系统出现**“指定高度或［两点（2P）/轴端点（A）/顶面半径（T）］:”**提示信息时，各选项的意义如下。

1）**两点（2P）**：通过两点指定棱锥高度。

2）**轴端点（A）**：通过指定轴端点绘制倾斜棱锥面（图9-17）。

3）**顶面半径（T）**：通过设置棱锥顶面半径来绘制棱台（图9-18）。

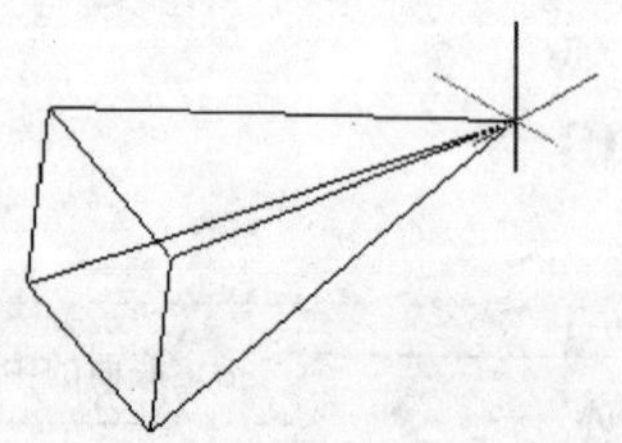

图9-17 “轴端点（A）”绘制方式

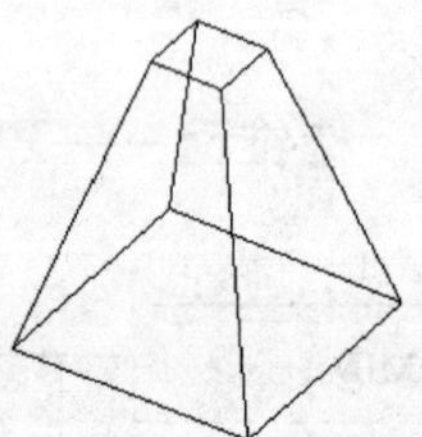

图9-18 绘制棱台

9.4 利用平面图形创建实体

通过拉伸、旋转、扫掠和放样等命令可以将平面图形延伸一定的距离，从而创建实体，本节讲述其创建方法。

9.4.1 拉伸创建实体——EXTRUDE（或 EXT）

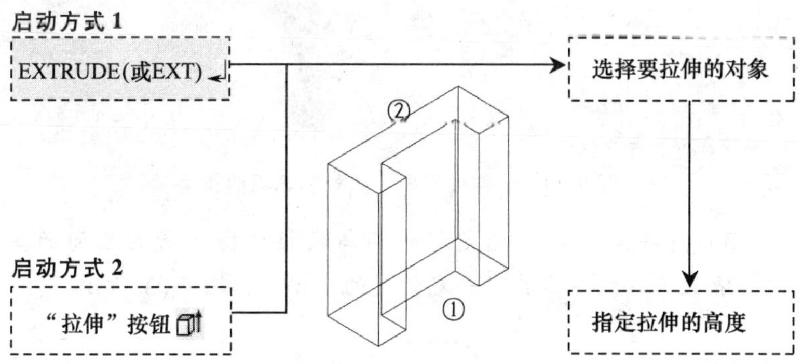

执行 EXTRUDE 命令（也可以选择“绘图”→“建模”→“拉伸”菜单），首先选择要拉伸的封闭图形或面域，然后指定拉伸高度，即可创建拉伸实体。

在执行拉伸命令的过程中，命令行会提示**“指定拉伸的高度或［方向（D）/路径（P）/倾斜角（T）］<＊＊＊>:”**信息，各选项的意义如下。

1）**方向（D）**：通过指定两点来设置拉伸方向，如图 9-19 所示（如不进行此项设置，系统默认以垂直于封闭图形面的方向进行拉伸）。

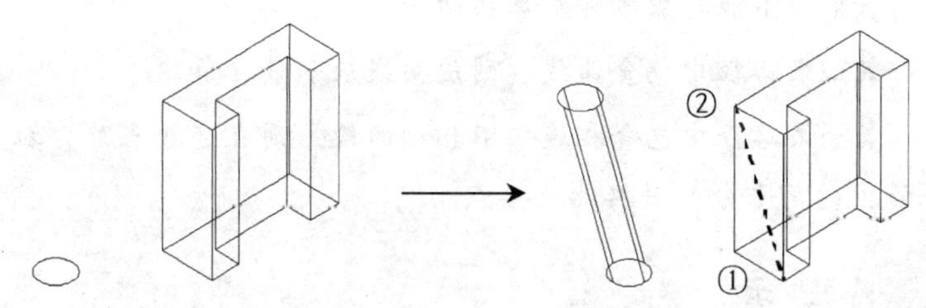

图 9-19 拉伸过程中“方向”选项的作用

2）**路径（P）**：设置图形沿指定路径进行拉伸，如图 9-20 所示。

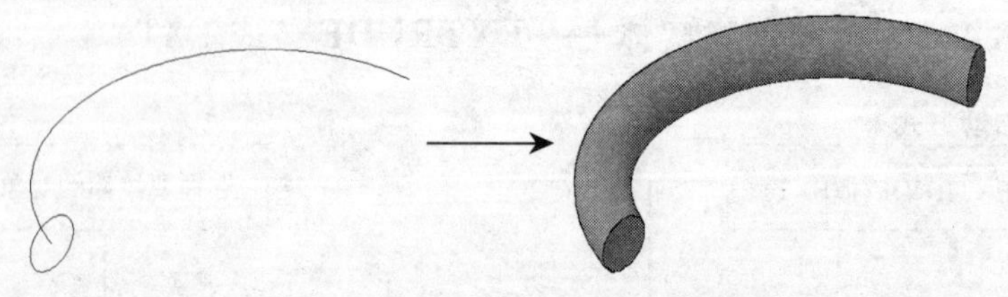

图 9-20　拉伸过程中“路径”选项的作用

3）**倾斜角（T）**：指定拉伸面与被拉伸图形所在面间的夹角，依次可以拉伸出具有一定锥度的实体，如图 9-21 所示。

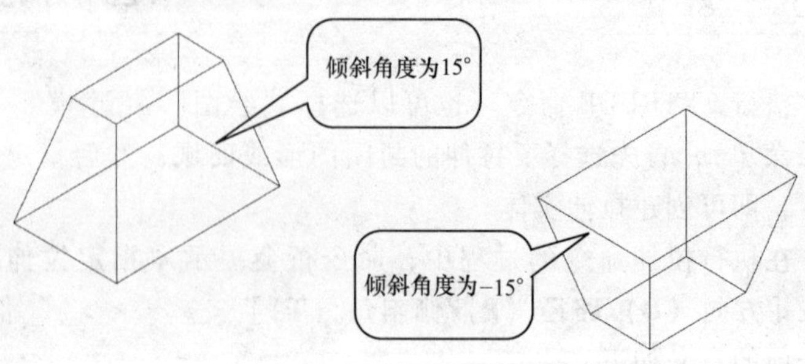

图 9-21　拉伸过程中“倾斜角”选项的作用

沿指定路径拉伸对象时要注意以下几点。

- 路径不能与被拉伸对象共面。
- 如果路径中包含曲线，则该曲线应不带尖角。
- 如果路径中包含相连但不相切的段，则在连接点处，拉伸会沿段的角平分面斜接此连接点。

提　示

如果被旋转的封闭区域由多个对象组成（比如圆弧和直线），此时将生成曲面，除非先将它们转换为面域或封闭多段线。

9.4.2 旋转创建实体——REVOLVE（或 REV）

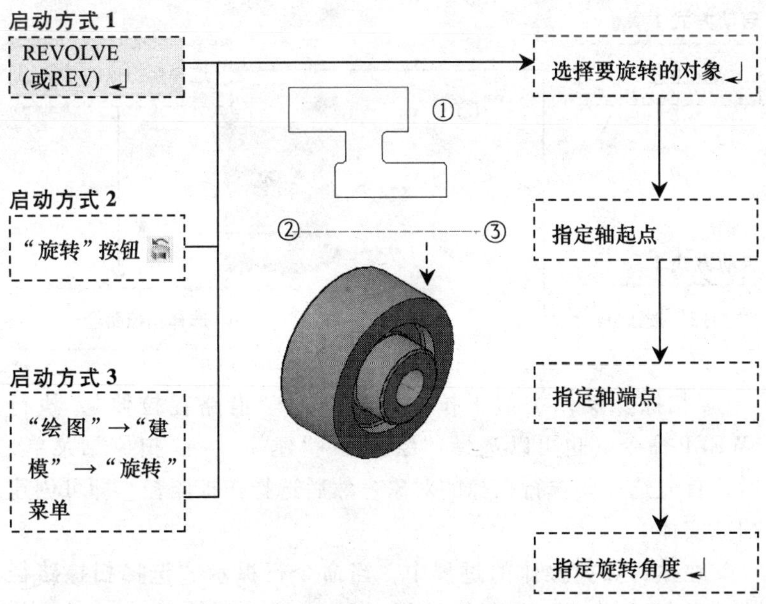

执行 REV 命令后，首先选择用于旋转的二维图形，然后分别指定旋转轴的两个端点，最后指定旋转角度，即可创建旋转实体。

在执行旋转操作的过程中，在命令行提示**"指定轴起点或根据以下选项之一定义轴 [对象 (O)/X/Y/Z] <对象>:"**时，如选择 O 项，则可以指定一个对象作为旋转轴，选择 X、Y 或 Z 项，表示指定 X、Y、Z 轴作为旋转轴。

提 示

此外，可以通过拖动图形夹点来调整图形，只是此种方式较难控制，所以较少使用。

9.4.3 扫掠创建实体——SWEEP

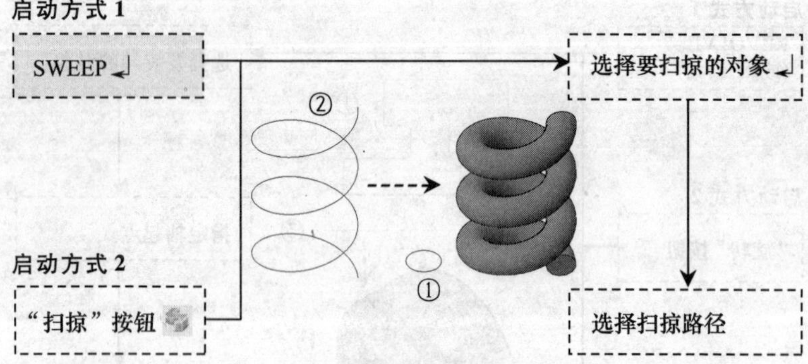

"扫掠"操作类似于拉伸操作中的"沿路径拉伸"，执行SWEEP命令（也可以选择"绘图"→"建模"→"扫掠"菜单）后，首先选择要执行扫掠的对象，然后选择扫掠路径，即可创建扫掠实体。

在执行扫掠操作的过程中，当命令行提示**"选择扫掠路径或［对齐（A）/基点（B）/比例（S）/扭曲（T）］:"**时，选择不同的选项可以对扫掠进行更多的设置，各项意义如下。

1）**对齐（A）**：选择该选项后，可设置扫掠轮廓是否始终垂直于扫掠路径（默认为对齐），如果选择不对齐，则将以轮廓原始曲面方向为截面进行扫描，效果如图9-22所示。

图9-22 "对齐"效果

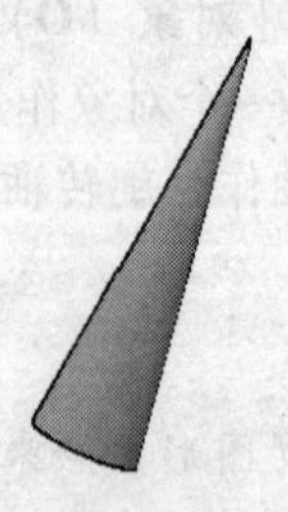

图9-23 "比例"效果

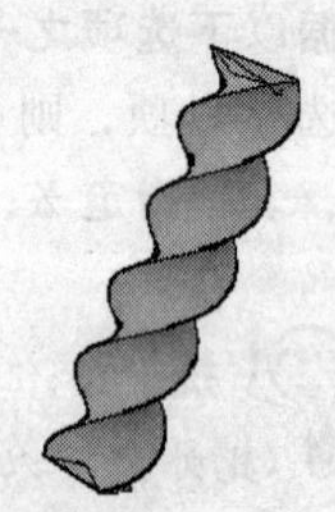

图9-24 "扭曲"效果

2）**基点（B）**：选择该选项后，可指定要扫掠轮廓的基点，即穿过扫掠路径的点。

3）**比例（S）**：选择该选项后，可在扫掠的过程中放大或缩小扫掠轮廓，以形成尖状的扫掠体，如图 9-23 所示。

4）**扭曲（T）**：选择该选项后，可设置扫掠轮廓的扭曲角度，如图 9-24 所示。

9.4.4 放样创建实体——LOFT

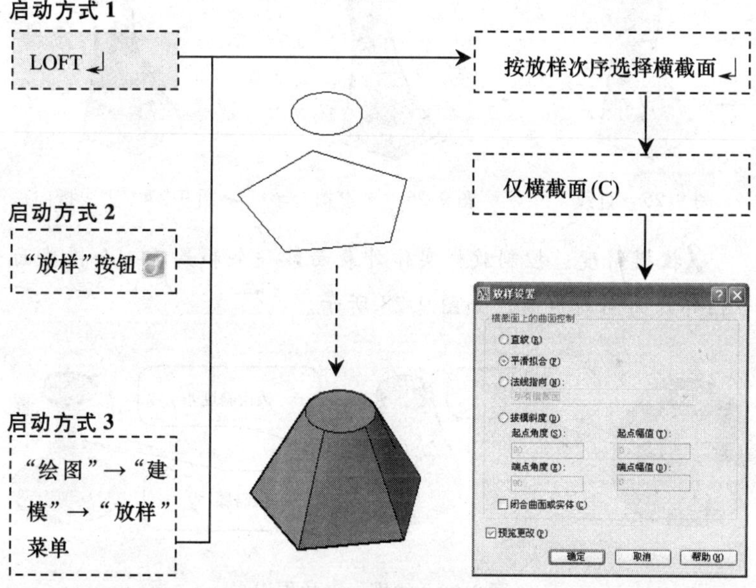

执行 LOFT 命令后，首先选择用于放样操作的横截面，然后选择"仅横截面（C）"选项，打开"放样设置"对话框，保持系统默认设置，单击"确定"按钮，即可创建放样实体。

在"放样设置"对话框中，选择的选项不同，所生成放样实体也不同，这里集中介绍各个选项的意义。

直纹：指定实体或曲面在横截面之间是直纹（直的），并且在横截面处具有鲜明边界，如图 9-25 所示。

平滑拟合：指定在横截面之间绘制平滑实体或曲面，并且在起点和终点横截面处具有鲜明边界，如图 9-26 所示。

法线指向：设置放样实体外表面与横截面法线相切，可以设置“起始面”、“终止面”及“所有面”都相切等，如图 9-27 所示。

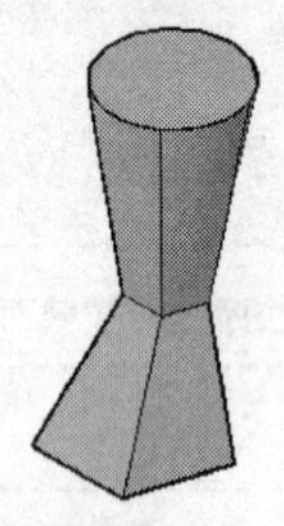

图 9-25　直纹

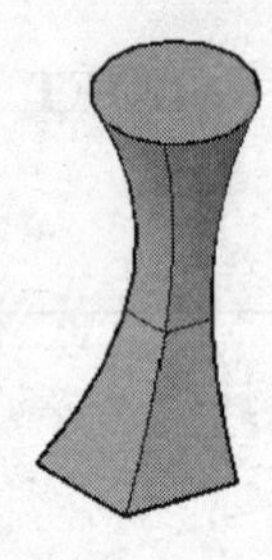
图 9-26　平滑拟合

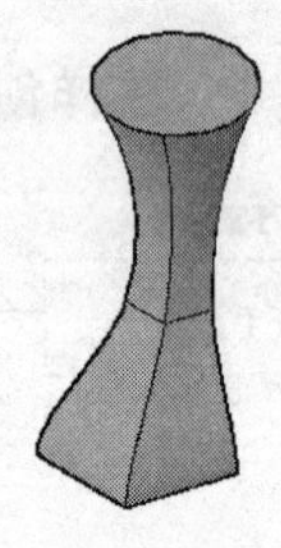
图 9-27　法线指向

拔模斜度：控制放样实体外表面第一个和最后一个横截面与相邻切面间的角度，如图 9-28 所示。

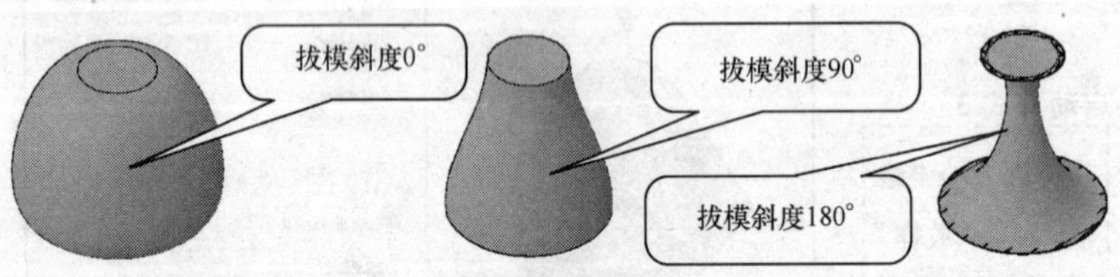

图 9-28　拔模斜度的作用

闭合曲面或实体：控制是否将生成的放样实体闭合，如图 9-29 所示。

预览更改：在操作区中预览当前设置效果。

此外，在执行放样命令的过程中，命令行会提示“**输入选项［导向（G）/路径（P）/仅横截面（C）］<仅横截面>:**”信息，其中“导向”和“路径”的意义如下。

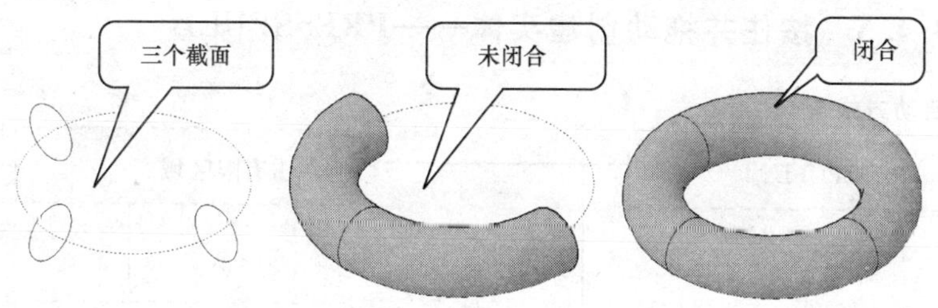

图 9-29 生成闭合实体

1）**导向**（G）：利用导向曲线控制放样效果，选中此项后，系统将要求选择导向曲线，如图 9-30 所示。

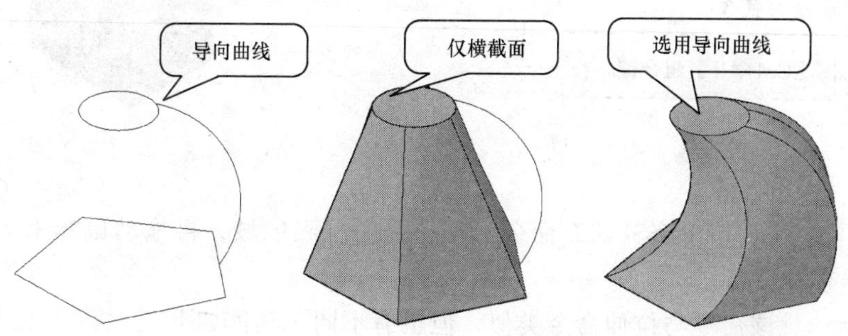

图 9-30 选择导向曲线的作用

2）**路径**（P）：选择该选项后，可按照路径对截面进行放样控制，如图 9-31 所示。

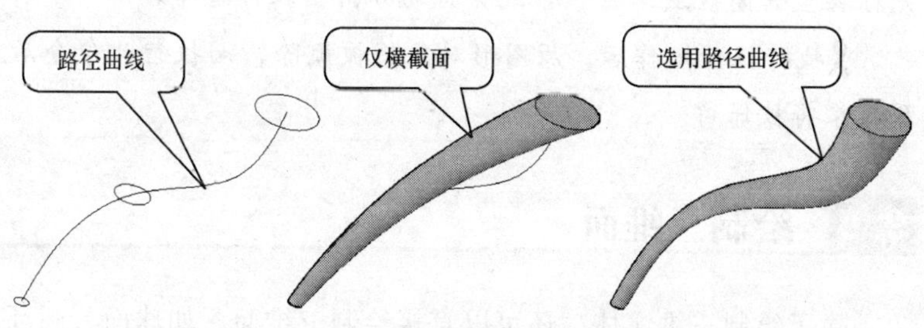

图 9-31 选择路径曲线的作用

9.4.5 按住并拖动创建实体——PRESSPULL

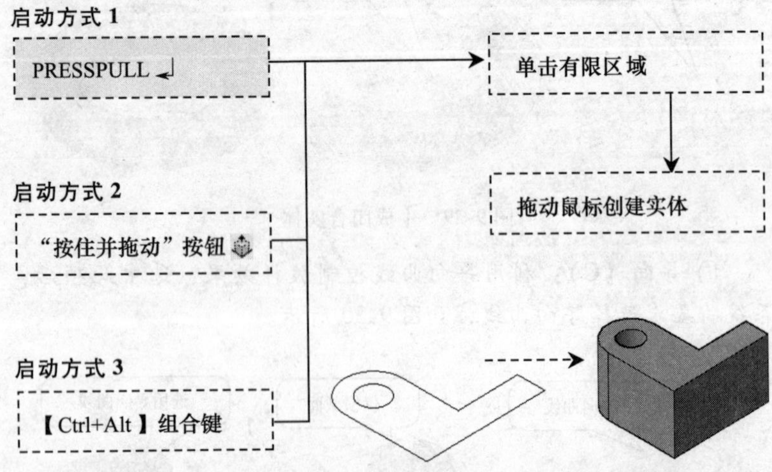

执行 PRESSPULL 命令，可先单击有限区域，再拖动鼠标来创建实体。

该命令与拉伸命令类似，但也有不同，具体如下。

- 执行拉伸操作时，如果封闭区域由多个对象组成，则拉伸时将生成曲面，而此命令仍将生成实体。
- 执行拉伸操作时必须选中对象，而执行此命令时，只需将光标移至封闭区域单击，系统会自动分析出拉伸边界。
- 执行拉伸操作后，原图形对象将被删除，而执行此命令后原对象将被保留。

9.5 绘制三维面

除了绘制三维实体，还可以直接绘制三维面，如球面、圆环面、直纹面等，下面介绍这些三维面的绘制方法。

9.5.1 平面曲面——PLANESURF

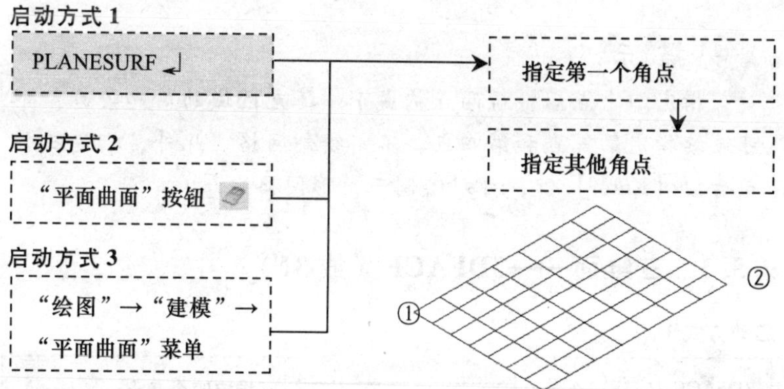

平面曲面可以理解为在一个平面上的面。执行 PLANESURF 命令，顺序指定两个对角点，即可以绘制一平面曲面。

在执行命令的过程中，命令行会出现**“指定第一个角点或［对象(O)］＜对象＞:”**提示信息，此时选择 O 选项，可以选择已有封闭图形来创建各种形状的平面曲面，如图9-32 所示。

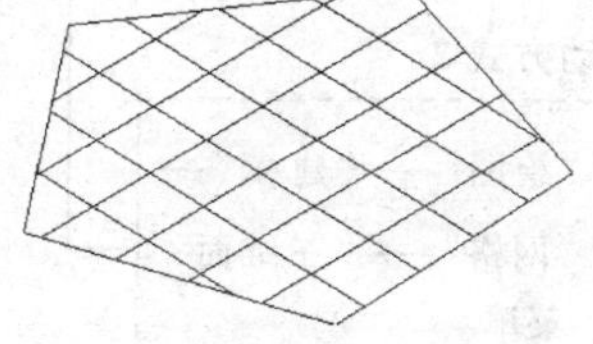

图 9-32　选择封闭图形创建的平面曲面

9.5.2 二维填充网格——SOLID（或 SO）

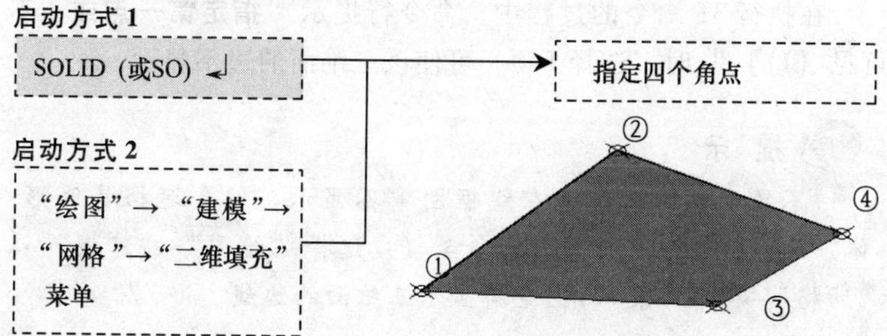

执行 SO 命令，指定同一平面上的四个点，可以绘制二维填充网格。

提 示

指定四个点后，后两点构成下一填充区域的第一条边，并可继续指定第三点和第四点，不断绘制网格。此外，指定三个点后按【Enter】键，可以绘制三角形网格。

9.5.3 三维面——3DFACE（或 3F）

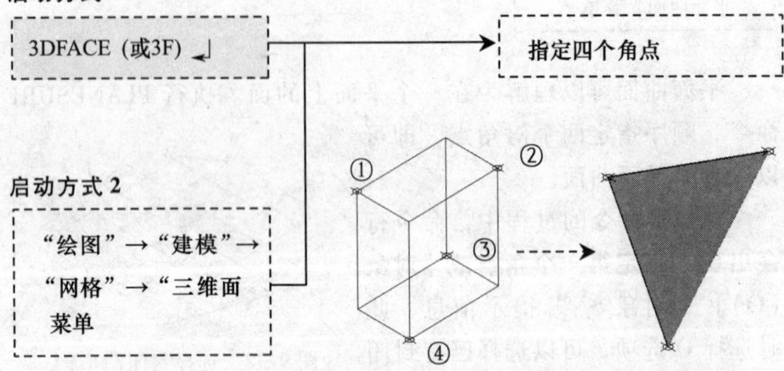

执行 3F 命令，指定三维空间内的任意四个点，可以绘制三维面。三维面与二维填充网格不同的是，可以使用空间内的任意点绘制面，而且所绘制的三维面中，每三个点构成一个三角形平面区域。

在执行 3F 命令的过程中，命令行提示**“指定第一点或［不可见（I）］:”**时，选择 I 项，可使该三维面的边不显示。

提 示

不显示边的三维面在线框图中不显示，但会遮挡其他形体。此外，可以执行 EDGE 命令（或选择“绘图”→“建模”→“网格”→“边”菜单），重新显示三维面的边线。

9.5.4 三维网格——3DMESH

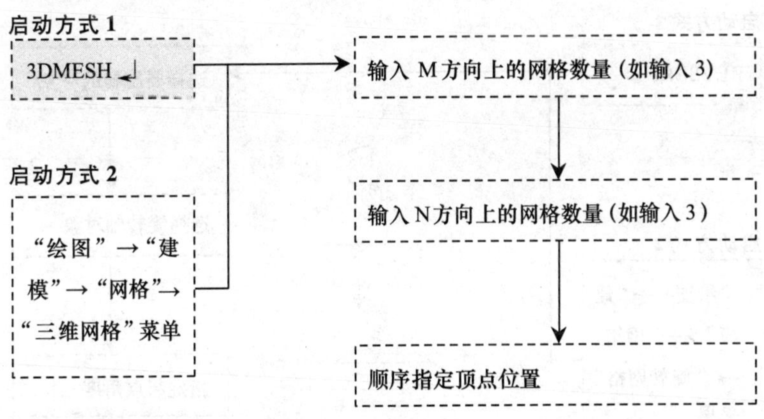

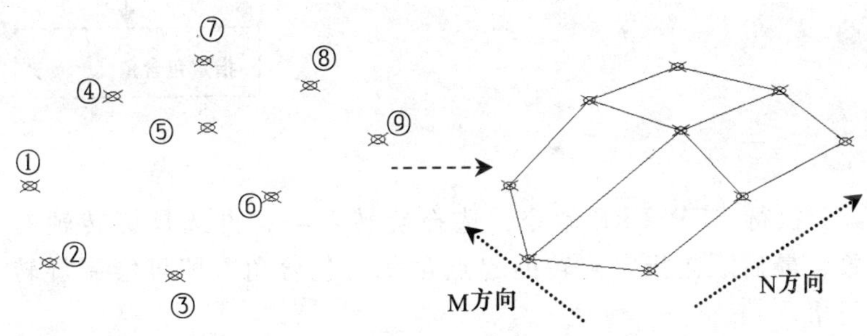

首先绘制好构成三维网格的矩阵点，然后执行 3DMESH 命令，设置三维网格 M 方向（第一方向）与 N 方向（第二方向）上点的数目，然后顺次选择各个点，即可绘制三维网格。

提 示

使用 PEDIT 命令可对绘制的三维网格进行编辑，如编辑顶点、平滑三维网格、在 M 和 N 方向上闭合三维网格等。

9.5.5 旋转网格——REVSURF

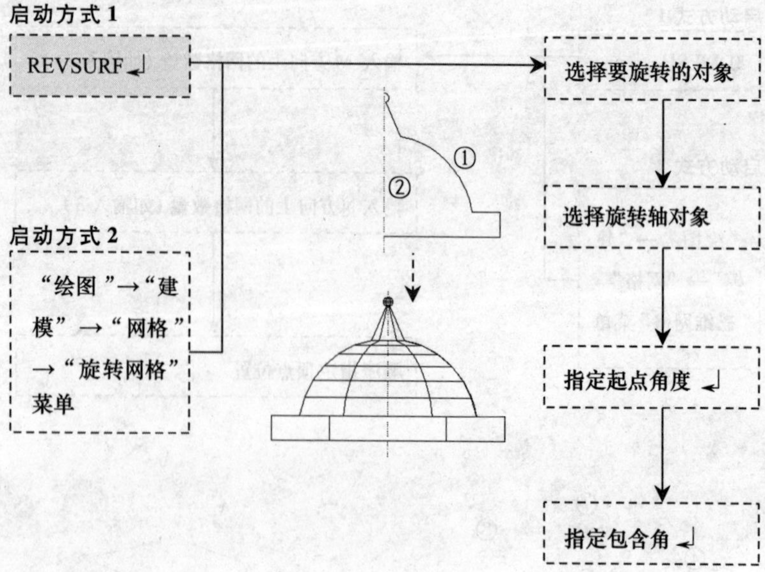

执行 REVSURF 命令，选择旋转对象，再选择旋转轴对象，最后顺次指定旋转的起点角度与包含角，即可绘制旋转网格。

在执行命令的过程中，系统会出现“当前线框密度：SURFTAB1 = 20　SURFTAB2 = 6”提示信息，用于提示当前网格在横向与竖向的网格密度，此密度值不同，所绘制的网格也不相同，如图 9-33 所示。

提 示

执行 SURFTAB1 和 SURFTAB2 命令，输入数值，可重新设置 SURFTAB1 和 SURFTAB2 两个系统变量的值，从而控制网格密度。

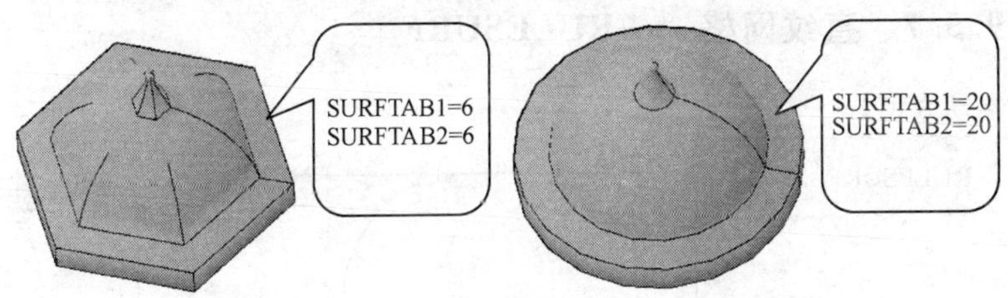

图 9-33　不同网格密度所生成的旋转网格

9.5.6　平移网格——TABSURF

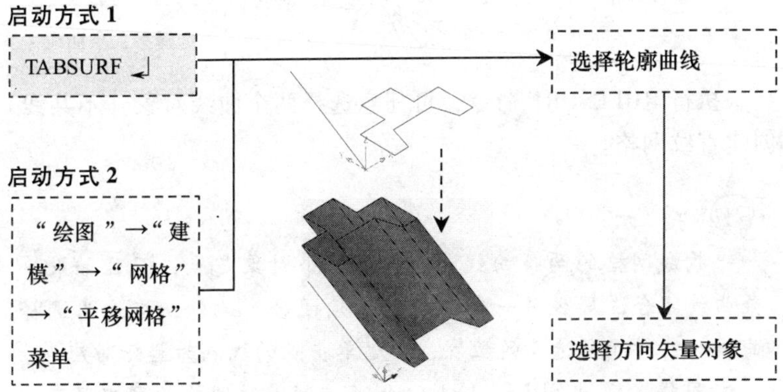

执行 TABSURF 命令，首先选择用于平移的轮廓曲线，再选择方向矢量对象，即可绘制平移网格（方向矢量的方向决定了网格平移的方向，方向矢量的长度决定了平移的距离）。

提　示

需要注意的是，方向矢量对象必须为直线，且在选择方向矢量时，所选位置能够决定网格平移的方向，如所选点在中点上部则向上平移，在中点下部则向下平移。

此外，可通过设置 SURFTAB1 变量值更改曲面上的网格数目。

9.5.7 直纹网格——RULESURF

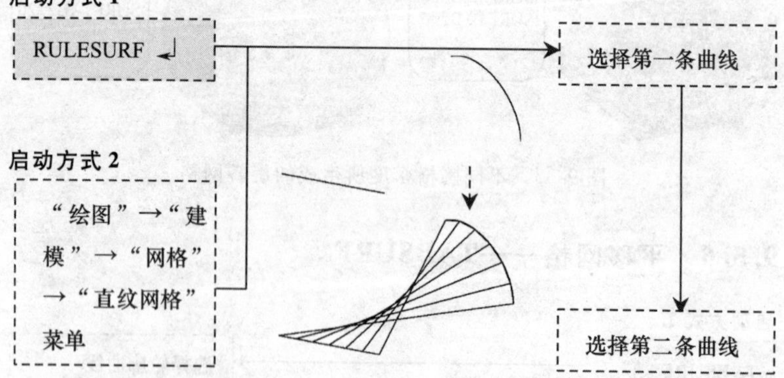

执行 RULESURF 命令，可任意选择两个曲线对象（不共线）创建直纹网格。

提 示

构成网格的两条曲线，只能有一个对象是点，而且如果一条曲线闭合，那么另一条曲线也必须闭合。此外，应注意选择曲线时，对于所选点的位置，靠近单击点的端点为起始对应点。

同样，通过 SURFTAB1 命令可控制直纹网格的网格数目。

9.5.8 边界网格——EDGESURF

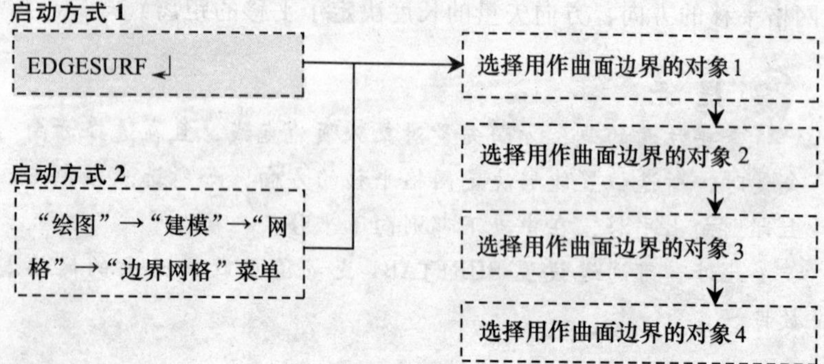

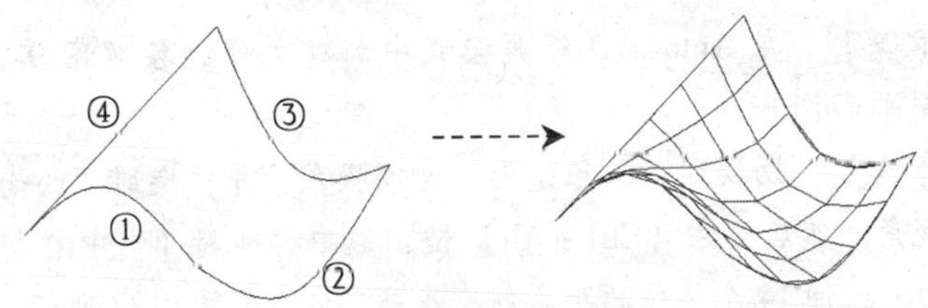

首先绘制四条首尾相连的曲线，然后执行 EDGESURF 命令，并顺序选择这四条曲线，即可绘制边界网格。

提 示

选择的第一条边确定网格的 M 方向，选择的第二条边确定网格的 N 方向。同样，使用 SURFTAB1 和 SURFTAB2 命令，可以设置网格在 M 和 N 方向上的网格数目。

9.6 轻松小练习——绘制底座三维视图

本节将绘制图 9-34 所示金属底座的三维视图，其参考三视图如图 9-35 所示。

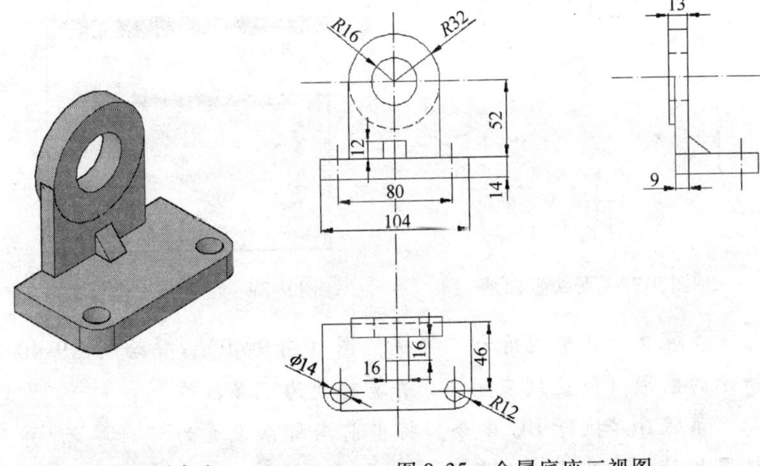

图 9-34 金属底座　　图 9-35 金属底座三视图

步骤1 在AutoCAD经典模式中新建文件，按照图9-36所示绘制平面图形。

步骤2 切换到“三维建模”空间模式，并转换到“西南等轴测”视角。然后按住【Ctrl + Alt】键，选中“步骤1”中绘制的图形，向上拉伸14个单位的距离创建基础实体，如图9-37所示。

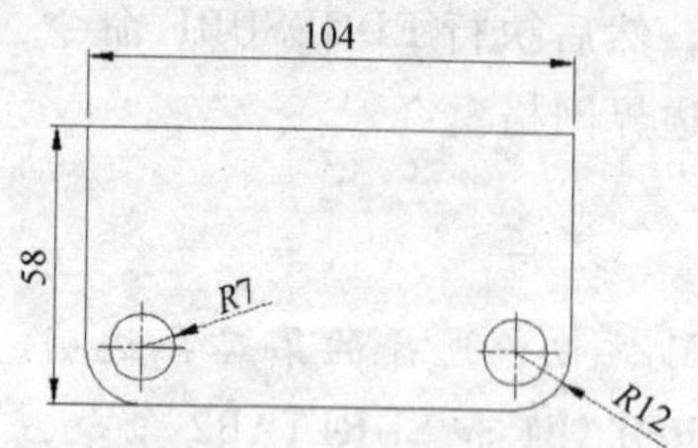

图9-36 绘制平面图形

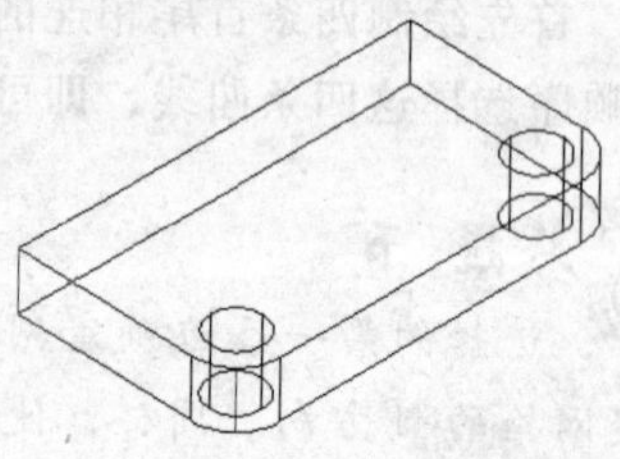

图9-37 拖动拉伸出的三维实体

步骤3 执行UCS命令，变换坐标系到如图9-38所示样式。

步骤4 执行UC命令，将当前坐标系命名为“我的坐标系1”，并在“正交USC”选项卡中设置相对坐标系为“我的坐标系1”，如图9-39所示。

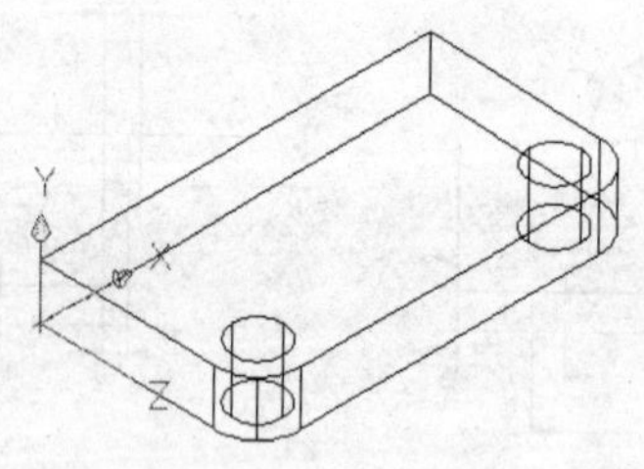

图9-38 变换坐标系1

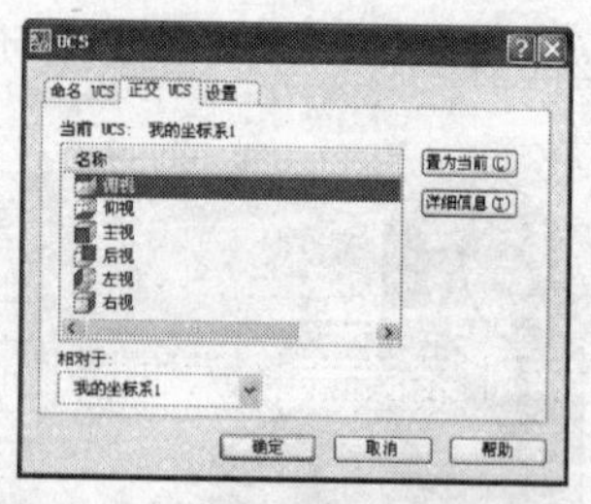

图9-39 设置相对坐标系

步骤5 调整视角为“仰视”图（图9-40），并绘制图9-40所示的图形（下边线应闭合，并需转换为“多段线”）。

步骤6 执行UC命令，将当前坐标系设置为“世界”，并设置相对坐标系为“世界”坐标系，如图9-41所示。

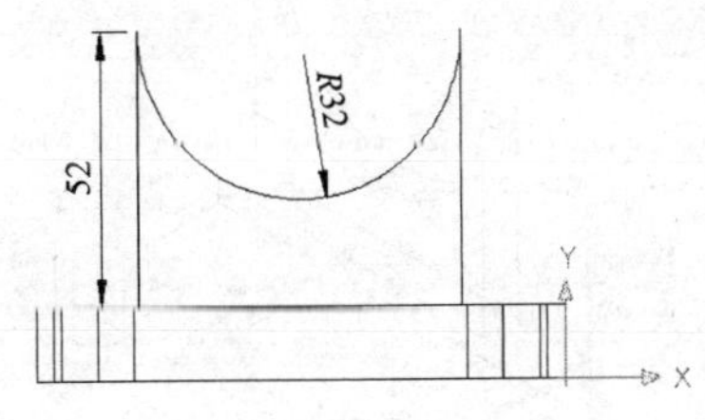

图 9-40　绘制图形

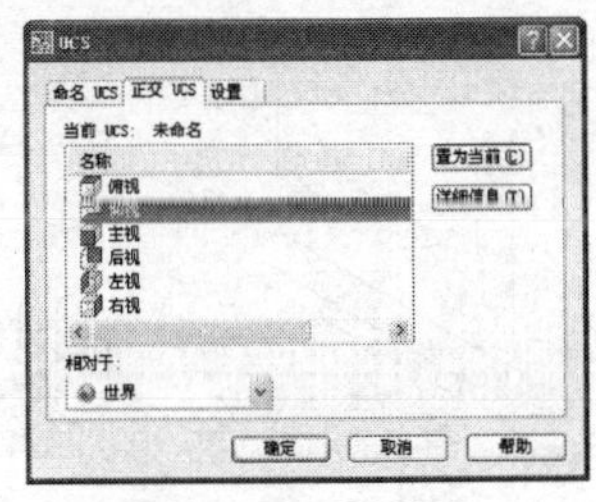

图 9-41　设置世界坐标系

步骤 7　切换回“西南等轴测”视角，如图 9-42 所示，然后选中“步骤 5”中创建的图形执行“拉伸”操作，拉伸高度为 9 个图形单位，效果如图 9-43 所示。

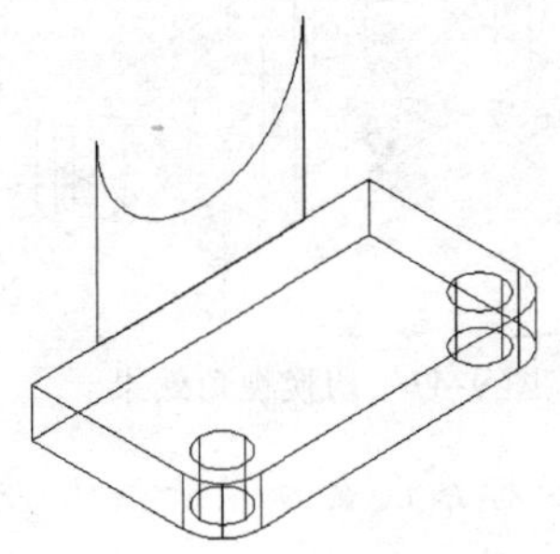
图 9-42　“西南等轴测”视角

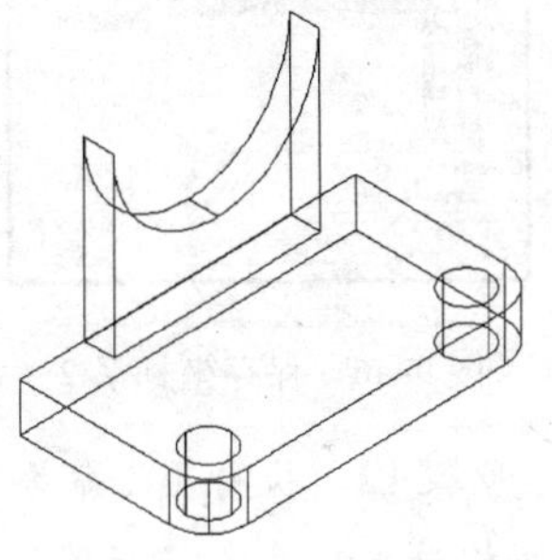
图 9-43　拉伸效果

步骤 8　绘制一距离“步骤 7”绘制的竖向实体边界 24 个图形单位的参考“点”，如图 9-44 所示。

步骤 9　执行 UCS 命令，变换坐标系到图 9-45 所示样式，此处变换坐标系的作用主要是为了下面方便绘制“楔体”。

步骤 10　执行 UC 命令，将当前坐标系重命名为“我的坐标系 2”，并设置相对坐标系为“我的坐标系 2”（图 9-46），然后切换视角为“西南等轴测”，如图 9-47 所示。

步骤 11　执行 WE 命令，捕捉“步骤 8”中的参考点，并以 16×16 为底面边长，以 12 为高绘制一“楔体”，如图 9-48 所示。

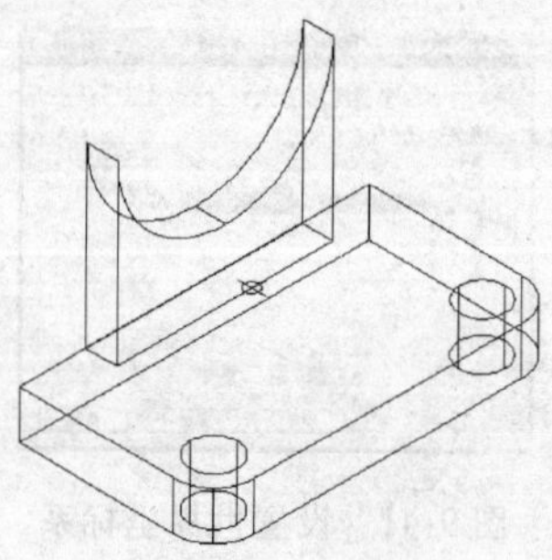

图 9-44　绘制图形

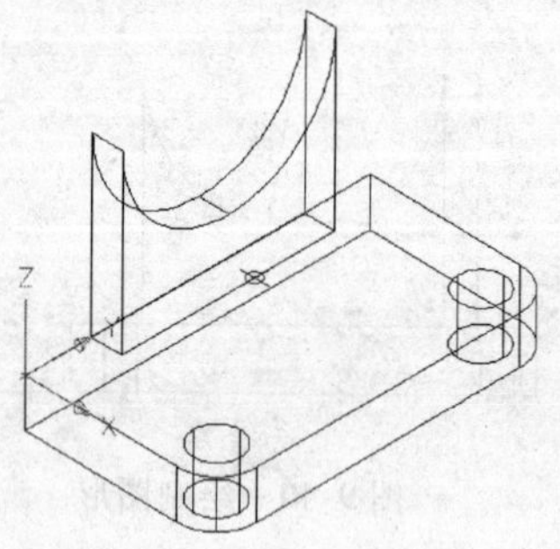

图 9-45　变换坐标系 2

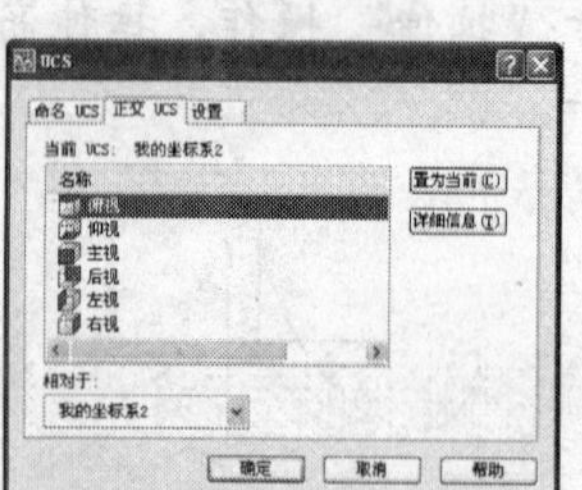

图 9-46　保存坐标系 2

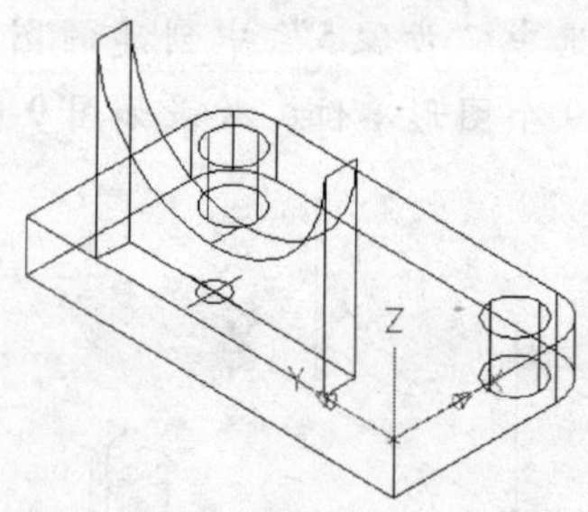

图 9-47　切换视角效果

步骤 12　执行 UC 命令，将当前坐标系设置为"世界"，并设置相对坐标系为"世界"坐标系，如图 9-49 所示。

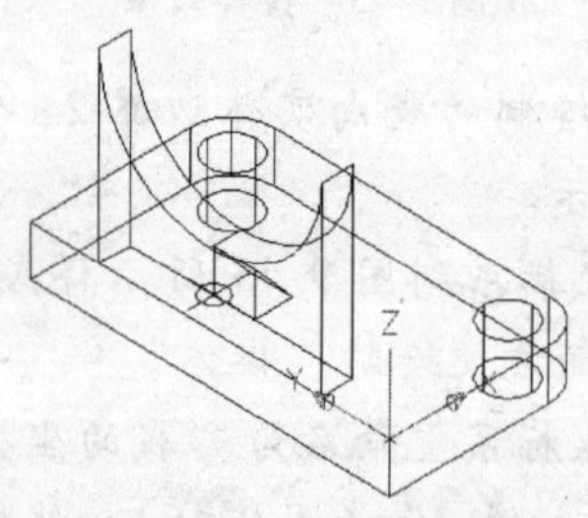

图 9-48　绘制"楔体"

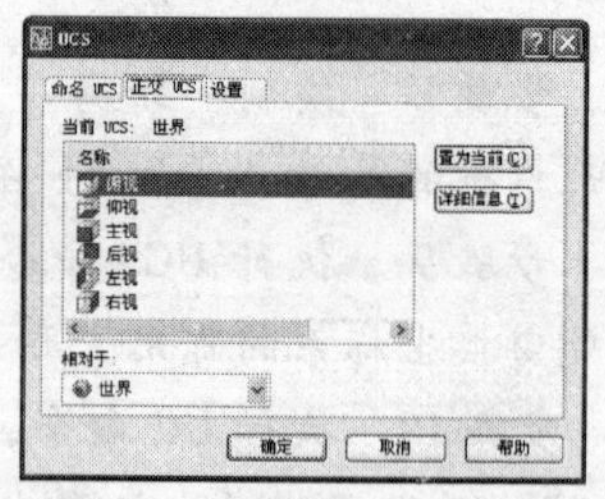

图 9-49　设置世界坐标系

步骤 13　切换回"西南等轴测"视角，将坐标系调整到图 9-50 所示样式，并将其命名为"我的坐标系 3"，设置相对坐标系为"我的坐标系 3"，如图 9-51 所示。

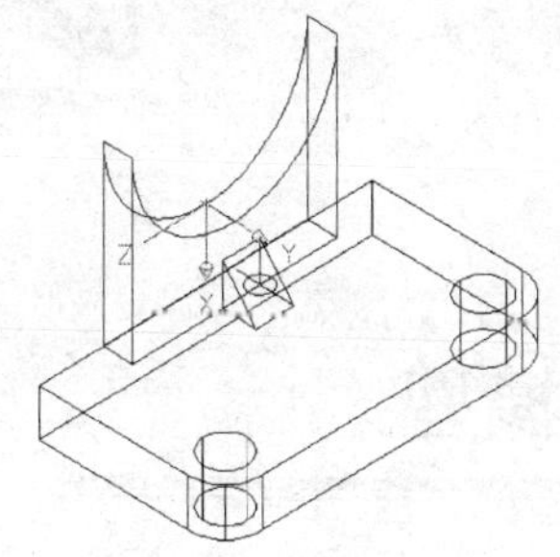

图 9-50 变换坐标系 3

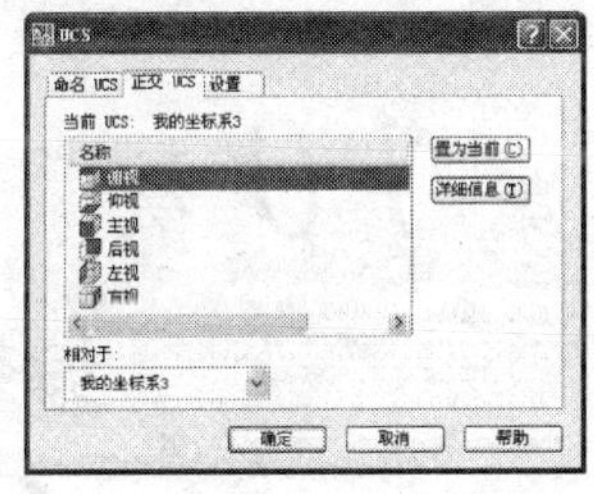

图 9-51 设置相对坐标系

步骤 14 调整视角为“俯视”图（图 9-52），并绘制图形（上边线与右侧横线对齐）。

步骤 15 执行 REV 命令，选择“步骤 14”中绘制的图形为要旋转的图形，以图 9-52 中所示 *A*、*B* 点间线段为旋转轴，执行旋转操作，效果如图 9-53 所示。

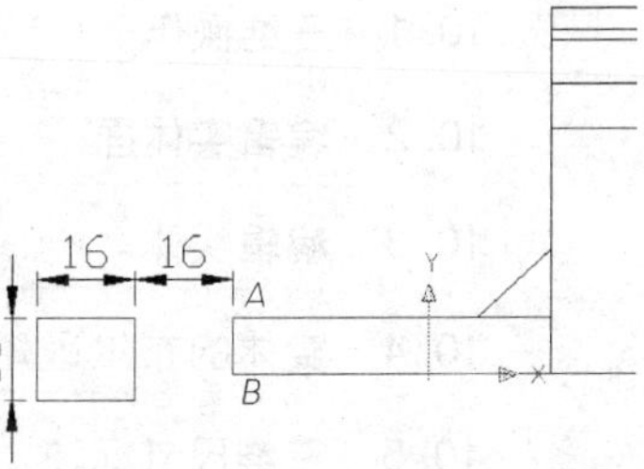

图 9-52 绘制图样

步骤 16 执行 UC 命令，按照前述操作，设置当前坐标系和相对坐标系都为“世界”坐标系，再切换回“西南等轴测”视角，可观察到视图的最终三维效果，如图 9-54 所示。

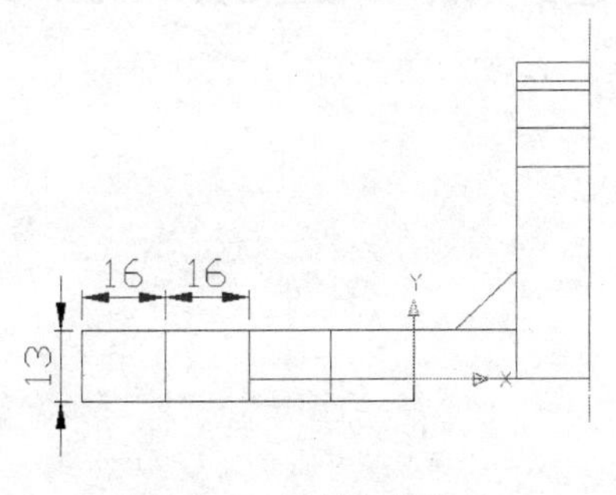

图 9-53 旋转实体效果

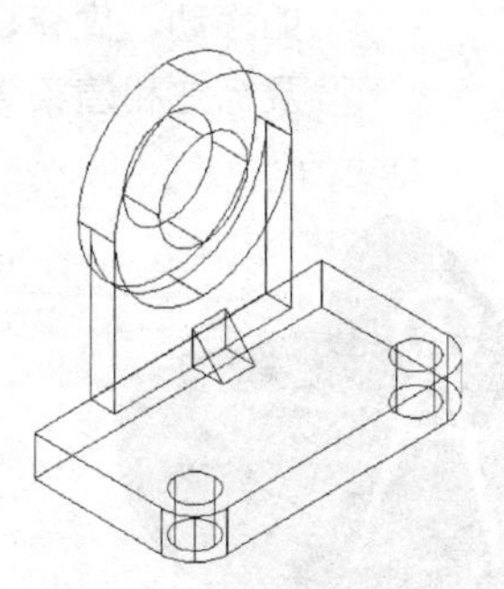

图 9-54 三维效果

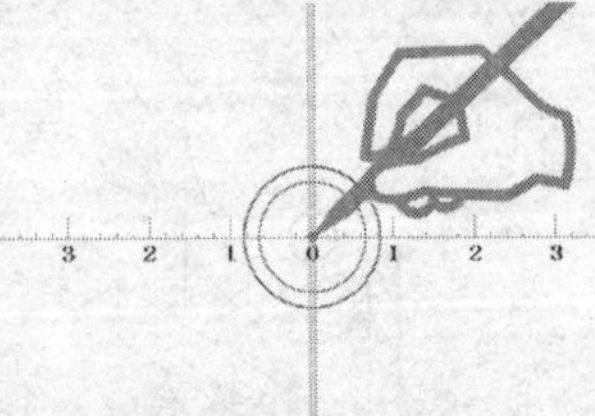

第10章

编辑三维模型

本章内容

本节介绍对已创建好的三维实体进行编辑的操作，如移动、旋转、阵列三维实体，编辑三维实体的面，以及标注和渲染等。

10.1 三维操作

可以对已创建的三维实体执行移动、旋转、对齐、镜像和阵列等操作，以快速、灵活地复制或定位三维对象，下面介绍相关操作。

10.1.1 三维移动——3DMOVE（或3M）

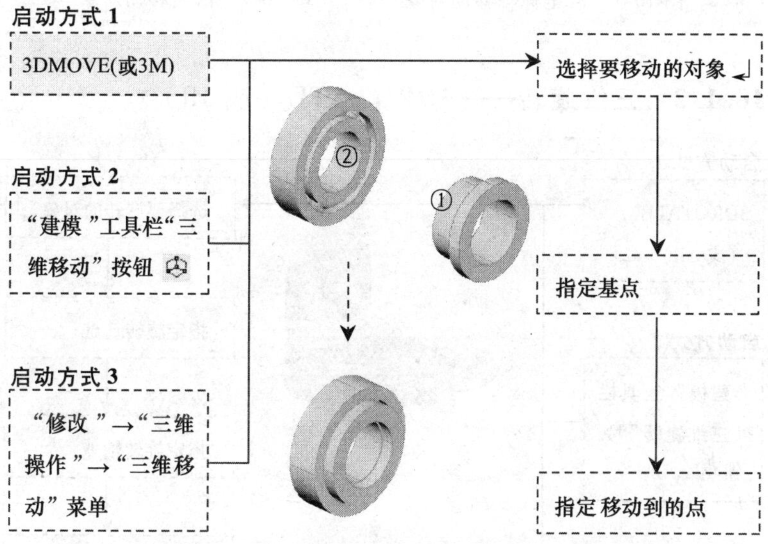

执行3M命令后，选择要移动的三维对象，指定基点，然后指定移动到的点，即可移动三维对象。

此外，在移动三维对象的过程中，将光标悬停在移动坐标系的轴上，可以沿指定轴移动，如图10-1所示。而将光标悬停在两条轴句柄的三角区，则可沿指定的平面移动对象，如图10-2所示。

提 示

"三维移动"的选项与"移动"命令类似，这里不再赘述。

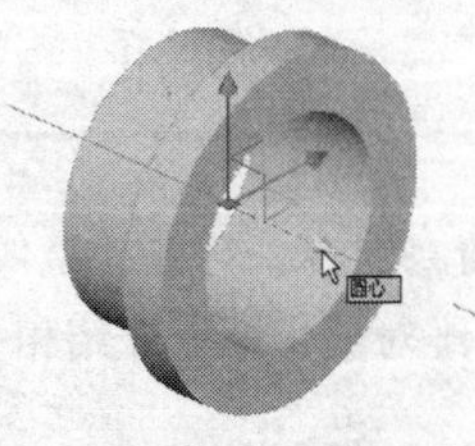

图 10-1　沿坐标轴移动对象

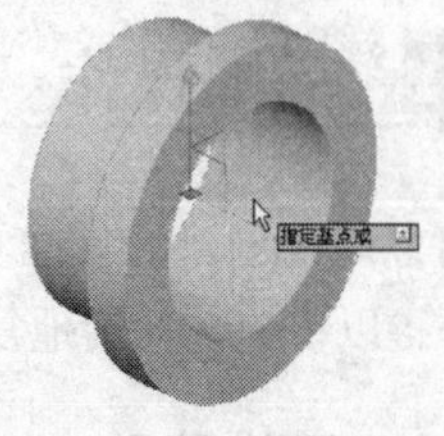

图 10-2　沿面移动对象

10.1.2　三维旋转——3DROTATE（或 3R）

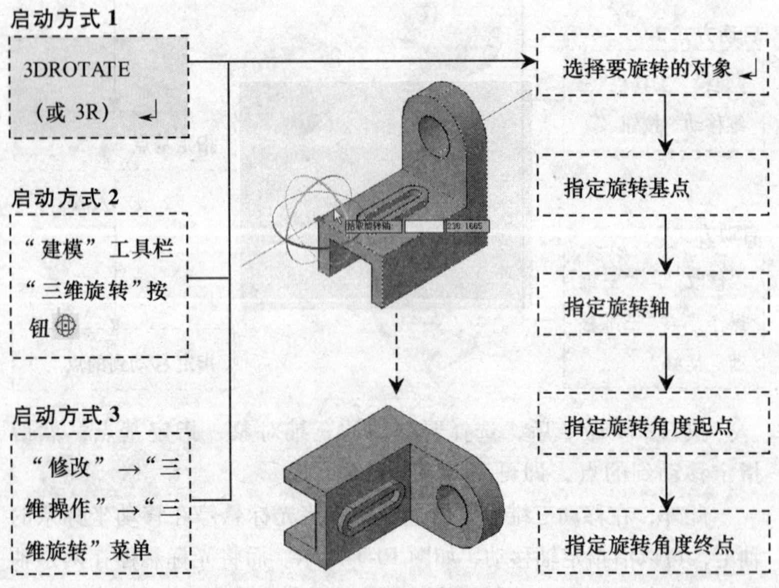

执行 3R 命令，选择要旋转的三维对象后，系统将显示由三个互相垂直的圆组成的球坐标系，此时首先单击一点确定球坐标系的原点，然后选择一个圆以其轴为旋转轴，再在此圆上分别指定旋转起点和旋转终点，即可旋转三维实体。

提 示

在旋转三维实体的过程中，当命令行提示“指定角的起点或键入角度：”时，可直接输入旋转角度来旋转对象。

10.1.3 三维对齐——3DALIGN（或3AL）

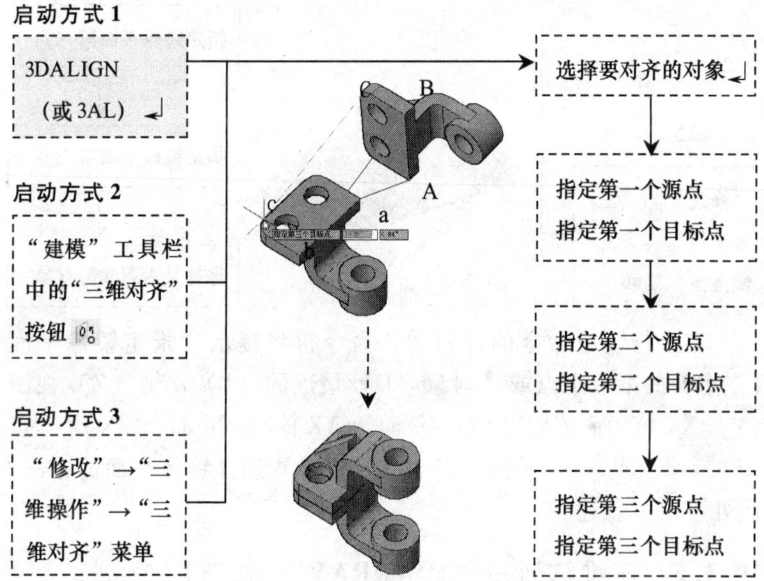

执行3AL命令后，选择要对齐的对象，然后在要对齐对象和被对齐对象之间，分别指定三对目标点和原点，即可将对象对齐。

10.1.4 三维镜像——MIRROR3D（或3DMIRROR）

执行MIRROR3D命令，首先选择要镜像的对象，然后通过指定三个点确定一镜像平面，最后选择是否删除源对象，即可执行三维镜像操作，源对象将镜像放置，或复制出一个镜像对象。

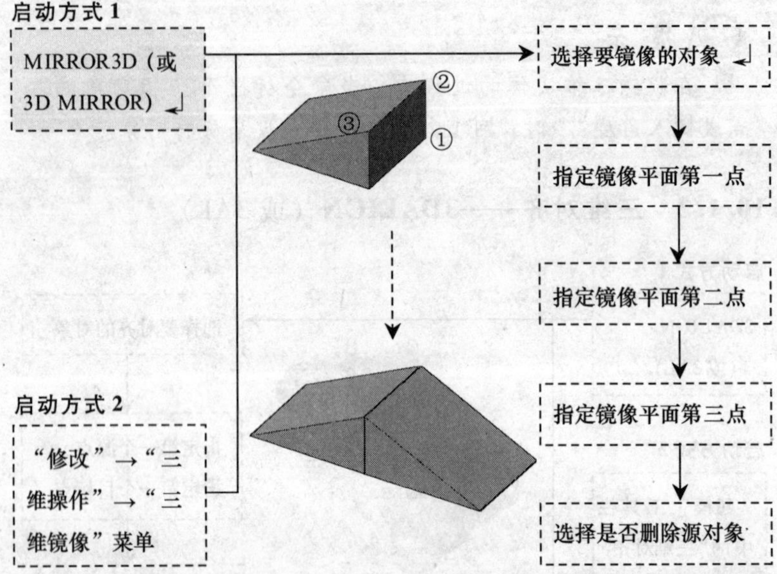

在执行镜像命令的过程中，命令行将提示“指定镜像平面（三点）的第一个点或［对象（O）/最近的（L）/Z 轴（Z）/视图（V）/XY 平面（XY）/YZ 平面（YZ）/ZX 平面（ZX）/三点（3）］<三点>:”信息，各选项用于设置选择镜像平面的方法，此处不一一叙述。

10.1.5 三维阵列——3DARRAY（或 3A）

“三维阵列”命令二维模式下的“阵列”命令基本相同，只是增加了更多的参数。例如，创建环形阵列时应指定旋转轴，而不仅仅只是指定旋转中心；而在创建矩形阵列时，除了应设置行、列间距和数量外，还应设置层的间距和数量。

提 示

“是否旋转阵列对象”步骤，设置阵列时是否“旋转”对象。

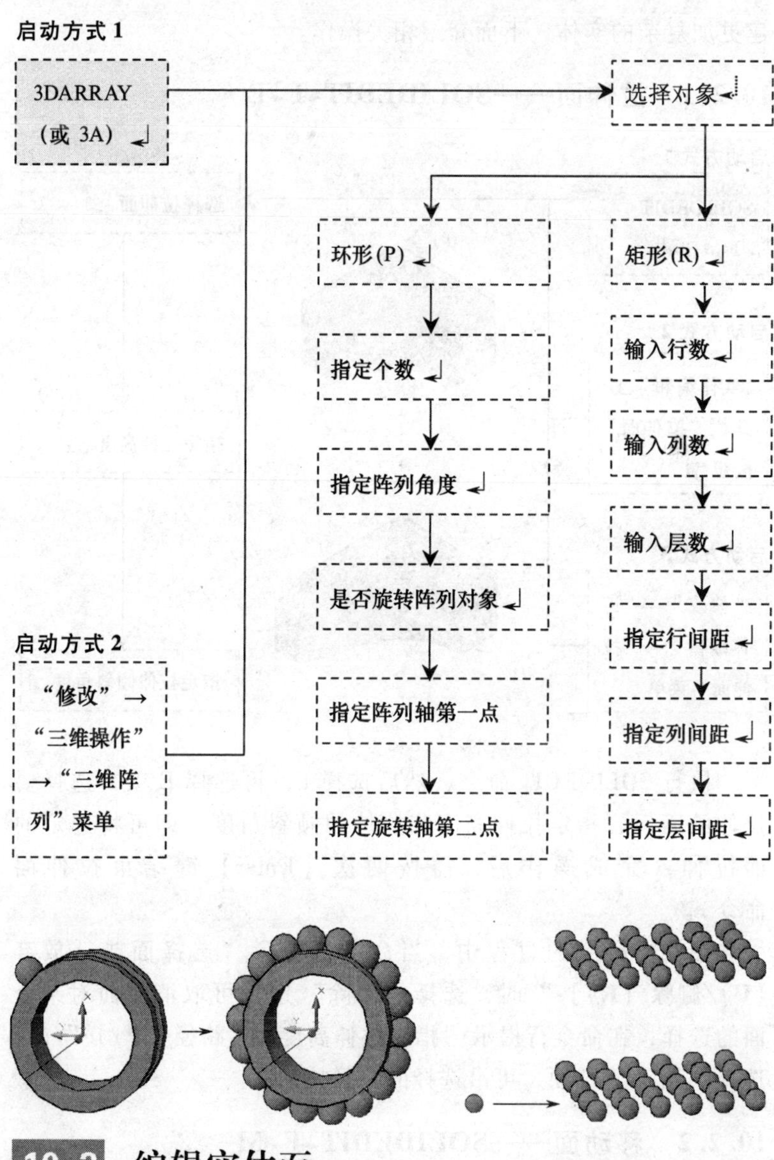

10.2 编辑实体面

通过对三维实体的面进行编辑，可以在已有实体的基础上创建更加复杂的实体，下面介绍相关操作。

10.2.1　拉伸面——SOLIDEDIT↵F↵E

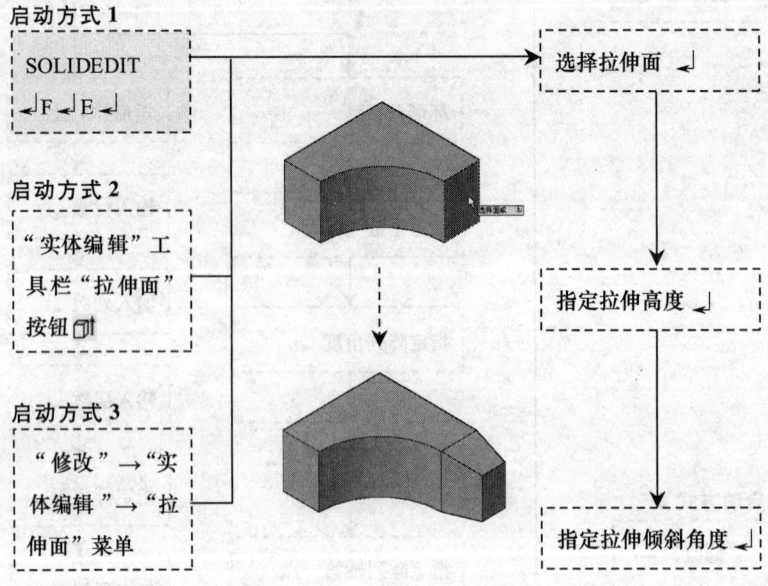

执行SOLIDEDIT命令，然后选择F，再选择E项，选择要拉伸的面后，指定拉伸高度和拉伸的倾斜角度，即可将选定的面拉伸（完成操作后，需按两次【Enter】键结束拉伸面命令）。

在执行命令的过程中，当命令行提示**"选择面或［放弃(U)/删除（R)］:"**时，选择"删除"选项可取消前面对某个面的选择；在命令行提示**"指定拉伸高度或［路径（P)］:"**时，选择"路径"选项，可沿选择的路径拉伸面。

10.2.2　移动面——SOLIDEDIT↵F↵M

执行SOLIDEDIT命令，然后选择F，再选择M项，选择要移动的面，指定所移动面的基点，然后指定要将面移动到的位移点，即可移动面（完成操作后，需按两次【Enter】键结束移动面命令）。

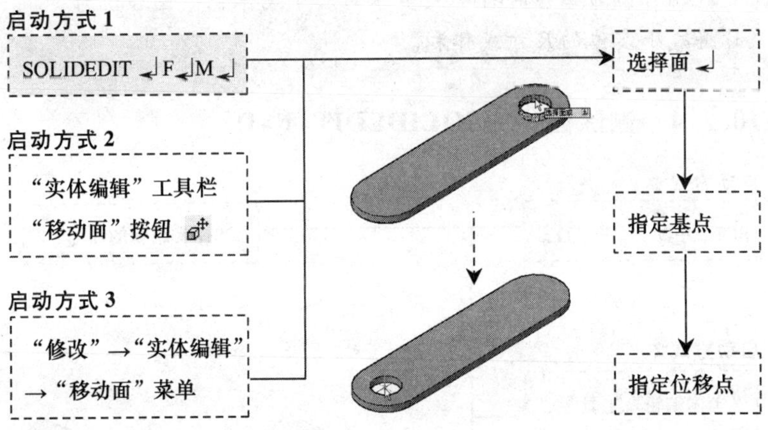

10.2.3 偏移面——SOLIDEDIT↵F↵O

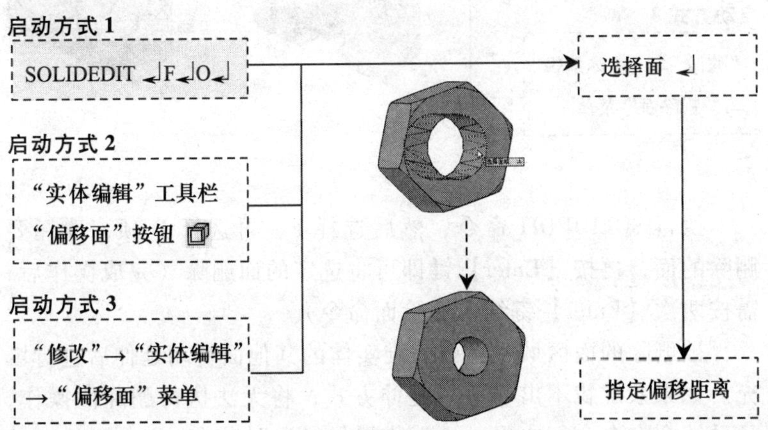

执行 SOLIDEDIT 命令，然后选择 F，再选择 O 项，选择要偏移的面，指定偏移距离，即可偏移面（完成操作后，需按两次【Enter】键结束偏移面命令）。

提 示

偏移值为正值时将增大实体的尺寸或体积，偏移值为负值时将减小实体的尺寸或体积。

10.2.4 删除面——SOLIDEDIT↵F↵D

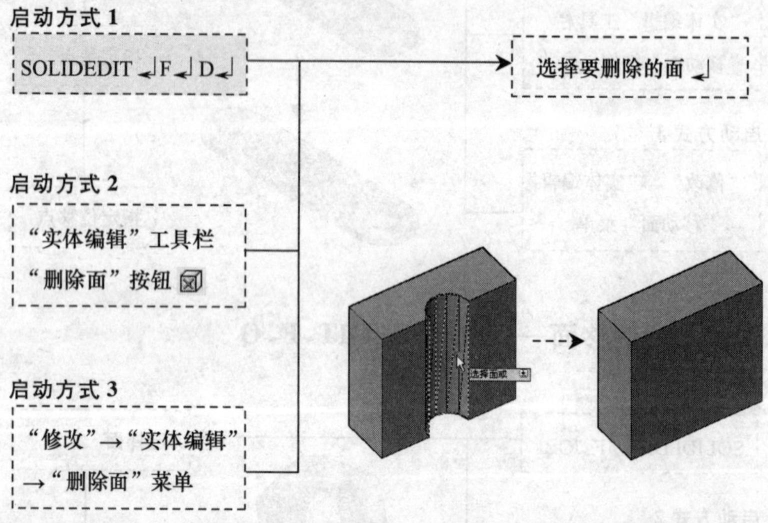

执行 SOLIDEDIT 命令，然后选择 F，再选择 D 项，选择要删除的面，再按【Enter】键即可将选定的面删除（完成操作后，需按两次【Enter】键结束删除面命令）。

被删除的面区域，将由三维实体的其他面自动延伸后进行填充。如果系统找不出合适的延伸方式，将无法执行删除面操作，且系统会在命令行中提示"建模操作错误"信息。

提 示

需要注意的是，此命令不会生成三维曲面或网格。

10.2.5 旋转面——SOLIDEDIT↵F↵R

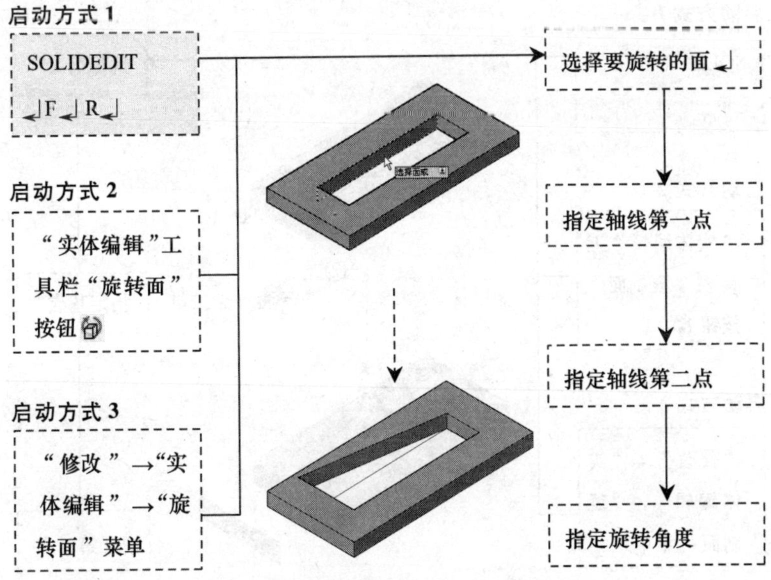

执行 SOLIDEDIT 命令，然后选择 F，再选择 R 项，选择要旋转的面，再选择旋转轴线的第一点和第二点，最后指定旋转角度，即可执行旋转面操作（完成操作后，需按两次【Enter】键结束旋转面命令）。

在执行旋转面的过程中，当命令行提示**“指定轴点或［经过对象的轴（A）/视图（V）/X 轴（X）/Y 轴（Y）/Z 轴（Z）］<两点>:”**时，可以通过选择不同选项来指定面的旋转轴，这里解释两个不易理解的项。

1）**经过对象的轴（A）**：选择该选项后，即可以选择直线为旋转轴，也可以选择二维对象（如圆弧、圆）的轴线为旋转轴（但不可以选择三维对象的轴线作为旋转轴）。

2）**视图（V）**：选择该选项后，将以经过当前选定点，并垂直于屏幕方向为旋转轴，来旋转选择的面。

10.2.6 复制面——SOLIDEDIT↵F↵C

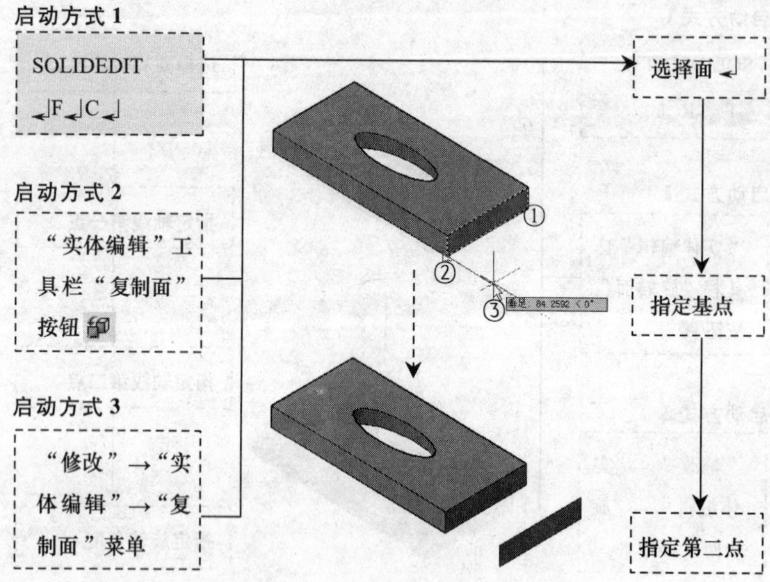

执行 SOLIDEDIT 命令，然后选择 F，再选择 C 项，首先选择要复制的面，再指定面的基点和要复制到的点，即可完成复制面操作（完成操作后，需按两次【Enter】键结束复制面命令）。

10.3 编辑实体

为了达到美观或满足平滑等设计目的，在 AutoCAD 中往往需要对实体执行倒角或圆角操作，而这些操作又与二维图形中的倒角和圆角操作类似，所以此处将主要介绍其不同点。

此外，AutoCAD 还提供了抽壳功能，用于挖空实体的内部，留下有指定壁厚的壳，可用于创建具有相同壁厚的机壳、盖和瓶体等。

10.3.1 倒角——CHAMFER（或 CHA）

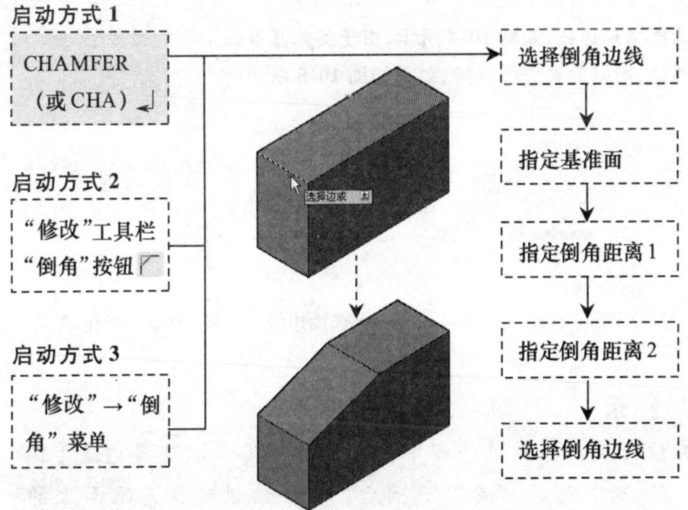

在 AutoCAD 中，实际上，对三维实体的倒角操作，与对二维图形的倒角操作用的是同一个命令，都为 CHA 命令，但是三维操作时稍显复杂，仅仅通过流程图无法确切了解其操作方法，下面看一个实例：

命令：**CHA**↵

（“修剪”模式）当前倒角距离 1 = 0.0000，距离 2 = 0.0000

选择第一条直线或［放弃（U）/多段线（P）/距离（D）/角度（A）/修剪（T）/方式（E）/多个（M）］：

//在绘图区中选择要倒角的边线，如图 10-3 所示，通过此边线，

//系统判断出要对实体（而不是二维图形）进行倒角，所以此时系

//统随机选择了一个与此线相邻的面作为基准面

基面选择...

输入曲面选择选项［下一个（N）/当前（OK）］<当前（OK）>：↵

//使用当前选择的面为基准面

指定基面的倒角距离：30

//指定在基准面上的倒角距离

指定其他曲面的倒角距离 <50.0000>:50

//指定在其他面上的倒角距离

选择边或［环(L)］:选择边或［环(L)］:

//选择倒角边线，如图 10-4 所示，由于实体基准面上可能有多个

//邻边，所以需要进行选择，效果如图 10-5 所示

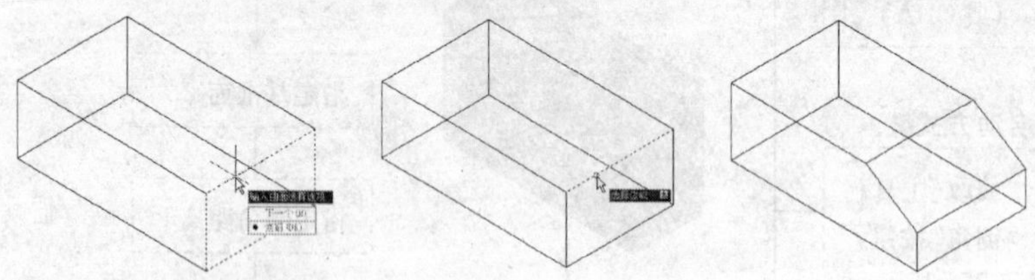

图 10-3　首次选择边线　图 10-4　第二次选择边线　图 10-5　倒角效果

提　示

在执行倒角操作过的程中，在命令行提示“**选择边或［环(L)］:**”时，选择“环”选项后，可一次性选择基准面上的所有边进行倒角。

此外，关于“倒角”的其他选项，可参考前面第 5 章中的讲述。

10.3.2　倒圆角——FILLET（或 F）

启动方式 1

FILLET（或 F）↵

启动方式 2

“圆角”按钮

启动方式 3

“修改”→“圆角”菜单

选择边线 → 指定圆角半径 → 选择边线 ↵

在 AutoCAD 中，三维实体中的倒圆角操作同样与二维图形中的倒圆角使用同一个命令，都为 F 命令。

执行 F 命令后，选择要进行倒圆角操作的边线（系统通过此边线判断是否为三维实体），然后指定圆角半径，再选择要进行倒圆角的边线（可选择多条），按【Enter】键即可在实体上生成倒圆角。

提 示

在进行圆角操作的过程中，在命令行提示“**选择边或［链(C)/半径（R)］:**”时，选择“链（C)”选项，与被选择的边相切的所有边（边链）将均被倒圆角；选择“半径（R)”选项，可重新定义圆角的半径。

10.3.3 实体抽壳——SOLIDEDIT↵B↵S

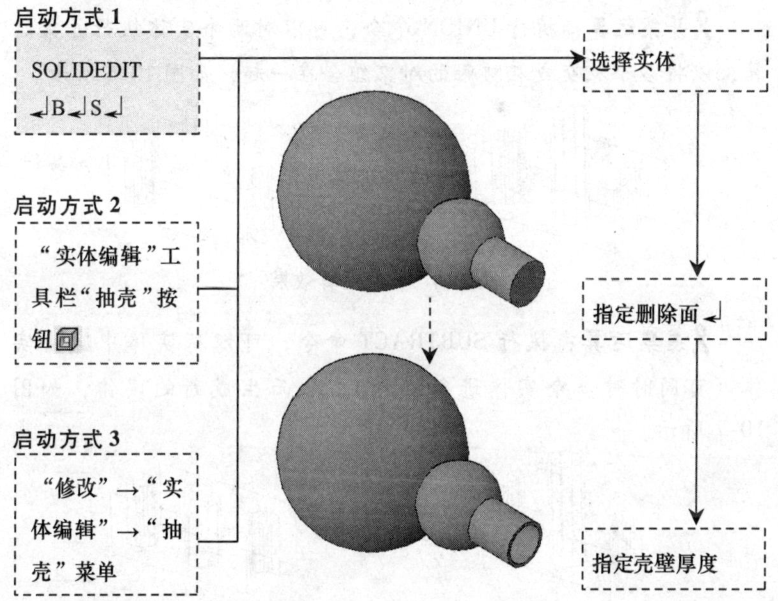

执行 SOLIDEDIT 命令，然后选择 B，再选择 S 项，首先选择要进行抽壳的实体，然后选择要删除的面，再指定抽壳偏移距离（即抽壳后的壁厚），即可执行抽壳操作（完成操作后，需按两次【Enter】键结束抽壳命令）。

提 示

如指定抽壳距离为正值，则将从实体向内抽壳；如果指定抽壳距离为负值，则将从实体向外抽壳。

10.4 实体的布尔运算

在 4.3.2 节中已经介绍了使用布尔运算处理面域的方法，使用相同的命令，可以对实体进行布尔运算，其操作完全相同，所以此处仅做简单介绍。

并集运算：执行 UNION 命令，可以对两个实体执行并集运算，以将多个相交或相接触的对象组合在一起，如图 10-6 所示。

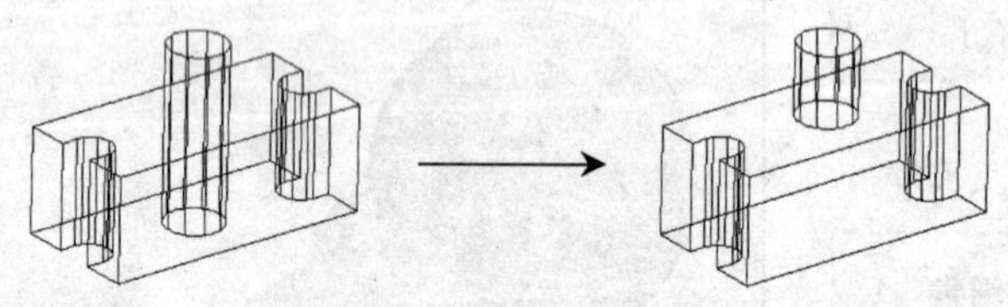

图 10-6 并集运算效果

差集运算：执行 SUBTRACT 命令，可以从实体中减去实体（可同时对多个实体进行操作），从而生成新的实体，如图 10-7 所示。

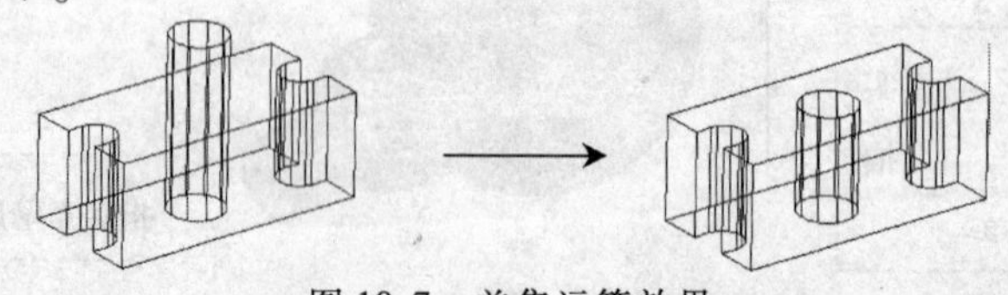

图 10-7 差集运算效果

交集运算：执行 INTERSECT 命令，可以将两个或多个实体的公共部分创建为一个新的实体，如图 10-8 所示。

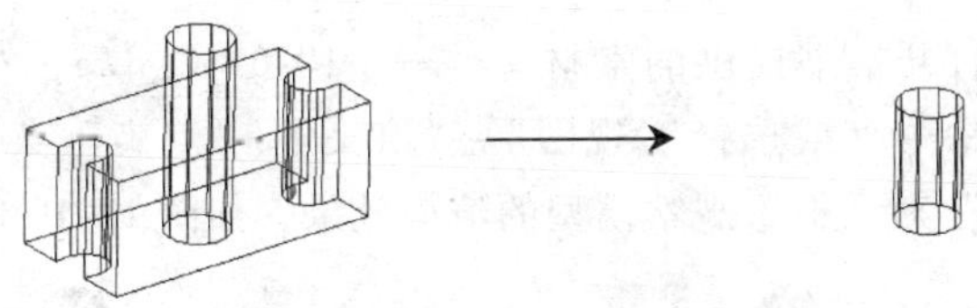

图 10-8 交集运算效果

10.5 三维尺寸标注

使用“标注”工具栏中的标注工具，可以使用与二维图形相同的操作为三维实体标注尺寸。不同的是，由于所有尺寸都必须被标注到当前坐标的 XY 平面上，所以在实际标注三维对象时，需要不断变换坐标系的位置，如图 10-9 所示（注意坐标系的方向和位置）。

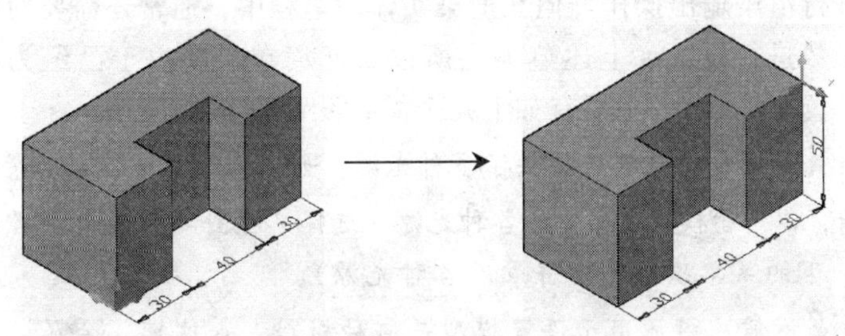

图 10-9 三维尺寸标注操作

提 示

在为三维实体标注尺寸时，除了应将坐标系的 XY 平面调整到要标注实体的平面上外，还应注意设置 X、Y 轴的正确方向，设置错误时会导致尺寸文本反向或颠倒。

10.6 渲染三维实体

可以打开本书提供的素材文件——10-6-SC.dwg，然后执行RENDER命令（或选择“视图”→“渲染”→“渲染”菜单），打开“渲染”对话框，观察模型的渲染效果，如图10-10所示。

图10-10 模型渲染前后的效果对比

RENDER命令是模型最终的渲染输出命令，可以对任何实体进行渲染输出操作。但在渲染实体的过程中，通常还需要对很多参数进行设置（上述渲染之所以如此简单，是由于已经为模型设置了参数），主要有如下几个需要设置的参数。

光源：系统默认提供了多种光源，如点光源、平行光、聚光灯等，以用于模拟现实中的各种光源（选择“视图”→“渲染”→“光源”下的菜单项可创建并管理各种光源）。

材质：材质用于设置模型是何种材料，如玻璃、金属、纺织品、木材等（选择“视图”→“渲染”→“材质”菜单，可在打开的“材质”面板中为模型设置材质）。

贴图：可将真实拍摄的物体图片“贴”到模型表面上，从而得到更加真实的渲染效果，也可在“材质”面板中为模型设置贴图效果。

其他：另外，可通过“命名视口”设置渲染背景、通过

“渲染环境”设置雾化效果以及通过“高级渲染设置”对渲染的总过程进行设置等，此处不再一一叙述。

总之，模型的渲染是一个复杂的过程，如要真实地渲染出一个逼真的效果，上面每一个选项都需要做认真的研究。特别是对“光源”和“材质”中各种参数的设置，都需要有长期经验的积累，本文由于篇幅限制仅叙述到此，有兴趣的读者可参考其他相关书籍。

10.7 轻松小练习——绘制直齿圆柱齿轮

本练习将按照图 10-11 所示零件图，绘制“直齿圆柱齿轮”的三维视图，其中齿数为 60，效果如图 10-12 所示。

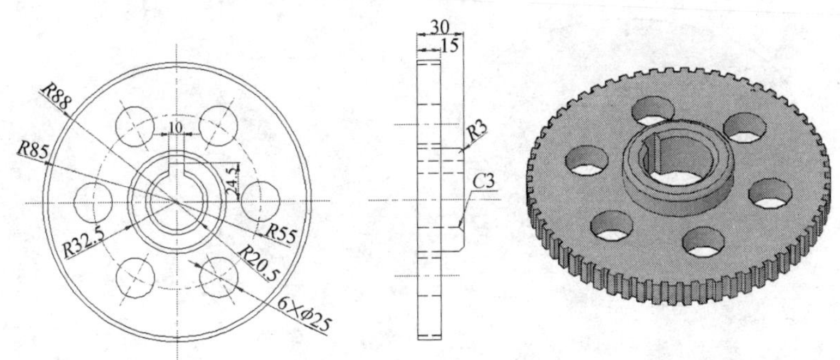

图 10-11　直齿圆柱齿轮零件图　　图 10-12　直齿圆柱齿轮三维效果图

步骤 1　新建图形文件，首先绘制图 10-13 所示的平面图形，然后执行 EXT 命令，选择大圆和 6 个小圆，执行拉伸操作，拉伸高度为 15mm，效果如图 10-14 所示。

步骤 2　执行 SU 命令，使用大圆拉伸的实体对小圆拉伸的实体进行差集运算，效果如图 10-15 所示。

步骤 3　切换到“仰视”图，绘制图 10-15 所示齿轮轮廓。如三维图形阻碍了此图形的绘制，可先将三维图形移开，绘制完成后，再将三维图形移回，效果如图 10-16 所示。

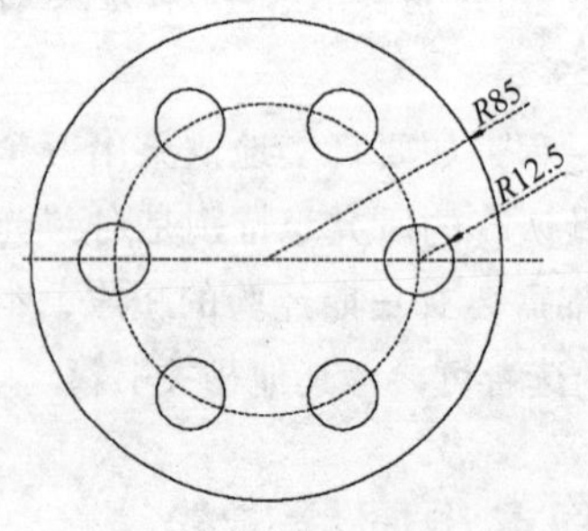

图 10-13　需绘制的平面图形

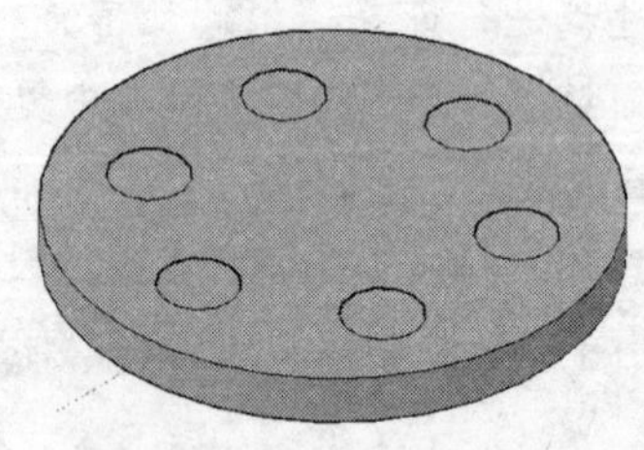

图 10-14　拉伸的三维图形

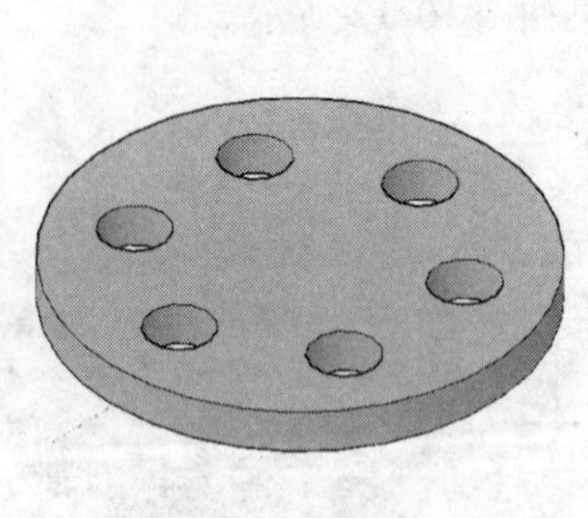

图 10-15　差集运算效果

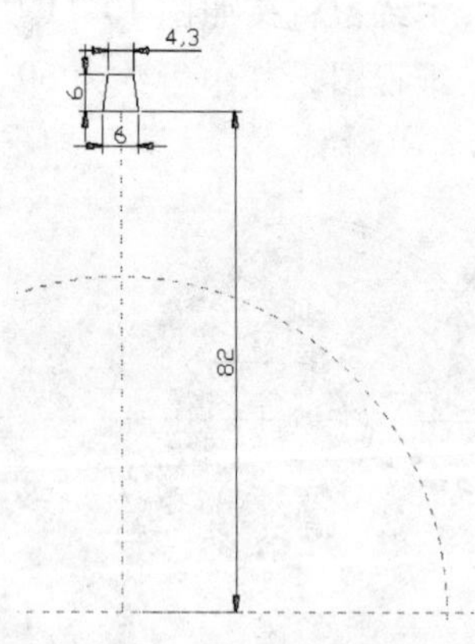

图 10-16　绘制齿轮轮廓

步骤 4　执行 EXT 命令，对“步骤 3”绘制的图形进行拉伸，拉伸高度为 15mm，效果如图 10-17 所示。

步骤 5　执行 3A 命令，对“步骤 4”拉伸出的对象进行阵列，阵列个数为 60，阵列轴为大实体上下面的圆心，效果如图 10-18 所示。

步骤 6　执行 UNI 命令，选择所有实体执行并集运算，效果如图 10-19 所示。

步骤 7　在“仰视”图中绘制如图 10-20 所示半径为 32.5mm 的圆。

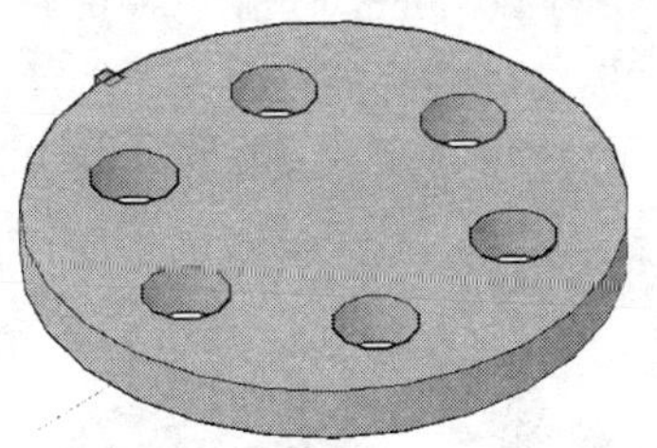

图 10-17　拉伸齿轮效果

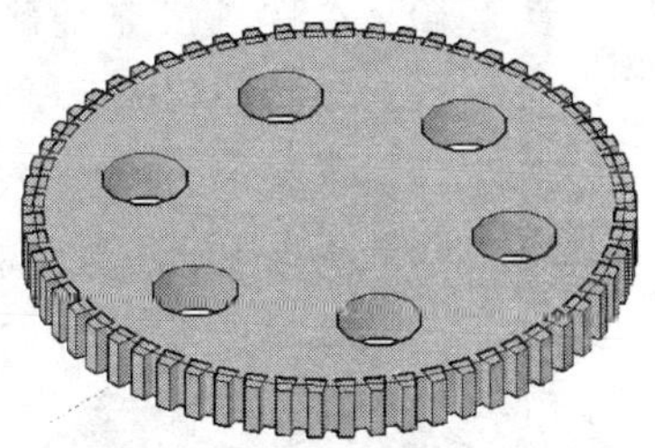

图 10-18　阵列齿轮效果

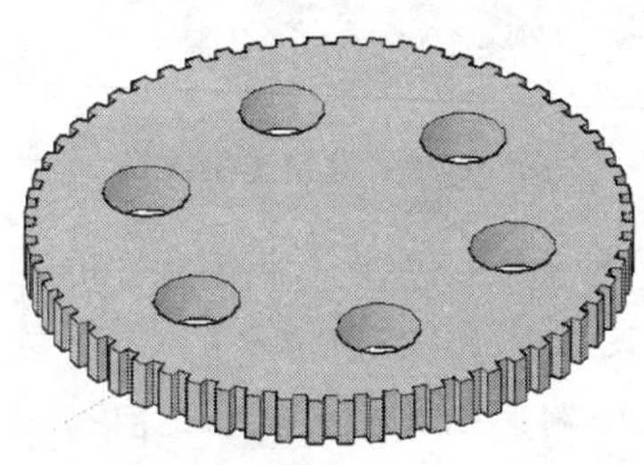

图 10-19　并集齿轮效果

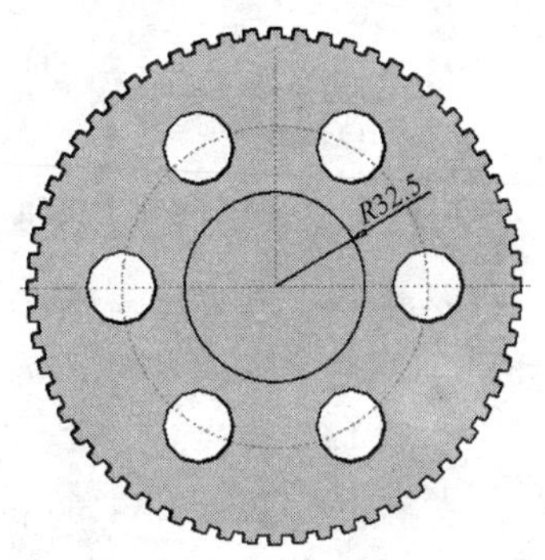

图 10-20　绘制圆

步骤 8　执行 EXT 命令，对“步骤 7”绘制的圆进行拉伸，拉伸高度为 30mm，效果如图 10-21 所示。

步骤 9　再次执行 UNI 命令，选择所有实体执行并集运算，效果如图 10-22 所示。

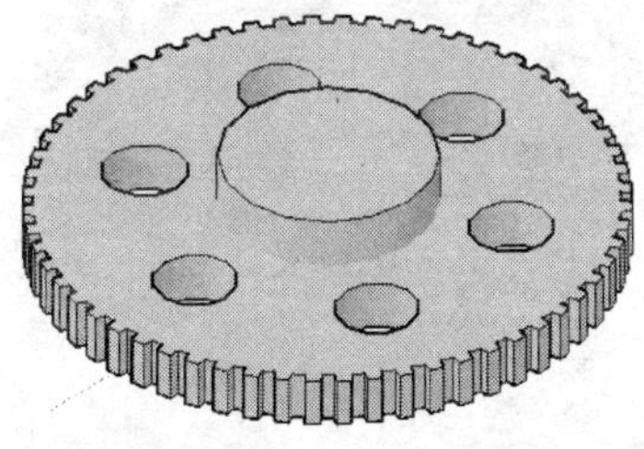

图 10-21　绘制圆并向上拉伸

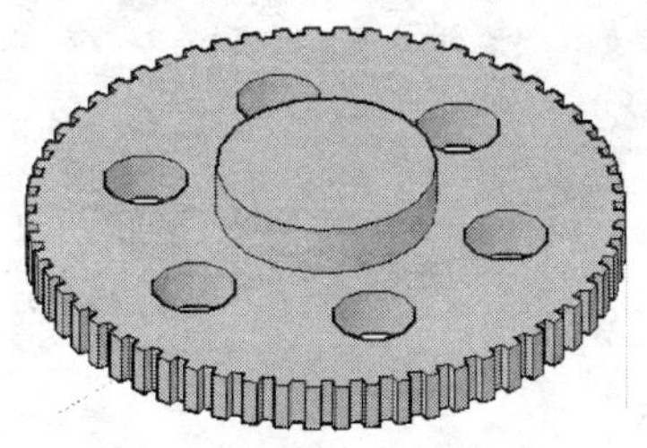

图 10-22　齿轮并集效果

步骤 10　在模型顶部绘制一半径为 20.5mm 的圆，并执行 EXT 命令，向下拉伸 30mm，效果如图 10-23 所示。

步骤 11　执行 SU 命令，对“步骤 10”创建的拉伸体执行差集运算，效果如图 10-24 所示。

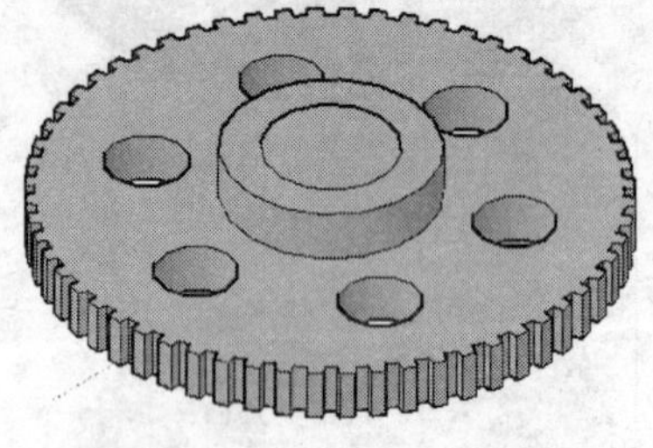

图 10-23　绘制圆并向下拉伸

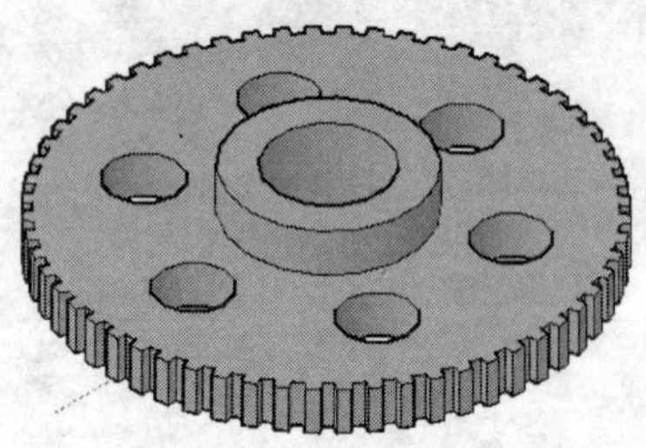

图 10-24　齿轮差集效果

步骤 12　对齿轮上部的边分别进行圆角操作（半径为 3mm）和倒角操作（距离都为 3mm），效果如图 10-25 所示。

步骤 13　切换到“仰视”图，绘制图 10-26 所示二维图形。

步骤 14　执行 EXT 命令，对“步骤 13”绘制的二维图形进行拉伸，拉伸高度为 30mm，效果如图 10-27 所示。

步骤 15　执行 SU 命令，对“步骤 14”创建的拉伸体执行差集运算，效果如图 10-28 所示，完成所有操作。

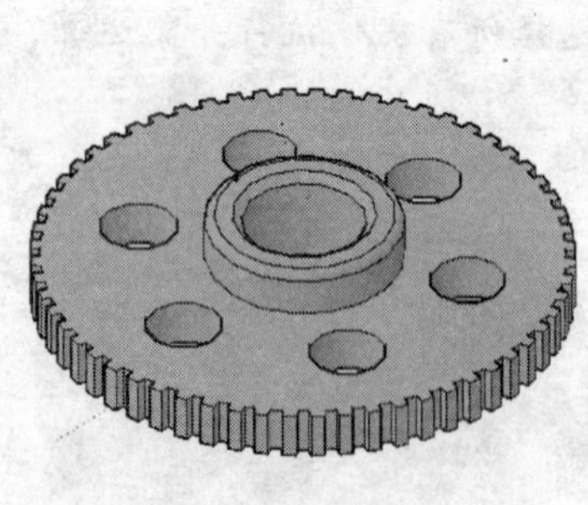

图 10-25　倒角和圆角效果

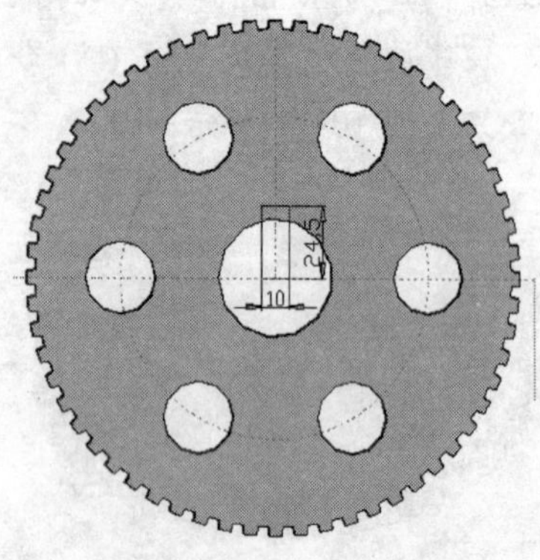

图 10-26　绘制二维图形

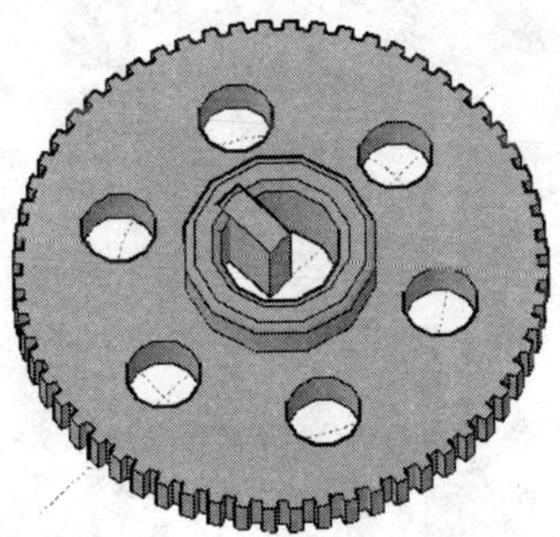

图 10-27 二维图形拉伸效果

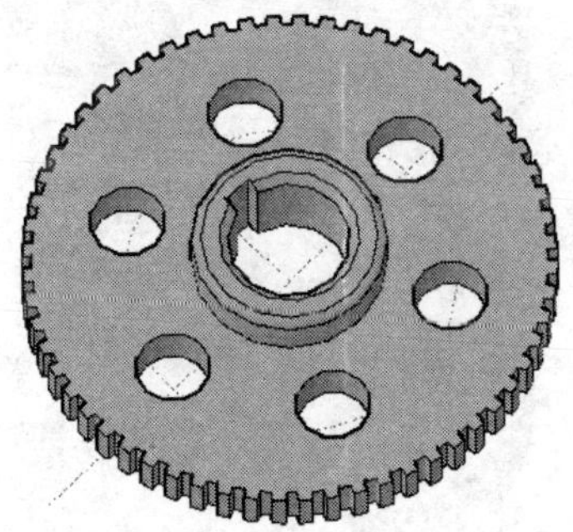

图 10-28 差集运算效果

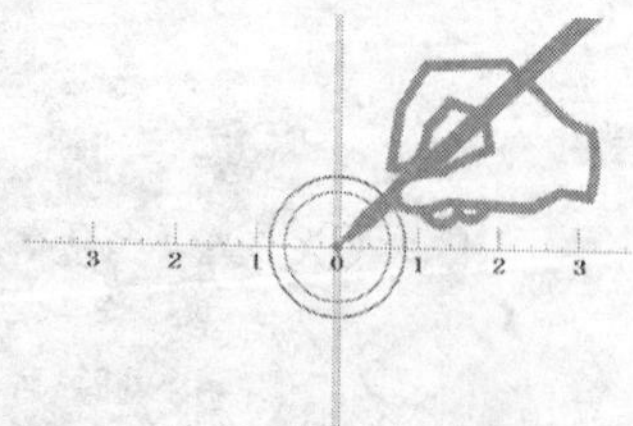

第 11 章

系统工具

本章内容

11.1 查询命令

11.2 设置对象的次序

11.3 使用辅助功能

在图形基本绘制完成后，接下来的工作，通常需要对图形进行总体审核和调整，此时即需要用到 AutoCAD 提供的系统工具。如查询面积、列表显示对象特性、调整对象的前后次序、修复图形等，本章将介绍这些系统工具的使用方法。

11.1 查询命令

“查询命令”是数字化显示图形状况的重要工具，可以查询图形信息、查询对象特性以及查询和更改系统变量等。用户可以根据查询的数值对图形做必要的调整。

11.1.1 查询距离——DIST（或DI）

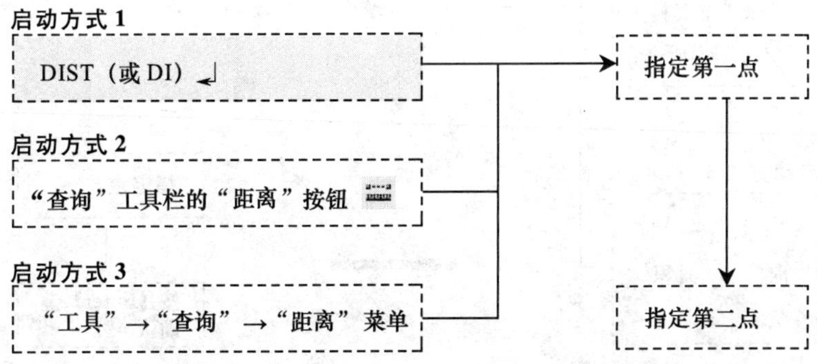

执行DI命令，指定两个点，可以查询这两个点之间的直线距离。查询的结果将在命令行中显示，如可显示如下信息。

距离 = 179.1168，

XY 平面中的倾角 = 200，

与 XY 平面的夹角 = 339

X 增量 = -157.1871，

Y 增量 = -57.2114，

Z 增量 = -64.0459

各项信息的意义如图11-1所示。

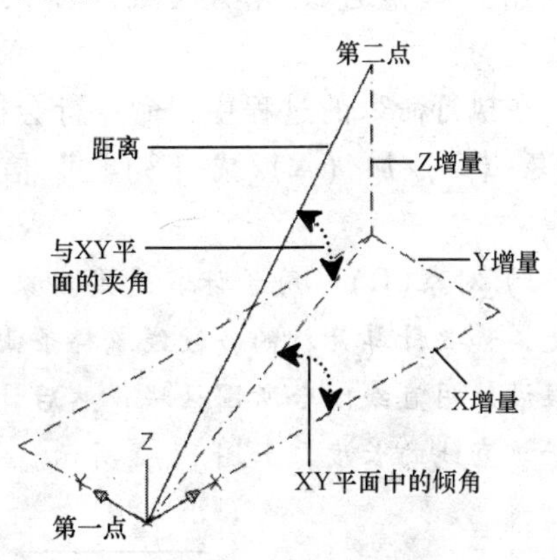

图11-1 查询所得“距离”信息的意义

11.1.2 查询面积——AREA（或 AA）

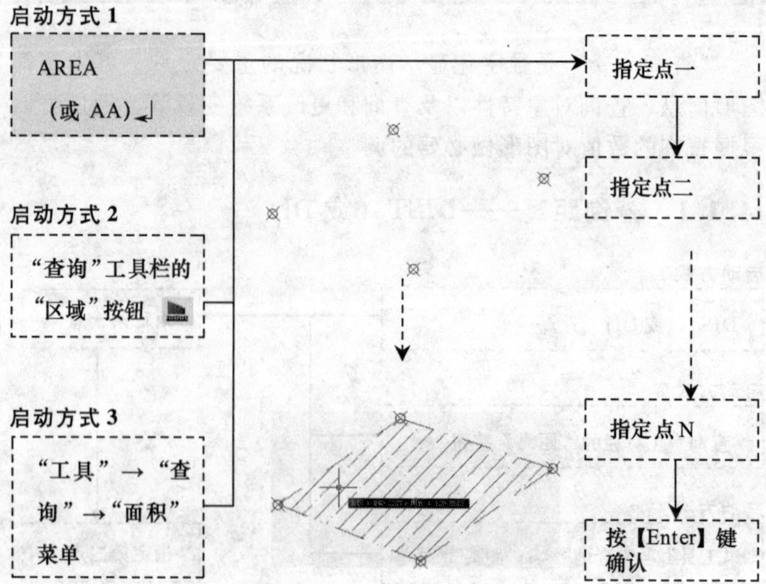

执行 AA 命令，顺序指定多个点，然后按【Enter】键，可查询由这些点连线所围区域的面积（同时包括所有连线的周长）。

在执行命令的过程中，命令行会提示**“指定第一个角点或[对象（O）/加（A）/减（S）]:”**信息，其中各选项的意义如下。

1）**对象(O)**：用于计算选定对象的面积和周长。需要注意的是，如要计算开放的多段线或样条曲线定义区域的面积，系统将假设使用直线闭合所围区域，然后计算面积，但所算周长将不包括该直线的长度，如图 11-2 所示。

图 11-2　对开放对象定义区域面积的计算

2）**加**(A)：计算几个区域的总面积和单个区域的面积，下面介绍操作步骤，其操作模式如图 11-3 所示。

命令：**AA**

指定第一个角点或［对象(O)/加(A)/减(S)］：**A**

指定第一个角点或［对象(O)/减(S)］：**O**

（"加"模式）选择对象： **//选择对象一**

面积 = 1151.2189，圆周长 = 120.2774

总面积 = 1151.2189

（"加"模式）选择对象： **//选择对象二**

面积 = 798.4243，周长 = 127.7670

总面积 = 1949.6432

（"加"模式）选择对象：* 取消 * **//按【Esc】键结束操作**

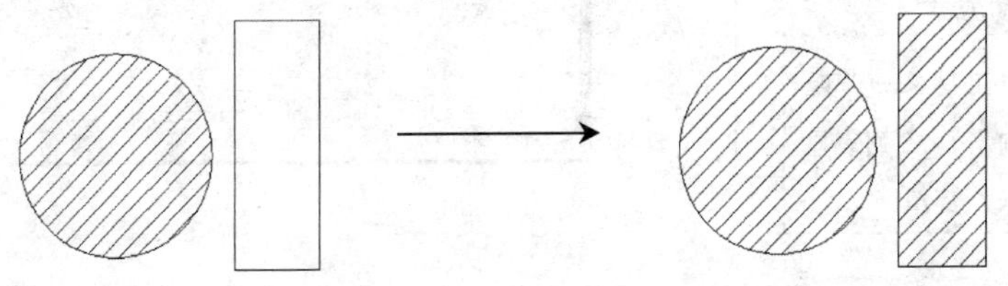

图 11-3 "加"查询面积操作模式

3）**减**(S)：计算从某个区域中减去某区域后的面积，其操作模式如图 11-4 所示（其操作步骤此处可参考"加"的操作）。

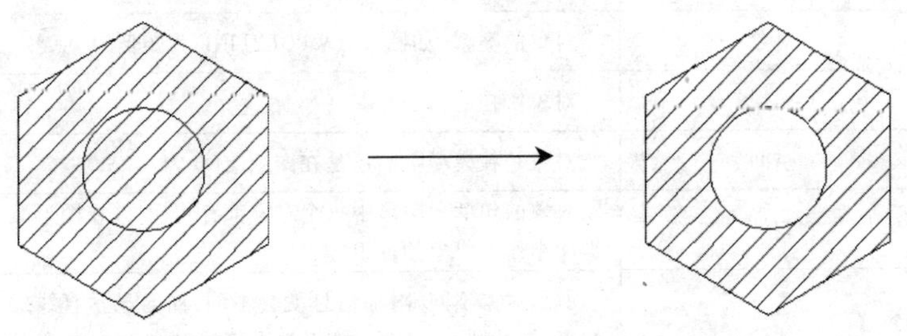

图 11-4 "减"查询面积操作模式

11.1.3 列表显示对象特性——LIST（或 LI）

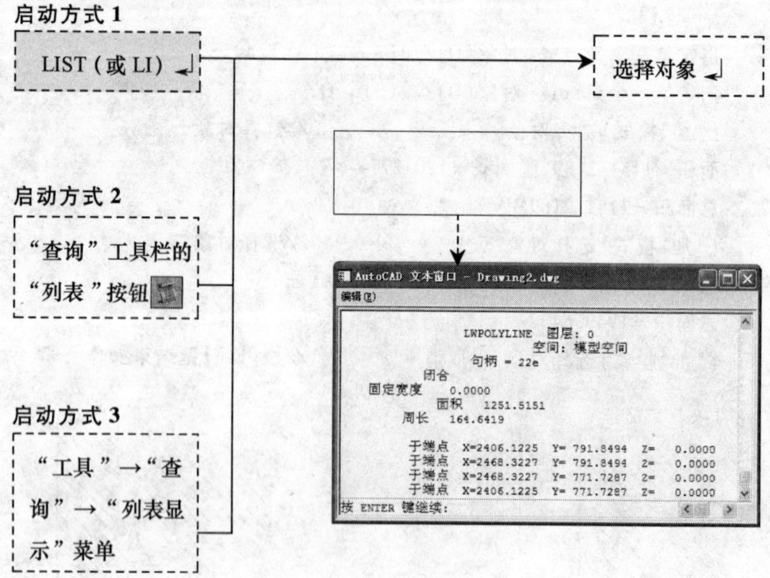

执行 LI 命令后，选择一个或多个对象，按【Enter】键，可在文本窗口中显示此对象的特性信息。

文本窗口中各项信息的意义见表 11-1。

表 11-1 文本窗口中各项信息的意义

项　目	意　义
对象	对象的类型（如圆等，LWPOLYLINE 为矩形）
图层	对象所在的图层
空间	对象是在模型空间还是在图纸空间
句柄	对象的句柄。图形中每个对象都有句柄，并在图形数据库中作为对象的标识
附加信息	所选对象不同，附加信息就会不同，如会显示直线的端点，圆的圆心、半径，样条曲线的控制点和拟合点等信息

11.1.4　查询点坐标——ID

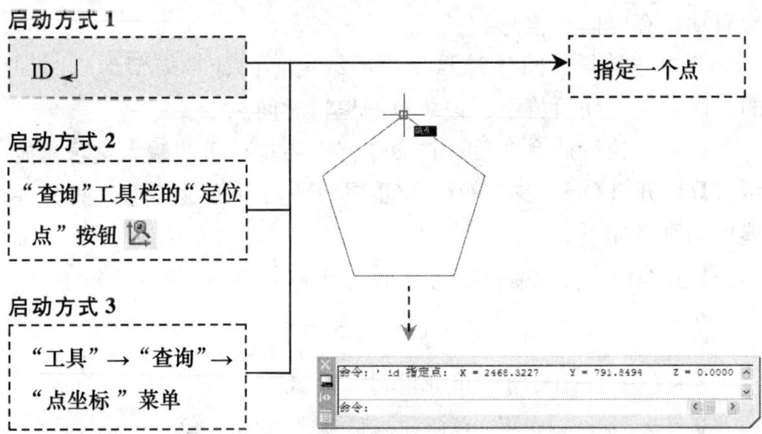

执行 ID 命令后，在操作区中任意指定一点，将在命令行中显示该点的 X、Y、Z 坐标值。

11.1.5　查询时间——TIME

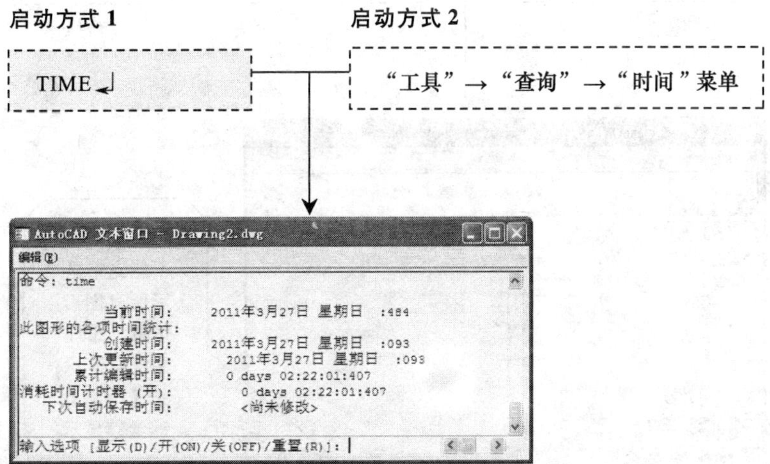

执行 TIME 命令后，将在文本窗口中显示当前时间、模型的创建时间、上次更新时间、累计编辑时间、消耗时间计时器和下次自动保存时间等信息。

其中“消耗时间计时器”为系统内置的计算模型编辑时间的计时器，关闭后将不再记录总的编辑时间。

此外，执行此命令后，在命令行中还将显示**“输入选项［显示（D）/开（ON）/关（OFF）/重置(R)］:”**提示信息，其中各选项的意义如下。

- **显示(D)**：重新显示当前时间信息。
- **开(ON)**：打开“消耗时间计时器”。
- **关(OFF)**：关闭“消耗时间计时器”。
- **重置(R)**：将“消耗时间计时器”重置为0。

11.1.6 查询状态——STATUS

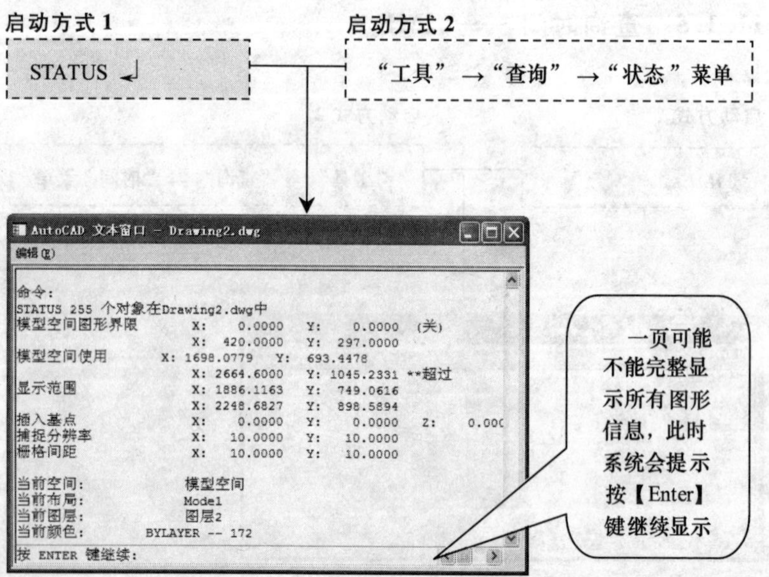

执行 STATUS 命令，可在文本窗口中显示当前图形的基本信息，如“当前图形中的对象数”、“模型空间图形界限”、“当前线型”、“当前颜色”等，用户可从中查找需要了解的信息。

11.1.7 查询面域/质量特性——MASSPROP

启动方式 1

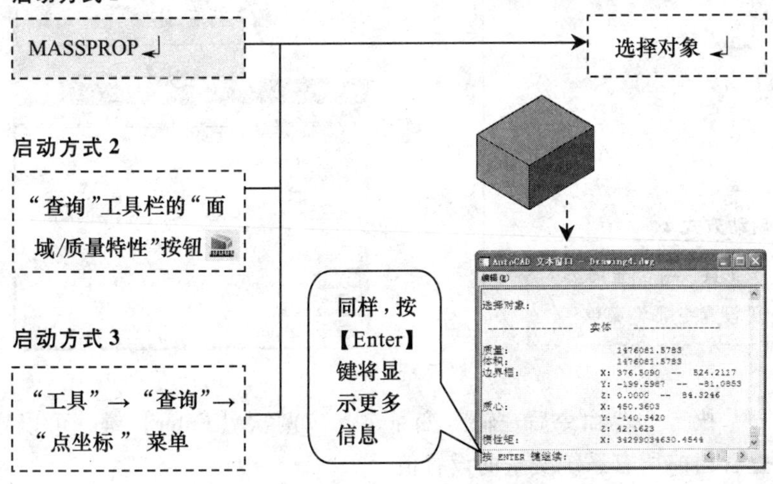

执行 MASSPROP 命令后，选择一个或多个面域（或实体），按【Enter】键，将在文本窗口中显示其质量特性，如面积、周长、体积质量等（选择的对象不同，所呈现的选项也会有所不同）。

此外，在所有信息显示完毕后，系统会出现**“是否将分析结果写入文件？［是（Y）/否（N）］<否>:”**提示信息，输入“Y”，并按【Enter】键，可将查询结果保存到 MPR 文件中。

提 示

关于执行 MASSPROP 命令后，所显示各选项的意义，用户可参考其他专业书籍。

11.1.8 查询和设置变量——SETVAR（或 SET）

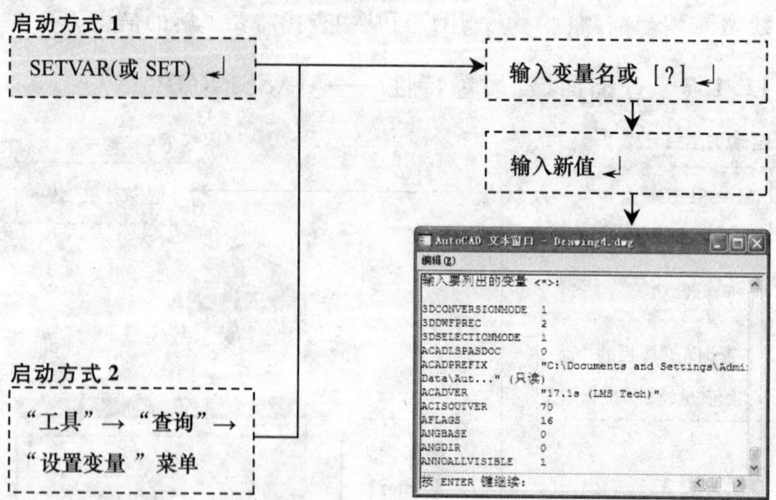

执行 SET 命令后，输入变量名，按两次【Enter】键，可以查看当前所有系统变量的设置值。

执行 SET 命令后，输入变量名称，按【Enter】键，可为此变量设置新的变量值。

提 示

各系统变量和其变量值的意义，可在 AutoCAD 的“帮助”中查找，此处不做过多介绍。

11.2 设置对象的次序

在默认情况下，AutoCAD 中的对象以创建的先后次序顺序存放（先绘制的图形处于底层），为了图形显示和打印方便等目的，如为了避免某对象被覆盖，可以令其前置或后置，从而保证图纸的正确输出。

11.2.1 前置和后置——DRAWORDER（或 DR）

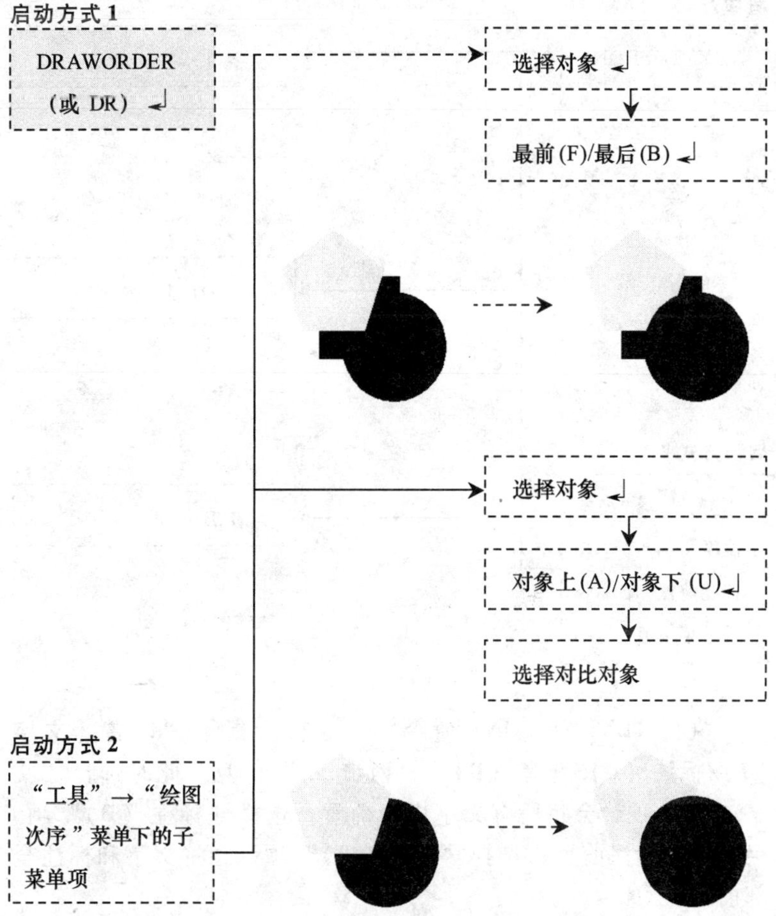

执行 DR 命令，选择要操作的对象后，选择“最前（F）”或“最后（B）”选项，可以将此对象放置于所有对象之前或之后。

执行 DR 命令，选择要操作的对象后，选择“对象上（A）”或“对象下（U）”选项，然后再选择要对比的对象，可以将此对象放置于此对象之前或之后。

11.2.2 文字和标注前置——TEXTTOFRONT

启动方式 1

TEXTTOFRONT ↵

文字(T)↵

标注(D)↵

启动方式 2

"工具"→"绘图次序"→"文字和标注前置"菜单下的子菜单项

两者(B)↵

执行 TEXTTOFRONT 命令，命令行会提示"**前置［文字(T)/标注（D)/两者（B)］<两者>:**"信息，此时选择"文字（T)"项，会将所有文字内容前置；选择"标注（D)"项，会将所有标注前置；选择"两者（B)"项，会将文字和标注全部前置。

11.3 使用辅助功能

为了便于设计和绘图，AutoCAD 还提供了一些辅助功能，如计算器、检查和恢复图形等功能，本节介绍其使用方法。

11.3.1 使用快速计算器——QC

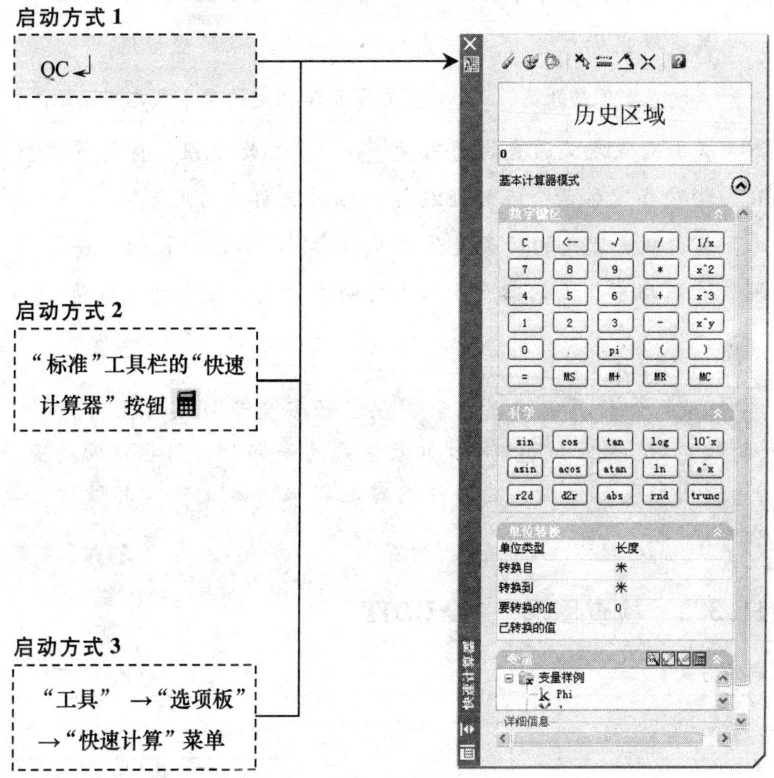

执行 QC 命令，可以打开“快速计算器”选项板。此选项板与手持计算器的界面相似，也包含标准计算器的大多数功能，如可以进行数学、科学和几何计算等操作。另外，还具有 AutoCAD 的一些专有功能，如几何函数、单位转换和变量的应用等功能。

对于此选项板的数字、科学和单位转换区域，由于较简单，此处不做过多讲解，而主要介绍一下顶部工具栏中各按钮的作用。

清除：清除输入框中的内容，并将其重置为0。

清除历史记录：清除历史记录区域中的内容。

将值粘贴到命令行：将输入框中的值粘贴到命令行中。

获取坐标：获取用户在图形中指定点的坐标值。

两点之间的距离：计算在图形中指定的两个点之间的距离。

由两点定义的直线的角度：单击此按钮，将计算用户在图形中指定的两个点的连线与X轴的夹角的角度。

由四点定义的两条直线的交点：单击此按钮，将计算用户在图形中指定的四个点组成的两条直线的交点的坐标值。

提 示

此外，计算器变量区域提供了很多变量（实际上可看作函数），这些变量可用作计算表达式的一部分，用于辅助精确绘制图形或定位点，其涉及内容较深入，本文不对其做过多讲解。

11.3.2 检查图形——AUDIT

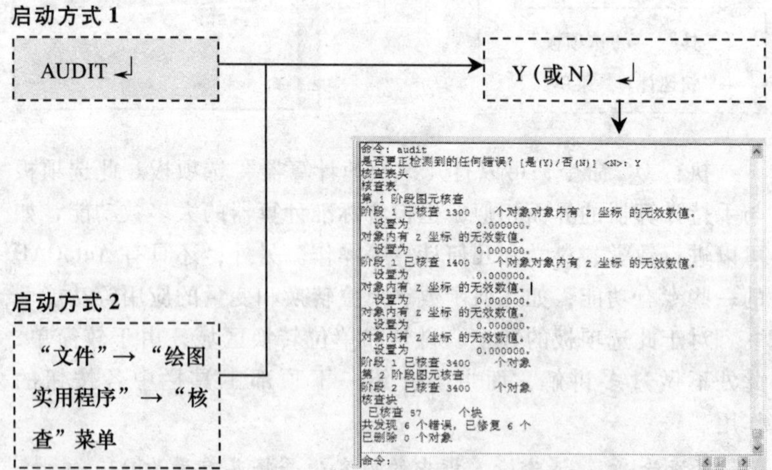

执行 AUDIT 命令后，命令行会提示“**是否更正检测到的任何错误？[是（Y）/否（N）]<N>：**”信息，如选择“是（Y）”选项，AutoCAD 将在命令窗口中显示找到的错误，并自动修复这些错误；而选择“否（N）”选项，AutoCAD 将只显示发现的错误，而不去修复它们。

11.3.3 修复图形——RECOVER

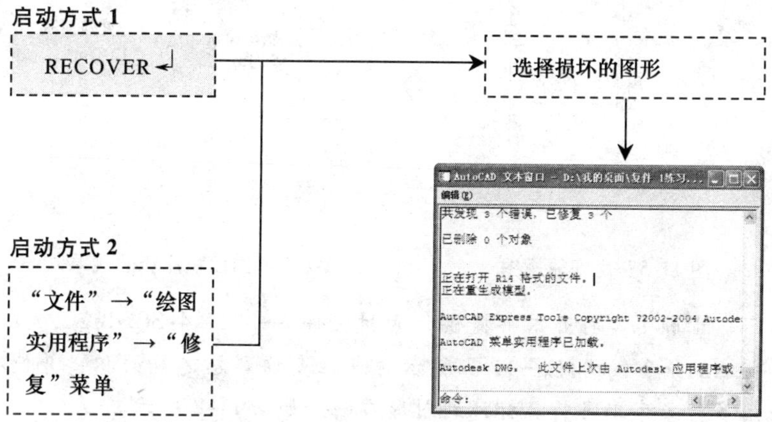

对于无法打开的损坏了的图形，可以在启动 AutoCAD 后，执行 RECOVER 命令，选择损坏的文件进行修复。文件修复完成后，会在文本窗口中显示文件修复报告。

提 示

使用 AutoCAD 的自动备份文件——“.bak”文件，将其扩展名更改为“.dwg”，也可以用于恢复该文件的部分内容。

此外，在恢复文件前，应注意对源文件（包括其自动备份文件）的保护，因为修复过程都是对源文件进行一定程度读写的过程，已备份的源文件可以在修复不成功后使用其他方法进行修复。

11.4 轻松小练习——标注房间面积

本节为图 11-5 所示房间轮廓图添加面积注释，效果如图 11-6所示（主要用到面积计算工具）。

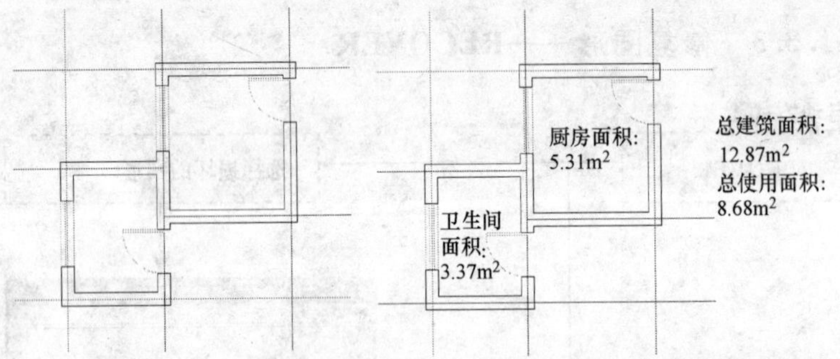

图 11-5 房间轮廓图　　图 11-6 添加面积注释的效果

步骤 1 打开本书提供的素材文件——“11-4-SC. dwg”，执行 AA 命令，捕捉图 11-7 所示的点，查询到总建筑面积，并使用多行文字工具将其标注到图形右侧，如图 11-8 所示。

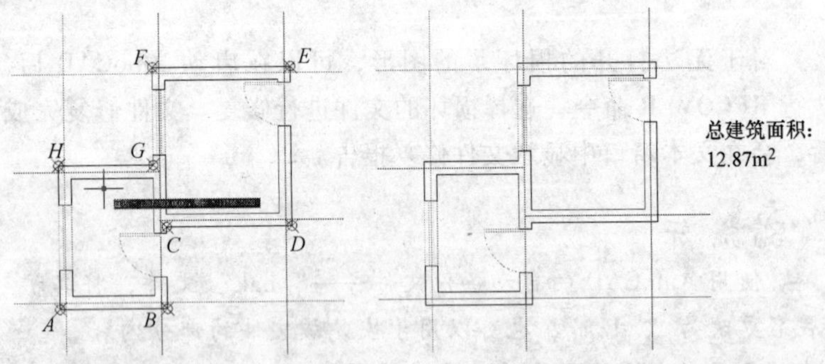

图 11-7 查询建筑面积　　图 11-8 标注建筑面积

步骤 2 将“Windows”图层隐藏，并为房间门窗内侧绘制辅助直线，如图 11-9 所示。

步骤 3 执行“BO”命令，生成两个房间的边界对象，如

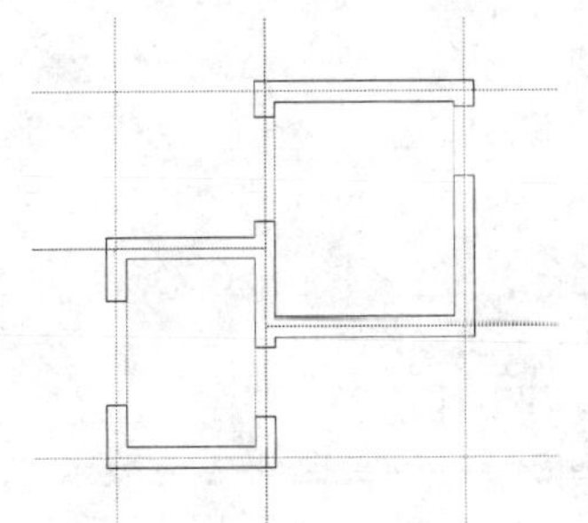

图 11-9 绘制辅助线

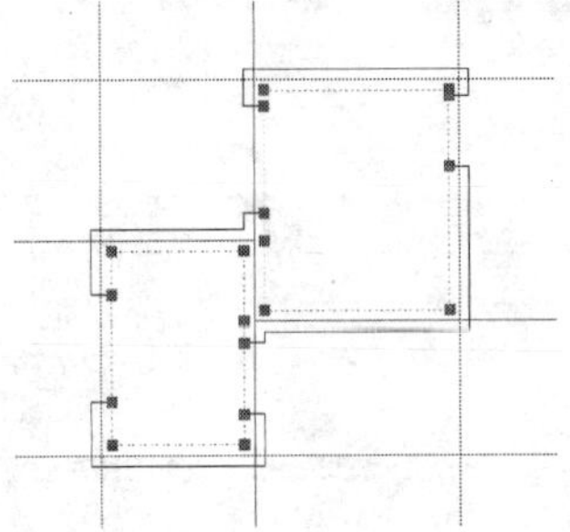

图 11-10 生成房间边界

图 11-10 所示。

步骤 4 执行 AA 命令，通过“加”方式查询到两个房间的使用面积和总的使用面积，（图 11-11），并使用多行文字工具将其标注到图形右侧和图形中。然后将辅助线和边界线删除，并恢复门窗的显示即可，最终效果如图 11-12 所示。

```
命令: AREA
指定第一个角点或 [对象(O)/加(A)/减(S)]: A
指定第一个角点或 [对象(O)/减(S)]: O
("加"模式) 选择对象:
面积 = 5313600.0000, 周长 = 9240.0000
总面积 = 5313600.0000
("加"模式) 选择对象:
面积 = 3369600.0000, 周长 = 7440.0000
总面积 = 8683200.0000
("加"模式) 选择对象:
```

图 11-11 查询房间使用面积

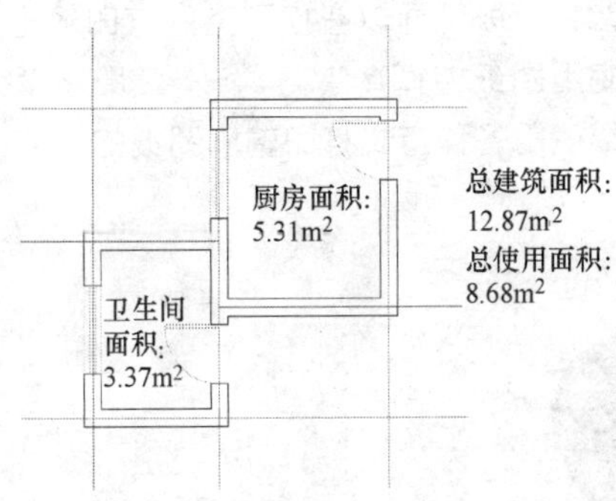

图 11-12 最终效果

第12章

图纸输出

本章内容

12.1 模型空间与图纸空间

12.2 页面设置管理器

12.3 输出图纸

12.4 使用图纸布局和打印样式

不可否认，AutoCAD 提供了详尽的图纸输出功能，可以输出各种比例、针对不同打印机和绘图仪的多种尺寸的图纸。但是也正因如此，容易使初学者产生很多疑问，如“既然可以在模型空间打印输出图纸，为什么还要使用图纸空间？”等。本章即将解决这些问题，并介绍使用各种方式打印输出图纸的方法。

12.1 模型空间与图纸空间

使用默认的 acadiso. dwt 模板新建工程图时，系统默认创建一个模型空间和两个图纸空间。新建文件后，可通过工程图操作区下部的标签，切换模型空间和图纸空间，如图 12-1 所示。

模型 布局1 布局2

图 12-1 “模型空间”和“图纸空间”的切换标签

“模型空间”可以理解为专用于创建模型的空间，而“图纸空间”则可以理解为专用于布局和打印输出的空间。“图纸空间”之所以存在，是由于其具有很多模型空间不具备的优势。

12.1.1 为什么要使用图纸空间

为了更加形象地理解图纸空间，实际上可以将其看作为一种可以进行适当编辑的“打印预览”界面。在图纸空间中，界面大小固定为设置好的纸张，如 A0、B1、A4 等，且在输出时以此大小为准进行输出。

总之，图纸空间的优点主要具有如下几方面。

- 图纸空间适于添加标题栏、注释和图框等图纸外部的说明性信息，且添加的内容不影响模型空间，如图 12-2 所示。

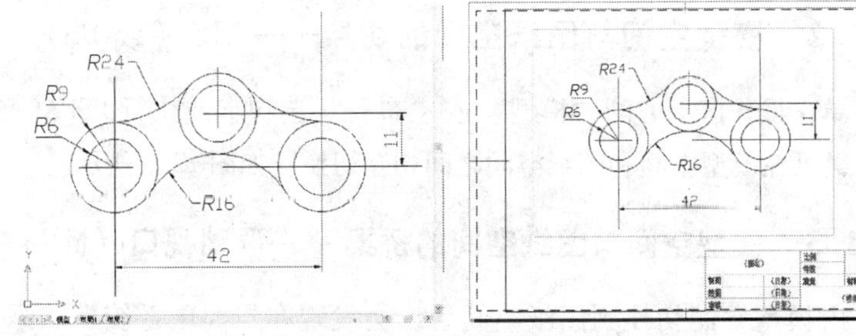

图 12-2 两种空间下相同模型的不同效果

- 可在图纸空间中同时显示不同比例、不同视图角度的图形，如图 12-3 所示。

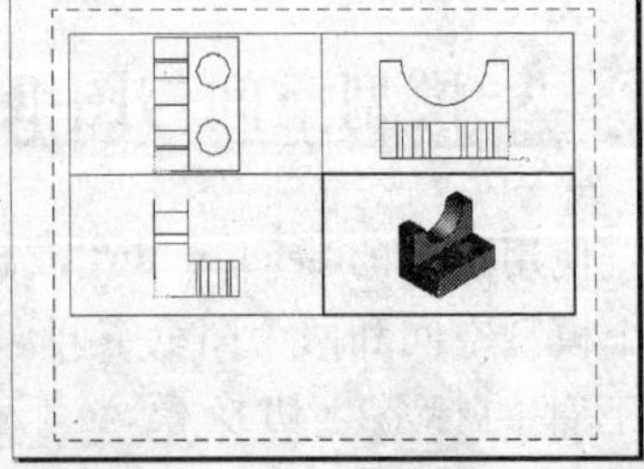

图 12-3 “模型空间”和“图纸空间”中的多个视口

模型空间只有一个，而图纸空间可以包含多个布局视口。

可在图纸空间设计好边框，规划好图纸尺寸、图纸输出布局，并保存为图形样板，从而有利于快速输出标准图纸，如图 12-4 所示。

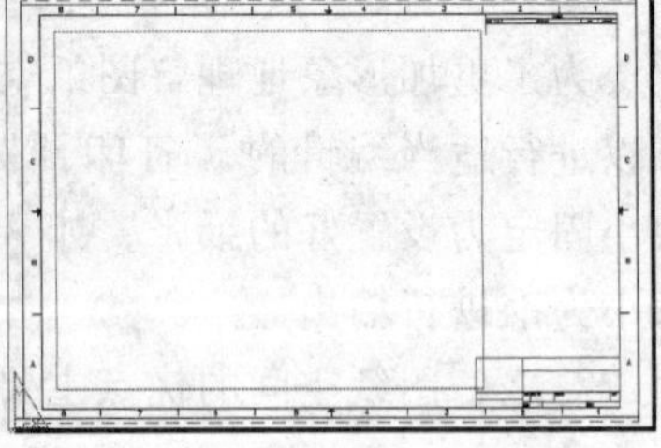

图 12-4 系统内置的图纸布局样式

12.1.2 模型空间与图纸空间的切换——MS（或 PS）

单击操作区下方的“模型”或“布局”选项卡或执行 PSPACE 命令，可在模型空间和图纸空间之间相互切换，如图 12-5 所示。

12.1.3 模型空间与图纸空间的桥梁——浮动视口（MV）

由模型空间切换到图纸空间后，会发现在空间中系统默认添加了一个带边框的视口，这个视口就是“浮动视口”。可有多个浮动视口，并可自行添加或删除浮动视口。浮动视口是显示模型的载体，浮动视口的主要作用如下。

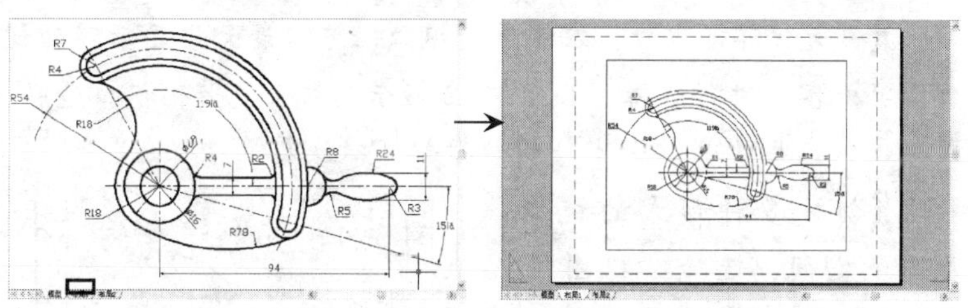

图 12-5　从模型空间切换到图纸空间操作

视口调整：可以利用视口夹点调整视口大小，并可移动、删除视口，也可通过隐藏、冻结浮动视口边界所在图层来隐藏或冻结浮动视口边界，如图 12-6 所示。

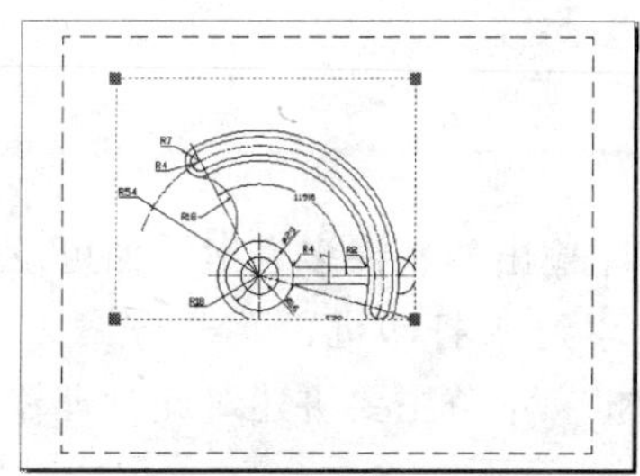

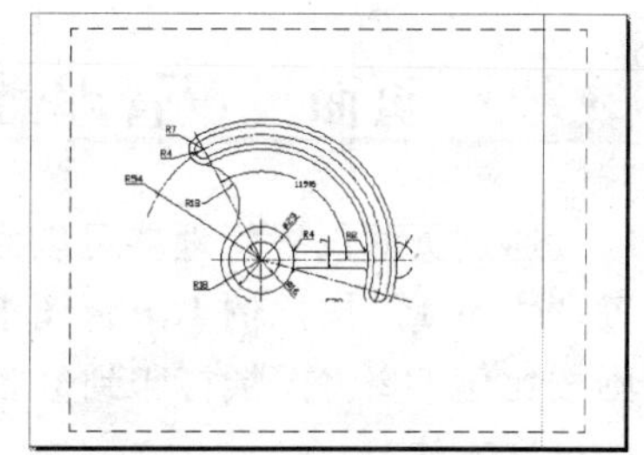

图 12-6　对图纸空间中的视口进行调整

激活浮动视口：选中浮动视口，单击状态栏中的“图纸”按钮，可以激活浮动视口，此时可以在浮动视口中对视图进行编辑，如图 12-7 所示。再次单击状态栏中的“模型”按钮，可以恢复视口状态。

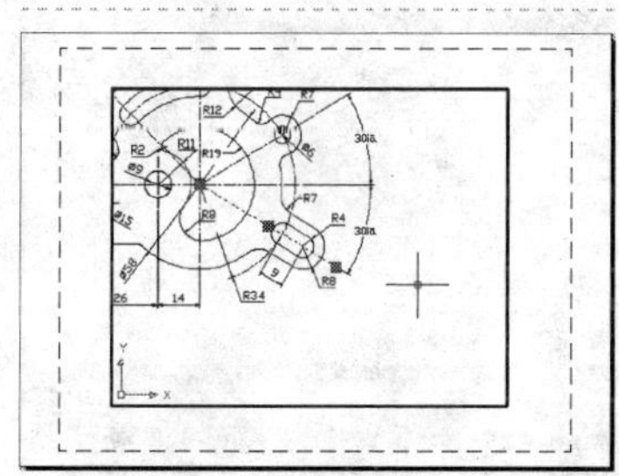

图 12-7　激活的浮动视口

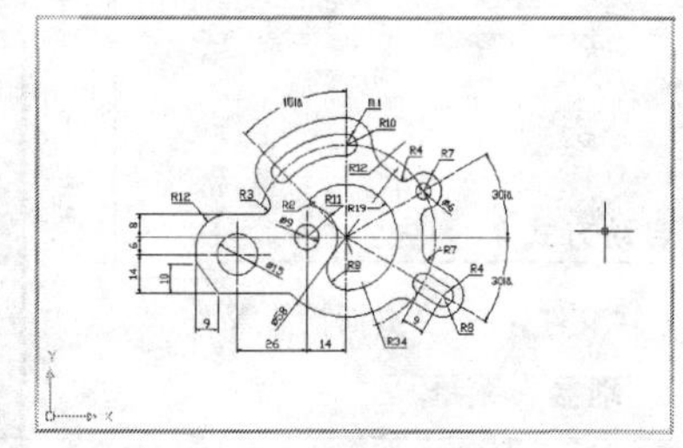

图 12-8　最大化显示的浮动视口

最大化浮动视口：双击浮动视口，可以最大化显示浮动视口，并对图形进行编辑，如图 12-8 所示。双击最大化视口边界，或单击状态栏的“最小化”视口按钮可以恢复视口状态。

创建多种形式的视口：在图纸空间，选择“视图”→“视口”菜单中的子菜单项，可以创建各种形式的视口，如图 12-9 所示。也可以执行 MVIEW，即 MV 命令，创建视口。

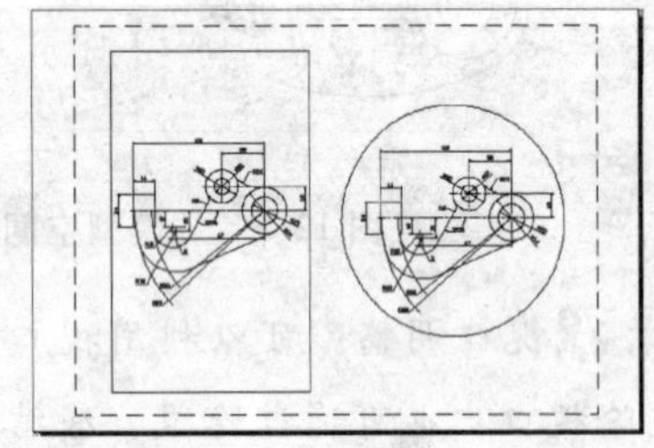

图 12-9　多种形状的视口

12.2 页面设置管理器

通过页面设置管理器可以为打印输出预制许多方案，如可设置“方案 1”按比例 1:1 将图纸打印到 A 打印机，而“方案 2”则按比例 1:2 将图纸打印到 B 打印机。本节主要讲述对此管理器的设置方法。

12.2.1 创建和管理页面设置

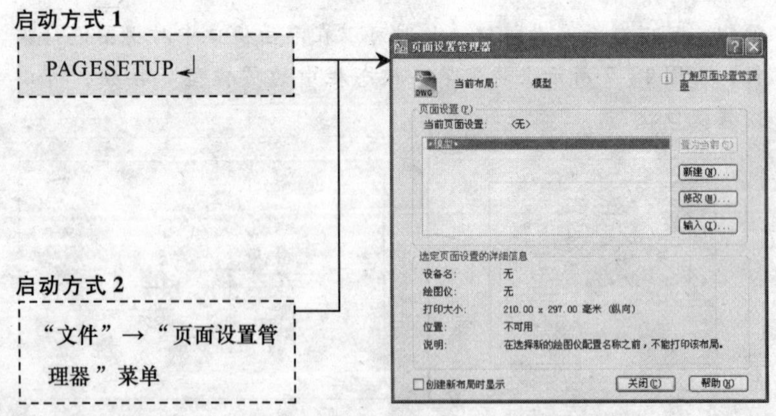

执行 PAGESETUP 命令，打开“页面设置管理器”对话框，在此对话框中可以修改当前默认页面设置，也可以添加或删除页面设置。

如单击“新建”按钮，在打开的“新建页面设置”对话框中输入新页面设置的名称，然后单击“确定”按钮，将打开“页面设置-模型”对话框。在此对话框中可以对打印输出进行全面设置，如选择打印机型号、图纸尺寸和打印比例等（后文将介绍此对话框的设置方法）。设置完成后单击“确定”按钮，保存新的打印输出方案即可，如图 12-10 所示。

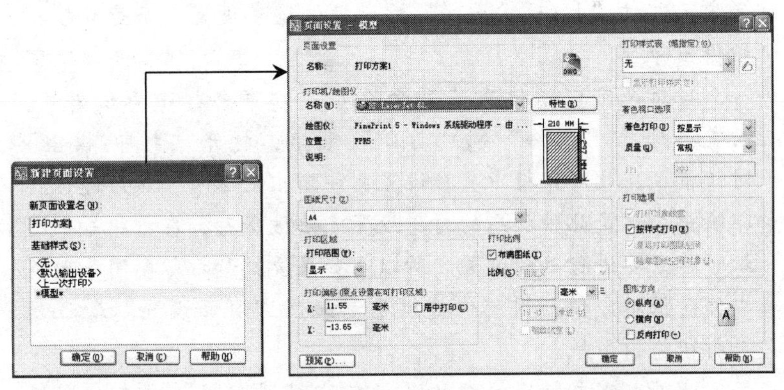

图 12-10　新建“页面设置”操作

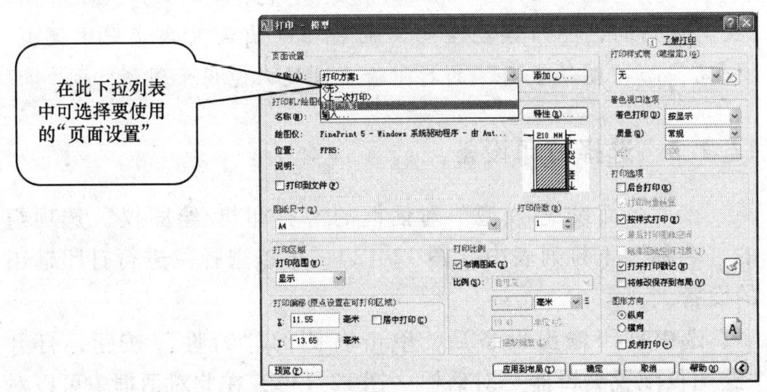

图 12-11　“打印-模型”对话框

要使用新添加的“页面设置”（或称其为打印输出方案）打印输出图形，选择“文件”→“打印”菜单，打开“打印-模型”对话框（图 12-11）。在此对话框“页面设置”选项组的“名称”下拉列表中选择创建的“页面设置”方案，再直接单击“打印”按钮打印输出图纸即可。

提 示

由于在“页面设置”方案中已经对打印输出做了较为详尽的设置，所以在使用“页面设置”方案打印输出图纸时，通常无需对“打印-＊＊＊”对话框做过多设置，而是直接打印输出即可。

当然也可以不使用“页面设置”方案来打印输出图纸，而直接选择“文件”→“打印”菜单，打开“打印-模型”对话框，在此对话框中直接设置打印输出的选项，然后进行打印输出。只是此种状态的打印设置无法被保存，在打印每个图纸时都需要进行单独设置。所以，如果要批量打印制图手册类文件会很不方便，因此仍建议尽量采用“页面设置”管理器来打印输出图纸。

此外，需要特别注意的是，在“模型空间”和在“图纸空间”中所建立的“页面设置”（即打印输出设置）是不可以交叉使用的，即“模型空间”的打印输出设置只能用于模型空间，而“图纸空间”的打印输出设置只能用于图纸空间。

12.2.2 选择打印设备

在“页面设置-模型”对话框的“打印机/绘图仪”选项组的“名称”下拉列表中（图 12-12），可以选择要进行打印输出的设备。

选中打印输出设备后，单击右侧的“特性”按钮，打开“绘图仪配置编辑器”对话框（图 12-13），在此对话框中可以对选择的打印机进行更多的设置。

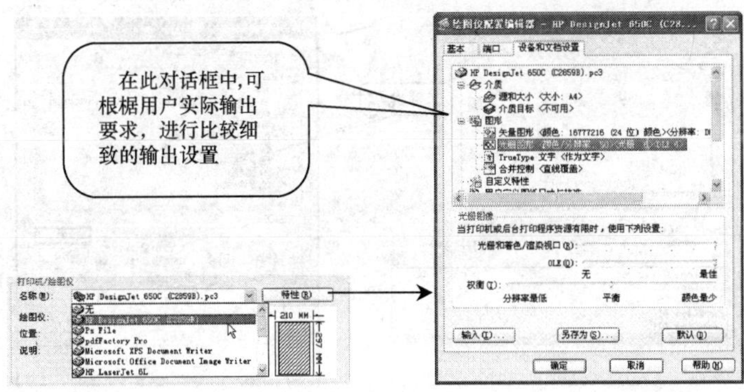

图 12-12 “名称”下拉列表

图 12-13 “绘图仪配置编辑器”对话框

在“绘图仪配置编辑器”对话框中，单击“另存为”按钮，可以将打印设置保存为 .pc3 文件，在下次打印时（或创建页面设置时），直接在“名称”下拉列表中选用此设置文件即可。

提 示

在安装了虚拟打印机后，在打印机下拉列表中，可能会出现一些输出到非打印机的 .pc3 文件，如 DWG To PDF. pc3 文件。选用此文件后，可以将图纸直接打印到 PDF 文档中，还有 PublishToWeb JPG. pc3 文件可以将图纸打印到 JPG 图纸文件中；PublishToWeb PNG. pc3 文件可以将图纸打印到 PNG 图纸文件中。

12. 2. 3 设置图纸尺寸

在“页面设置-模型”对话框的“图纸尺寸”选项组的下拉列表中（图 12-14），可以选择要设置的图纸尺寸。

如果没有需要使用的图纸尺寸，可以在“绘图仪配置编辑器”对话框中选择“自定义图纸尺寸”项，并单击“添加”按钮（图 12-15），打开“自动以图纸向导”来添加新的图纸尺寸。

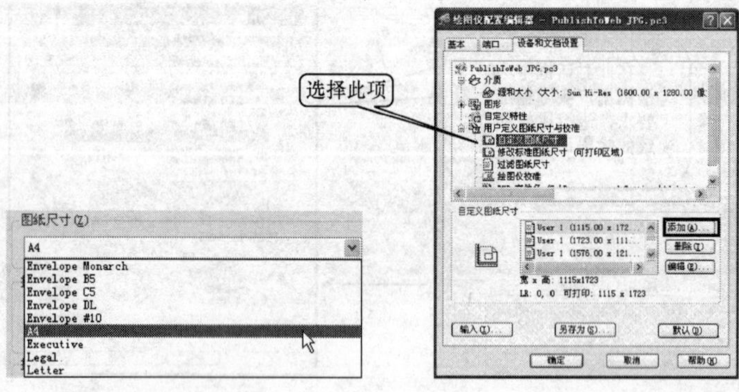

图 12-14　选择图纸尺寸　　　　图 12-15　添加图纸尺寸操作

提　示

如在“绘图仪配置编辑器”对话框中无法添加自定义图纸尺寸，即“添加”按钮为灰色，可选择“自定义特性”项，并单击“自定义特性”按钮，在弹出的对话框中尝试添加自定义尺寸，如果此方法仍然无法添加，表明此绘图设备不允许自定义图纸尺寸。

12.2.4　设置打印区域和打印位置

在“页面设置-模型”对话框的“打印区域”选项组的“打印范围”下拉列表中（图 12-16），可以设置需要的打印模型区域。

下面分别介绍这些打印范围的意义。

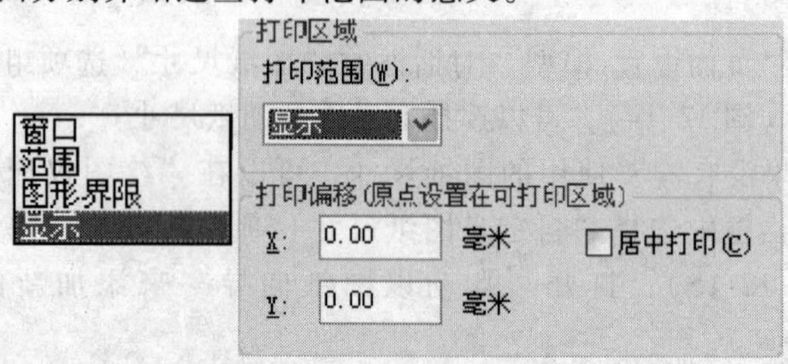

图 12-16　设置打印区域操作

窗口：选择此选项后，可以在绘图区中框选矩形区域作为打印输出的范围。

范围：选择此选项后，AutoCAD 自动查找所有图形对象，并进行打印输出。

图形界限（布局）：选择此选项将只打印使用 LIMITS 命令定义的图形界限内的图形（在图纸空间下，此选项更改为“布局”，表示以布局窗口界限打印输出图形）。

显示：打印当前显示的视图内容。

在“页面设置-模型”对话框的“打印偏移”选项组中可以设置当前选择的打印区域打印到纸张上的位置，勾选“居中打印”复选框则图纸居中打印；通过设置偏移量，可以精确规定打印位置。

12.2.5 设置打印比例和图形方向

可在“页面设置-模型”对话框的“打印比例”选项组中，设置打印输出的比例（图 12-17）。如可以设置按照 8:1 的比例打印，即令图形上的一个单位长度相当于实际尺寸的 8mm（或 8in）。勾选“布满图纸”复选框可以令打印区域内的图形以布满图纸的方式打印输出。

在“页面设置-模型”对话框的“图形方向”选项组中，可设置图纸的打印方向，如可设置横向或纵向打印，也可设置反向打印，如图 12-18 所示。

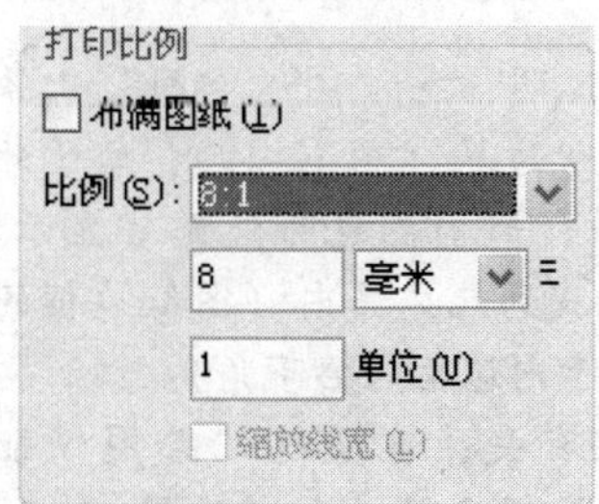

图 12-17　打印比例选项组

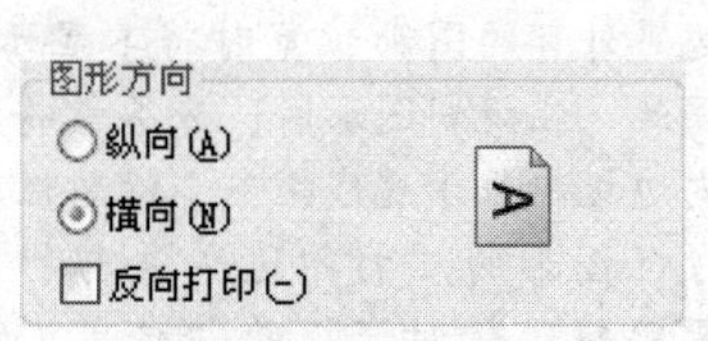

图 12-18　图形方向选项组

12.3 输出图纸

本节讲述最终打印出图的操作，如打印预览和打印等操作。

12.3.1 打印预览——PREVIEW（或 PRE）

启动方式 1

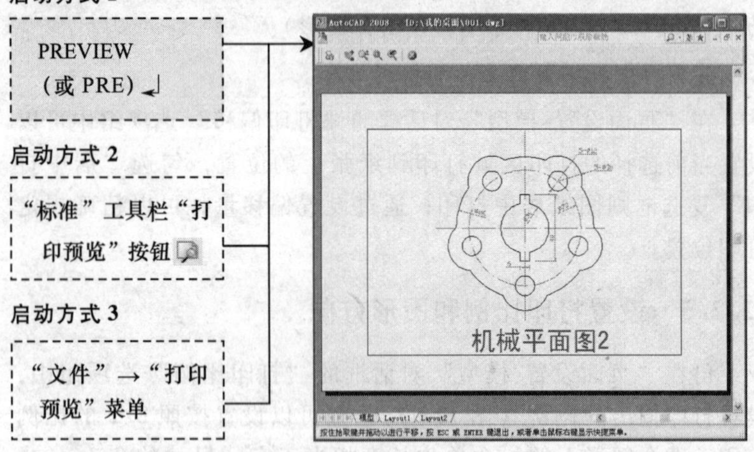

执行 PRE 命令，可以打开打印预览界面对打印效果进行预览。在预览界面中，为了利于观察预览图形，系统提供了有限的几个缩放、平移图形的按钮，单击“取消”按钮可以关闭预览状态回到原界面，单击“打印”按钮，可以直接打印输出图纸。

提　示

对于“图纸空间”，有一点需要说明，在“图纸空间”中系统默认使用虚线显示了图纸的有效打印边界（图 12-19），处于此边界外部的图形预览时将不显示，打印时当然也可能无法显示。因此，在规划图形时，应尽量将图形放到此边界内（图纸边框的内边框应位于虚线框内，标题栏应位于内边框的右下角）。

图形的“打印边界”与打印机有关，可通过“绘图仪配置编辑器”对话框的“自定义特性”项来更改打印边界。

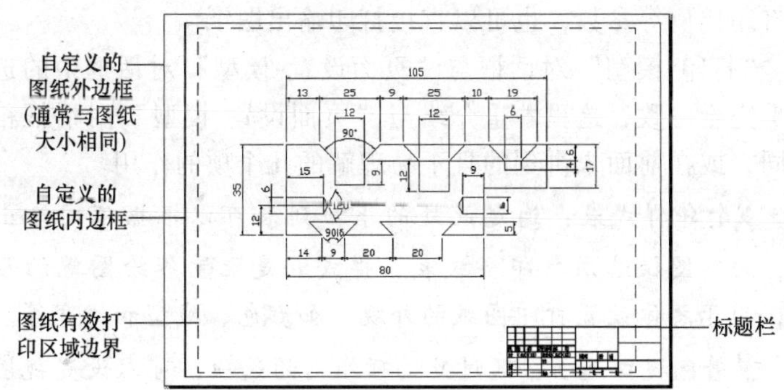

图 12-19　图纸空间下的待打印图纸

12.3.2　打印——PLOT（或 PRINT）

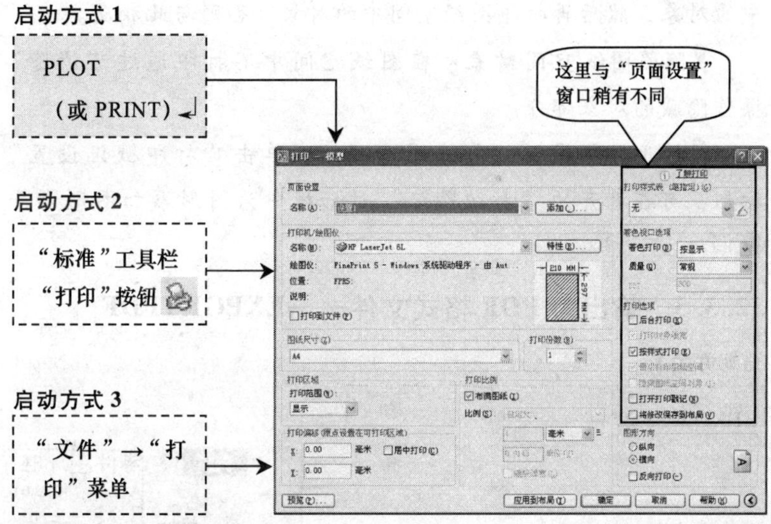

执行 PLOT 命令，打开“打印-模型”对话框，在此对话框中选择设置好的“页面设置”，单击“确定”按钮即可打印输出图形。

除了使用 12.2 节中介绍的已有的“页面设置”来打印输出图纸外，在“打印-模型”对话框中直接设置打印机、图纸尺寸和打印比例等参数，也可以直接打印输出图纸。

“打印-模型”对话框与“页面设置-模型”对话框中的选项几乎完全一致，这里着重介绍与“页面设置-模型”对话框稍有不同，或在前面未讲到的且不易理解的几个项的作用。

打印样式表：通过此处的下拉列表可以根据不同输出要求，为绘图仪选用打印样式表，样式表是配置各绘图笔的参数表，用于总体设置打印图纸的外观，如颜色、线型和线宽等。

着色视口选项：通过此选项组内的选项，可以设置视图打印的着色模式和清晰度（如可设置600dpi等）。

按样式打印：按“打印样式表”中的规定打印图纸。

最后打印图纸空间：勾选此复选框后，将先打印模型空间中的对象，然后再打印图纸空间中的对象，否则与此相反。

隐藏图纸空间对象：在图纸空间中不打印通过“消隐”操作隐藏的对象部分。

打开打印戳记：勾选此选项后，单击“打印戳记设置”按钮，可在打开的“打印戳记”对话框中为图形添加图形名等戳记。

12.3.3 输出为 PDF 格式文件——EXPORTPDF

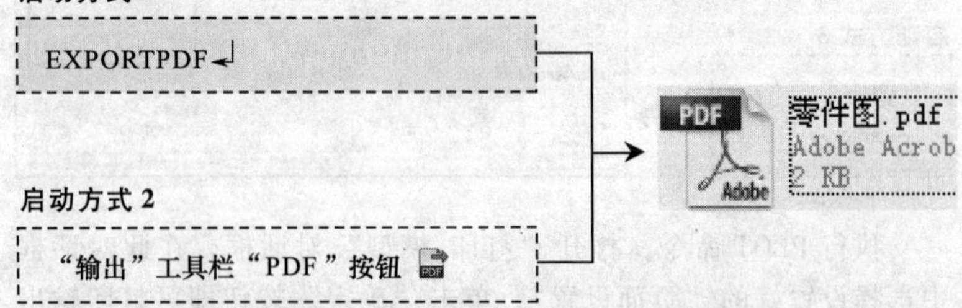

执行 EXPORTPDF 命令，可以直接将图形输出到 PDF 文件，此功能只有 AutoCAD 2009 以上版本支持。而且所输出的 PDF 文件的页面大小等采用当前“页面设置”中的参数。

12.4 使用图纸布局和打印样式

图纸布局是指图纸空间的布局文件，具有固定的图纸尺寸、标题栏和浮动视口等对象。本节讲述使用系统内置布局样板和自定义创建图纸布局的方法。

12.4.1 使用系统内置布局样板

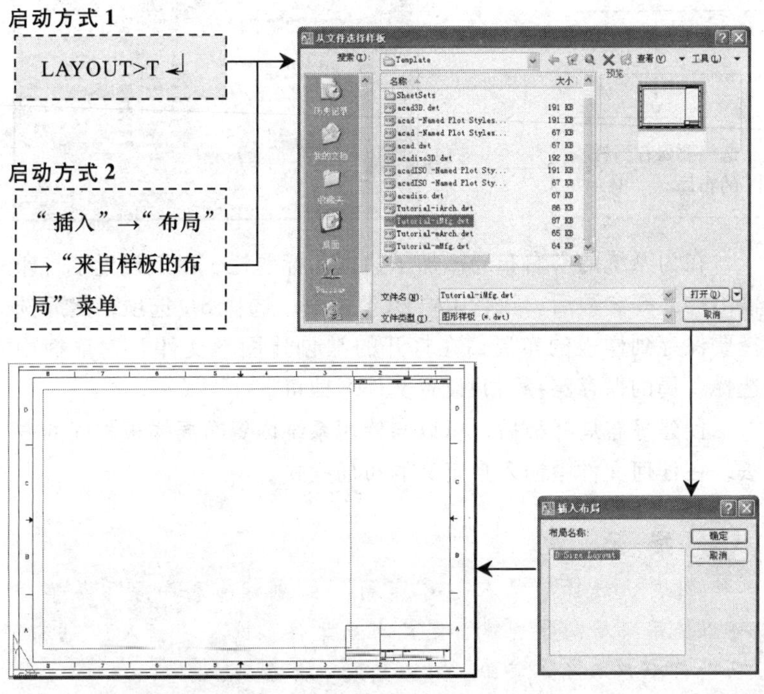

系统内置了一些“布局样板”（扩展名为“.dwt”），执行LAYOUT命令，选择T选项，可以打开“从文件选择样板”对话框，选择一布局文件，然后单击“打开”按钮，再在打开的“输入布局”对话框中选择此布局文件中的一个布局样式，并单

击“确定”按钮，即可在当前文档中插入此布局。

系统内置的布局样板大都包含规范的标题栏，因此插入布局样板后，在打印输出之前，通常只需简单地修改标题块属性或直接打开标题块添加相应文字等操作，即可获得符合标准的图纸。

12.4.2 创建自己的布局样板

启动方式

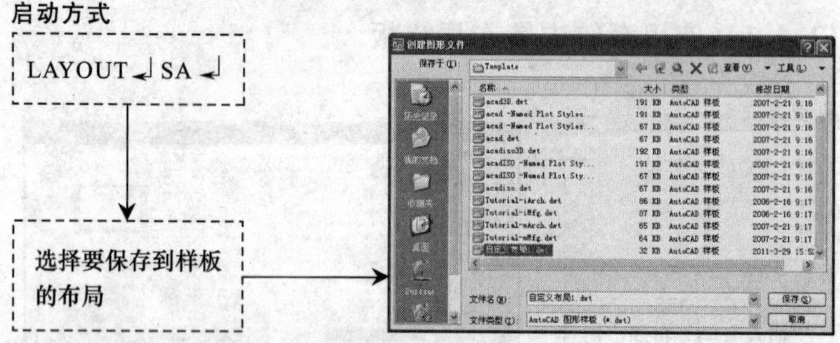

在为系统的空白布局添加了边框和标题栏，以及设置了打印输出样式等参数后，执行 LAYOUT 命令，选择 SA 选项，然后选择要保存到样板的布局，在打开的“创建图形文件”对话框中选择布局的保存路径，并设置文件名即可。

创建好布局样板后，可以与使用系统内置布局样板相同的方法，在任何文件中插入自定义的布局样式。

提 示

此外，选择“插入”→“布局”→“创建布局向导”菜单，可以使用布局向导创建自定义布局文件；选择“插入”→“布局”→“新建布局”菜单，可以插入空白布局。

12.5 轻松小练习——使用布局样板输出工程图

本节将使用本书提供的布局样板素材和已绘制好的图纸素材打印输出图 12-20 所示的泵盖工程图。

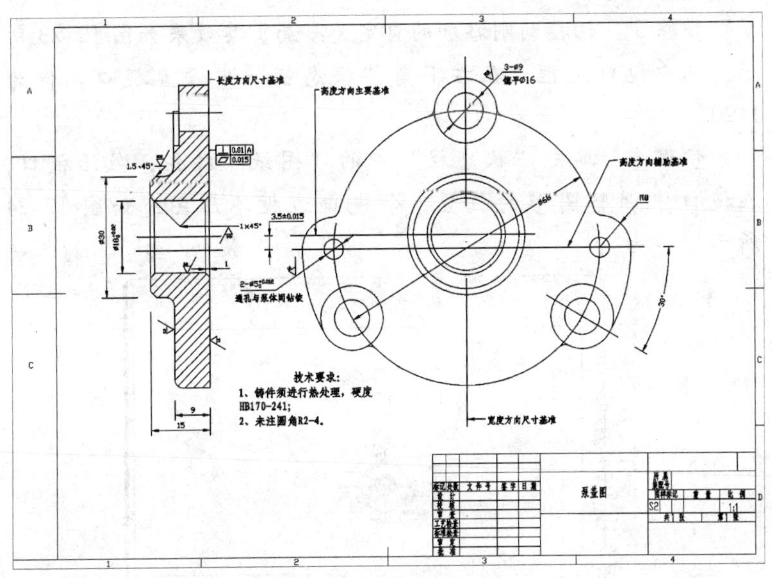

图 12-20　泵盖工程图

步骤 1　打开本书提供的素材文件——“12-5-SC. dwg”，选择“文件”→“绘图仪管理器”命令，打开“Plotters”文件夹，将本书提供的素材文件“012 用打印机文件 . pc3”复制到此文件夹下，如图 12-21 所示。

步骤 2　执行“LO”命令，选择 T 选项，在打开的对话框中选择本文提供的素材文件“012 自定义布局 . dwt”，导入其中的“自定义布局”布局，如图 12-22 所示。

图 12-21　“Plotters”文件夹

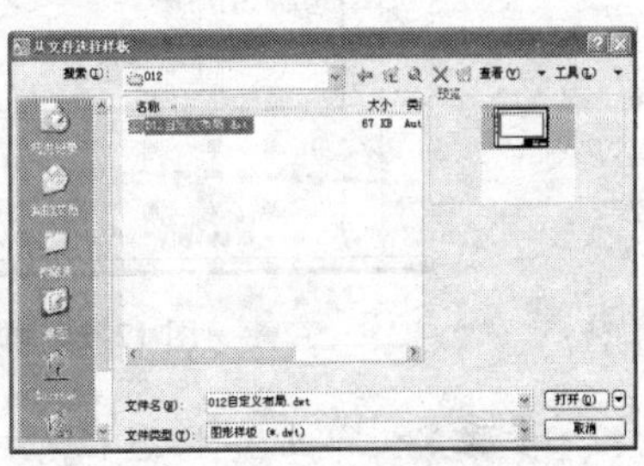

图 12-22　导入自定义布局

步骤 3 切换到刚添加的自定义布局，其效果如图 12-23 所示，选中视口边框，在右下角“状态栏”中设置视口比例为 1∶20。

步骤 4 单击“状态栏”中的“图纸”按钮，激活视口，在视口中调整图形的位置，令视口边框不压图，如图 12-24 所示。

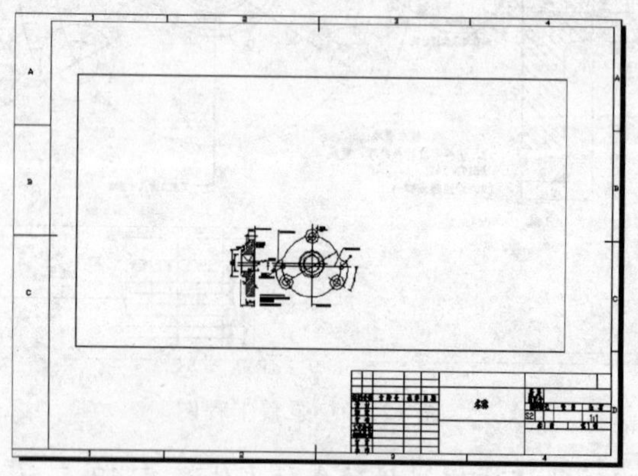

图 12-23 切换到自定义布局

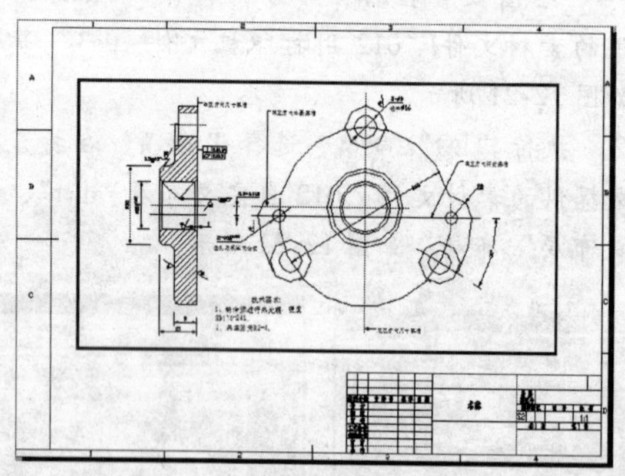

图 12-24 调整图形位置

步骤 5 单击“状态栏”中的“模型”按钮，取消视口的激活状态，选中视口边界，单击“图层特性管理器”按钮，打开图层特性管理器，在其中设置“视口边界”图层为不可见图层，从而隐藏视口边界，其效果如图 12-25 所示。

步骤 6 双击布局标题栏区域，打开此块的“增强属性管理器”对话框，设置其值为“泵盖图”，如图 12-26 所示。

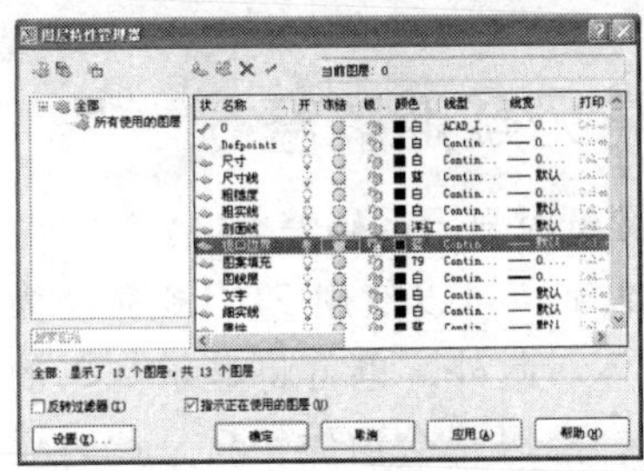

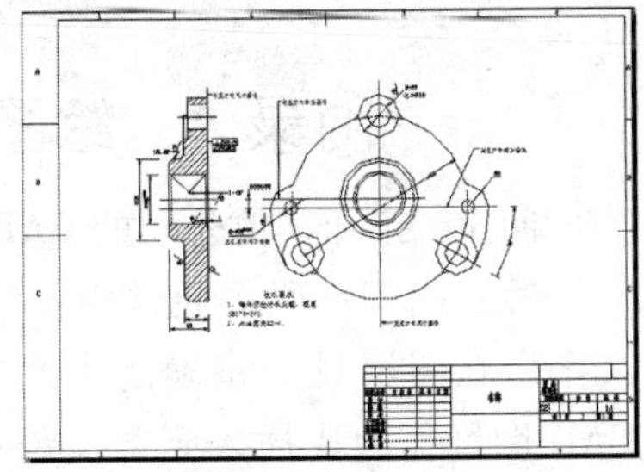

图 12-25 隐藏视口边界操作

步骤 7 最后执行 PLOT 命令，打开“打印-自定义布局”对话框，由于在布局样板文件中已经对各个打印选项做好了设置，所以此处无需进行设置，直接单击“确定”按钮打印输出即可，如图 12-27 所示。

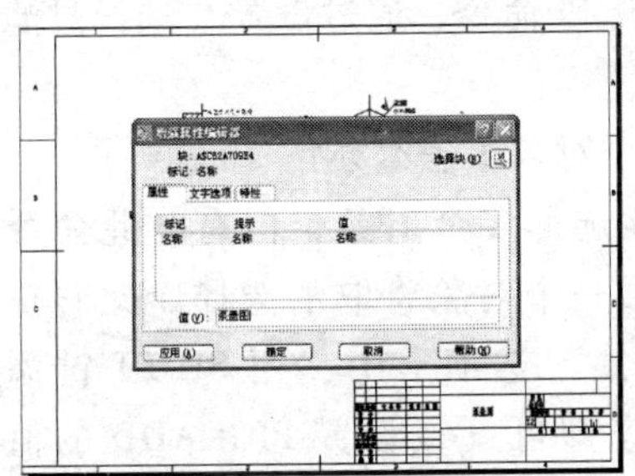

图 12-26 设置“增强属性管理器”对话框

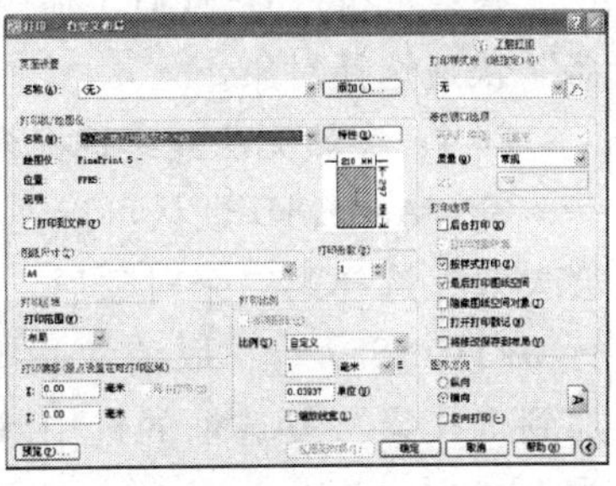

图 12-27 设置“打印-自定义布局”对话框

附　录

附录 A　绘图常见疑难解答

问 1：打开其他公司的 CAD 图纸时显示乱码怎么办？

答：出现乱码的通常为中文文字，可以使用 STYLE 命令为文字所在图层设置正确的中文字体。此外，也可将显示乱码的 CAD 图纸作为块插入到新文件中，乱码将会消失，只是此时无法对图形进行更改，而且字体会与原图有差异。

问 2：DWG 文件损坏了怎么办？

答：选择“文件”→“绘图实用程序”→“修复”菜单，选中要修复的文件，进行修复即可。

问 3：图形太多时，如何快速选择对象？

答：可执行 QSELECT 命令或 FI 命令，通过设置“选择过滤器”快速选择对象。

问 4：突然无法连续选择多个对象了怎么办？

答：AutoCAD 默认可以连续选择多个对象，但有时此命令会失效，选择第二个对象后，第一个对象将取消选择。此时执行 OPTIONS 命令，取消“选择集”选项卡中“用 SHIFT 键添加到选择集”复选框的选中状态即可（或设置 PICKADD 的值为 1）。

问 5：系统变量被更改了怎么办？

答：执行 OPTIONS 命令，切换到“配置”选项卡，单击“重置”按钮，将所有变量值重置即可。

问 6：鼠标中键不好用了怎么办？

答：通常滚轮用于实现放大、缩小或平移等功能，但有时按住滚轮时，会出现“下一个”菜单，解决方法为将系统变量

MBUTTONPAN 的值设置为 1 即可。

问 7：如何消除单击时出现的交叉点标记？

答：执行 BLIPMODE 命令，并在提示行下输入 OFF 即可。

问 8：按【CTRL + O】键时，不出现对话框怎么办？

答：按【CTRL + O】或【CTRL + S】组合键打开或保存文件时，有时会不出现对话框，而在命令行中要求输入保存路径和文件名，解决方法为将 FILEDIA 的值设为 1 即可。

问 9：如何“炸开”汉字？

答：首先在 Word 中输入汉字，设置好字体，并在“字体”对话框中设置文字样式为“空心”，然后复制文字，再在 AutoCAD 中执行 PASTESPEC 命令（“选择性粘贴”命令），在弹出的对话框中选择“AutoCAD 图元”列表项，并单击“确定”按钮即可。

问 10：如何删除无用图层？

答：本书正文中已有叙述，可以使用 PURGE（PU）命令。

问 11：如何删除顽固图层？

答：可执行 LAYTRANS 命令，将需删除的图层影射为 0 层即可。

问 12：虚线显示为实线是怎么回事？

答：线型缩放比例设置得不合适，请用 LINETYPE 命令重新设置此线型的缩放比例。

问 13：如何将直线转为多段线？

答：可以使用 PEDIT 命令。

问 14：如何绘制箭头？

答：可以执行 LE 命令绘制（缺点是箭头大小不可调），也可使用 PL（多段线）命令绘制箭头。

问 15：所有箭头都是空心的怎么办？

答：执行 FILL 命令，并输入 ON 即可，也可通过设置“标注样式”或“多重引线样式”对箭头的样式进行更改。

问 16：为什么有时 UNDO 命令无效？

答：UNDO 操作对某些命令和系统变量无效，如 SAVE、OPEN、NEW 等涉及 CAD 文件操作和数据读写的命令都无法取消。

问 17：为什么输入多行文字时，“堆叠”按钮不可用？

答：选中含有堆叠符号（#、^、/）的文字后，才可使用堆叠按钮 $\frac{b}{a}$ 设置文字堆叠。

问 18：某些快捷命令太长，如何自定义？

答：可以自定义“命令别名”（即命令的缩写）。执行 ALIASEDIT 命令，在打开的对话框中进行设置即可。对于 2004 以前的版本可以直接对 acad. pgp 文件进行编辑。

问 19：块定义命令 BLOCK 和 WBLOCK 有何区别？

答：BLOCK 命令定义的块只能在当前文件中使用，而 WBLOCK 命令定义的块是一个独立存在的图形文件，可以被其他文件调用。

问 20：请问如何测量带弧线的多段线与多线的长度？

答：只需使用 LIST 命令即可。

问 21：填充时很久找不到范围怎么办？

答：图线较多时，系统自动查找填充范围的时间会很长，此时提前使用 LAYISO 命令让将被填充的范围线所在的图层孤立不失为一种好办法。

问 22：画矩形或圆时没有跟随框了怎么办？

答：设置系统变量 DRAGMODE 的值为 ON 即可。

问 23：镜像时字体不镜像怎么办？

答：设置系统变量 MIRRTEXT 的值为 1 即可。

问 24：缩放或移动已到极限怎么办？

答：有时将图形界限设置的再大，仍然无法显示图形。实际上这是实时平移和实时缩放的局限，与图形界限无关，此时只需双击鼠标中键，或执行“重生成”命令即可。

问 25：什么是“哑图”？

答：是指只有图线和尺寸线，没有尺寸值的图纸。这是以前生产中的偷懒做法，现在用计算机制图很少出现“哑图”。

问 26：炸开块后，多段线变成线怎么办？

答：执行 EXPLODE 命令炸开块后，多段线会变成线，为了避免此种情况，请使用块编辑器对块进行编辑。如一定要在绘图区使用块中的图形，可在块编辑器中将图形复制。

问 27：如何隐藏视口边线？

答：本书正文中有叙述，将边线所在图层隐藏即可。

问 28：如何令 AutoCAD 打印时不生成 PLOT 文件？

答：选择“工具”→“选项”菜单，在“打印和发布”选项卡中取消“自动保存打印并发布日志”复选框的选中状态，再单击“打印戳记设置”按钮，单击“高级”按钮，取消“创建日记文件”复选框的选中状态即可。

问 29：为什么有些图形能显示，却打印不出来？

答：如图形绘制在 AutoCAD 自动产生的图层（DEFPOINTS、ASHADE 等）上，将出现这种情况，所以应尽量避免在这些图层上绘制图形。

问 30：打印出来的字体是空心的怎么办？

答：设置 TEXTFILL 变量的值为 1 即可。

问 31：如何将 AutoCAD 图导入到 Photoshop 中？

答：可使用 Illustrator 打开 AutoCAD 文件，然后在 Illustrator 中复制选中的图线，再在 Photoshop 执行“粘贴”命令，并在弹出的对话框中选择“路径”单选钮即可。

问 32：错误保存了文件怎么办？

答：如果仅保存了一次，及时将同名文件的扩展名 BAK 改为 DWG，再在 AutoCAD 中打开就可以了。如果保存了多次，原图就很难恢复了。

问 33：如何将自动保存的图形复原？

答：选择“开始”→“运行”菜单，输入“% temp%”回车，可打开 AutoCAD 自动保存的文件所在的文件夹，找到 AUTO. SV$ 或 AUTO？. SV$ 文件，将其改名为图形文件即可在

AutoCAD 中打开。

问 34：如何减少文件体积？

答：除了可以使用 PURGE 命令对图形进行清理减少文件体积外，还可以执行 WBLOCK 命令，将文件做成块来传送。

问 35：如何批量打印图纸？

答：AutoCAD 2004 之前的老版本可以执行系统目录下的 batchplt. exe 文件来进行批量打印，新版本可执行 PUBLISH 命令进行批量打印。

问 36：如何打印 PLT 文件

答：通常可以执行“COPY FILENAME LPT”命令（FILENAME 为 PLT 文件名）打印 PLT 文件。如打印机为 USB 接口打印机，可以尝试打开打印机的打印机池功能。如仍然无法正确打印，最佳方法是从网上下载专用的 PLT 打印软件来打印 PLT 文件。使用 PLT 专用打印软件，不仅可以将 PLT 文件打印出来，而且可以实现批量打印。

附录 B 快捷命令一览表

1. 常用快捷键

F1：	获取帮助	Ctrl + M：	选项对话框
F2：	文本窗口	Ctrl + N：	新建
F8：	正交模式	Ctrl + O：	打开
Ctrl + 1：	特性对话框	Ctrl + P：	打印
Ctrl + 2：	资源管理器	Ctrl + S：	保存
Ctrl + B：	栅格捕捉（F9）	Ctrl + U：	极轴模式（F10）
Ctrl + C：	复制	Ctrl + V：	粘贴
Ctrl + F：	自动捕捉（F3）	Ctrl + W：	对象捕捉追踪（F11）
Ctrl + G：	栅格显示（F7）	Ctrl + X：	剪切
Ctrl + J：	重复上步操作	Ctrl + Y：	重做
Ctrl + K：	超级链接	Ctrl + Z：	取消前步操作

2. 常用单字符命令

A：	绘圆弧	S：	拉伸
B：	定义块	T：	多行文本
C：	画圆	L：	直线
D：	标注样式管理	M：	移动
E：	删除	X：	炸开
F：	倒圆角	U：	恢复上一次操作
G：	组合	O：	偏移
H：	填充	P：	移动
I：	插入块	Z：	缩放

3. 常用绘图命令

PO：	点	A：	圆弧
L：	直线	EL：	椭圆
PL：	多段线	T：	多行文本（MT）
SPL：	样条曲线	B：	块定义
POL：	正多边形	I：	插入块
REC：	矩形	H：	填充
C：	圆		

4. 常用修改命令

CO：	复制	E：	删除
MI：	镜像	X：	分解
AR：	阵列	TR：	修剪
AL：	对齐	EX：	延伸
O：	偏移	S：	拉伸
RO：	旋转	CHA：	倒角
M：	移动	F：	倒圆角

5. 尺寸标注和其他

DLI：	直线标注	DDI：	直径标注
DAL：	对齐标注	DAN：	角度标注
DRA：	半径标注	LE：	快速引出标注
AA：	测量	LW：	线宽
LA：	图层操作	REN：	重命名
LT：	线型	Z + E：	显示全图

索　引

A

B

C

E

F

G

H

J

K

L

M

P

W

X

Y

Z

其他

读者信息反馈表

感谢您购买《AutoCAD 快捷绘图速查手册》一书。为了更好地为您服务，有针对性地为您提供图书信息，方便您选购合适图书，我们希望了解您的需求和对我们教材的意见和建议，愿这小小的表格为我们架起一座沟通的桥梁。

姓名		所在单位名称	
性别		所从事工作(或专业)	
通信地址		邮编	
办公电话		移动电话	
E-mail			

1. 您选择图书时主要考虑的因素:(在相应项前面打✓)

( )出版社 ( )内容 ( )价格 ( )封面设计 ( )其他

2. 您选择我们图书的途径(在相应项前面打✓)

( )书目 ( )书店 ( )网站 ( )朋友推介 ( )其他

希望我们与您经常保持联系的方式:

☐电子邮件信息 ☐定期邮寄书目

☐通过编辑联络 ☐定期电话咨询

您关注(或需要)哪些类图书和教材:

您对我社图书出版有哪些意见和建议(可从内容、质量、设计、需求等方面谈):

您今后是否准备出版相应的教材、图书或专著(请写出出版的专业方向、准备出版的时间、出版社的选择等):

非常感谢您能抽出宝贵的时间完成这张调查表的填写并回寄给我们，我们愿以真诚的服务回报您对机械工业出版社技能教育分社的关心和支持。

请联系我们——

地　　址　北京市西城区百万庄大街 22 号　机械工业出版社技能教育分社

邮　编　100037

社长电话　(010) 88379083　88379080　68329397（带传真）

E-mail　cmpjjj@ vip. 163. com